Management von Service-Level-Agreements

Robert Scholderer arbeitet als Service-Level-Manager für Konzerne. Er befasst sich seit Mitte der 90er-Jahre mit Outsourcing-Verträgen. In seiner beruflichen Laufbahn hat er mehr als 1.000 SLAs abgeschlossen. Er erstellt, verwaltet und bewertet SLAs und deren Lieferanten.

Nach seiner Berufsausbildung hat er den zweiten Bildungsweg durchlaufen und das Studium an drei Exzellenz-Unis in Mathematik und Informatik in München absolviert. Er promovierte in Karlsruhe zum Thema Service-Level-Agreements und wurde im April 2009 an der TU Ilmenau habilitiert. Seit 2010 ist er dort als Privatdozent tätig.

Weiter ist er Geschäftsführer der MetaOne GmbH in Karlsruhe. In seiner Beratungstätigkeit mit Schwerpunkt IT-Service-Management leitet er Projekte zu Design, Verhandlung und Management von SLAs, IT-Monitoring-Systemen und Infrastrukturen sowie zu IT-Inventarisierung, IT-Revision, Anforderungs- und Projektmanagement. Durch seine langjährige Erfahrung als Geschäftsführer der G-NE GmbH, als Berater bei der TTI-Tectran GmbH, in seinen Trainings und Seminaren bei Integrata AG und Managementcircle AG verbindet er Praxis mit theoretischen Ansätzen. Er ist in zahlreichen Gremien als Vorstand oder Beirat vertreten. Ferner ist er auf den für das SLM relevanten Konferenzen als Referent und Marktbeobachter geladen.

Robert Scholderer

Management von Service-Level-Agreements

Methodische Grundlagen und Praxislösungen mit CobiT, ISO 20000 und ITIL

dpunkt.verlag

Priv.-Doz. Dr. -Ing. habil. Robert Scholderer
Principal Service-Level-Manager
robert@scholderer.de
www.scholderer.de

Lektorat: Christa Preisendanz
Copy-Editing: Ursula Zimpfer, Herrenberg
Herstellung: Birgit Bäuerlein
Umschlaggestaltung: Helmut Kraus, www.exclam.de
Druck und Bindung: M.P. Media-Print Informationstechnologie GmbH, 33100 Paderborn

Fachliche Betreuung:
Prof. Dr. Matthias Knoll · Hochschule Darmstadt · matthias.knoll@h-da.de

Bibliografische Information der Deutschen Nationalbibliothek
Die Deutsche Nationalbibliothek verzeichnet diese Publikation in der Deutschen Nationalbibliografie; detaillierte bibliografische Daten sind im Internet über http://dnb.d-nb.de abrufbar.

ISBN 978-3-89864-702-1

1. Auflage 2011

Ringstraße 19 B
69115 Heidelberg

5 4 3 2 1 0

Vorwort

Liebe Leser,

das vorliegende Buch befasst sich mit Service-Level-Agreements (SLAs) und ihrem Management, dem Service-Level-Management (SLM).

In meiner Funktion als Service-Level-Manager habe ich sehr viele SLM-Projekte geleitet, zahllose SLAs entworfen und mir dabei oftmals Hilfestellungen aus der Literatur gewünscht. Bei Internetrecherchen jedoch war die Ausbeute eher dürftig. Mit jedem Buch, das auf den Markt kam, ist das Thema Service-Level-Management gewachsen. Erstaunlicherweise ist der Prozess Service-Level-Management dabei aber deutlich besser ausgestaltet und in der Literatur stärker präsent als Service-Level-Agreements. Gerade die Service-Level-Agreements jedoch sind die Kernobjekte des Service-Level-Managements, und deshalb sollte dieser Aspekt gleichwertig behandelt werden. Aus diesem Grund sind in dieses Buch bewährte Konzepte und umfassende Erfahrungen zu beiden Themenkomplexen aus meinen Beratungs-, Geschäftsführungs- und Schulungstätigkeiten sowie meinen wissenschaftlichen Arbeiten eingeflossen.

Standards wie CobiT, ISO 20000 und ITIL helfen uns, Service-Level-Management und Service-Level-Agreements einzuordnen und anzuwenden. Umfassende Gremienarbeit wie im itSMF (IT Service Management Forum) oder TeleManagement Forum hat wesentlich dazu beigetragen, dass SLAs von Dienstleistern sinnvoll eingesetzt werden können. Denn ein Umdenken hin zu serviceorientiertem Handeln kann nur dann stattfinden, wenn Anforderungen von Servicenehmern erkannt, aus ihrer Sicht beschrieben und auch nachgewiesen werden können. Die ausschließliche Berufung auf Standards ist dabei aber kein Garant für einen am Servicenehmerbedarf ausgerichteten operativen Betrieb. Vielmehr müssen neue, auf Standards aufbauende Konzepte entworfen werden, um Verbesserungen in der Umsetzung und Anwendung des hinter SLM und SLAs stehenden Grundgedankens zu erreichen. Denn der Schritt vom einfachen Rechenzentrum hin zum wertschöpfenden Dienstleister muss möglichst rasch vollzogen werden, um die von den nachfragenden internen oder externen Kunden dringend benötigte hohe Qualität erreichen und dauerhaft erhalten zu können. Der Weg zur »IT von der Stange« als Ziel wurde zwar bereits von mehreren Dienstleistern beschritten. Konzepte wie »IT aus der Steckdose« sind jedoch auf halbem Weg an der Systemkomplexität gescheitert [Grauer 2006; Gentzsch 2006]. Denn das Abstraktionsniveau der Standards behindert oft eine erfolgreiche Umsetzung. Es endet dort, wo ich beginnen möchte. Mein Ziel ist es mit dem vorliegenden Buch, nicht nur ein Bindeglied zu Ihrem Bedarf herzustellen, sondern Sie auch als Rechenzentrumsleiter, Service-Level-Manager oder IT-Berater sehr gut auf die Erstellung Ihres nächsten Service-Level-Agreements oder auf Ihr nächstes Service-Level-Management-Projekt vorzubereiten.

Mit einer Reihe von ausgestalteten Lösungen, die sich in der Praxis bewährt haben, werden Sie nicht nur Best Practices kennenlernen, sondern auch viele davon einfach direkt übernehmen können. Deshalb finden Sie in allen Kapiteln Praxislösungen. Meine langjährige Beratungserfahrung beruht auf diesen Praxislösungen. Sie sind mir eine große Hilfe, wenn es darum geht, Projekte zu beginnen. Dieses Wissen möchte ich mit Service-Level-Managern teilen, damit das Service-Level-Management weiterentwickelt werden kann und Service-Level-Agreements so gestaltet werden, dass beide Parteien in einer vertrauensvollen/von Vertrauen geprägten Kooperation zusammenarbeiten können. Mein Ziel ist es, Ihnen einen starken Impuls zu geben, um Ihr Service-Level-Management profitabel aufzubauen. In diesem Zusammenhang ist es mein Hauptanliegen, Ihnen als IT-Entscheider bzw. IT-Verantwortlichen pragmatische und vor allem praxistaugliche Lösungen für das Management von Service-Level-Agreements aufzuzeigen.

Robert Scholderer
Stuttgart, im April 2011

Danksagung

An erster Stelle danke ich Torsten Böttner, mit dem ich seit vielen Jahren zusammenarbeite. Gemeinsam haben wir viele SLAs erstellt oder überprüft. Ebenso haben wir die Konzepte unseres SLM-Prozesses täglich verbessert und diesen so stark industrialisiert, dass er effektiv bleibt, auch wenn sich die internen Organisationseinheiten wandeln.

Direkt neben dem Mann der Wirtschaft danke ich Herrn Prof. Dr. Jochen Seitz, der meine Habilitation als Erstgutachter begleitete. Seine Hinweise und präzise wissenschaftliche Herangehensweise haben mir viele neue Impulse gegeben, das SLM in sich stimmig aufzubauen und Lücken erkennen zu können. Sein umfassender Blick für das Ganze war prägend für die Konzepte.

Weiterhin danke ich Hagen Aescht und Michael Schmid für die vielen Diskussionen, die mir geholfen haben, das SLM einmal aus der Sicht des Contract-Managements zu sehen. Auch die Abstimmung zwischen den Verträgen hat mir viele Hinweise gegeben, wie sich SLAs hin zu anderen Vertragskonstrukten verhalten bzw. sich integrieren.

Ein Dank gebührt Nico Jäckel, meinem langjährigen Geschäftspartner der G-NE GmbH. Die intensiven Diskussionen und daraus entstandenen Veröffentlichungen waren Vorarbeiten für einige Teile dieses Buches. Die Konzepte sind oft aus Herausforderungen des operativen Geschäfts entstanden, um das SLM servicenehmerorientiert zu gestalten.

Einen Dank verdienen Jens Lukowski und Jens Stricker, auf deren Programmiergeschick hin viele Konzepte bewiesen wurden. Der manchmal unmenschliche Dauerprogrammiereinsatz hat gezeigt, welche Ideen zu theoretisch sind und welche sich auch tatsächlich umsetzen lassen.

Meinem Designer Arndt Knieper möchte ich einen Dank aussprechen. Auf sein Grafikerauge ist Verlass. In zahlreichen Diskussionen hat er gezeigt, wie sich viele Abbildungen vereinfachen lassen, sodass der Kern deutlicher erkennbar ist.

Ein herzliches Dankeschön geht an das Verlagsteam, das sich engagiert zur Abrundung des Buches eingesetzt und mir tatkräftig unter die Arme gegriffen hat. Ein besonderer Dank geht an Herrn Prof. Dr. Matthias Knoll, der den Grob- und Feinschliff am Manuskript vorgenommen hat.

Inhalt

»Anhand der Inhalte, der Form und der Konsistenz von SLAs lassen sich Rückschlüsse auf die Leistungsfähigkeit und die betriebliche Organisation eines Dienstleisters ziehen.«

[Fröschle und Kütz 2010, S. 311]

1 Einführung

Die Informationstechnologie (IT) zählt zu den tragenden Säulen einer modernen Industriegesellschaft und wird in Zukunft weiter in den beruflichen und privaten Bereich des Menschen vordringen. Das Schlagwort »Informationsgesellschaft« drückt diese Entwicklung treffend aus.

Damit die IT diese Rolle übernehmen kann, muss gewährleistet sein, dass die geforderte Funktionalität mit einer vorhersagbaren und garantierten Qualität erbracht wird. Erst durch eine die Qualitätseigenschaften überwachende Bereitstellung der Funktionalität im Rahmen sogenannter IT-Services wird sichergestellt, dass der Servicenehmer (also der Abnehmer der IT-Services und damit indirekt der Anwender oder Nutzer der dahinter stehenden IT-Systeme) die gewünschte Servicequalität erhält bzw. nutzen kann. Um einen IT-Betrieb qualitätsgesichert zu steuern und IT-Services bereitzustellen, sind die Methoden und Modelle von CobiT, ISO 20000 und ITIL geeignet (*www.icaca.com*, *www.iso20000.ch*, *www.itil-officialsite.com*). Auf sie wird deshalb im Folgenden intensiv eingegangen.

1.1 Einsatzfeld des Service-Level-Managements

Wie und wo wirkt Service-Level-Management?

Wenn Sie, liebe Leser, heute ein Produkt kaufen möchten und im Supermarkt zu einem Regal gehen, dann erwarten Sie, dass dieses Produkt dort steht. Wie viele Dienstleister, Netzwerke, Server und Anwendungen ineinandergreifen, um genau dieses Ziel zu erreichen, bleibt dem Endkunden verborgen. Die dahinter liegende Lieferkette enthält eine Vielzahl von Technologien zur Beherrschung der Logistik. Es bedarf eines hohen Expertenwissens, um die Komplexität und Abhängigkeiten zu verstehen. Die Logistik, die im Hintergrund wirkt, muss durchgängig korrekt und ausfallsicher konzipiert werden. Hierfür sind die Systeme entsprechend zusammenzuschalten, um den Weg für Ihr Produkt zu bahnen. Wenn Sie dann das Produkt in der Hand halten, damit zur Kasse gehen, und es würde in diesem Moment beispielsweise das Netzwerk, das die Kassen mit dem zentralen Warenwirtschaftssystem verbindet, nicht funktionieren, könnten Sie Ihr Produkt nicht kaufen.

Sie müssen sich in der Lieferkette also u.a. auf die IT verlassen können. Welche Technologien auch verwendet werden, dahinter verbirgt sich eine Vielzahl von Dienstleistern, die diese Technologien bereitstellen und betreiben. Zu deren Koordination leisten Service-Level-Manager einen Beitrag. Sie entwerfen Regelungen (Service-Level-Agreements), wie das Zusammenspiel funktionieren muss, damit in unserem Beispiel die gesamte Lieferkette, allgemein die Wertschöpfungskette, zum Endkunden steht, wenn dieser eine Dienstleistung oder ein Produkt nachfragt. Der Service-Level-Manager stimmt somit im Rahmen des Service-Level-Managements die für Ihre Dienstleistung oder Ihr Produkt notwendigen, auf IT-Systemen basierenden Einzelleistungen ab, die in der Wertschöpfungskette benötigt werden. Bei diesen Einzelleistungen handelt es sich um die Bereitstellung von sogenannten IT-Services, die stets aus Sicht des Abnehmenden (Servicenehmer) und unter den Aspekten Zuverlässigkeit, Berechenbarkeit und Kosten entsprechend für den Einsatz konfiguriert werden. Servicenehmer können Sie als Endkunde sein oder aber – deutlich häufiger – die jeweilige Fachabteilung des Unternehmens, bei dem Sie etwas erwerben, bzw. ein weiterer (IT-)Dienstleister. Je mehr Dienstleister zusammenwirken müssen, desto komplexer werden die Lieferketten. Es werden deshalb immer umfassendere Regelungen erforderlich, damit die Bereitstellung reibungslos funktioniert. Damit jeder Dienstleister in der Lieferkette weiß, was er vom Vorgänger erwartet und was er dem Nachfolger gegenüber leisten muss, wird die erwartete Qualität (Service-Level) fixiert. Dies ist erforderlich, damit im operativen Betrieb alles reibungslos ineinandergreift und bei – schwerwiegenden – Aus- oder Zwischenfällen feststeht, wie schnell man wieder zum störungsfreien operativen Betrieb in der Lieferkette zurückkehrt. Übertragen auf das Eingangsbeispiel bedeutet dies, wenn Ihr Produkt nicht im Regal steht, kann Ihnen der genaue Zeitpunkt der Wiederverfügbarkeit genannt werden.

Nach dieser Einführung werden die folgenden Kapitel für eine bessere Orientierung und Navigation im Buch kurz vorgestellt. Die Zusammenstellung der SLA- und SLM-Inhalte ist aufgrund der inhaltlichen Vielfalt in mehrere Kapitel aufgeteilt.

Kapitel 2
»IT-Standards für den Prozess Service-Level-Management«
Dieses Kapitel zeigt, wie sich das SLM historisch entwickelt hat. Dabei werden die Konzepte und Überlegungen, die auch heute noch für den Service-Level-Manager wichtig sind, herausgearbeitet. Anschließend folgen die aktuellen Standards ITIL V3, ISO 20000 und CobiT mit den neuen Konzepten und Anforderungen an das SLM. Darauf aufbauend werden die historischen und die aktuellen Standards konsolidiert und Praxislösungen entworfen.

Kapitel 3
»Entwurf von Service-Level-Agreements und Servicekatalogen«
In Kapitel 3 wird die Erstellung von SLAs konzeptionell und anhand von Beispielen aufgezeigt. Hier finden sich auch Themen wie Servicekatalog und Pönalenregelungen, um Regressansprüche geltend zu machen. Dem Service-Level-Manager wird mit dem hier entwickelten SOUSIS-Modell ein Konzept eröffnet, mit dem er SLAs einheitlich und beherrschbar erstellen und verwalten kann.

Kapitel 4
»Überwachung von Service-Level-Agreements«
Nachdem die SLAs entworfen wurden, müssen diese auf deren Einhaltung hin auch überwacht werden. Da die Überwachung ein eigener Themenkomplex ist, wird in Kapitel 4 ein systematisches Vorgehen aufgezeigt, wie sich Messungen geeignet einsetzen lassen. Die erforderliche Darstellung der Messergebnisse in Form von Reports wird ebenfalls anhand von Praxisbeispielen beschrieben.

Kapitel 5
»Werkbank für Service-Level-Manager: Arbeitskonzepte und Werkzeuge«
Für das Management von Service-Level-Agreements sind für den Service-Level-Manager auch Arbeitskonzepte und Werkzeuge notwendig. In Kapitel 5 erfährt der Service-Level-Manager, welche Arbeitskonzepte und Werkzeuge sich für ihn eignen. Die erforderlichen Bausteine, die einen Service-Level-Manager unterstützen, sind inhaltlich aufgeführt.

Kapitel 6
»Stolpersteine bei Service-Level-Agreements«
In jedem SLA-Projekt gibt es Herausforderungen. Damit der Service-Level-Manager entsprechend gewappnet ist, werden aus der Praxis Stolpersteine aufgezeigt. Somit erhält der Service-Level-Manager ein Spektrum an Erfahrungen, wenn er neu in die Thematik einsteigt, oder er erweitert seine Erfahrungen um die genannten Stolpersteine.

Kapitel 7
»Interviews und Fallbeispiel«
In Kapitel 7 werden Interviews mit Service-Level-Managern geführt, die ihre Rolle heute und auch in der Zukunft bewerten. Im Anschluss wird ein Fallbeispiel aus der Praxis ausführlich diskutiert und mit Mengenangaben und Einschätzungen für Manager aufgezeigt.

1.2 Zentrale Begriffe für Service-Level-Manager

In diesem Abschnitt werden die zentralen Begriffe, mit denen Service-Level-Manager tagtäglich arbeiten, eingeführt. Vermieden werden dabei theoretische Konzepte. Nur die tatsächlichen in der Praxis »gelebten« Definitionen sind genannt.

1.2.1 IT-Abteilung

Wenn in diesem Buch von einem »IT-Dienstleister«, der als Unternehmen IT-Services anbietet, gesprochen wird, so wird stets davon ausgegangen, dass dieser IT-Dienstleister aus organisatorischer Sicht intern in verschiedene IT-Abteilungen untergliedert ist. Diese IT-Abteilungen können entweder in die traditionellen Bereiche Netze, Server, Desktops oder auch nach ITIL-Prozessen wie Change-Management organisiert sein. Wichtig in diesem Zusammenhang ist, dass das Service-Level-Management selbst eine IT-Abteilung ist, die sich mit ihren Kollegen in den übrigen IT-Abteilungen abstimmt.

1.2.2 IT-Service

Das Verständnis des Begriffes IT-Service ist sehr unterschiedlich und wandelt sich hinsichtlich der darunter verstandenen Inhalte und seines Umfangs kontinuierlich. Aktuelle Beiträge in einschlägigen Veröffentlichungen (z.B. *http://whitepaper.cio.de*) und intensive Diskussionen in einschlägigen Fachgruppen unterstreichen diesen Trend. Nachfolgend wird die Entwicklung beispielhaft anhand der ITIL-Historie dargestellt, daran anschließend werden die in diesem Buch relevanten IT-Services definiert (*http://www.knowledgetransfer.net/dictionary/ITIL/en/IT_Service.htm*).

- **IT-Service (ITIL V1):**
  Ein IT-Service ist eine Reihe von Funktionen, die von IT-Systemen zur Unterstützung von einem oder mehreren Geschäftsfeldern zur Verfügung gestellt wird. Die Funktionen bestehen wiederum aus Software, Hardware und Kommunikationseinrichtungen, die durch den Servicenehmer als kohärente und in sich geschlossene Einheit wahrgenommen werden. Ein IT-Service kann vom Zugang zu einer einzigen Anwendung, wie z.B. ein Reservierungssystem, über eine komplexe Reihe von Einrichtungen, darunter viele Anwendungen sowie Büroautomatisierung, die über eine Reihe von Hardware- und Softwareplattformen verbreitet sind, reichen.
- **IT-Service (ITIL V2):**
  Ein IT-Service ist eine Gruppe von Komponenten, die zur Unterstützung eines oder mehrerer Geschäftsprozesse vorgesehen ist. Der IT-Service umfasst eine Reihe von Konfigurationselementen (Router, Arbeitsplatz) und wird vom Servicenehmer und Nutzer als eine in sich geschlossene, einheitliche, kohärente Einheit wahrgenommen.
- **IT-Service (ITIL V3):**
  Ein IT-Service ist eine Dienstleistung für einen oder mehrere Kunden von einem Dienstleister. Ein IT-Service basiert auf dem Einsatz von Informationstechnologie und unterstützt die Geschäftsprozesse des Servicenehmers.

> Ein IT-Service besteht aus einer Kombination von Menschen, Prozessen und Technologie und sollte in einem Service-Level-Agreement definiert werden.

Entlang der Historie zeigt sich, dass ein IT-Service aus der Perspektive des Servicenehmers von der zugrunde liegenden Leistungserbringung (Menschen, Prozessen und Technologie) abstrahiert.

Zu diesen IT-Services gehören etwa Kommunikations- und System- bzw. Anwendungsservices sowie Prozesse. Beispiele hierfür, die in diesem Buch genutzt werden, sind:

- **Standard-IT-Arbeitsplatz:**
  Ein Desktop-System wird für einen Benutzer an seinem Arbeitsplatz installiert, konfiguriert, angeschlossen und betriebsbereit geschaltet.
- **Hardware-Serverbetrieb:**
  Der Infrastruktur-Service »Hardware-Serverbetrieb« stellt abgenommene Betriebsystemplattformen im Bereich Windows und Unix zur Verfügung.
- **Fileserver:**
  Der IT-Service »Fileserver« umfasst die Bereitstellung von Gruppenlaufwerken (Gruppenshares) und expliziten Fileservern in fest definierten maximalen Größen.
- **Terminalserver:**
  Im Rahmen dieses IT-Service stellt der Dienstleister abgenommene Plattformen zur Verfügung.
- **Datenbankserver:**
  Der IT-Service »Datenbankserver« umfasst die Bereitstellung der Infrastruktur zum Test und zum Betrieb von Datenbanken der entsprechenden Hersteller. Im Rahmen dieses IT-Service wird auch der Betrieb der Datenbank bzw. der Datenbankumgebung angeboten.
- **EAI-Application Development:**
  Der EAI-Application-Development-Service unterstützt die Servicenehmer bei der Planung und Implementierung von Prozessen und Datentransfers zwischen unterschiedlichen IT-Systemen im Rahmen von Enterprise Application Integration (EAI).
- **EAI-System Maintenance & Operations:**
  Der EAI-Service beinhaltet das Schnittstellenmanagement zwischen operativen IT-Systemen einschließlich der notwendigen Datenkonvertierungen im Rahmen von Enterprise Application Integration.
- **IT-Security:**
  Der IT-Dienstleister bietet Servicenehmern auf Aufwandsbasis (i.d.R. Personentage) IT-Services im Bereich IT-Security an. Der IT-Dienstleister berät und unterstützt Servicenehmer hinsichtlich der Security-Aspekte bei der Konzeption, dem Aufbau, der Implementierung und dem Betrieb von IT-Systemen.

Dieses Buch beschäftigt sich vorwiegend mit IT-Services, die Dienstleister, die vernetzte Systeme betreiben, ihren Servicenehmern anbieten. IT-Services sind dadurch gekennzeichnet, dass sie in einer für den (fachlich oder technisch orientierten) Abnehmer verständlichen Form beschrieben sind und direkt durch Nutzung der Ressourcen von vernetzten IT-Systemen realisiert werden [Scholderer 2001].

1.2.3 Operational-Level-Agreement

Ein Operational-Level-Agreement (OLA) ist eine Vereinbarung, die intern, also innerhalb eines Unternehmens, zwischen unterschiedlichen Abteilungen getroffen wird. Der interne Betrieb größerer Rechenzentren ist meist in einzelne IT-Abteilungen für z.B. Serverbetrieb oder Applikations-Hosting aufgeteilt. Werden gegenüber Servicenehmern (Endkunden) komplexe Leistungen angeboten, die aus den IT-Services der jeweiligen Abteilungen zusammengesetzt werden, so sind nach ITIL Operation-Level-Agreements zu definieren [Bon 2008]. Das in diesem Buch erarbeitete Modell greift diese Tatsache auf und setzt das Zusammenspiel aus OLA und SLA über ein gemeinsames Template um. Dies bedeutet: Die Strukturen des IT-Servicekatalogs müssen grundsätzlich auch im Operational-Level-Agreement enthalten sein. Es sind zudem die Basisleistungen der IT in einem oder mehreren IT-Servicekatalogen zu definieren. Nach dem Angebot aus dem IT-Servicekatalog können die einzelnen IT-Abteilungen einen oder mehrere Services in einem OLA zusammenstellen. Basierend auf diesen OLAs können jetzt die Mengen und Service-Levels, wie Verfügbarkeit, mit einem zwischen Dienstleister und Servicenehmer vereinbarten SLA, das auf diesen OLAs aufsetzt, verglichen und abgestimmt werden.

OLAs werden in der Praxis in unterschiedlichen Ausprägungen vorgefunden. Dabei werden Umfang und Inhalt der IT-Services und die Definition der Qualitätsstandards mit einbezogen. Sanktionen bei Nichterfüllung werden in der Praxis nicht vereinbart. Eine Form von Sanktionen aber ist, die gezahlten Kosten für die IT-Services nicht vom Dienstleister, sondern vom Servicenehmer steuern zu lassen. Im Blickpunkt steht, dass die IT-Services verbessert werden (z.B. Anschaffung eines Backup-Servers).

Weil ein OLA eine unternehmens- bzw. konzerninterne Vereinbarung ist, entspricht ein OLA in der Regel keinem Vertrag im juristischen Sinne, sondern einer Dienstleistungsvereinbarung. Das OLA spezifiziert Liefer- und Leistungsbeziehungen zwischen den (beiden) internen Parteien.

Aufgrund des Szenarios, dass IT-Services von Dienstleistern oder über Drittdienstleister eingekauft und gegenüber Servicenehmern angeboten werden, folgt in der Praxis meist, dass OLAs maßgeblich die SLAs beeinflussen. In SLAs können die in OLAs geltenden Vereinbarungen, wie z.B. eine 99 %ige Verfügbarkeit, nicht über bzw. unter den Service-Levels abgeschlossen werden.

Der externe Servicenehmer muss wissen, was er vom Dienstleister erwarten kann (z.B. Einschränkungen aufgrund der eingesetzten Plattform). Weitere positive Argumente für die Nutzung von OLAs sind beispielsweise die Zufriedenheit der externen Servicenehmer, Schutz vor »schleichendem« Erwartungsdruck oder eine Ressourcenkontrolle. Um diese positiven Aspekte zu entfalten, müssen OLAs genau definierte und messbare Kennzahlen enthalten.

Setzt sich ein SLA aus IT-Services mehrerer zusammenwirkenden IT-Abteilungen eines Unternehmens zusammen, schließt die für das Service-Level-Management verantwortliche IT-Abteilung ein OLA mit diesem internen Dienstleistern ab (s. Abschnitt 3.1.3).

Praxishinweis:
OLAs entstehen immer nur im Zusammenhang mit SLAs, die von externen Servicenehmern gefordert werden [Fröschle und Kütz 2010].

1.2.4 Servicekatalog

Der Servicekatalog beschreibt IT-Services, die ein Dienstleister seinen Servicenehmern anbietet, in einer einheitlichen Systematik. Diese IT-Services sind Teil eines Serviceportfolios und dort nach Nutzenaspekten bewertet und gegliedert.

In einem Servicekatalog werden alle relevanten Leistungen (z.B. Service-Desk, Backup) einem IT-Service zugeordnet. Der Servicekatalog ist ein wichtiges Hilfsmittel, um auf Anforderungen des Servicenehmers optimal reagieren oder Service-Level-Agreements präzise erstellen zu können. Die Sicht des Servicenehmers ist entscheidend dafür, wie der Servicekatalog in seiner Ausrichtung konzipiert wird. Vor der Erstellung ist zu klären, um welche Zielgruppe es sich handelt. Ein Servicekatalog, der Technikern dienen soll, ist anders aufgebaut als für Entscheider auf Managementebene. Der Servicekatalog ist eine Leistung des operativen Betriebs und dem ITIL-Prozess Servicekatalogmanagement zugeordnet [IT Infrastructure Library 2004]. Die Pflege und Aktualisierung wird innerhalb des operativen Betriebs in Absprache mit den internen IT-Abteilungen sowie mit Fachabteilungen vorgenommen.

Den Einstieg in den Servicekatalog bilden die Vorgänge wie Auswahl und Buchung von IT-Services entlang des Prozesses Service-Level-Management. In diesen Vorgängen wird gegenüber dem Servicenehmer deutlich gemacht, wie man den Servicekatalog auf die SLAs oder auf die Änderung von Servicemerkmalen (z.B. Backup-Verfahren von einmal pro Tag auf laufende Sicherungen wie write-through umstellen) anwenden kann. Abbildung 1–1 zeigt, wie ein Servicekatalog aufgebaut sein kann (s. Abschnitt 3.2).

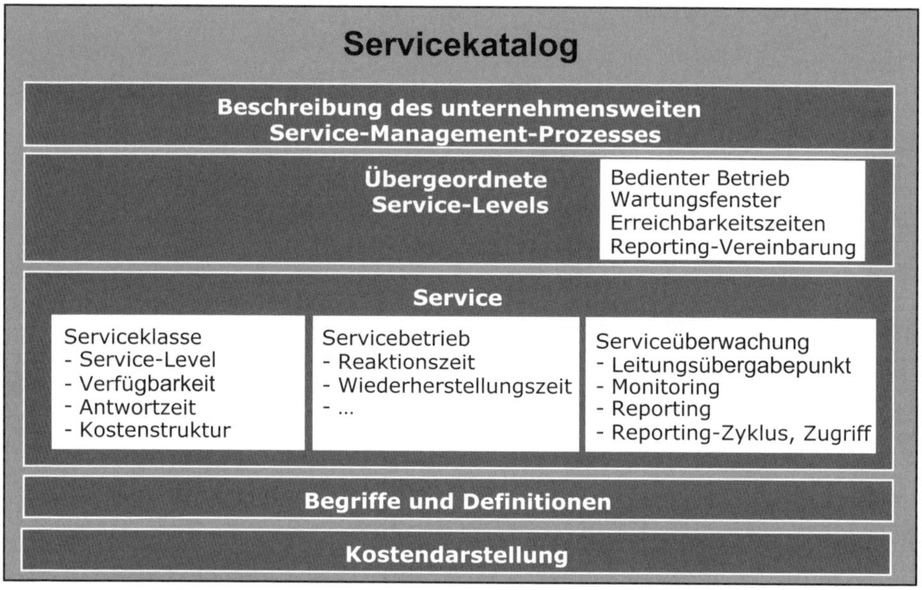

Abb. 1–1 *Servicekatalog*

Die folgenden Punkte sollten in einem Servicekatalog vorhanden sein:

- **Prozessbeschreibung:**
  Eine Beschreibung des Service-Management-Prozesses des Dienstleisters, damit der Servicenehmer die für ihn bereitgestellten Anforderungs- und Bestellvorgänge nachvollziehen kann.
- **Übergeordnete Service-Levels:**
  In diesen übergeordneten Service-Levels sind die zentralen Werte (z.B. Betriebs- und Servicezeiten), die den Betrieb der IT-Services operativ ermöglichen, explizit genannt. Diese Werte bilden also die »übergeordneten Service-Levels«. Sie gelten für alle IT-Services und sollten für spezielle IT-Services nicht verändert werden.
- **Service:**
  Das Element »Service« nimmt alle Aspekte wie z.B. Verfügbarkeit, Antwortzeit mit einem vordefinierten Template auf. Für das Element Service können zusätzlich Leistungskategorien wie z.B. »Gold«, »Silber« oder »Bronze« definiert werden, um dadurch bei vielen Services eine Strukturierung zu erhalten. Eine solche Strukturierung ist jedoch nicht bindend und kann ggf. bei einzelnen IT-Services aufgehoben werden. Letztlich kommt nur der IT-Service zum Tragen. Diese Flexibilität ist deshalb wichtig, da IT-Services je nach Anwendungsfall unterschiedlich strukturiert werden müssen. Eine starre Hierarchie ist aus diesem Grund nicht sinnvoll und dauerhaft aufrechtzuhalten.

- **Begriffe und Definitionen:**
  An das Element Service schließt der Bereich »Begriffe und Definitionen« an. Hier werden, ähnlich wie bei einem Glossar, die Begriffe eingeführt und kurz erläutert sowie bestimmte Definitionen für Kennzahlen zur Leistungsmessung und Qualitätssicherung vorgenommen.
- **Kosten:**
  Das abschließende Element wird separat von den IT-Services definiert und behandelt die Kosten, die für einen IT-Service berechnet werden. Diese komprimierte Darstellung aller IT-Services in einer »Preisliste« erlaubt ein kontinuierliches Aktualisieren der Kosten an einem Ort, ohne Änderungen in den Dokumentationen der IT-Services vornehmen zu müssen. Außerdem kann der Servicekatalog so ggf. auch ohne Preisliste an Servicenehmer zur Ansicht weitergegeben werden. Dies ist szenariospezifisch zu berücksichtigen, denn für eine IT-Lösung mittels IT-Services können und müssen bestimmte Bereiche auch individuell kalkuliert werden, sodass eine starre Preisliste kontraproduktiv und somit nicht zielführend wäre.

Der Servicekatalog kann jedoch nicht als vollständiges Kompendium betrachtet werden, das alle Anforderungen im Speziellen behandeln kann. Die zentralen Charakteristika eines IT-Service werden prägnant beschrieben und bestimmte wiederkehrende Serviceklassen vereinheitlicht dargestellt. Die Zuteilung betrieblicher Zuständigkeiten wird dem Verhandlungsprozess überlassen. Der Servicekatalog dient dazu, die Eckpunkte eines IT-Service festzulegen. In der konkreten Umsetzung müssen diese beschrieben und ausgestaltet werden. Der Servicekatalog beschränkt sich auf Aspekte der Erbringung des IT-Service. Die Auslieferung von IT-Services mit Lieferzeiten wird hier nicht berücksichtigt und ist daher – wie die oben genannten weiteren Aspekte – gesondert im Service-Level-Agreement beschrieben.

> **Praxishinweis:**
> Wenn Servicenehmer umfangreiche IT-Services buchen, dann hat der IT-Servicekatalog sein Ziel erreicht und ist über den Status »Visitenkarte der IT« hinausgewachsen [Fröschle und Kütz 2010].

1.2.5 Service-Levels

Ein Service-Level quantifiziert einen IT-Service [Kütz 2010]. Es handelt sich dabei um Ausdrücke, deren Ergebnis eine Eigenschaft der Dienstleistung charakterisiert. Service-Levels müssen demzufolge Ausdrücke mit einfachen, eindeutig interpretierbaren Ergebnissen beinhalten, wie z.B. »true« und »false« oder die Farben einer Ampel, damit deutlich wird, wann Service-Level nicht eingehalten worden sind [Schmidt 2001]. Bei der begrifflichen Einführung zu den Service-

Levels kann zwischen Topkennzahlen, Ergebniskennzahlen und Leistungstreibern unterschieden werden. Anhand von Beispielen aus dem IT-Anwendungsbereich Service-Desk lassen sich diese Service-Levels anschaulich erläutern [Bernhard 2004]: Die Topkennzahlen vermitteln die gesamte Serviceleistung des Dienstleisters gegenüber dem Servicenehmer, z.B. der Customer-Service-Index aus einer IT-Kundenbefragung [Lohrmann u.a. 1997]. Die Ergebniskennzahlen sind Kennzahlen, die gegenüber dem Servicenehmer kommuniziert werden, z.B. Verfügbarkeit, Wiederherstellungszeit, Reaktionszeit (s. Abschnitte 3.3.2, 3.3.3 und 3.3.4). In Abbildung 1–2 ist der Zusammenhang zwischen den unterschiedlichen Kennzahlentypen, den Leistungstreibern und verschiedenen IT-Bereichen detailliert dargestellt. Entscheidend ist dabei, dass die Ergebniskennzahlen und die Leistungstreiber der einzelnen IT-Einheiten die Basis für die Ermittlung der Topkennzahl bilden.

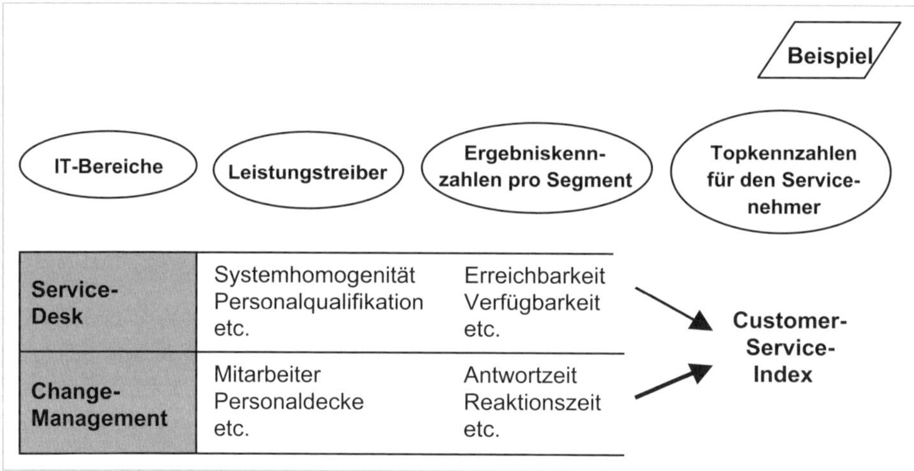

Abb. 1–2 *Zusammenhang zwischen Top-, Ergebniskennzahlen, Leistungstreiber [Bernhard 2004]*

Die Zusammenhänge sollen am Beispiel des Service-Desk eingehender betrachtet werden:. Wie bereits erläutert, stellt der Customer-Service-Index (oder Customer-Satisfaction-Index) eine Topkennzahl dar. Im Customer-Service-Index wird ein Messverfahren festgelegt, wonach die generelle Zufriedenheit des Benutzers mit dem Dienstleister festgestellt wird [Söbbing 2002]. So können z.B. alle Benutzer, die mit dem Service-Desk in Verbindung stehen, nach ihrer Zufriedenheit mit der Entstörung oder der Erreichbarkeit befragt werden. Diese Befragung kann hinsichtlich des Detaillierungsgrades nach Bedarf und IT-Bereich beliebig gestaltet werden. Zu typischen Service-Levels gehören z.B. Antwortzeit, Reaktionszeit, Verfügbarkeit, Wiederherstellungszeit oder max. Datenverlust [Müller 1999]. Im Fall des Service-Desks wurden die Service-Levels Erreichbarkeit, Reaktions- und Annahmezeit ausgewählt. Die Verfügbarkeit beschreibt, inwiefern ein IT-System in der vereinbarten Betriebszeit zur Verfügung steht. Ein IT-System mag durchaus laufen, doch wenn es mit Transaktionen beschäftigt ist und dadurch kein anderer Benutzer Zugriff erhält, ist das IT-System in diesem Moment nicht verfügbar. Alle Anwendungsbereiche der IT Infrastructure Library lassen sich durch Service-Levels definieren [IT Infrastructure Library 2004].

1.2.6 Service-Level-Agreement und Underpinning Contract

Ein Service-Level-Agreement (SLA) ist ein Servicevertrag, der die Servicenehmer-Dienstleister-Beziehung beschreibt und regelt (s. Abschnitt 3.4.2). Die Erstellung und Überwachung bzgl. der Einhaltung des vereinbarten IT-Service sind im ITIL-Prozess Service-Level-Management (SLM) verankert [IT Infrastructure Library 2004].

Werden die einzelnen Wörter des Begriffs Service-Level-Agreement untersucht, so geben diese bereits Hinweise auf den Begriffsgegenstand:

- Service (engl. Dienst, Dienstleistung):
  Bringt zum Ausdruck, dass es inhaltlich um den Objektbereich des IT-Service geht.
- Level (Übersetzung in diesem Kontext: Niveau):
  In Kombination mit dem ersten Wort Service führt dies zu dem Begriff Dienstleistungsniveau bzw. Dienstleistungsstandard (Service-Level).
- Agreement (engl. Vereinbarung):
  Zustimmung oder Vereinbarungen zwischen in der Regel zwei Parteien.

Ein SLA ist eine nicht notwendigerweise formale, aber immer schriftlich dokumentierte, für einen festgelegten Zeitraum abgeschlossene Vereinbarung zwischen einem Auftraggeber (Servicenehmer) und einem Auftragnehmer (Dienstleister). Dabei muss der Auftraggeber nicht notwendigerweise der Anwender des beschriebenen IT-Service sein. Ein SLA wird dazu genutzt, Erwartungen zu identifizieren, Verantwortlichkeiten zu klären und die Kommunikation (z.B. Eskalationsprozeduren, Notfallprozeduren) zwischen einem Auftragnehmer und seinem Auftraggeber zu steuern. Ebenfalls geregelt werden finanzielle Ausgleichszahlungen für die Leistungserbringung, aber auch bei einem Leistungsausfall. Ein SLA definiert Verfahren, die den Nachweis der Einhaltung der Service-Levels regeln, sowie Konsequenzen für den Fall der Abweichung von vereinbarten Service-Levels. Bei einer Nicht- oder Schlechtleistung kann der Servicenehmer auf diesem Weg vom Dienstleister einen Teil der Ausgleichszahlungen einbehalten oder dessen Verwendungszweck bestimmen. Wichtige Voraussetzungen vor der Vereinbarung von Bonus-Malus-Regelungen sind erfolgreiche Servicetests, um die festgelegten Anforderungen auch erfüllen zu können.

Wichtige, im Zusammenhang mit SLAs zu benennende Inhalte und festzulegende Aspekte sind:

- Beschreibung der Vertragspartner
- Eskalationspfade
- Bonus-Malus-Regelungen bei Nicht- oder Schlechterfüllung
- Kündigung, Ausstiegsklauseln
- Beschreibung des Service, der Servicequalität und Serviceprozesse

Die Definition der durch den Dienstleister zu erbringenden Qualität der Dienstleistungen erfolgt durch die Festlegung von einzuhaltenden Service-Levels (Sollwerten) für bestimmte, gemeinsam definierte, quantifizierbare und für den Auftraggeber relevante Merkmale der IT-Services, die durch Kennzahlen ausgedrückt werden. Typische Service-Levels im Zusammenhang mit SLAs sind:

- Übertragungszeiten, Verfügbarkeit, Antwortzeiten der Applikation
- Betriebszeiten, Problemlösungszeiten, geplante Ausfallzeiten
- Zeitvorgabe für die Annahme von Anrufen

SLAs können nach dem Tätigkeitsbereich des Dienstleisters wie folgt untergliedert werden:

- **Technische SLAs:**
  Sie werden zwischen IT-Dienstleistern abgeschlossen, die eher auf spezifische technische Anforderungen bzw. technische Merkmale von IT-Services eingehen möchten, und setzen bei beiden Partnern ein tieferes technisches Verständnis voraus. Beispiel: Betrieb eines Servers, eines Netzwerks sowie der benötigten Endgeräte.
- **Geschäftsprozessbezogene SLAs:**
  Sie müssen auf die Belange von Endanwendern eingehen, die weniger an technischen Details interessiert sind, sondern vielmehr am Nutzen für betriebliche Aufgaben. Beispiel: Erbringung eines Geschäftsprozesses, der auf den Betrieb einer oder mehrerer Anwendungen zurückgreift – im SLA als IT-Services dokumentiert – und weitere manuelle Tätigkeiten beinhaltet.

Eine besondere Form von SLAs sind Underpinning Contracts (UC). Als UC bezeichnet man alle SLAs, die IT-Services enthalten, die von Drittdienstleistern bezogen werden. Der Begriff UC ist somit ein Konzept zur besseren inhaltlichen und organisatorischen Differenzierung: Ein Vertrag zwischen dem Servicenehmer und einem IT-Dienstleister wird SLA genannt. Ein Vertrag zwischen dem IT-Dienstleister und seinen Drittdienstleistern hingegen wird als UC bezeichnet. Hingewiesen sei darauf, dass es sich bei der Abgrenzung von SLA und UC um ein Konzept handelt. In der Praxis sind alle Dokumente mit dem Begriff SLA überschrieben.

Praxishinweis:
Anhand der Inhalte, der Form und der Konsistenz von Service-Level-Agreements lassen sich Rückschlüsse auf die Leistungsfähigkeit und die betriebliche Organisation eines Anbieters ziehen [Fröschle und Kütz 2010].

1.2.7 Service-Level-Manager

Der Service-Level-Manager trägt die Verantwortung für das Verhandeln von Service-Level-Vereinbarungen und stellt sicher, dass diese auch erfüllt werden (s. Abschnitt 2.4). Er gewährleistet, dass alle IT-Service-Management-Prozesse, Vereinbarungen auf Betriebsebene (Operational-Level-Agreements) und Verträge mit Drittparteien (Underpinning Contracts) geeignet sind, um die Ziele der vereinbaren Service-Levels zu erreichen. Der Service-Level-Manager überwacht die Service-Levels und stellt regelmäßig zu vereinbarten Zeitpunkten einen entsprechenden Report zu den Service-Levels zur Verfügung. Zu seinen Aufgaben gehören:

- Erstellung und Aktualisierung des Servicekatalogs
- Aufnahme der geschäftlichen Anforderungen von Servicenehmern
- Definition von SLAs und Service-Levels
- Monitoring definierter SLAs, um deren Einhaltung zu überwachen
- Proaktiv bei drohenden SLA-Verletzungen auf den Servicenehmer zugehen
- Festlegung, Prüfung und Verteilung der entsprechenden Reports
- Regelmäßiges Überprüfen, ob SLAs ihre vordefinierten Ziele erreichen
- Optimierung und Anpassung bestehender Verträge
- Entwicklung und Verwaltung von unterstützenden Verträgen von Drittdienstleistern

Der Service-Level-Manager vermittelt zwischen mehreren Stellen. Die Inhalte zur Erstellung von SLAs werden selten aus einer Hand geliefert, meist sind verschiedene Abteilungen beteiligt. Der Einkauf verhandelt Formelles und Rahmenbedingungen, z.B. Preis und Wartungskosten, allgemeine Geschäftsbedingungen, Mängelfristen. Der Fachbereich definiert den Inhalt, also die Software und/oder Leistung. Die IT hat technische Vorgaben für die Integration und die Standards im eigenen Rechenzentrum. Der Projektleiter des Projekts benötigt klare Regeln über die Abwicklung des Projekts, Eskalationslinien, Änderungsverfahren. Das Rechnungswesen braucht eine budgetäre Sicht, die auch erwartete Änderungen einschließt, aktivierbare und nicht aktivierbare Teile trennt und die Abwicklung künftiger Wartungsleistungen regelt. Der Service-Level-Manager stellt die relevanten Inhalte den entsprechenden Anforderungen der gegenüberstehenden Vertragspartci zur gemeinsamen Verhandlung und Abstimmung im SLA zusammen.

Die Verwaltung von SLAs umfasst den strukturierten Aufbau von vertragsrelevanten Metainformationen zu SLAs und deren Inhalte. Ebenso zum SLM zählt die nachhaltige Verbesserung des SLM-Prozesses, um effektiv und effizient SLAs verwalten zu können. Der Service-Level-Manager überwacht Kündigungstermine und sonstige Fristen.

1.2.8 Service-Level-Management

Als Service-Level-Management (SLM) bezeichnet man die Steuerung und Sicherstellung einer ausreichenden Servicequalität in Übereinstimmung mit Geschäftsprioritäten und akzeptablen Kosten. Dies soll zur Verbesserung von IT-Services für alle IT-Benutzer führen (s. Abschnitt 2.4).

Werden Service-Level-Agreements (SLAs) oder Underpinning Contracts (UC) in einer IT-Outsourcing-Beziehung eingesetzt, müssen zusätzlich immer SLM-Prozesse etabliert werden. Dies bedeutet, dass der IT-Dienstleister durch ein geeignetes IT-Management sicherstellen muss, dass die festgelegten IT-Services in der zuvor definierten Qualität erbracht werden. SLM ist weder eine Technologie noch eine einmalige Einführung von SLAs. Vielmehr handelt es sich um einen kontinuierlichen Prozess, der als zentrales Ziel die Umsetzung des »Servicegedankens« und die stetige Optimierung der Servicequalität verfolgt.

Um die Lücke zwischen den Bedürfnissen des Servicenehmers und den vertraglichen Vereinbarungen möglichst gering zu halten, reichen demzufolge die statische Definition von SLAs und das Monitoring dieser Vereinbarungen nicht aus. Vielmehr muss ein kontinuierlicher Ablauf aufgebaut werden, der im Wesentlichen aus vier Teilprozessen besteht:

- Festlegung und Anpassung der Serviceziele und Service-Level-Kennzahlen
- Management der definierten Ziele hinsichtlich Leistung, Kosten und Qualität
- Leistungsnachweis der erbrachten Serviceleistung
- Verbesserung und Optimierung der Leistungsfähigkeit

Innerhalb des SLM-Prozesses existiert eine Vielzahl von Rollen, um den IT-Service an den Servicenehmer auszuliefern. Um Unstimmigkeiten über die Art des zu liefernden IT-Service zu vermeiden, ist die gegenseitige Erwartungshaltung zu gewährleisten. Die Ausprägung des Service-Level-Managements unterscheidet sich deutlich entsprechend der Art der IT-Services, die ein Rechenzentrum anbietet. Werden kleinere und stark vorkonfektionierte Lösungen für bestimmte Zielgruppen angeboten, so wählt der Servicenehmer aus dem Servicekatalog aus, und anschließend kommt das SLA zustande. Anders verhält sich das Service-Level-Management für große IT-Lösungen, z.B. das Outsourcing von 4000 Servern und 600 Applikationen. Deutlich ist, dass auch hier ein Servicekatalog benötigt wird, um die Komplexität zu beherrschen. Die Abstimmung mit allen Fach- und/oder IT-Abteilungen ist dennoch erforderlich, da bestimmte Details (z.B. welche Underpinning Contracts mit gelten) zu klären sind. Das Service-Level-Management verringert diesen Abstimmungsanteil durch Ergänzung des Servicekatalogs um entsprechende Parameter (z.B. Verweise auf relevante Underpinning Contracts).

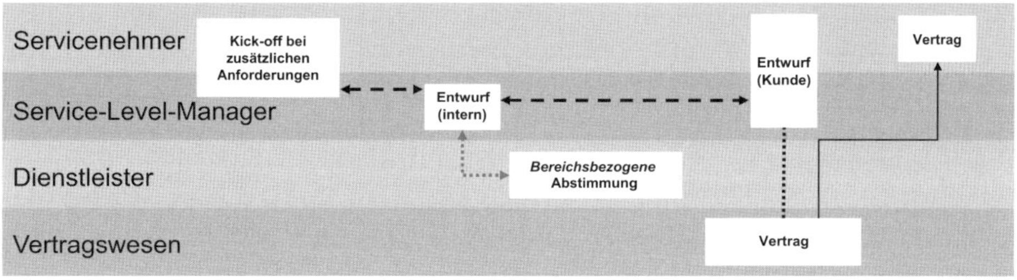

Abb. 1–3 *SLM-Prozess*

Der Ablauf des Service-Level-Managements sieht wie in folgt aus (s. Abb. 1–3). Der Servicenehmer kann aus einem Servicekatalog oder einem vorkonfektionierten Serviceangebot seinen benötigten IT-Service auswählen oder individuell Service-Level-Requirements formulieren. Entweder entsteht direkt der IT-Rahmenvertrag, unter dem weitere einzelne SLAs angeordnet werden können, oder es werden Treffen einberufen, um die Anforderungen seitens des Servicenehmers genauer abzustimmen. Im Service-Level-Management entsteht in der Aktivität SLA-Eingang der erste Entwurf eines SLA für den Servicenehmer. Hierfür können ggf. bereichsbezogene Abstimmungen stattfinden. Anschließend wird der intern abgestimmte Entwurf mit dem Servicenehmer diskutiert. Je nach Status des SLA erfolgt eine neue Abstimmungsrunde oder der Entwurf wird als IT-Rahmenvertrag formuliert. Die Bereiche Vertragsmanagement und IT-Controlling übernehmen hier die tragende Rolle. Das Outsourcing-Projekt kommt durch den SLA-Abschluss zustande. Das SLA wird zusammen mit einem IT-Rahmenvertrag verabschiedet. Parallel mit dem neuen SLA werden die Aktivitäten SLA-Überwachung und SLA-Verwaltung gestartet. Der Lebenszyklus eines SLA beinhaltet ebenso Änderungen am SLA, wenn der IT-Service nachgebessert wird. Das SLA endet nach seiner Laufzeit oder wenn der Servicenehmer die Kündigungsfrist einhält [Fröschle und Kütz 2010].

1.2.9 Service-Management

Unter Service-Management (SM) versteht man die Schnittstelle zwischen dem Servicenehmer und den angebotenen Produkten eines Dienstleisters. Der Begriff Service-Management wird im IT-Management häufig synonym mit den Begriffen Business-Service-Management und IT-Service-Management (ITSM) verwendet (s. Abschnitte 2.1 und 2.2).

Unternehmen beziehen immer mehr und vor allem neue IT-Services von Dienstleistern. Damit die Versorgung kontinuierlich aufrechterhalten werden kann, ist es notwendig, dass IT-Dienstleister sich entsprechend auf diesen Bedarf einstellen und ein serviceorientiertes IT-Management implementieren. Die darin gewonnenen Serviceinformationen werden dem Service-Interaction-Management zur Verfügung gestellt. Komplexe vernetzte Systeme, auf deren Basis IT-Services für eine große Anzahl von Benutzern bereitgestellt werden, laufen nicht von selbst – sie benötigen ein IT-Service-Management. Das Service-Management führt weg vom einfachen Rechenzentrum hin zum wertschöpfenden IT-Betrieb. Beschränkten sich Dienstleister bisher auf die reine Beherrschung der Informationstechnologie und die Anpassung von innovativen Technologien, so wird jetzt verlangt, dass der Dienstleister IT-Services anbietet, die die strategischen Geschäftsprozesse des Unternehmens unterstützen. Der Fokus wird somit auf die Kunden- und Serviceorientierung gelegt. In dieser Rolle legt das SM fest, wie diese Kunden- und Serviceorientierung aufgebaut, koordiniert und umgesetzt werden kann. Diese Änderung der Servicekultur beginnt intern mit Operational-Level-Agreements (OLA).

Das SM klärt in diesem Zusammenhang zwei Fragenkomplexe. Zum einen wird festgelegt, welche Services der Servicenehmer wahrnimmt, und zum anderen werden Maßnahmen und Methoden definiert, die erforderlich sind, damit diese IT-Services geeignet bereitgestellt und betrieben werden können.

IT-Services

Für ein geeignetes SM ist es erforderlich festzustellen welche IT-Services unternehmenskritisch sind. Dies wird meist sowohl aus der Bedeutung der Geschäftsprozesse abgeleitet als auch aus der Integrationstiefe der IT-Services in die Geschäftsprozesse. Bei den IT-Services handelt es sich oft um Applikationen und Infrastruktur-Services (z.B. LAN, WAN), die Geschäftsprozesse des Servicenehmers unterstützen und somit effizienter gestalten. Je weiter ein IT-Service in einen Geschäftsprozess integriert ist, desto stärker wirken sich Ausfälle und Störungen auf den Geschäftsbetrieb aus. Entscheidend ist also, wie bedeutend und wie ausfallsicher die IT-Services sind bzw. sein müssen. Das zugrunde liegende Konzept des ITIL-Prozesses Service Validation and Testing [IT Infrastructure Library 2004] zielt darauf ab, dass die Geschäftsprozesse, entgegen den technischen Widrigkeiten, möglichst störungsfrei bzw. störungsarm erbracht werden. ISO/IEC 20000 [Andenmatten 2008] definiert außerdem einen Prozess für die Planung und Umsetzung von neuen oder geänderten Services (Planning & Implementation new or changed Services). Für die neuen und geänderten Services soll gemäß den kalkulierten Kosten die vereinbarte Servicequalität erbracht werden.

Prozesse

Zur Leistungserbringung wird im SM als Konzept ein prozessbasierter Ansatz gewählt, der alle an der Wertschöpfungskette eines oder mehrerer IT-Services beteiligten Abläufe und Infrastrukturen beschreibt. Zur Implementierung sind entsprechende Prozesse aufzubauen. Diese Prozesse werden dem SM zugeordnet. Die SLAs zwischen Servicenehmern und Dienstleistern veranlassen den Betreiber, alle Prozesse auf die Erfüllung der vom Benutzer gestellten Anforderungen auszurichten. Ist eine Erfüllung nicht gegeben oder liegt eine Übererfüllung vor, so regelt ein Bonus-Malus-System die Leistungsverrechnung. Die Orientierung an den dafür notwendigen Prozessen zur Erfüllung des SLA führt zu einem erhöhten Erfolgsdruck für den Betreiber, bietet im Bonusfall aber auch Anreize zur Effizienz- und Effektivitätsverbesserung. Unter anderem müssen die Prozesse in bestimmter Zeit durchlaufen werden, um die in den SLAs festgeschriebenen Zeit- und Terminabsprachen einhalten zu können. Das SM koordiniert die Prozesse so, dass die Leistungserbringung strukturiert erfolgt und im Fehlerfall dedizierte Vorgehensweise dazu führen, dass die Leistungserbringung schnellstmöglich wieder fehlerfrei erbracht wird.

Praxishinweis:
Es bestehen alternative Möglichkeiten zur Strukturierung der Prozesse des SM. Rahmenwerke wie Control Objectives for Information and Related Technology (CobiT, *www.isaca.com*), IT Infrastructure Library (*www.itil-officialsite.com*), Enhanced Telecom Operations Map (eTOM, *www.tmforum.org*), Microsoft Operations Framework (MOF, *www.microsoft.com*), Integrated Service-Management (ISM, *www.kpn.com*) und Information Technology Process Model (ITPM, *www.ibm.com*) liefern mit unterschiedlichen Schwerpunkten Ansätze, wie ein SM geeignet aufgebaut werden kann [Fröschle und Kütz 2010].

1.2.10 Service-Level-Management-Werkzeuge

SLM-Werkzeuge implementieren das im Folgenden vorgestellte SOUSIS-Modell sowie das zwingend notwendige Mess- und Reporting-Konzept. Die Servicewerkzeuge sind dabei modular aufgebaut, sodass ein oder mehrere funktionale Module mit einem am Markt verfügbaren SLM-Werkzeug umgesetzt werden können.

1.3 Herausforderung: Service-Level-Management

Die Herausforderung, die ein Service-Level-Management darstellt, lässt sich an Abbildung 1–4 veranschaulichen.

Der obere Teil der Abbildung zeigt, dass ein Servicenehmer, der interne Prozesse auslagern will, sowohl eigene Wünsche als auch bestimmte eigene Zwänge an den Dienstleister heranträgt. Wünsche sind dabei z.B. Kostenvorstellungen (als eine Verhandlungsbasis), Dienste und Dienstqualität. Unter Zwängen versteht man z.B. das Budget (das maximal ökonomisch Realisierbare oder Sinnvolle), die Verwendung von Legacy Systemen, Integrationsanforderungen, Netzwerktopologien und zu viel oder zu wenig Personal mit einem bestimmten Qualifikationsprofil. Der Dienstleister selbst unterliegt durch seine eigene Organisation bzw. seine technische Infrastruktur ebenfalls Zwängen. Fasst man die

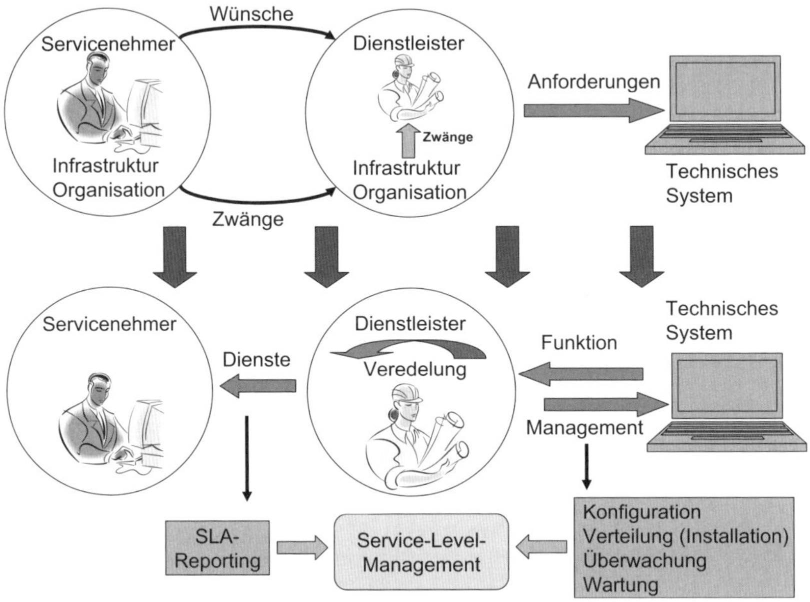

Abb. 1–4 *Herausforderung: Service-Level-Management*

Zwänge und Wünsche des Servicenehmers mit den Vorgaben des Dienstleisters zusammen, so ergeben sich exakte Anforderungen an ein technisches System. Der untere Teil der Abbildung zeigt, wie das Service-Level-Management des Dienstleisters abläuft. Das technische Gesamtsystem muss zunächst vom Dienstleister installiert und konfiguriert werden. Dies ist als Prozess zu sehen, der auch im Tagesbetrieb weiterläuft, z.B. wenn das System erweitert wird. Ferner muss das System permanent überwacht und gewartet werden. Das System selbst leistet eine Funktion, die vom Dienstleister veredelt werden kann. Als Beispiel könnte man ein laufendes Anwendungssystem sehen. Dessen Funktionalität wird nun vom Dienstleister veredelt, indem der Dienstleister beispielsweise die Gehaltsabrechnung des Servicenehmers darauf durchführt. Dieser sogenannte IT-Service wird für den Servicenehmer erbracht.

Bevor ein Outsourcing-Vertrag abgeschlossen wird, sollte ein Service-Level-Agreement zwischen Servicenehmer und Dienstleister angefertigt werden, in dem Vereinbarungen bzgl. des Erbringens von Leistungen beider Seiten festgehalten werden. Gleichzeitig werden alle erbrachten Dienste im Reporting festgehalten. Falls es Abweichungen zu den in Service-Level-Agreements vereinbarten Größen gibt, werden diese ebenfalls dort festgehalten. Außerdem muss ein laufendes Management des technischen Systems stattfinden, um die vereinbarten Service-Levels einzuhalten. Einerseits vergleicht das Service-Level-Management die technischen Größen, die beim Betrieb eines technischen Systems auftreten, mit denen in Service-Level-Agreements festgelegten Kennzahlen der Service-Levels, meldet Abweichungen und kontrolliert damit den Betrieb des technischen Systems.

Andererseits ist dieser Vergleich nicht immer direkt möglich. Insbesondere geschäftsprozessbezogene SLAs erfordern mitunter eine Transformation technischer Größen in die im SLA definierten Kennzahlen zur Messung der Einhaltung von Service-Levels.

1.3.1 Unterscheidung zwischen Service-Level-Agreements und Operational-Level-Agreements

Bevor nun SLAs, OLAs und UCs konkret ausformuliert werden, lohnt sich ein Blick durch die Brille der Juristen, die diese SLAs sehen und auch deren Tragweite und Unterschiede definieren. SLAs können für unterschiedliche IT-Services und an unterschiedlichen Schnittstellen der Wertschöpfungskette definiert werden. Eine grundlegende Systematisierung von SLAs lässt sich anhand der Art der Beziehungen zwischen den beteiligten Akteuren vornehmen [Scholderer 2002a]. Der Servicenehmer und der Dienstleister können entweder der gleichen juristischen Person angehören (interne Einheiten eines Unternehmens) oder jeweils rechtlich voneinander unabhängige Unternehmen darstellen (eigene juristische Personen). Dementsprechend wird an dieser Stelle im Prinzip eine Unterscheidung zwischen SLAs (zwischenbetrieblichen Vereinbarungen) und OLAs (innerbetrieblichen Vereinbarungen) vorgenommen. Bestehen wirtschaftliche Beziehungen zwischen Dienstleister und Servicenehmer, so lassen sich SLAs unterscheiden, die zwischen wirtschaftlich voneinander unabhängigen Unternehmen oder zwischen wirtschaftlich miteinander verbundenen Einheiten (innerhalb von Unternehmen oder Konzernen) abgeschlossen werden. Auch an dieser Stelle ließe sich eine Unterscheidung nach OLAs und SLAs aufstellen. Abbildung 1–5 stellt das grafisch dar.

Aus Gründen der Komplexitätsreduktion wird im Folgenden lediglich zwischen OLAs und SLAs differenziert. Bei SLAs gelten Vereinbarungen zwischen rechtlich und wirtschaftlich unabhängigen Unternehmen. ITIL definiert diese SLAs als Underpinning Contracts [IT Infrastructure Library 2004]. Bei OLAs gelten Vereinbarungen innerhalb der Unternehmen [IT Infrastructure Library 2004]. Konzerninterne Vereinbarungen können sowohl als OLAs als auch als SLAs eingestuft werden, da sie Merkmale interner (aufgrund der bestehenden wirtschaftlichen Abhängigkeit) als auch SLAs (beide Partner stellen eine juristische Person dar) aufweisen [Berger 2005]. Im Folgenden werden die Anwendungsbereiche von SLAs anhand konkreter Beispiele dargestellt. Bei OLAs lässt sich unter organisatorischen Aspekten als Anwendungsbereich die Regelung von Leistungsbeziehungen innerhalb eines Unternehmens nennen. In einer Spartenorganisation beispielsweise können die OLAs zur Abstimmung des Leistungsaustauschs zwischen einzelnen Sparten, die als Cost-, Profit- oder Investmentcenter organisiert sein können, und Zentralabteilungen (hier ein interner IT-Dienstleister) verwendet werden. In diesem Zusammenhang stellen diese Vertragsvereinbarungen ein Instrument zur Überwindung der gegebenen Koordinationsprobleme dar [Berger

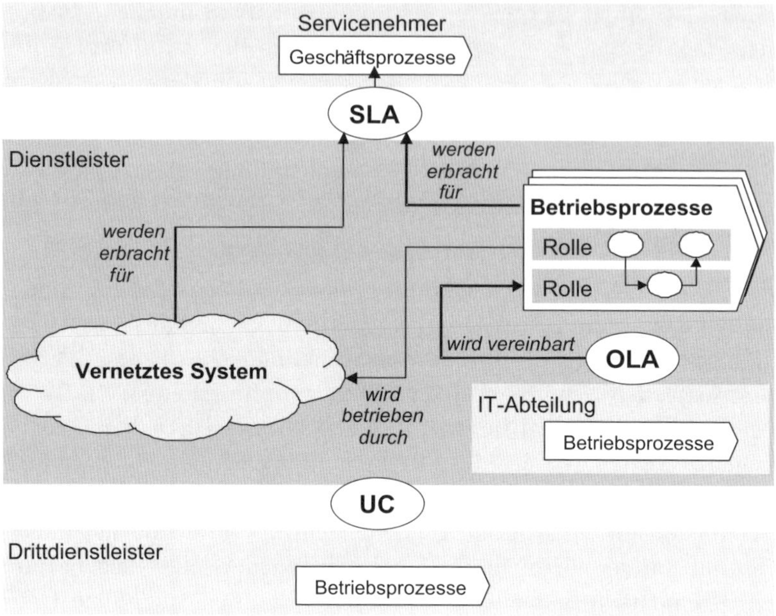

Abb. 1–5 *Zusammenhang SLA, OLA, UC*

2005]. Zusammenfassend dargestellt verfolgen OLAs u.a. Zielsetzungen wie beispielsweise die Sicherstellung der vereinbarten Service-Levels zwischen IT und den Geschäftsbereichen, den Aufbau von Servicenehmer-Lieferanten-Verhältnissen innerhalb der IT, den Aufbau von SLM-Prozessen und die Einführung einer Servicekultur [Bernhard 2004]. SLAs werden primär bei der Fremdvergabe (auch Fremdnutzung) von IT-Services an externe Unternehmen oder beim IT-Outsourcing verwendet [Berger 2005]. Entscheidend dabei ist, dass SLAs als Grundlage für den Aufbau und die Gestaltung einer IT-Outsourcing-Beziehung dienen. Werden SLAs für das Management und die Steuerung eines IT-Outsourcing-Partners angewendet, stellen die SLAs vom IT-Outsourcing-Partner die vertragliche Festlegung der zu erbringenden IT-Services für seinen Servicenehmer dar. Beispiele hierfür sind Netzwerkbetrieb, Serverbetrieb, Datensicherung, Problembehebung (Service-Desk) etc. SLAs verfolgen Zielsetzungen wie z.B. die Sicherstellung einer juristisch unangreifbaren Formulierung der Vertragsvereinbarungen und die Gewährleistung einer kontinuierlichen Optimierung der SLAs zwischen den IT-Outsourcing-Partnern [Bernhard 2004].

1.3.2 Service-Level-Agreements sind mehr als nur eine Vereinbarung

Ein SLA ist also eine vertraglich bindende Vereinbarung, die dazu genutzt werden kann, Erwartungen zu identifizieren, Verantwortlichkeiten zu klären und die Zusammenarbeit zwischen einem Dienstleister und seinem Servicenehmer oder auch die Leistungsbeziehungen im Unternehmen zwischen internen Abteilungen zu steuern. Das SLA soll auch dazu genutzt werden, die Kommunikation zwischen Servicenehmer und Dienstleister zu verbessern. Durch den Verhandlungsprozess im Rahmen der Erstellung/Entwicklung eines SLAs wird die Kommunikation zwischen beiden Parteien intensiviert. Ein SLA soll beiden Parteien einen Eindruck über die Bedürfnisse, Prioritäten und Anliegen des Vertragspartners bieten, es wird damit zum Kommunikationswerkzeug. In der Verhandlung eines SLAs gewinnen beide Parteien sehr früh größere Klarheit über die eigentlichen Ziele. Servicenehmer und IT-Dienstleister einigen sich auf bestimmte erfüllbare Anforderungen und Erwartungen. Somit dient das SLA auch als Instrument zum Management von Erwartungen. Wissen beide Parteien nur wenig über die Anforderungen des jeweiligen Vertragspartners, so sind Konflikte vorprogrammiert. Durch die Kommunikation während des Entstehungsprozesses des SLAs wird die andere Partei von einem Fremden zu einem kompetenten Verhandlungspartner. Das Konfliktpotenzial wird durch den direkten Kontakt von Servicenehmer und IT-Dienstleister in der Regel deutlich geringer [Böning 1999]. Wenn nun auch noch genau definiert wird, nach welchen Prozessen im Konfliktfall vorzugehen ist, wird die Gefahr von unlösbaren Konflikten minimiert. Ohne klar definierte Anforderungen und Zusicherungen hingegen werden beide Parteien die Effektivität des erbrachten Service und dessen Service-Levels unterschiedlich bewerten. Durch die klare Spezifikation der Services und Service-Levels im SLA wird daher eine exakt definierte Liste erstellt, welche Anforderungen in welchem Umfang zu erfüllen sind. Dadurch wird eine objektive Bewertung, ob ein SLA eingehalten ist, möglich. Ohne ein SLA sind die Bemühungen, Service-Levels zu steuern und zu kontrollieren, wenig mehr als eine Sammlung guter Absichten. SLAs setzen einen Standard gegen den gemessen und verglichen wird. Der Verzicht auf ein SLA kann auch mit der Verwendung eines Thermometers ohne Maßskala verglichen werden. Man kennt in diesem Fall den Messbereich des Thermometers nicht, seine Verwendung hat damit einen denkbar geringen Wert.

1.3.3 Service-Level-Management ist die Qualitätskontrolle

Ein SLA ist nichts Statisches, das einmal definiert und dann niemals geändert wird. Es unterliegt aufgrund der wechselnden Anforderungen von Servicenehmer und IT-Dienstleister ständigen Änderungen. Daher ist ein kontinuierlicher Änderungsprozess bei einem SLA sehr wichtig. Es muss ein fortlaufender Prozess definiert werden, wie Veränderungen in die SLAs einfließen können und wer sie initiieren kann oder darf.

Für den IT-Dienstleister ist das Service-Level-Management (SLM) damit essenziell, was sich mit einer Analogie aus der Produktherstellung verdeutlichen lässt. Die Produkte des IT-Dienstleisters sind die IT-Services, die er seinen Servicenehmern liefert. Das SLM ist die Qualitätskontrolle der hergestellten Produkte. Die Zufriedenheit des Servicenehmers ist der wichtigste Grund für die Implementierung des SLM. In der Praxis wird ein SLM spätestens dann eingeführt, wenn es mit entscheidenden Servicenehmern Probleme und Streitigkeiten gibt, die den Umsatz signifikant beeinflussen. Das SLM zwingt die Servicenehmer dazu, ihre Anforderungen und Erwartungen klar zu spezifizieren. Wenn Dienstleister und Servicenehmer sich auf einen für beide Seiten akzeptablen IT-Service einigen, erzeugen sie einen Benchmark, gegen den die IT-Performance des IT-Dienstleisters gemessen werden kann. Das ist für beide Seiten wichtig, denn Trends zeigen, dass Benutzererwartungen immer weiter steigen [Bernhard 2003]. Durch eine Dokumentation der Erwartungen wird eine schleichende Steigerung der Erwartungen gebremst und dem IT-Dienstleister eine Referenz an die Hand gegeben, auf die er immer verweisen kann, wenn es zu Unzufriedenheit beim Servicenehmer kommt. Durch Service-Level Agreements (SLAs) ist es für politisch starke Minderheiten in einem Unternehmen zudem deutlich schwerer, unverhältnismäßig viele Ressourcen an sich zu binden und damit die Interessen der Mehrheit zu übertreffen. Daher können Service-Levels und vor allem das Maß ihrer Erfüllung oder Verletzung als Indikatoren für System- und Kapazitätsanforderungen des Servicenehmers betrachtet werden. Vor der Einführung des SLM bestand zwischen IT-Abteilungen und Servicenehmern höchstens bei auftretenden Problemen Kontakt, was die Servicenehmer dazu bewog, die IT-Abteilung als notwendiges Übel und Verursacher von Systemausfällen zu sehen. Stattfindende Servicegespräche als Wertstellungsnachweis hingegen machen es den Servicenehmern bewusst, wenn sehr gute Arbeit geleistet wird, und dienen – richtig geführt – im Fall sehr guter Leistungen auch als Motivator für den IT-Dienstleister. Auf diese Weise ist das SLM ein hervorragendes Marketingwerkzeug in beide Richtungen. Durch den Einsatz des SLM hat der Dienstleister andererseits ein Werkzeug, um sich effektiv vor Benutzerbeschwerden zu schützen. Aber auch in Bezug auf die Kostenkontrolle hilft das SLM. Es unterstützt den IT-Dienstleister, den vereinbarten Service-Level bereitzustellen, ohne ungenaue Schätzungen anstellen zu müssen. Diese Schätzungen führen nämlich leicht zu übermäßigem Einsatz von Ressourcen (Personal, Rechenkapazität, Bandbreite etc.).

1.3.4 CobiT, ISO 20000 und ITIL

Ziel der Standards ist die Professionalisierung der Schnittstelle zwischen Servicenehmer und Dienstleister. Die Beschreibung und der Nachweis von Leistungen sind heute essenzielle Probleme, die in der IT gelöst werden müssen. Die Standards CobiT, ISO 20000 und ITIL verweisen darauf, dass dies durch SLAs und Messwerte erfolgt. Im Folgenden wird die Ausrichtung der Standards skizziert:

- **CobiT:**
  Control Objectives for Information and Related Technology ist das international anerkannte Framework zur IT-Governance und gliedert die Aufgaben der IT in Prozesse und Kontrollziele (*www.isaca.com*).

- ISO 20000:
  Die ISO/IEC 20000 ist ein international anerkannter Standard zum IT-Service-Management, in dem die Anforderungen für ein professionelles IT-Service-Management dokumentiert sind (*www.iso20000.ch*).
- ITIL:
  Die IT Infrastructure Library ist eine Sammlung von Best Practices, die eine mögliche Umsetzung eines IT-Service-Managements beschreiben und inzwischen international als De-facto-Standard hierfür gelten (*www.itil-officialsite.com*).

Alle drei Standards basieren darauf, die aus- und nachgewiesene Leistung zwischen Servicenehmer und IT-Dienstleister exakt beschreiben und messen zu können: Der Servicenehmer bezieht von einem oder mehreren Rechenzentren IT-Services. Beteiligt sind dabei Applikationen, die Geschäftsprozesse des Servicenehmers unterstützen und diese somit effizienter gestalten. Die Bedeutung einer Applikation (und damit eines IT-Service) in einem Geschäftsprozess macht sich an ihrer Integrationstiefe fest. Je weiter die Applikation in den Geschäftsprozess integriert ist und diesen umfassend unterstützt, desto stärker wirken sich Ausfälle und Störungen auf den Geschäftsbetrieb aus. Applikationen sind also entsprechend bedeutend und müssen ausfallsicher sein. Die fachlich notwendigen Applikationen werden jeweils zum benötigten IT-Service zusammengefasst und in SLAs festgeschrieben. Mittels geeigneter Nachweise wird der IT-Service offengelegt, um die bezogenen Kontingente transparent nachvollziehen zu können.

Die Einhaltung von SLAs nachzuweisen ist ein zentrales Ziel, das IT-Dienstleister und Servicenehmer verfolgen. Der Servicenehmer betrachtet dies aus der Perspektive desjenigen, der die Leistung, die er erhalten hat, auch bezahlt oder ggf. Abschläge vornimmt. Der IT-Dienstleister, der seine Leistung transparent machen muss, um keine finanziellen Nachteile durch z.B. Abschläge zu erhalten, verfolgt das Ziel aus dieser Sicht. Der Nachweis ist jedoch für IT-Services sehr komplex. Einerseits sollen die technischen IT-Services transparent werden, was in heterogenen und stark verteilten IT-Umgebungen eine Konsolidierung von IT-Systemen erfordert. Andererseits müssen ständig Faktoren des IT-Betriebs, wie Störungsmeldungen durch Servicenehmer, berücksichtigt und beherrscht werden. Störungen können im schlimmsten Fall zur Betriebsunterbrechung führen. Die Berechnung einer solchen Ausfallzeit muss für den Nachweis eindeutig sein. Die Standards CobiT, ISO 20000 und ITIL verweisen alle ausdrücklich darauf, dass Unschärfen entstehen, wenn dies nicht klar geregelt ist, die auf beiden Seiten zur Einschätzung führen können, dass die Einhaltung von SLAs nicht eindeutig bestimmt werden kann – oder eine Einschätzung der Einhaltung tatsächlich nicht vorgenommen werden kann. Um diesem Entscheidungsproblem zu entgehen, müssen Festlegungen in SLAs einfließen, wie Prozesse und technische Messungen in ein einheitliches Modell gebracht werden.

Der Schwierigkeit, genau diese Sachverhalte umfassend und adäquat abbilden und abwickeln zu können, wenden sich die Standards CobiT, ISO 20000 und ITIL zu.

1.4 Zusammenfassung

Dieses Buch soll dazu beitragen, einen Grundstein zur Entwicklung von umsetzbaren SLAs und einem praxisnahen SLM-Modell zu legen. Nachdem das Einsatzfeld des SLM abgesteckt ist und die zentralen Begriffe eingeführt wurden, kann sich der Service-Level-Manager auf die Herausforderungen, die das Service-Level-Management und die Service-Level-Agreements bereithalten, konzentrieren. In den folgenden Kapiteln werden die zentralen Begriffe pragmatisch mit Bezug zu den Standards CobiT, ISO 20000 und ITIL V3 angewendet. Es werden Zusammenhänge erläutert, die aufzeigen, warum SLM und SLAs sich gegenseitig bedingen und man den Prozess SLM nicht losgelöst von SLAs betrachten kann (s. Abschnitte 3.4.1 und 6.2.3). Auch wird deutlich gemacht, wie der Servicekatalog und das SLA zusammenwirken. Vermieden werden sollen Fehler bei der Konzeption des Servicekatalogs, dessen definierte IT-Services anschließend nicht mehr in das SLA übernehmbar sind (s. Abschnitte 3.2.3 und 3.4.2). Ebenfalls hilfreich in der Praxis ist die Beschreibung von Prozessen entlang mehrerer Abstraktionsebenen. Dies hilft dem Service-Level-Manager, dass sein SLM-Prozess auch tatsächlich gelebt werden kann (s. Abschnitt 2.4).

Für alle ad hoc eingesetzten Service-Level-Manager, die sich nicht auf eine lang vorbereitete Infrastruktur für ihren SLM-Prozess stützen können, werden Arbeitskonzepte entworfen, damit sie sofort arbeitsfähig sind und sich den Servicenehmern gegenüber sicher bewegen können (s. Abschnitt 5.1). Da sich der Service-Level-Manager nach Abschluss aller Vereinbarungen auf die Überwachung konzentriert, ist es für ihn von essenzieller Bedeutung, dass Kennzahlen definiert sind und Messsysteme zum Einsatz kommen. Damit Kennzahlen keine Lücken enthalten, wird bei den Definitionen auf Besonderheiten in der Praxis hingewiesen (s. Abschnitte 3.3.4 und 6.1.3). Im Rahmen der Auswahl eines geeigneten Messsystems steht der Service-Level-Manager vor der Entscheidung, welches Messverfahren er einsetzen soll, damit er die Kennzahlen korrekt ermitteln kann. Dabei benötigt er sowohl die Grundlagen für das Monitoring als auch eine Beschreibung, welches Messverfahren er wofür einsetzen kann. Dies soll ihm helfen, den Aufwand für die Implementierung eines Messverfahrens abschätzen zu können (s. Kap. 4). Speziell aus Dienstleistersicht wird ihm verdeutlicht, dass alle Anstrengungen für gute SLAs im Rahmen eines effizienten und effektiven SLM-Prozesses über ein ungenaues und unzeitgemäßes Reporting aufgehoben werden. Denn ein Servicenehmer, der das Reporting nicht akzeptiert und ihm auch nicht vertraut, macht alle Vorarbeiten des Service-Level-Managers zunichte (s. Abschnitt 4.4).

2 IT-Standards für den Prozess Service-Level-Management

Auf Basis der Informationstechnologie werden für unternehmensinterne wie auch -externe Servicenehmer die unterschiedlichsten IT-Services angeboten. Die IT-Landschaft ist durch den technologischen Fortschritt in Verbindung mit neuen Serviceangeboten einem kontinuierlichen Wandel unterzogen. Nicht nur um die Veränderungen in der IT-Umgebung unter Kontrolle zu halten, ist ein IT-Service-Management heute unabdingbar. Es gewährleistet vor allem auch die Qualität der angebotenen IT-Services. Die Verbesserung der IT-Servicequalität bei gleichzeitiger Standardisierung der IT-Services und Senkung der Bereitstellungskosten generiert Wettbewerbsvorteile.

Die folgende Auswahl umfasst Standardisierungsansätze, die in der IT eingesetzt werden. Um ein möglichst weites Spektrum der Konzepte für SLM und SLAs abzudecken, wurden Standards aus unterschiedlichen Bereichen der IT ausgewählt. Ziel ist es, daraus für die weitere Diskussion möglichst praxisorientierte Konzepte ableiten zu können. Hierfür werden aus allen Ansätzen geeignete Konzepte entnommen und Lösungen vorgestellt. Die folgende Auswahl muss an dieser Stelle unvollständig bleiben (s. Tab. 2–1). Sie zeigt jedoch, wie ausgehend von sehr unterschiedlichen Richtungen sehr ähnliche Ansätze entstanden sind.

Folgende Standards wurden ausgewählt und untersucht:

Standard	Initiator	Bemerkung
ITIL	CCTA	■ Rahmenwerk zu Einführung, Betrieb und Management der IT-Infrastruktur ■ Prozessorientierter Aufbau ■ Version 1: 1989 – 1998 ■ Version 2: 2000 – 2006 ■ Version 3: 2007 – heute
BS 15000	itSMF, BSI	■ Beinhaltet ITIL ■ Setzt BS 7799 für das Informationssicherheitsmanagement voraus
eTOM	TeleManagement Forum	■ Prozessbasiert ■ Starke Orientierung am Servicenehmer

→

Standard	Initiator	Bemerkung
TMN	ITU-T	▪ OSI-basiert ▪ Nimmt Business-Aspekte auf
Prozess-modell	Universität Karlsruhe	▪ Universitärer Ansatz, der auf einem Ansatz der TU München basiert ▪ Wird nicht mehr weiterverfolgt

Tab. 2–1 *Historische Standards für das SLM*

Die jeweiligen Standards werden im Folgenden kurz vorgestellt und die Positionierung des SLM darin aufgezeigt.

2.1 Historische Standards für das Service-Level-Management

IT Infrastructure Library (ITIL) Version 2

Ende der 80er-Jahre führte die Feststellung, dass Unternehmen und die öffentliche Verwaltung zunehmend von Informationssystemen abhängig sind, zur Entwicklung der Information Technology Infrastructure Library (ITIL). Auftraggeber war die CCTA (Central Computer and Telecommunications Agency), eine IT-Dienstleistungsorganisation der britischen Regierung [Bernhard 2004]. ITIL, aktuell in vielen Unternehmen noch in der Version 2 implementiert, ist eine Sammlung fachlich-methodischer Grundlagen und ein heute international akzeptiertes, herstellerunabhängiges Rahmenwerk für »Best Practices« zur Optimierung von IT-Serviceprozessen. ITIL V2 definiert ein Rahmenwerk zu Einführung, Betrieb und Management der IT-Infrastruktur sowie der daraus resultierenden IT-Services [Eggenberger u.a. 2004]. Dieses Rahmenwerk stellt dabei keine verbindliche Norm, sondern einen herstellerunabhängigen Leitfaden dar, der bewährte, aus der Praxis gewonnene Erkenntnisse, Modelle und Architekturen beschreibt (s. Abb. 2–1).

Dieses Rahmenwerk kann damit als Richtlinie zum systematischen Aufbau und zum Betrieb einer durchgängig abgestimmten professionellen IT-Servicestruktur verwendet werden [Olbrich 2004]. Die Ausrichtung der IT nach den in ITIL beschriebenen »Best Practices« bringt einen messbaren Erfolg nach innen und außen mit sich. ITIL geht vordergründig darauf ein, »WAS« zu tun ist, welche Prozesse, Rollen, Aufgaben abzubilden sind, jedoch nicht »WIE« dies konkret im Einzelfall umzusetzen ist. Es werden weder Implementierungsvorschriften oder Formularvorlagen noch Werkzeuge bestimmter Hersteller favorisiert. Der Leitgedanke dieses Rahmenwerks ist, dass IT-Services dazu dienen, die Geschäftsprozesse und die Mitarbeiter der Servicenehmer in ihrer Aufgabenerfüllung zu unterstützen. Dabei muss die praktische Umsetzung mit den jeweiligen unternehmensspezifischen Anforderungen und Bedürfnissen korrespondieren. Soziale, politische und kulturelle Belange spielen eine ebenso wichtige Rolle wie die technischen Anforderungen [Bernhard 2004].

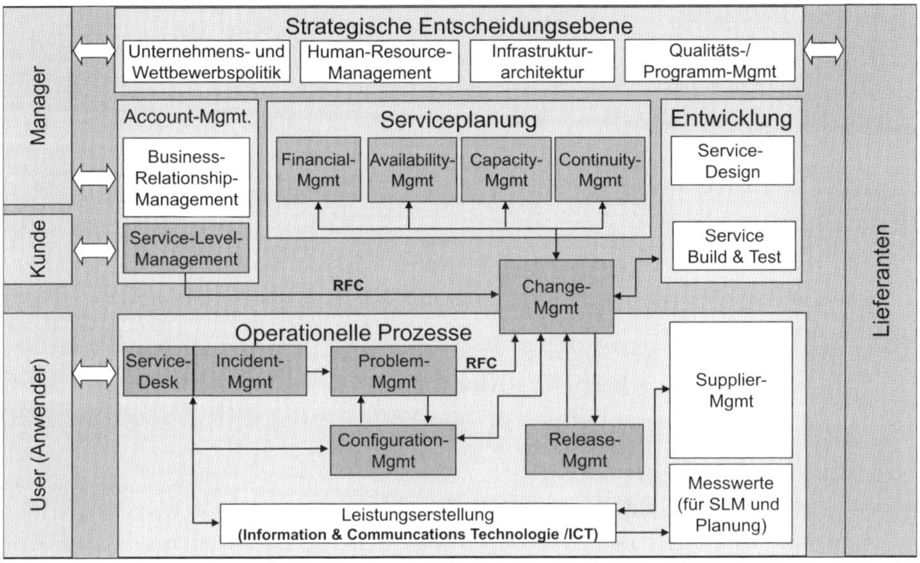

Abb. 2–1 *ITIL Version 2 [IT Infrastructure Library 2004]*

ITIL V2 gliedert die Aufgaben eines IT-Service-Managements in mehrere IT-Anwendungsbereiche. Auf der einen Seite stehen die Bereiche, die den Service Support und die Maßnahmen der Soforthilfe abbilden:

- **Service-Desk:**
  Der Service-Desk, also die Anwenderbetreuung, stellt die zentrale Kommunikationsschnittstelle zum Servicenehmer bei Störungen, Änderungswünschen oder Verbesserungsvorschlägen dar.
- **Incident- und Problem-Management:**
  Während das Incident-Management die Beeinträchtigung eines vereinbarten IT-Service so schnell wie möglich und mit der kleinstmöglichen Auswirkung für andere Servicenehmer wiederherstellt, hält das Problem-Management Fehler, die in der IT-Infrastruktur entstehen, möglichst gering und versucht insbesondere das *wiederholte* Auftreten von Störungen durch systematische Ursachenforschung nachhaltig zu verhindern.
- **Change-Management:**
  Das Change-Management führt Veränderungen effizient (Notwendigkeit, Kosten, Risiken), mit standardisierten Methoden und Verfahren (Autorisierung des Change-Requests, Überwachung, Kontrolle und Reporting), mit möglichst geringen Auswirkungen auf den laufenden Betrieb und aufeinander abgestimmt (Anforderungsprüfung zu Beginn des Change-Management-Prozesses) durch.

- **Release-Management:**
  Das Release-Management plant die Durchführung (Rollout/Rollin) von Änderungen an Hard- und Software und stellt sicher, dass nur getestete und autorisierte Softwareversionen in Betrieb genommen werden.
- **Configuration-Management:**
  Das Configuration-Management erfasst, kontrolliert und verifiziert den Status aller IT-Komponenten. Es stellt eine einheitliche Datenbasis für alle anderen Prozesse zur Verfügung (beispielsweise Name der Komponenten, Abhängigkeiten zwischen den Komponenten und Besitzer) und unterstützt damit das Change-Management.

Demgegenüber steht der Bereich Service Delivery, der für den kontinuierlichen Ausbau der Qualität sorgt [Olbrich 2004]:

- **Service-Level-Management:**
  Das SLM hat die Aufgabe, verbindliche Vereinbarungen und Regelungen für intern und extern angebotene/erbrachte IT-Services zu erstellen und zu dokumentieren. In einem kontinuierlichen Optimierungszyklus wird im Weiteren die Qualität und die Aktualität der IT-Services überprüft und überwacht und auf die tatsächlich benötigten Anforderungen des Servicenehmers abgestimmt.
- **Availability-Management:**
  Ziel des Availability-Managements ist die optimale Nutzung und die effiziente Leistungsfähigkeit der IT-Infrastruktur. Es sorgt dafür, dass die IT-Services wirtschaftlich und in der erforderlichen Qualität verfügbar sind.
- **Capacity-Management:**
  Das Capacity-Management analysiert die Kapazitätsanforderungen, plant und steuert den Ressourceneinsatz mit Blick auf die Wirtschaftlichkeits- und Performance-Anforderungen an IT-Services und liefert Methoden für die Überwachung von IT-Servicekapazitäten und -Performance. Ziel ist die Ermittlung des Umfangs und der Kosten, sodass die vereinbarten Service-Levels termin- und kostengerecht erfüllt werden können, um Kapazitätsengpässe zu vermeiden.
- **Continuity-Management:**
  Aufgabe des Continuity-Managements ist die Gewährleistung im Anschluss an gravierende Unterbrechungen des Betriebs (Katastrophen), die Mindestanforderungen des vereinbarten Leistungsniveaus in einem vereinbarten Zeitraum sicherzustellen.
- **Financial-Management:**
  Das Financial-Management für IT-Services ist die zentrale Instanz für alle Budget- und Kostenbelange, um die Wirtschaftlichkeit von IT-Services zu gewährleisten.

Der größte Vorteil bei Einführung von ITIL V2 besteht darin, exakte Messgrößen in Form von Kennzahlen festzulegen. Denn die Messbarkeit der IT-Servicequalität ist eine wichtige Voraussetzung für die Definition und die Überwachung von Serviceanforderungen in SLAs. Während im ITIL-V2-Rahmenwerk ein »WAS« definiert wird, beschreibt *nun* das SLA das »WIE« [Egardt und Knoblauch 2003].

Rolle des Service-Level-Managements

Das SLM wird in ITIL V2 als ein umfassender Prozess, der hin zum Servicenehmer wirkt entworfen. In diesem SLM sind alle Bereiche enthalten, die mit dem Servicenehmer in Verbindung stehen. Dabei sind in diesem Prozess Servicekataloge, deren Verwaltung und Organisation, das Reporting, die gesamte Behandlung von SLAs und auch die Servicegespräche zusammengestellt. Da der Aspekt der Servicebeschreibung einen großen Aufwand darstellt, dem der SLM-Prozess nicht mehr gerecht werden kann, muss der Servicekatalog aus dem SLM-Prozess herausgelöst und in einem eigenen Prozess beschrieben werden. Es zeigt sich, dass ITIL V2 konsequent den Weg der Dienstleistungsorientierung verfolgt. Dies ist insbesondere bei der Strukturierung von IT-Services hilfreich. Die einzelnen Prozesse, z.B. Service-Desk, können aus dem von ITIL V2 geschaffenen Modell als Servicebeschreibung in ein SLA übernommen werden. Zusätzlich sind durch die Prozesse auch die Aufgaben ersichtlich, die den Prozessen zugeordnet werden. Die Modellierung über Zuständigkeitsmatrizen ist dabei ein geeignetes Mittel, das hierfür vorgeschlagen wird. Geregelt werden pro Aufgabe die Verantwortlichkeiten zwischen dem Dienstleister und dem Servicenehmer. Hierüber kann für das Outsourcing der Übergang zwischen dem Servicenehmer und dem Dienstleister im SLA strukturiert werden. Dies wird u.a. in Abschnitt 3.5.4 behandelt.

Das itSMF und das BSI sind in Grundlagenfragen die führenden Organisationen. Beide arbeiten daran, einen neuen messbaren Standard für die Industrie einzurichten, der auf ITIL basiert. Die einzelnen ITIL-Bücher bieten erweiterte Informationen über die Betriebsthemen. Das itSMF fördert den industriellen Best Practice für Service-Management und die Professionalisierung des Service-Management-Personals, indem es mit zahlreichen Organisationen wie dem BSI zusammenarbeitet. Der Code of Practice ist die grundlegende Referenz für all diejenigen, die IT-Services betreiben oder die verstehen müssen, was Service-Management bedeutet. Viele Betreiber und Hersteller entwickeln auf diesen Grundlagen ihre spezifischen Standards.

British Standard 15000 (BS 15000)

Auf ITIL basiert auch der Standard BS 15000-1:2002 zur Prüfung der Qualität des Service-Managements. Er stellt sicher, dass IT-Prozesse und IT-Ressourcen so organisiert sind, wie die SLAs mit internen und externen Servicenehmern es vorsehen. Abbildung 2–2 zeigt den Aufbau des Standards.

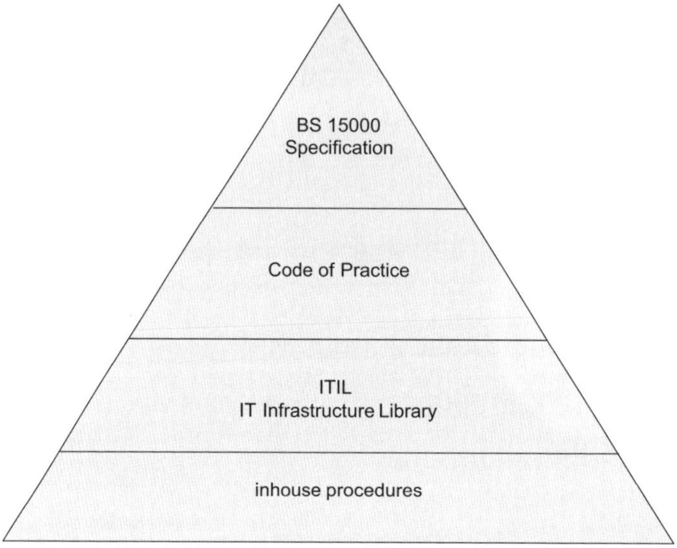

Abb. 2–2 *BS 15000 (www.bs15000.org.uk)*

Der BS 15000 besteht aus folgenden Dokumenten:

- BS 15000 Part 1 – »Specification for Service Management«
  Der erste Teil des Standards (BS 15000-1) spezifiziert die Anforderungen an eine Organisation, um IT-Services in einer definierten Qualität für Kunden bereitzustellen und zu managen. Dabei ist es unerheblich, ob es sich um interne oder um externe Kunden handelt.
- BS 15000 Part 2 – »Code of Practice for Service Management«
  Innerhalb des zweiten Teils des BS 15000 werden die Anforderungen des ersten Teils um Praxishinweise und Anleitungen zur Etablierung des IT-Service-Managements ergänzt. Dabei folgt der Teil »Code of Practice for Service Management« den gleichen grundlegenden Strukturen wie bereits der erste Teil.
- PD 0005 – »IT Service Management – A Managers Guide«
  In Ergänzung zum BS 15000 enthält das PD (Published Document) 0005 des BSI (British Standards Institute) eine Managementbeschreibung zur Zielsetzung und zu den Inhalten des IT- Service-Managements auf der Basis von BS 15000 und ITIL.
- PD 0015 – »IT Service Management Self-Assessment Workbook«
  Mithilfe des PD 0015 kann eine Selbstbewertung der bestehenden Prozesse in Relation zu den Vorgaben und den Best Practices des BS 15000 vorgenommen werden. Hierzu sind zu jedem Prozess entsprechende Fragestellungen beschrieben.

BS 15000 setzt auch Teile des Standards BS 7799 für das Informationssicherheitsmanagement voraus. Offiziell bekannt gegeben wurde der BS 15000 am 6. November 2000 auf der Konferenz des IT Service Management Forum (itSMF) in Birmingham, England. Am ersten Juli 2003 wurde das BS-15000-Zertifizierungsschema formell veröffentlicht. BS 15000 soll bei der Auslegung von IT-Service-Management (Prozesse, Organisation, Skills & Technologie) sicherstellen, dass sowohl interne wie auch externe Dienstleister den richtigen IT-Service liefern. Organisationen stellen damit unter Beweis, dass sie pragmatische Ansätze von IT-Service-Management nicht nur kennen, sondern auch wirkungsvoll anwenden. BS 15000 spezifiziert eine Reihe zusammenhängender Managementprozesse und soll die Grundlage für die Auswertung des betriebenen IT-Service bilden. Die Bindung des Servicenehmers an den Dienstleister (als Kernaspekt des Service Support) wird mit diesem Standard angesprochen, insbesondere für Branchen, die hochverfügbare Services liefern oder benötigen. Ende 2005 wurde der BS-15000-Standard zu einer ISO-Norm erklärt (ISO 20000).

Rolle des Service-Level-Managements

Der Prozess SLM ist analog zu ITIL bereits integriert. Die Erweiterung, die das BS 15000 vornimmt, ist für das SLM insofern von Bedeutung, als dass auch die Effektivität und die Effizienz des Prozesses reflektiert werden. Der BS 15000 gibt dem SLM dadurch einen neuen Impuls. Dieser Impuls wird in Abschnitt 2.4 aufgegriffen und im Top-down-Ansatz umgesetzt. Denn der Prozess SLM kann sehr wirtschaftlich und effektiv aufgebaut werden. Außerdem gibt der Standard über Skills und Organisation zusätzliche Möglichkeiten, das SLM noch servicenehmerorientierter aufzubauen. Die Eigenschaften, die benötigt werden, damit der Service-Level-Manager geeignet mit dem Servicenehmer verhandeln kann, sind im BS 15000 aufgezeigt. Dies sind Fähigkeiten wie Verhandlungssicherheit, technisches Hintergrundwissen, die der Service-Level-Manager besitzen muss, um mit der IT des Dienstleisters die Service-Levels festzulegen.

Da die Telekommunikationsbranche eine besonders hohe Durchdringung mit IT aufweist, sind deren auf den Servicegedanken hin gerichtete Konzepte in besonderer Weise zu berücksichtigen. Daher werden aus dieser Branche die zwei folgenden Standards ausgewählt.

Enhanced Telecommunications Map (eTOM)

Die Enhanced Telecommunications Map (eTOM) ist ein Business-Prozess-Rahmenwerk und -Modell, das die Enterprise-Prozesse der Telekommunikationsunternehmen unterstützt. Das Rahmenwerk grenzt sich insoweit ab, als dass es kein Business-Modell ist, das strategische Fragen beantwortet. Aspekte wie beispielsweise Zielgruppen oder Produktspezifizierung werden nicht behandelt. Dieses Rahmenwerk muss als Zusatz zu einem strategischen Business-Modell verstanden werden. Die einzelnen Prozesse sind auf betriebliche Abläufe ausgelegt, die für Service-Provider erforderlich sind. In eTOM sind diese Abläufe in mehrere Ebenen aufgeteilt, die in einer Hierarchie zueinander stehen (s. Abb. 2–3).

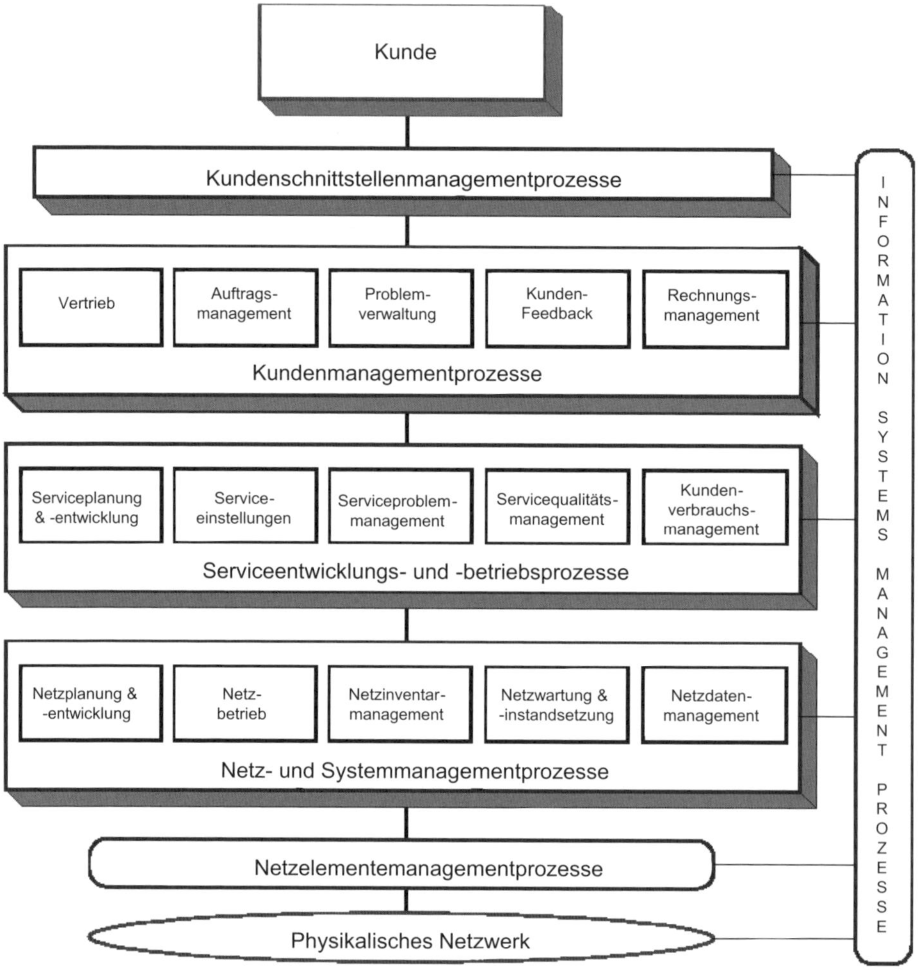

Abb. 2–3 *eTOM-Modell (eTOM 2007, www.tmforum.org)*

Um die für das SLM relevanten Aspekte zu erkennen, werden die ersten beiden Prozessebenen kurz skizziert.

1. Kundenmanagementprozesse
   - Die Vertriebsprozesse umfassen das Management zukünftiger Servicenehmer. Dabei werden die Servicenehmer mit den IT-Services des IT-Betriebs vertraut gemacht und bei Bedarf geschult. Zusätzlich muss das Übertragen von Servicenehmerbedürfnissen sowie -anfragen auf die Produktpalette bzw. auf die lieferbaren IT-Services des IT-Betriebs erfolgen.

- Das Auftragsmanagement wird aktiv, wenn der Vertriebsprozess einen Abschluss getätigt hat. Es umfasst die Bearbeitung von Auftragsänderungen, -bestätigungen, -erweiterungen, -verlängerungen und -kündigungen. Hier wird die Order auf Einhaltung der Service-Levels bis zur Umsetzung überprüft und der jeweilige Status bestimmt.
- Der Prozess Problemverwaltung nimmt sogenannte Trouble-Reports vom Servicenehmer auf und ist für die Behebung, die zur Servicenehmerzufriedenheit führt, verantwortlich. Diese Problemverwaltung ist aktiv ausgerichtet, d.h., in diesem Prozess werden Servicenehmer proaktiv auf ggf. spezifische Probleme vorbereitet und es werden Lösungen hierzu angeboten. Dieser Prozess nimmt bei der Problembearbeitung eine übergeordnete Rolle ein, da hier viele koordinierende Aufgaben (z.B. Abstimmung von Lösungen mit Serviceteams und Servicenehmern) erfolgen.
- Der Prozess Kunden-Feedback umfasst Monitoring, Management und Reporting der ausgelieferten Servicequalität, wie es in der Servicebeschreibung, dem Vertrag oder dem Produktkatalog vereinbart wurde. Dieser Prozess betrachtet u.a. die Performance aus ganzheitlicher Sicht bezogen auf die Einhaltung des SLA, das zwischen Dienstleister und Servicenehmer existiert. Dabei sind die Servicequalitäten in Form von Kennzahlen zu beschreiben. Anhand von Messungen wird die Einhaltung von SLAs überwacht. Prozessdurchlaufzeiten beispielsweise für die Auftragseinhaltung werden hier beobachtet, um die Qualität im vereinbarten Bereich zu halten.
- Der Rechnungsmanagementprozess beschäftigt sich mit der Rechnungsstellung und dem Inkasso, also der Einforderung ausstehender Zahlungen. Für jeden Servicenehmer wird dazu ein Konto angelegt. Auf Basis der aktuellen Kontoinformationen werden Rechnungen versandt, Zahlungen geprüft und der aktuelle Kontostatus überwacht.

2. Serviceentwicklungs- und -betriebsprozesse
   - Im Prozess Serviceplanung und -entwicklung werden neue IT-Services entwickelt und bestehende erweitert. Die Implementierung der IT-Services, Änderungen am IT-System und die Dokumentation von Servicenehmereinstellungen finden im Rahmen dieses Prozesses statt.
   - Innerhalb des Prozesses Serviceeinstellungen werden die Installation und die Konfiguration des IT-Service gegenüber dem Servicenehmer durchgeführt. Hier ist vor allem das Customer Equipment (z.B. Router, Gateways) fokussiert. Der Prozess zeichnet zusätzlich für den Support zur Rekonfiguration der IT-Services verantwortlich, unabhängig davon, ob eine Servicenehmeranforderung oder ein Problem nach der Erstinstallation vorliegt.
   - Der Prozess Serviceproblemmanagement wird sofort bei Servicenehmerproblemen gestartet, die den IT-Service betreffen oder die Leistung minimieren. Stets wird eine Lösung zur Wiederherstellung der Funktionsfähigkeit auf schnellstem Weg angestrebt.

- Der Servicequalitätsmanagementprozess unterstützt Analyse, Auswertung und Reporting der Servicequalität. Dies stellt sicher, dass die ausgelieferten IT-Services ihren spezifizierten Anforderungen genügen. Die IT-Services werden auf Performance überwacht und auf spezifische Probleme untersucht. Um sicherzustellen, dass die IT-Services effizient arbeiten, werden die Ergebnisse den oben genannten Prozessen zur Verfügung gestellt.
- Über den Prozess Kundenverbrauchsmanagement wird sichergestellt, dass die Abrechnungsdaten für jeden Servicenehmer und jeden IT-Service gesammelt und verwaltet werden. Die Dokumentation wird dem Rechnungsmanagementprozess zur Verfügung gestellt.

Rolle des Service-Level-Managements

Der Standard eTOM definiert kein explizites SLM. Dies ist aufgrund des ausschließlich auf den Servicenehmer ausgerichteten Gesamtansatzes auch nicht erforderlich. Aus diesem Standard sind für einen Service-Level-Manager die Themen, die für Servicenehmer von Interesse sind und für die eine Lösung geschaffen werden muss, ersichtlich. Die Kundenmanagementprozesse liefern die relevanten Inhalte, um für ein SLM alle servicenehmerbezogenen Punkte aufzubauen. Aber auch die anderen Prozesse enthalten SLM-relevante Aspekte, wenn auch auf einer anderen Ebene. Das Rahmenwerk eTOM hilft, das Kundenmanagement zu verstehen, um dieses auch in den Prozess SLM übernehmen zu können. Insbesondere wird der Anspruch, dass die Prozesse mit Servicenehmerorientierung eine Querschnittsfunktion in Unternehmen darstellen, deutlich herausgestellt.

Telecommunication Management Network (TMN)

Das TMN-Modell der International Telecommunications Union (ITU) (früher CCITT) ist ein generisches Referenzmodell einer Managementarchitektur für Telekommunikationsnetze, in dem Funktionen, Schnittstellen und Referenzpunkte beschrieben sind [ITU-T Draft Recommendation 1998]. Das Referenzmodell der ITU baut weitgehend auf dem OSI-Standard auf. Die fünf Funktionsbereiche des OSI-Managements sind daher im TMN-Modell enthalten. Um die vielfältigen Managementbereiche eines Telekommunikationsnetzes in einem Modell integrieren zu können, sieht das TMN-Modell neben der funktionalen Gliederung eine zweite Dimension vor. Die Managementfunktionen werden auf mehreren Ebenen eingesetzt, die den Betrieb eines öffentlichen oder privaten Telekommunikationsnetzes widerspiegeln. Abbildung 2–4 [TMN 1999] zeigt die beiden Dimensionen des Telecommunication Management Network.

Die zweite Managementdimension des Referenzmodells ist in vier Ebenen aufgeteilt. Auf der untersten Ebene (engl. layer) wird ein **Network Element Management** durchgeführt, d.h., einzelne Netzkomponenten werden auf dieser Ebene überwacht und konfiguriert [ITU-T Recommendation 1993]. Um ganze Netzwerke und auch heterogene Netze planen und konfigurieren zu können,

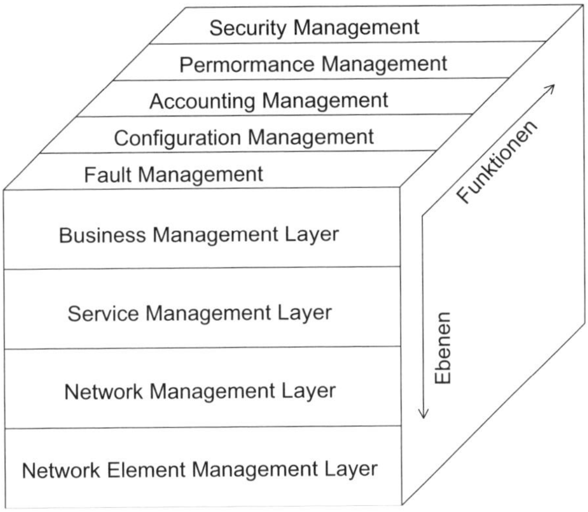

Abb. 2–4 *Dimensionen im TMN [TMN 1999]*

reicht es aber nicht aus, nur die einzelnen Komponenten zu betrachten, dazu dient die darüber liegende Ebene: der **Network Management Layer.** Die dritte Ebene des Referenzmodells, die **Service Management Layer,** umfasst die Abläufe zur Überwachung und Steuerung der von den Netz- und Systemressourcen erbrachten Telekommunikationsdienste. Dazu werden die Servicenehmer mit einbezogen, es werden SLAs abgeschlossen, überwacht und die dazugehörigen technischen Ressourcen bereitgestellt, konfiguriert und getestet [TeleManagement Forum 1999]. Die oberste Ebene dieser Managementdimension bildet der **Business Management Layer,** in dem strategische und taktische Managementdisziplinen (z.B. Initiierung der Einführung sowie Auswahl und Beschaffung neuer IT-Systeme) untergebracht sind, die sich auf das gesamte Unternehmen, nicht aber auf die Telekommunikationsdienste oder die technischen Systeme, beziehen.

Rolle des Service-Level-Managements

An TMN kann man sehr gut ablesen, wie ein nach OSI orientiertes Referenzmodell um den Servicegedanken erweitert wurde. Auch wenn dieser stark technisch ausgeprägt erscheint, so zeigt sich, wie eine Aufteilung von servicenehmerrelevanten Schwerpunkten aussehen kann. Damit zeigt sich für das SLM, dass die Steuerung des Servicenehmers auf die IT und somit auf den Dienstleister – erheblichen – Einfluss haben kann. Für den Service-Level-Manager ist es sehr wichtig, diesen Umstand zu erkennen, damit er ihn in seinen SLAs bei der Aufteilung der Verantwortlichkeiten angemessen berücksichtigen kann.

Prozessmodell für den Betrieb von vernetzten Systemen

Bevor in diesem Abschnitt abschließend das Prozessmodell, das an der Universität Karlsruhe entworfen wurde, vorgestellt wird, sei darauf hingewiesen, dass auch andere universitäre Ansätze für das SLM, wie z.B. das Dienstmanagement-Rahmenwerk (Universität München), existieren, diese jedoch sehr technikorientiert sind. Diese Ansätze sind weitestgehend auf das Netz- und Systemmanagement fokussiert und daher im Rahmen der Erstellung komplexer Outsourcing-Vorhaben nicht geeignet.

Grundlage des Karlsruher Modells [Abeck und Scholderer 2000] sind **Prozesse**, mit denen eine zeitliche und sachlogische Reihenfolge von Tätigkeiten zur Erreichung prozessspezifischer Ziele festgelegt wird. Dient ein Prozess der Erreichung von Geschäfts- oder Politikzielen innerhalb eines Unternehmens, spricht man allgemein von **Geschäftsprozessen**. Eine spezielle Ausprägung von Geschäftsprozessen im Umfeld von Dienstleisterorganisationen verteilter Systeme ist der **Betriebsprozess**. Ziel ist das Erbringen einer Leistung, um die Bedürfnisse des Benutzers des verteilten Systems zu befriedigen. Der Betriebsprozess ist zu diesem Zweck völlig auf die Erfüllung der Benutzeranforderungen ausgerichtet und motiviert sich allein aus ihr. In diesem Prozessmodell bildet die Menge aller Betriebsprozesse die Betriebsebene, die alle Aktivitäten zum Erbringen bzw. Erhalten der zwischen dem Dienstleister und dem Servicenehmer vereinbarten SLAs beinhaltet. Innerhalb der Dienstleisterorganisation sorgen drei Betriebsprozesse für eine effektive und effiziente Diensterbringung gemäß der Service-Level-Agreements.

Der Routinebetrieb repräsentiert den laufenden Betrieb. Er stellt folglich den Hauptprozess dar und umfasst alle Tätigkeiten bzgl. der Software- und Hardwaresysteme im verteilten System des täglichen Betriebs [Hegering u.a. 1999]. Der Änderungsbetrieb deckt den Prozess ab, der Hardware- und Softwareänderungen am verteilten System vornimmt. Der Störbehebungsbetrieb behandelt alle Arten von Problemen in IT-Diensten. Im Gegensatz zu den Betriebsprozessen werden Qualitätsprozesse zum Betrieb vernetzter Systeme nicht unmittelbar benötigt. Die Qualitätsprozesse haben vielmehr globalen Charakter, sie beobachten, bewerten, überwachen und verbessern die Gesamtheit der operationalen Aufgaben, die lokal in den Betriebsprozessen einzelner Fachbereiche oder sogar von externen Dienstleistern erbracht werden(s. Abb. 2–5).

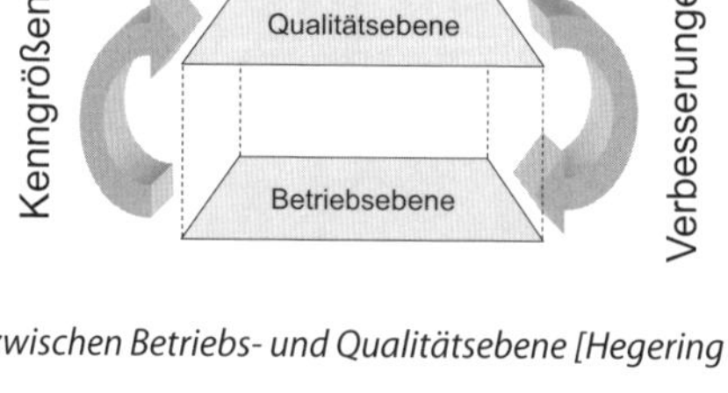

Abb. 2–5 *Schnittstelle zwischen Betriebs- und Qualitätsebene [Hegering u.a. 1999]*

Verantwortliche im Management benötigen eine solche globale Sicht auf den Betrieb, die einerseits von technischen Details und Verteilungsaspekten abstrahieren kann, andererseits aber auch die Quelle von Problemen aufdeckt. Durch eine solche Qualitätssicht wird die Einhaltung von SLAs langfristig sichergestellt. Die strategischen und politischen Unternehmensziele werden somit in die operative Betriebsebene eingebracht. Dazu muss die Schnittstelle zwischen Betriebs- und Qualitätsprozessen klar definiert werden. Die Qualitätsebene bezieht sich eindeutig auf spezifizierte Übergabepunkte (z.B. Messpunkte) mit Angaben zu den Betriebszuständen. Die Qualitätsebene ist anhand dieser Informationen in der Lage, den Betrieb fachbereichsübergreifend mittel- und langfristig zu überwachen, und sie können Maßnahmen zur Verbesserung des Betriebs in die Betriebsebene einbringen [Abeck und Scholderer 1999].

Rolle des Service-Level-Managements

Ein SLM wird nicht explizit genannt. Es wird über den Betriebsprozessen eine Qualitätsebene definiert, die servicenehmer- und qualitätsorientiert ist. Gut zu erkennen ist, dass der Service-Level-Manager nicht am Betrieb zur Erbringung von IT-Services beteiligt ist. Dieses Bewusstsein kann bei anderen Ansätzen verloren gehen, darauf wird in diesem Modell daher explizit hingewiesen. Diese Trennung hat Vorteile, denn dadurch werden die Aufgaben für die Rolle des Service-Level-Managers und die Rolle des Problem-Managers getrennt betrachtet und nicht überlappend konzipiert. Das SLM nimmt aus der Betriebsebene servicenehmerrelevante Informationen und bereitet diese auf der Qualitätsebene servicenehmergerecht auf.

Weitere betreiber- und herstellernahe Standards

Neben den herstellerunabhängigen Standards wurden von großen Unternehmen einige weitere herstellerspezifische Standards entworfen. Diese sind ebenfalls für eine Untersuchung des SLM von Interesse. Sie werden jedoch nur auf ihre jeweilige Kernaussage reduziert, da es sich um Herstellerstandards handelt, die eine produktspezifische Intension verfolgen. Aufgezeigt werden soll durch nachstehende Auswahl, dass führende Unternehmen der IT-Branche sich ebenfalls auf ITIL berufen und ihre Produktpolitik darauf ausrichten, aber auch eigene Konzepte einbringen, die sie wiederum in den herstellerunabhängigen Gremien vorstellen und auch berücksichtigt wissen möchten (s. Tab. 2–2). Somit erlaubt ein Blick auf betreiber- und herstellernahe Standards immer auch einen Blick auf zukünftige Änderungen in den übergeordneten Standards.

Standard	Hersteller	Bemerkung
IT Service Management Reference Model	Hewlett Packard (*www.hp.com*)	■ Übernimmt ITIL Best Practices weitgehend ■ Ist fokussiert auf sog. »e-services«
Implementation of a process-oriented Workflow	KPN Telecom und Quint Wellington Redwood (*www.kpn.com*)	■ Ergänzt ITIL um strategische Prozesse ■ Reifegradansatz, der zur kontinuierlichen Verbesserung hilft
Information Technology Process Model	IBM (*www.ibm.com*)	■ Erhebliche Unterschiede zu ITIL in der Terminologie ■ Beschreibt das Controlling von Prozessen (ITIL hingegen beschreibt Prozesse)
Microsoft Operations Framework (MOF)	Microsoft (*www.microsoft.com*)	■ Design, Entwicklung, Betrieb und Support Microsoft-basierter Lösungen ■ Schwerpunkte auf Mitarbeiter, Prozesse, Technologien und Verwaltung ■ Orientiert sich an ITIL

Tab. 2–2 *Weitere Standards*

Die Herstellerstandards zeigen deutlich, wie stark sich ITIL an vielen Stellen durchgesetzt hat. Das SLM ist in vielen Standards explizit genannt und hat sich übergreifend in der IT als Schwerpunkt etabliert.

2.2 Aktuelle Standards für das Service-Level-Management

Die oben genannten Ansätze zeigen, dass SLM eine entscheidende Disziplin ist, die kontinuierlich den Standpunkt des Servicenehmers einnimmt. Mit steigendem Verständnis für diesen Standpunkt werden Weiterentwicklungen für diesen Prozess vorgenommen. Die aktuellen Standards und Rahmenwerke ISO 20000, ITIL V3 und CobiT haben dem SLM neue Impulse gebracht [Bernhard 2003]. Diese neuen Sichtweisen werden im Folgenden erläutert und mit Beispielen veranschaulicht. Insbesondere werden die Auswirkungen auf die Kapitel 3 bis 5 aufgezeigt.

Standard	Initiator	Bemerkung
ITIL V3	Office of Government Commerce (OGC) (*www.itil-officialsite.com*)	■ De-facto-Standard ■ Beschreibt den Lebenszyklus von Serviceleistungen
ISO 20000	ISO/IEC (*www.iso20000.ch*)	■ Veröffentlicht: 2005 ■ International anerkannter Qualitätsstandard für das IT-Service-Management
CobiT	Information Systems Audit and Control Association, (ISACA) (*www.isaca.com*)	■ Ursprung: 1993, aktuell Version 4.1, Version 5 für Herbst 2011 angekündigt ■ Früher ein Werkzeug für IT-Prüfer ■ Heute ein Werkzeug für die Steuerung der IT aus Unternehmenssicht

Tab. 2–3 *Aktuelle Standards für das SLM*

Diese drei aktuellen Standards (s. Tab. 2–3) bilden die Basis für die in diesem Buch dargestellten Lösungswege. Dabei wird ITIL verwendet, um die Planung, Erbringung, Unterstützung und Effizienzoptimierung von IT-Services im Hinblick auf ihren Nutzen als relevante Faktoren zur Erreichung der Geschäftsziele eines Unternehmens zu betrachten. Der Einsatz von ISO/IEC 20000 dient dazu, messbare Faktoren zu implementieren. Hierfür werden Prozesskennzahlen für das SLM spezifiziert und Qualitätskennzahlen für IT-Services umfassend definiert. CobiT legt ausgehend von Unternehmenszielen die IT-Ziele fest, die wiederum die Architektur der IT beeinflussen. Hierbei gewährleisten angemessen definierte und betriebene IT-Prozesse die Verarbeitung von Informationen, die Verwaltung von IT-Ressourcen (Personal, Technologie, Daten, Anwendungen) und die Erbringung von IT-Services. Für alle Prozessebenen sind jeweils Mess- und Zielgrößen festgelegt.

2.2.1 ITIL V3

ITIL V3 hat mit den 5 Phasen (Service Strategy, Service Design, Service Transition, Service Operation, Continual Service Improvement) eine starke Aufgabenteilung für die Prozesse vorgenommen. Das SLM, wie in ITIL V2 definiert, wird weiter aufgetrennt. Somit entstehen neue Prozesse, die Teile aus dem SLM entnehmen. In ITIL V3 wird aus dem SLM der Prozess Service-Catalogue-Management extrahiert und als eigenständiger Ablauf beschrieben, bleibt aber dennoch der Rolle des Service-Level-Managers zugeordnet. Andere angrenzende Tätigkeiten des SLM sind in den Prozessen Availability-Management, Überwachung und Steuerung sowie Service Reporting wiederzufinden [Beims 2009].

ITIL V3 definiert eine Reihe von Begriffen für das SLM, die konzeptionell und für das Verständnis von SLM sehr hilfreich sind (s. Tab. 2–4). In der Praxis werden diese Begriffe meist auf die Objekte SLA, Report und Servicekatalog reduziert:

ITIL-V3-Begriffe	Erläuterung
Operational-Level-Agreement (Vereinbarungen auf Betriebsebene, OLA)	Ein Operational-Level-Agreement (OLA) ist ein Vertrag zwischen einem Dienstleister und einem anderen Teil der IT-Organisation über die Erbringung eines Infrastruktur-Service. Das Operational-Level-Agreement bestimmt im Einzelnen die Service-Level-Ziele, die gegenseitigen Verantwortlichkeiten sowie andere Anforderungen für einen speziellen Service.
Service Acceptance Criteria (Serviceabnahmekriterien, SAC)	Eine Reihe von Kriterien, anhand derer sichergestellt werden soll, dass ein IT-Service die vereinbarten Anforderungen des Servicenehmers hinsichtlich Funktionalität und Qualität erfüllt und dass der Dienstleister in der Lage ist, den neuen IT-Service nach der Implementierung zu betreiben. Bevor sie in die operative Phase ihres Lebenszyklus gehen dürfen, werden alle IT-Services auf diese Kriterien hin getestet.
Service-Requirements (Serviceanforderungen)	Das gewünschte Ergebnis eines IT-Service, ausgedrückt in erforderlicher Funktionalität und zu erreichenden Service-Levels.
Service Design Pakkage (SDP)	Das Service Design Package baut auf den Serviceanforderungen auf. Es enthält zum einen die Anforderungen aus Sicht des Servicenehmers und beschreibt zum anderen, wie diese aus technischer und organisatorischer Sicht erfüllt werden. Dabei wird davon ausgegangen, dass eine Reihe von Infrastruktur-Services zu einem IT-Service für den Servicenehmer zusammengestellt wird.
Service-Level-Agreement (Service-Level-Vereinbarungen, SLA)	Das Service-Level-Agreement erweitert die Definition des IT-Service aus dem Servicekatalog. Es bestimmt im Einzelnen die Service-Level-Ziele, die gegenseitigen Verantwortlichkeiten sowie andere Anforderungen für einen speziellen IT-Service und einen bestimmten Servicenehmer oder eine bestimmte Kundengruppe. Ein SLA stellt stets eine vertragliche Dienstleistungsvereinbarung zwischen dem Dienstleister und seinen Servicenehmern dar.
Service-Level-Requirements (Service-Level-Anforderungen, SLR)	Die Service-Level-Requirements (Service-Level-Anforderungen) enthalten die Anforderungen an einen IT-Service aus Sicht des Servicenehmers. Sie definieren im Einzelnen die Service-Level-Ziele, die wechselseitigen Verantwortlichkeiten und andere servicenehmer- oder gruppenspezifische Anforderungen. Im Verlauf der Service-Design-Phase entwickelt sich das SLR-Dokument zu einem Vertragsentwurf für die Service-Level-Vereinbarung.
Service-Level-Report (Service-Level-Bericht)	Der Service-Level-Bericht informiert darüber, ob der Dienstleister in der Lage ist, die vereinbarte Servicequalität zu liefern. Hierzu werden in dem Bericht die vereinbarten und die tatsächlich erreichten Service-Levels miteinander verglichen. Der Bericht enthält außerdem Angaben über die Nutzung des IT-Service, über laufende Maßnahmen zur Serviceverbesserung und über außergewöhnliche Ereignisse.
SLA/OLA/UC – Katalog und Struktur	Ein strukturiertes Verzeichnis der Service-Level-Agreements, Operational-Level-Agreements und der Underpinning Contracts. Je nach gewähltem Ansatz für die Strukturierung der Verträge können diese mehrstufig sein, von Rahmenverträgen, die allgemeine Vertragsbedingungen beinhalten, bis hin zu spezifischen Regelungen für bestimmte IT-Services/Servicekomponenten und Servicenehmer.

Tab. 2–4 *ITIL-Begriffe*

Das SLM nach ITIL umfasst das Abschließen von Service-Level-Agreements mit den Servicenehmern und das Entwerfen von IT-Services, die den vereinbarten Service-Level-Zielen entsprechen. Darüber hinaus ist das SLM auch dafür verantwortlich sicherzustellen, dass alle Vereinbarungen auf Betriebsebene (Operational-Level-Agreements) und alle Underpinning Contracts (Verträge mit Drittparteien) zielführend sind. Das Service-Level-Management überwacht zudem die Service-Levels und berichtet laufend über deren Einhaltung. Das SLM ist darüber hinaus für die qualitative und quantitative Steuerung der zu erbringenden IT-Services verantwortlich. Ein wesentliches Element hierfür ist das SLA. Festgelegt werden darin sowohl qualitative als auch quantitative Angaben, wie z.B. Performance und Verfügbarkeit dieser IT-Services. Die Einzelheiten eines SLA dienen der Messung der Dienstgüte und liefern dem Servicenehmer konkrete Zahlen für deren Bewertung und evtl. steuernde Maßnahmen [Bon 2008], (s. Abschnitt 1.2 und 3.3.4).

Das Service-Level-Management nach ITIL V3 umfasst die folgenden Teilprozesse:

- **Bereitstellung des SLM-Frameworks:**
  Design und Pflege eines strukturierten Katalogs und Frameworks zu Service-Level-Vereinbarungen.
- **Bereitstellen von Vorlagen für die unterschiedlichen SLM-Dokumente:**
  Vorlagen/Templates für die verschiedenen im Service-Level-Management verwendeten Dokumenttypen, z.B. Service-Level-Requirements, Service-Level-Agreements, Operational-Level-Agreements, Underpinning Contracts, Service Acceptance Criteria.
- **Vertragsabschluss für Standardservices:**
  Ermitteln der Anforderungen von Servicenehmern und Vereinbaren von Service-Level-Zielen mit Servicenehmern, die die Bereitstellung bestehender Standardservices anfordern. Für die Erbringung von Standardservices sind dabei in der Regel keine Änderungen an bestehenden Infrastruktur-Services notwendig.
- **Bestimmung der Serviceanforderungen:**
  Erfassen der gewünschten Ergebnisse eines neuen bzw. zu ändernden IT-Service aus Sicht des Servicenehmers. Die Serviceanforderungen müssen dokumentiert und einer grundsätzlichen Prüfung unterzogen werden. Auf diese Weise kann zu einem möglichst frühen Zeitpunkt nach Alternativen für Anforderungen gesucht werden, die aus technischen oder wirtschaftlichen Gründen nicht realisierbar sind.
- **Aufgliedern von Business-Services in Infrastruktur-Services:**
  Ermitteln der Infrastruktur-Services, die als Basis für die Erbringung des nachgefragten Business-Service (s.o.) eingesetzt werden. Identifizieren, inwiefern die Infrastruktur-Services angepasst werden müssen, um die erforderlichen Service-Levels und Funktionalitäten bereitstellen zu können.

- **Technisches und organisatorisches Servicedesign:**
  Entscheidung aus der IT-Perspektive, auf welche Weise ein neuer IT-Service bereitgestellt wird. Dazu muss die neu zu entwickelnde technische Infrastruktur, aber auch die notwendigen organisatorischen Anpassungen spezifiziert werden. Das aus diesem Prozess resultierende Service Design Package enthält alle erforderlichen Informationen für die Serviceüberführung (Service Transition).
- **RFC-Erstellung und -Einreichung:**
  Initiieren der Implementierung eines neuen IT-Service durch Einreichung eines offiziellen Request for Change.
- **Unterzeichnung der Servicevereinbarungen und Serviceaktivierung:**
  Unterzeichnen aller relevanten Verträge nach Abschluss der Serviceüberführung. Überprüfen, ob die Serviceabnahmekriterien erfüllt werden. Dieser Prozess sorgt dafür, dass alle maßgeblichen OLAs von den entsprechenden Serviceeigentümern (Service-Ownern) freigegeben werden und der Servicenehmer die Service-Level-Vereinbarung mit seiner Unterschrift bestätigt.
- **Service-Level-Überwachung und -Reporting:**
  Überwachen der erreichten Service-Levels und Vergleich dieser Werte mit den vereinbarten Service-Level-Zielen. Die resultierenden Informationen (dargestellt im Service-Level-Report) dienen als Grundlage für Maßnahmen zur Verbesserung der Servicequalität und sind dem Servicenehmer sowie allen anderen Betroffenen zur Verfügung zu stellen.

Des Weiteren zählen zu den Aufgaben des SLM, die in Abschnitt 2.4 ausgeführt werden:

- Vereinbarung von Operational-Level-Agreements (interne Absicherung der festgelegten SLAs)
- Durchführung von Service-Review-Meetings mit den Servicenehmern
- Verhandlung von SLAs
- Verwaltung von SLAs
- Erstellung und Pflege des Servicekatalogs
- Pflege der Servicenehmer und Servicedaten
- Aufbereitung servicebezogener Reports
- Koordinierung von Beschwerden
- Verhandlung und Ausarbeitung von Absicherungsverträgen (Underpinning Contracts, UC) zwischen dem Servicenehmer und den Dienstleistern
- Durchführung von Serviceverbesserungsprogrammen (Service Improvement Programs, SIP)

Das SLM ist für die Servicenehmerzufriedenheit und für eine hohe Kosteneffizienz von großer Bedeutung [Schmidt und Dohle 2007]. Denn hier laufen die gemessenen Verfügbarkeitswerte zusammen und werden mit den vertraglich festgelegten Werten verglichen. Ist ein Service-Level eines IT-Service unterschritten, so müssen am Anspruch des Servicenehmers ausgerichtete Gegenmaßnahmen ergriffen werden [Bonk u.a. 2010]. Hier erhöht eine schnelle Reaktionszeit die Zufriedenheit des Servicenehmers, dadurch können evtl. vertragliche Strafen bei Unterschreitung des Service-Level vermieden werden.

2.2.2 ISO 20000

In ISO 20000 wird bei den Service-Delivery-Prozessen das SLM und – analog zu ITIL V3 – explizit ein Service-Reporting definiert. Im Element »Planning and Implementing Service Management« sind für das SLM wertvolle Konzepte enthalten [Dohle u.a. 2009], die in Kapitel 3 bis 5 übernommen wurden. Die Norm ISO 20000 überträgt die Standardisierung als Prinzip der industriellen Fertigung auf die Erbringung von IT-Services. Zusätzlich werden Ansätze des Qualitätsmanagements ähnlich zu ISO 9000 betrachtet. Durch eine Reihe von Instrumenten (z.B. Audits zur Verbesserung der Servicequalität) sollen die Wünsche, Anforderungen und Erwartungen der Servicenehmer an Qualität und Kosten von IT-Services erfüllt werden [Andenmatten 2008].

Die Vereinheitlichung aller Vorgehensweisen sichert ab, dass Vorgänge bei der Erstellung von IT-Services unabhängig von beteiligten Personen, Zeit und Ort der Leistungserstellung ablaufen. Die Einheitlichkeit liefert die Transparenz der Zusammenhänge zwischen SLAs, Servicekatalog, Kennzahlen und Messungen [Bock u.a. 2008].

Statt sich an technischen Rahmenbedingungen auszurichten, sind IT-Services nach ISO 20000 grundsätzlich servicenehmerorientiert aufzubauen. Das Leistungsangebot und dessen Qualität muss zwischen dem Dienstleister und dem Servicenehmer in SLAs abgesprochen werden. Eine prozessorientierte Ausrichtung der Erstellung von IT-Services soll Störungen vermeiden und Friktionen vermindern. Der SLM-Prozess in ISO 20000 ist so konzipiert, um zwei wichtigen Gesichtspunkten Rechnung zu tragen. Der Weg vom Servicenehmerwunsch bis zum SLA (Verhandlungsprozess) ist prozessorientiert organisiert. In jedem Schritt werden bestimmte Qualitätsparameter wie Verfügbarkeit, Betriebszeiten, Archivierungsfristen festgelegt. Entlang dieses Prozesses werden die für den jeweiligen Prozessschritt relevanten Werte den Qualitätsparametern zugewiesen. Neben der Prozessorientierung ist der direkte Bezug auf die Anwendung in der Konzeption berücksichtigt. In den SLM-Prozessen sind pro Ebene die zur Anwendung im Unternehmen gehörenden Details mit berücksichtigt.

In Anlehnung an Prinzipien des Qualitätsmanagements werden die Prozesse der Erstellung von IT-Services laufend Prüfungen und Bewertungen unterzogen.

2.2.3 CobiT

CobiT 4.1 definiert kein explizites SLM, liefert aber alle Bausteine, die für den SLM-Prozess entscheidend sind. Für das SLM ist von den in CobiT definierten Domänen Plan & Organize (PO), Acquire & Implement (AI), Deliver & Support (DS) und Monitor & Evaluate (ME) der zentrale Bereich des Deliver & Support relevant. Innerhalb dieser Domäne sind die Prozesse DS1: Define and manage Service-Levels und DS2: Manage Third-Party Services maßgeblich. Die definierten Kontrollziele legen klare Schwerpunkte, die für das SLM benötigt werden [ITSMF und ISACA 2008]. Nachstehend werden die Kontrollziele skizziert und mit dem in diesem Buch entworfenen Ansatz überprüft [Gaulke 2010] (s. Abschnitt 3.1).

- **DS 1.1 Service Level Agreement Framework**
  Das Rahmenwerk CobiT fordert formalisierte SLAs. Dies ist im Hinblick auf ein effizientes SLM ein anzustrebendes Ziel. Wichtig dabei ist, dass nicht nur die Leistungen formalisiert werden, sondern auch die Zuständigkeiten bzw. Verantwortlichkeiten, die auf beiden Seiten existieren. Schwieriger zu formalisieren sind Regelungen, die zusätzlich gelten. Hier sollten Standards dazu entworfen werden, wie Regelungen aufgebaut sind, um über diese Textbausteine eine Formalisierung zu erreichen.
- **DS 1.2 Aspects of Service Level Agreements**
  Die für SLAs relevanten Schlüsselziele müssen auch im SLA festgelegt werden. Damit sind neben den Service-Levels auch Ziele wie der Geschäftszweck im Fokus. Es entsteht ein Vertrags-ähnliches Dokument, das auch mit Paragraphen-ähnlichen Regularien ausgestattet wird.
- **DS 1.3 Performance Procedures**
  Informationen bzw. Vereinbarungen, die alle allgemeinen Ansprechpartner und Kommunikationsformen umfassen, die für ein SLA/SLM notwendig sind, werden gleich in mehreren Arbeitsschritten der Projektvorbereitung erarbeitet. Bei der Bestimmung der Projektstruktur werden die Rollen und Zuständigkeiten im Projekt behandelt. Hierfür werden Kontrollmechanismen entworfen, um die Verantwortlichkeiten aufseiten des Dienstleisters und Servicenehmers zu regeln.
- **DS 1.4 Monitoring and Reporting**
  Der Service-Level-Manager ist für das Monitoring und Reporting mitverantwortlich. Seine Aufgabe ist es, den Report so aufzubereiten, dass der Servicenehmer die Leistung und etwaige Leistungseinbußen aus dem Report ohne weitere Interpretation oder Nachbearbeitung erkennen kann.
- **DS 1.5 Review of SLAs and Contracts**
  Den in CobiT vorgeschlagenen Prozess »Review von SLAs und Contracts« nimmt der Service-Level-Manager in SLAs auf. Eine Formulierung in den Verträgen genügt, um zu wissen, wie und wann das Review stattfindet. Damit

wird erreicht, dass ein komplexer Reviewprozess vermieden wird, stattdessen kann er in einem Arbeitsschritt modelliert werden. Die Durchführung des Reviews erfolgt dann strukturiert, wie es in CobiT vorgeschlagen wird. In der Praxis arbeitet man mit Reviewlisten, die offene Punkte oder Fehler dokumentieren und den aktuellen Bearbeitungszustand aufzeigen.

- **DS 1.6 Chargeable Items**
  Lange Zeit haben SLAs die Kosten nur am Rande betrachtet. Erst die Kosten- und Leistungsverrechnung in Profitcentern und vergleichbaren Strukturen haben die SLAs in diese Richtung weiterentwickelt. Die Einheiten, die verrechnet werden können und sollen, sind jetzt fester Bestandteil eines SLA. Dadurch werden auch interne SLAs (in ITIL als OLAs definiert) zunehmend wichtiger. Denn die Leistungen in einem SLA setzen sich aus der Sicht des Dienstleisters aus Lieferanten und eigenen internen Abteilungen zusammen.
- **DS 1.7 Service Improvement Program**
  Verbesserungsmaßnahmen, die in Form von Programmen vorgeschlagen werden, sind Servicegespräche. Diese richtet der Service-Level-Manager direkt am Servicenehmer aus. Über diesen Ansatz wird so manches komplexe Service Improvement Program vermieden, da der Servicenehmer die Rückkopplungsfunktion übernimmt und gemeinsam mit dem Dienstleister Lösungen entwirft.
- **DS 2.1 Supplier Interface**
  Die Schnittstellen zu den Lieferanten bzw. Dienstleistern müssen erfasst und dokumentiert sein. Bei den Arbeitshilfen des Service-Level-Managers wird dies über eine Landkarte für SLAs (s. Abschnitt 5.1.4) aufgebaut und auch steuerbar.
- **DS 2.2 Owner Relationships**
  Zur Steuerung der Qualität von Drittdienstleistern müssen von Servicenehmerseite aus Strukturen aufgebaut werden. Eine Ausprägung hierzu findet sich später bei der Mustervorlage einer SLM-Arbeitsanweisung innerhalb der Tätigkeit »Überwachung von Service-Levels und SLAs«.
- **DS 2.3 Third-Party Contracts**
  Da jeder Dienstleister seine SLAs individuell strukturiert, ist darauf zu achten, dass SLAs formal aufgebaut sind. Dieser Anforderung kann in der Praxis nur bedingt nachgekommen werden. Aber über den Mechanismus des Service-Fact-Sheets (s. Abschnitt 3.1.4) und der Zuständigkeitsmatrizen (s. Abschnitt 3.5.4) kann eine weitgehende Formalisierung erreicht werden.
- **DS 2.4. Third-Party Qualifications**
  Die Feststellung, ob sich ein Dienstleister für die Leistungserbringung qualifiziert, wird oft via Due Dilligence vorgenommen. Service-Level-Manager können ihren Beitrag hierzu leisten, indem sie die eingereichten SLAs untersu-

chen. Häufig lässt sich anhand des Aufbaus und der Ausgestaltung der SLAs ablesen, wie gut der Dienstleister seine Prozesse umgesetzt hat.

- **DS 2.5 Outsourcing Contracts**
  Im Fokus des Service-Level-Managers sind auch aufeinander aufbauende SLAs. Dabei sind Verträge wie die Bereitstellung von Räumlichkeiten oder Basisversorgungen ebenso zu berücksichtigen wie darauf aufbauende IT-Services wie beispielsweise Hosting oder Housing, auf denen wiederum in anderen Verträgen bestimmte Applikationen betrieben werden. Also auch scheinbar nicht an der direkten Diensterbringung beteiligte Verträge sind mit zu kontrollieren.
- **DS 2.6 Continuity of Services**
  Um das Risiko für die Wiederherstellung von Services abzuschätzen, müssen entweder Managementmechanismen wie Pönalen oder direkte Sicherungsstrategien wie Failover, Backup etc. in den SLAs aufgenommen werden.
- **DS 2.7 Security Relationships**
  Der Datenschutz ist ein sehr wichtiges Thema und muss gleich zu Beginn des Outsourcing-Projekts festgelegt werden. In manchen sicherheitskritischen Branchen müssen Provider gewisse Auflagen erfüllen, was z. B. die Verschwiegenheit der Mitarbeiter betrifft. Ob dem Provider das Subcontracting erlaubt wird, sollte ebenfalls am Anfang geregelt werden. Hier ist der Service-Level-Manager aufgefordert, relevante Dokumente wie Sicherheitsrichtlinien zu den SLAs als Anlage hinzuzufügen.
- **DS 2.8 Monitoring**
  Die Überwachung, wann die vereinbarten SLAs eingehalten sind, erfolgt über verschiedene Messmethoden, die als Monitoring bezeichnet werden. Das Monitoring kann via technische Messungen (s. Abschnitt 4.1) und Reports oder auch über Servicegespräche bzw. Service- Review-Meetings erfolgen.

Eine Überführung dieser Ziele kann in eine Arbeitsanweisung erfolgen, wenn die Ableitung des SLM-Prozesses deutlich formuliert wird. CobiT legt die Schwerpunkte unabhängig von der Effizienz des SLM-Prozesses fest. Wie bei einigen Zielen verdeutlicht, ist der Dienstleister selbst darauf angewiesen, dies für sich geeignet zu implementieren. Wird beispielsweise ein monatliches Servicegespräch eingeführt und es stellt sich im Laufe der Zusammenarbeit heraus, dass ein quartalsweises Servicegespräch ausreichend ist, wäre eine Zeiteinsparung um zwei Drittel erreicht.

2.3 Konsolidierung der Standards für das Service-Level-Management

Die Standardisierung von Prozessen kann unterstützt werden durch eine Bezugnahme auf vorliegende Rahmenwerke wie ITIL, um nicht »das Rad neu zu erfinden«. Nachfolgend wird gezeigt, wie SLAs, die Prüfung der Einhaltung von SLAs und der SLM-Prozess UML-basiert dargestellt werden können. Hierfür sind Übergänge als Verbindungen zwischen den einzelnen Modellen geschaffen worden. Durch die formale Umsetzung können Unschärfen bisheriger SLA-Ansätze vermieden werden. Mit der Formalisierung kann ein stimmiges und auf Korrektheit überprüfbares Modell für OLAs, SLAs und UCs entstehen, so wie dies im noch folgenden SOUSIS-Modell ausgeführt wird.

Ein von unabhängiger Stelle ausgegebenes Zertifikat dient als Qualitätssiegel dafür, dass die Voraussetzungen und Vorgaben einer anerkannten Norm erfüllt werden. Mit regelmäßigen Zertifizierungen wird nachgewiesen, dass die Konformität mit der Norm kontinuierlich über einen längeren Zeitraum erreicht wird. Der in diesem Buch dargestellte Ansatz deckt genau dies ab. Die Aspekte des SLM sind durchgängig aufgebaut, sodass eine Integration in den Betrieb erfolgen und eine Zertifizierung darauf aufbauen kann.

Bevor nun top-down vorgegangen wird, um das SLM über alle Prozessebenen einheitlich zu konzeptionieren, werden hier die Inhalte und Gemeinsamkeiten der Standards ISO 20000, ITIL V3 und CobiT für das SLM herausgearbeitet. Diese drei Standards verfolgen ähnliche Ziele und wenden dafür auch ähnliche Methoden an. Es lassen sich drei zentrale Ziele bzw. Voraussetzungen (einheitliche Servicebeschreibung, einheitliche Prozessbeschreibung, zentraler Werkzeugeinsatz) für das SLM erkennen. Zur Erreichung der Ziele wenden die Standards Methoden an, die ebenfalls erläutert werden. An den Zielen und Methoden wird das SLM ausgerichtet, um eine effektive und effiziente Verarbeitung für die Erstellung und Überwachung von SLAs gewährleisten zu können.

Es werden im Weiteren Ziele und Methoden, die in den Standards ISO 20000, ITIL V3 und CobiT enthalten sind, einzeln dargestellt. Bereits bei der Betrachtung der Methoden wird auf das für das SLM bedeutsame Einsparpotenzial fokussiert. Dies ist wichtig, um später bei der Diskussion der SLM-Prozesse und -Werkzeuge sehr praxisnah Entscheidungen treffen zu können.

2.3.1 Voraussetzungen für ein standardisiertes Service-Level-Management

Die vorangegangene Darstellung der Standards hat zum einen das Optimierungspotenzial für Dienstleister aufgezeigt, zum anderen aber auch implizit die Ziele identifiziert, die Dienstleister anstreben müssen, um das SLM nicht zu einem Kostentreiber für eigene IT-Services werden zu lassen.

Einheitliche Servicebeschreibung

Für die Beschreibung von IT-Services ist eine wesentliche Voraussetzung zur Wertschöpfung eine einheitliche Servicebeschreibung, die klare Vorgaben hinsichtlich der Beschreibung der Servicefunktionalität, der Service-Levels und Kostenparameter vorgibt.

Die Vorteile einer einheitlichen Servicebeschreibung sind offensichtlich:

- Klare Vorgaben, welche servicerelevanten Informationen zu erfassen sind
- Schnelle Umsetzung servicenehmerrelevanter und servivceorientierter Aspekte (z.B. Bereitstellung von Reports hinsichtlich Servicequalität, Festlegung von Qualitätsparametern, Messmethodiken, Messpunkten) sowie der servicerelevanten betrieblichen Aspekte (Unterstützung durch Prozesse und Werkzeuge)
- Weniger Reibungsverlust intern (innerhalb des Dienstleisters) und extern (zwischen Servicenehmer und Dienstleister) hinsichtlich der Semantik der angebotenen bzw. abonnierten IT-Services, da z.B. die Semantik der Qualitäts- und Kostenparameter mit Angabe von Messmethodiken und Messpunkten klar definiert wird.
- Ein deutlich effizienter SLM-Prozess von der Servicebestellung bis zur Servicebereitstellung und dem Servicebetrieb), der mit abgestimmten Servicebeschreibungen den Servicenehmer z.B. mit einem Servicekatalog oder einem standardisiertem SLA bedienen kann. Diese Normierung und die damit einhergehende gesteigerte Arbeitsproduktivität erlaubt den Einsatz einer geringeren Anzahl Service-Level-Managern mit hoher Qualifizierung gegenüber dem Servicenehmer. Einheitliche Servicenehmeranforderungen können vorkonfektioniert von Sachbearbeitern aufgenommen werden. Dies ist insbesondere bei OLAs von Bedeutung, da damit eine komplexe Verwaltung von IT-Services im Haus des Dienstleisters vermieden wird. Denn eine einheitliche Beschreibung der IT-Services ermöglicht eine normierte und effektive Bedienung des Servicenehmers. Sind die IT-Services nicht einheitlich beschrieben, so müssen Anforderungen vom Servicenehmer mit einer hohen Sachkenntnis beim Dienstleister aufgenommen, koordiniert und umgesetzt werden. Durch diesen Umstand werden viele personelle Ressourcen mit Spezialwissen für die Servicenehmeranforderungen gebunden.
- Konsolidierung der IT-Services, da eine Funktionalität idealerweise nur einmal und nur innerhalb eines einzigen IT-Service beschrieben sein sollte.

Das Vorgehen bei der Ausführung einer einheitlichen Servicebeschreibung ist sicherlich eines der wichtigsten und vordringlichsten Ziele hinsichtlich eines wertschöpfenden SLM.

Einheitliche Darstellung von Prozessen

Die Tatsache, dass jeder implementierte Prozess unterschiedliche Ausprägungen in den einzelnen Organisationseinheiten des Dienstleisters hat, muss für den SLM-Prozess berücksichtigt werden. Ziel ist es, eine Konsolidierung auf Prozessebene anzustreben. Eine einheitliche Darstellung des Prozesses enthält auch hierbei ein großes Optimierungspotenzial hinsichtlich des eingesetzten Personals und der Werkzeuge, die für die Unterstützung der Prozesse eingesetzt werden müssen. Durch die Vereinheitlichung von Prozessen werden einheitliche Begriffe und auch Arbeitsgrundlagen geprägt. Dies erleichtert die Kommunikation des Personals untereinander darüber, wie z. B. Informationen von einem Prozess in den nächsten übergeben werden. Über die einheitlichen Prozesse kann durch eine Analyse sichtbar werden, welche und wie viele Werkzeuge innerhalb eines Prozesses zum Einsatz kommen. Hier kann eine Konsolidierung erfolgen, die z. B. das führende Werkzeug festlegt. Auch das SLA kann nur sinnvoll aufgebaut werden, wenn die Prozesse, die den Servicenehmer betreffen, einheitlich im SLA-Dokument beschrieben werden können.

Zentrale Planung und Steuerung des Werkzeugeinsatzes

Eine zentrale Planung des Werkzeugeinsatzes bedeutet, dass Auswahl, Einsatz sowie Konfiguration (Customizing) und Administration von Managementwerkzeugen zentral von einer Organisationseinheit gesteuert werden. Damit ist einerseits die Homogenisierung der Werkzeuglandschaft verbunden, andererseits wird Know-how gebündelt und kann kanalisiert an die lokalen Organisationseinheiten weitergegeben werden. Das SLM benötigt eine geeignete Auswahl an dedizierten Werkzeugen, die gegenüber dem Servicenehmer eingesetzt werden (s. Abschnitt 5.2).

2.3.2 Methoden zur Unterstützung des Service-Level-Managements

Die bislang angeführten Voraussetzungen sind nur durch geeignete Maßnahmen erreichbar, die im Weiteren näher erläutert werden. Hier wird für das SLM ein Fokus auf einen effektiven und effizienten Prozess gelegt.

Standardisierung beim Dienstleister, Servicenehmer und in den internen Abteilungen

Die Stärkung von Dienstleistern resultiert aus dem Ziel einer einheitlichen IT-Service- und SLM-Prozessbeschreibung. Dies betrifft auch die zentrale Planung und Steuerung des Werkzeugeinsatzes von SLM-Werkzeugen (s. Abschnitt 5.2). Die Standardisierung beinhaltet die Festlegung von Normen zur einheitlichen Beschreibung von IT-Services und SLM-Prozessen. Ferner müssen Policies festgelegt werden, die den Betrieb der IT-Services, und somit der SLM-Prozesse und -Werkzeuge, festlegen [Marie u. a. 1997]. Die Kontrolle umfasst Maßnahmen zur

Überprüfung der Einhaltung der vorgegebenen SLA-Standards, Umsetzung der vorgegebenen Policies sowie das Controlling. Der Einsatz von SLM-Werkzeugen ist zentral zu steuern und zu planen. Der Dienstleister macht Vorgaben für die Auswahl, den Einsatz und die Konfiguration von SLM-Werkzeugen [Lazar u.a. 2004]. Zur Erstellung von SLAs legt der Dienstleister zudem Vorgaben für einen zielgerichteten Aufbau und die Weitergabe (durch geeignete Schulungsmaßnahmen) von Know-how fest.

Fokus für das SLM

Durch einheitliche Vorgaben zur IT-Service- und SLM-Prozessbeschreibung sowie durch die Zentralisierung der Planung und Steuerung des Einsatzes von SLM-Werkzeugen ergibt sich folgendes Kostenreduktionspotenzial:

- Eine schnellere Bereitstellung und optimierte Verwaltung von IT-Services, denn das bedeutet weniger Abstimmungsbedarf mit dem Servicenehmer.
- Die Verwendung feststehender, klar definierter Begriffe und Servicebeschreibungen, die nicht fortwährend neu entworfen und diskutiert werden.

Reduktion von Werkzeugen mit gleicher Funktionalität

Große Dienstleister sind mit dem Problem konfrontiert, dass mehrere heterogene SLM-Werkzeuge mit gleicher Funktionalität, aber verschiedenen Konfigurationen gleichzeitig in verschiedenen IT-Abteilungen betrieben werden. Diese SLM-Werkzeuge werden u.U. für die Unterstützung des gleichen SLM-Prozesses in unterschiedlichen Organisationseinheiten eingesetzt. Um die Kosten zu senken, kann die Reduktion von SLM-Werkzeugen mit gleicher Funktionalität durch eine Konsolidierung erreicht werden. Dabei ist die Analyse so ausgerichtet, dass auf die Identifikation von SLM-Werkzeugen, die kosten- und personalintensiv sind, fokussiert wird. Weiterhin werden einzelne SLM-Werkzeuge auf deren Servicenehmer- und Betriebsrelevanz beurteilt.

Fokus für das SLM

Die Konsolidierung von SLM-Werkzeugen führt im Detail zu einer Reduktion von:

- Lizenzkosten
- Supportkosten (ohne Personalkosten)
- Hardwaresystemen (einzelnen Maschinen und/oder zu unterstützenden Plattformen)
- Betriebskosten (einschließlich Wartungs- und/oder Entwicklungskosten)
- Personalkosten (einschließlich ggf. externer Dienstleistungskosten im Rahmen der Werkzeugbetreuung)

Verbesserung des Zusammenspiels von Werkzeugen

Ein optimaler Betrieb von IT-Services bedingt auch ein optimales Zusammenspiel von SLM-Werkzeugen [IT Infrastructure Library 2004]. Im SLM bedeutet dies, dass z.B. die Werkzeuge, in denen die vereinbarten SLAs sowie deren IT-Services dokumentiert sind, und die Werkzeuge für Monitoring/Reporting aufeinander abgestimmt sind. Um das Zusammenspiel zu verbessern, müssen Konnektoren erstellt werden, die zwischen den SLM-Werkzeugen die Daten austauschen. Je mehr Konnektoren zum Einsatz kommen, umso automatisierter können Anfragen (z. B. Liste aller IT-Services mit einem Backup-Volumen über einem Terabyte) von Servicenehmern bearbeitet werden.

Fokus für das SLM

Eine Kostenreduktion lässt sich folgendermaßen ableiten:

- Schnellere Bearbeitung und Lösung von Problemen mit weniger Personal durch transparente Schnittstellen zwischen SLM-Werkzeugen sowie Teilautomatisierbarkeit der Datenübernahme von einem SLM-Werkzeug in ein anderes (Schnittstellentechnologie und/oder Datenformat für den Datenaustausch).

Schaffung einer einheitlichen Datenbasis

Der Aufbau einer einheitlichen Datenbasis mit allen SLA-Informationen, die den Servicenehmer betreffen, gewährleistet, dass Servicenehmer sowohl auf gleiche Daten online zugreifen als auch Daten im Rahmen des Reportings zugesandt bekommen können. Die Schaffung einer einheitlichen Datenbasis beinhaltet die Definition einer einheitlichen z. B. webbasierten Servicenehmer-Schnittstelle, aus der er seine Informationen wie SLA-Reports, Verbrauchsstatistiken, Trouble-Tickets und auch Rohdaten beziehen kann.

Eine mögliche Kostenreduktion ergibt sich:

- durch die Automatisierung von Tätigkeiten wie z. B. regelmäßige Datenkonvertierung und manuelle Nachbearbeitung mit unterschiedlichsten SLM-Werkzeugen, um SLA-Reports zu erzeugen;
- aus der Vermeidung von Erklärungsnöten gegenüber Servicenehmern hinsichtlich unterschiedlicher Daten durch klare Semantik;
- indirekt aus der hohen Servicenehmerzufriedenheit. Sie ist zwar selbst kein Kostenreduktionsfaktor, aber sehr wichtig für eine langfristige Kundenbindung, die dann wiederum Kostendegressionseffekte durch »Vertrautheit« mit dem Partner zur Folge hat.

Hinterlegung von Expertenwissen in Werkzeugen

Eine weitere wichtige kostenreduzierende Maßnahme besteht darin, das gesammelte Expertenwissen in SLM-Werkzeugen zu hinterlegen und fortlaufend zu pflegen (zu ergänzen, zu aktualisieren oder zu löschen). Dies bedeutet am Anfang zwar einen höheren Aufwand durch die notwendige Wissensakquisition und Umsetzung in SLM-Werkzeugen. Daraus entsteht später aber die Möglichkeit, einfacher qualifiziertes und damit kostengünstigeres Personal einzusetzen. Ferner verbleibt das Expertenwissen auch bei Ausscheiden von Mitarbeitern in der Organisation, da es in SLM-Werkzeugen hinterlegt ist und nicht immer wieder neu aufgebaut werden muss.

Eine mögliche Kostenreduktion ergibt sich aus:

- dem Einsatz von einfacher qualifiziertem und somit kostengünstigerem Personal, da das Expertenwissen in SLM-Werkzeugen hinterlegt ist; Experten müssen nur in bestimmten Teilbereichen eingesetzt werden;
- einem reduzierter Schulungsaufwand für das Personal.

2.4 Praxislösung für den Service-Level-Management-Prozess basierend auf IT-Standards

Werden SLAs zwischen einem Servicenehmer und einem Dienstleister und OLAs zwischen internen IT-Abteilungen eingesetzt, müssen zusätzlich SLM-Prozesse im Sinne von ISO 20000 etabliert werden. Daraus folgt, dass der Dienstleister durch ein geeignetes IT-Management sicherstellen muss, dass die festgelegten IT-Services in der zuvor definierten Qualität erbracht werden. Um die Lücke zwischen den Kundenbedürfnissen und den vertraglichen Vereinbarungen möglichst gering zu halten, reichen demzufolge eine rein statische Definition von SLAs und das einfache Monitoring dieser Vereinbarungen nicht aus. Vielmehr muss mit SLM ein kontinuierlicher Prozess etabliert werden, der als zentrales Ziel die Umsetzung des »Servicegedankens« und die stetige Optimierung der Servicequalität verfolgt [Hegering u.a. 1999]. Kontinuierliches SLM stellt zudem sicher, dass eine ausreichende Servicequalität an alle IT-Benutzer in Übereinstimmung mit Geschäftsprioritäten des Servicenehmers zu exakt vereinbarten Kosten geliefert wird.

Die folgende Lösung kann sofort in der Praxis angewandt werden. Sie zeigt auf fünf Ebenen, wie der SLM-Prozess strukturiert wird. Die oberste Ebene abstrahiert auf einer strategischen Ebene und mit jeder weiteren Ebene wird der Prozess konkreter, um das SLM im täglichen Betrieb umsetzen zu können.

2.4.1 Ebene 1: Idealisierter Lebenszyklus

Für die Erarbeitung von SLAs und den Aufbau eines SLM zwischen Dienstleister und Servicenehmer sind die Aufgaben des Managements von SLAs in vier Teilbereiche untergliedert, wobei die Aufgabe »Nutzung« nochmals in drei Teilbereiche aufgeteilt ist. Diese einzelnen Teilbereiche stellen einen idealisierten Lebenszyklus eines SLA dar. Es wird davon ausgegangen, dass ein SLA diese Teilbereiche wie in Abbildung 2–6 dargestellt nacheinander durchläuft [Berger 2005]:

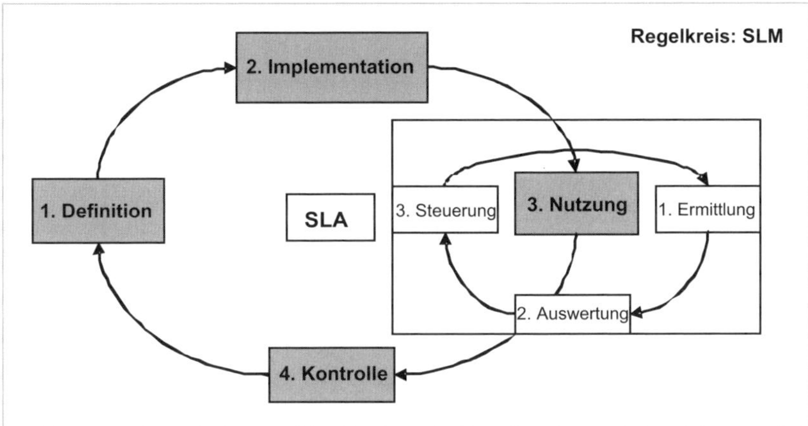

Abb. 2–6 *Idealisierter Lebenszyklus [Berger 2005]*

Definitionsphase

Die erste Phase beinhaltet die Erstellung des SLA-Dokuments, das die Ausgangsbasis für weitere Aufgaben des Managements von SLAs bildet. Inhaltlich sind die zu erbringenden IT-Services zu identifizieren, abzugrenzen und präzise zu beschreiben und die Anforderungen an relevante Qualitätsmerkmale dieser IT-Services in Form von Service-Levels zu vereinbaren. Die Definitionsphase endet, wenn zwischen Dienstleister und Servicenehmer die vereinbarten Leistungen im SLA beschrieben und festgelegt sind.

Implementationsphase

An die Definitionsphase schließt sich die Implementationsphase an, in der die organisatorischen, personellen und technischen Maßnahmen sowohl auf der Seite des Dienstleisters als auch auf der Seite des Servicenehmers eingeleitet werden. Zur Gewährleistung der Einhaltung von SLAs werden die Ressourcen des Dienstleisters daran ausgerichtet. Dabei müssen geeignete personelle, technische und organisatorische Maßnahmen zur Erfüllung der SLAs abgeleitet werden. Personelle Maßnahmen kann die Aus- und Weiterbildung von Personal oder die Einführung von Schichtarbeit darstellen. Zu den technischen Maßnahmen gehört z.B. der Austausch veralteter Netzwerkkomponenten oder die Erweiterung der Kapazitäten von Infrastrukturkomponenten, während die organisatorischen Maßnahmen und Regelungen beispielsweise die Anpassung interner Prozesse auf beiden Seiten, die Aktualisierung von Betriebskonzepten, ebenfalls auf beiden Seiten, die Einführung von Mitwirkungspflichten aufseiten des Servicenehmers oder die Bereitstellung von Räumlichkeiten, ggf. auf beiden Seiten, erfordern. Ist der Dienstleister auf Leistungen Dritter angewiesen, sind die SLAs grundsätzlich mit externen Zulieferern und deren SLAs abzustimmen, und es ist zu prüfen, ob die mit den Zulieferern bestehenden Vereinbarungen ausreichen. Die Anpassungen werden in den SLAs dokumentiert. Der Dienstleister hat anschließend seine eigenen Mitarbeiter über Regelungen einzuhaltender Service-Levels in Kenntnis zu setzen. Darüber hinaus sind alle Änderungen, Verfahren, Aufgabenverteilungen sowie Verantwortlichkeiten, die sich aufgrund des SLA ergeben, laufend aktuell zu halten und zeitnah zu kommunizieren.

Ferner ist der Informationsfluss zur Gewährleistung der Aktualität von SLA-Inhalten festzulegen. Die betroffenen Benutzer sind über eventuelle Änderungen wie die Zuständigkeit eines neuen Dienstleisters für die Erbringung bestimmter IT-Services zu informieren, vor allem aber auch über Inhalte wie vereinbarte Service-Levels und Kosten der einzelnen IT-Services.

Nutzungsphase

Mit dem Inkrafttreten des SLA beginnt die dritte Phase. Der Dienstleister und der Servicenehmer müssen sich von den bis dahin vorherrschenden (Projekt-)Strukturen lösen. Die Kernaufgaben der Nutzungsphase und der sich anschließenden Kontrollphase sind grundsätzlich durch die »normale« Betriebsorganisation wahrzunehmen. Die Aufgabe, die der Dienstleister im Rahmen der Nutzungsphase übernimmt, ist die Sicherstellung der Einhaltung der Service-Levels. Die tatsächlich erreichten Service-Levels sind zu erheben. Dazu sind Basisdaten zu erfassen, die zur Bestimmung der einzelnen Kennzahlen erforderlich sind. Anschließend sind die erreichten Service-Levels zu berechnen. Für alle Kennzahlen müssen anschließend Soll-Ist-Vergleiche durchgeführt werden. Die Ergebnisse sind in einem Bericht darzustellen. Sofern negative Abweichungen von definierten Service-Levels festgestellt wurden, sind Maßnahmen einzuleiten. Sind die Ursachen für Abweichungen von vereinbarten Service-Levels identifiziert, ist es die Aufgabe des Dienstleisters, die Umsetzung dieser Maßnahmen einzuleiten, um deren erfolgreiche und termingerechte Umsetzung zu kontrollieren. Diese drei Aktivitäten bilden innerhalb der Nutzungsphase eines SLA einen sich regelmäßig wiederholenden Prozess (Regelkreis). Die Frequenz der Ermittlung der Service-Levels und damit auch die Dauer eines Zyklus ergibt sich aus der im SLA definierten Berichtsfrequenz.

Kontrollphase

Gegenstand dieser Phase ist die kritische Prüfung des Einsatzes des SLA, d.h. der im SLA festgelegten Vereinbarungen. Ziel in der Kontrollphase ist es sicherzustellen, dass die ursprünglich mit dem Einsatz des SLA angestrebten Ziele erreicht werden. Die Kontrolle wird in der Regel im Rahmen eines SLA-Audits im Sinne eines Self-Assessments durchgeführt [Gaulke 2010]. Basis für die Kontrolle bilden die Erfassung und Analyse von Zielerreichungswerten beim Einsatz des jeweiligen SLA. Hierzu sind je nach Zielen Wirtschaftlichkeitsanalysen sowie Zufriedenheitsbefragungen und die Betrachtung von »Messwerten«, z.B. zu Übertragungsraten, Antwortzeiten, Verfügbarkeiten, durchzuführen. Weichen die ermittelten/gemessenen Zielerreichungswerte von den Sollvorgaben ab, so sind die Ursachen hierfür festzustellen. Im Einzelnen sind die Annahmen bei der Erstellung des SLA, das Auftreten von unvorhergesehenen Ereignissen, das Erhebungsverfahren von Messdaten, die Einschätzung der Wirkungen der Regelung innerhalb eines SLA sowie der Maßnahmen des SLA-Managements zu überprüfen.

Sind die Ursachen für die mangelnde Erreichung der Ziele identifiziert, so sind geeignete Maßnahmen zu ergreifen oder auch ggf. bereits gesetzte Ziele neu zu definieren. Müssen ungeeignete SLAs angepasst oder verändert werden, folgt auf die Kontrollphase wieder die Definitionsphase, in der die Änderungen an den SLAs von Dienstleister und Servicenehmer gemeinsam erarbeitet und verabschiedet werden.

Zusammenfassend lässt sich festhalten, dass der Einsatz von SLAs zwei zyklische Kernprozesse umfasst [Berger 2005]: Management des SLA (Definitions-, Implementations-, Nutzungs- und Kontrollphase) und Management der Service-Levels (Ermittlung, Auswertung und Steuerung). Das SLM stellt die Zielerreichung des SLA sicher.

2.4.2 Ebene 2: Prozessstruktur

Zu den zentralen Aufgaben des SLM gehört die Steuerung des Service-Managements. Kernanliegen des Service-Managements ist es, für Transparenz der IT-Services und ihrer Qualitätsmerkmale zu sorgen, und zwar sowohl auf Dienstleisterseite als auch gegenüber den Servicenehmern. Das SLM ist zentraler Ansprechpartner im Bereich des Service-Managements und liefert eine konsistente Informationsschnittstelle in Vertragsaspekten und in Fragen der Servicequalität (s. Abschnitt 2.2.2). Die Festlegung von Qualitätsmerkmalen für die IT-Services sollte im Rahmen formal mit den Servicenehmern vereinbarter SLAs erfolgen. Es ist wichtig, sich auf OLAs zu stützen. Die in den OLAs enthaltenen Qualitätsmerkmale erlauben einen systematischen Abgleich der tatsächlich erzielten Servicegüte mit den Sollvorgaben. Außerdem eignen sich OLAs als quantifizierbare Kriterien für gezielte Verbesserungen im Rahmen einer mittelfristigen Qualitätsplanung. Dabei ermöglichen Kennzahlen eine direkte Erfolgskontrolle für konkrete IT-Service-bezogene Qualitätsziele, die z.B. jährlich gemeinsam vereinbart werden können. Als zentrale Anlaufstelle für die Servicenehmer übernimmt das SLM in diesem Zusammenhang keine operativen Aufgaben, wie z.B. das Monitoring von Netz- und Systemkomponenten, sondern führt seine Auswertungen auf der Basis von Daten der einzelnen Abteilungsbereiche oder Dienstleister durch [Scholderer 2006b].

Das SLM umfasst damit unterschiedliche Aspekte, die über das SLM hinausgehen und sowohl Servicenehmer als auch Dienstleister betreffen. Diese Aspekte bauen z.T. aufeinander auf und haben weitestgehend einen sequenziellen Charakter. Das SLM kann daher als Prozess begriffen werden und umfasst im Wesentlichen zwei Teilbereiche, die im Prozess als die Vorbereitungs- und die Prüfungsphasen gekennzeichnet sind. In Abbildung 2–7 wird die Grobstruktur des Prozesses Service-Management skizziert.

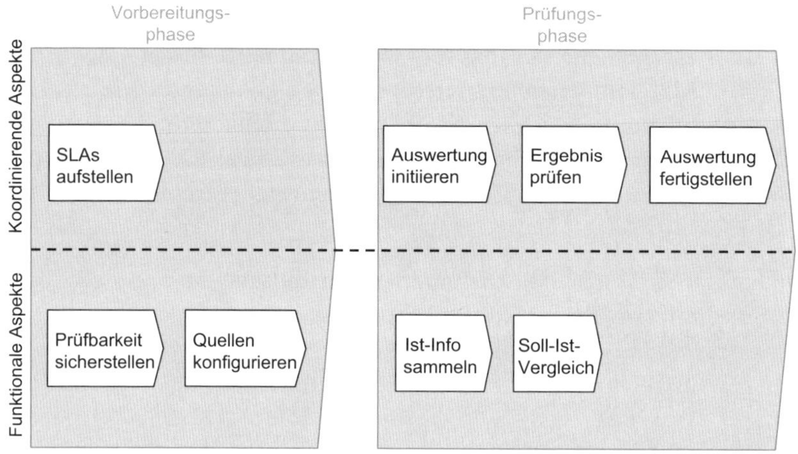

Abb. 2–7 *Koordinierende und funktionale Aspekte im Service-Management [Scholderer 2009]*

Durch die Tätigkeit »SLAs aufstellen« wird das Anforderungsniveau des Servicenehmers, das an die zu sammelnde betriebliche Qualitätsinformation anzulegen ist, exakt beschrieben. Bevor nun aber SLAs verbindlich ausgesprochen werden, muss sichergestellt sein, dass sie auch tatsächlich nachweisbar sind. Das SLM unterstützt beispielsweise mit einem IT-Servicekatalog die bereichsübergreifende Sicht auf die angebotenen komplexen IT-Services oder zeigt mithilfe von Überblicksdarstellungen (s. Abschnitt 5.1.3), welche OLAs, SLAs und UCs zusammenwirken.

Das SLM unterstützt die Dokumentation der angebotenen IT-Services und stellt diese Information auch intern zur Verfügung, damit sich die vertrieblichen Aktivitäten der einzelnen Bereiche auf eine möglichst konsistente Sicht der vom Dienstleister angebotenen IT-Services und deren realisierbare Qualitätsmerkmale stützen können. Das SLM ordnet die in den OLAs vereinbarten IT-Services servicenehmer- und servicebezogen ein. Das SLM unterstützt die IT-Abteilungen dabei, ihre IT-Systeme in einen servicebezogenen Gesamtkontext zu stellen. IT-Systeme können auf diese Weise als Bestandteile einem komplexen IT-Service zugeordnet und entsprechend vermarktet werden. Insbesondere kann hierdurch das Serviceangebot auch für solche Servicenehmer transparenter dargestellt werden, die komplexe Anforderungen an zusammengesetzte IT-Services, wie z.B. ein Bündel von Applikationen mit den dazugehörigen IT-Plattformen, stellen.

Praxishinweis

Der Service-Level-Manager kann seinen ersten Entwurf zur Beschreibung von IT-Services für das SLA und den IT-Servicekatalog über die angebotenen Anwendungen bzw. über den Produktnamen der Anwendungen vornehmen. Diese Sichtweise kennt der Servicenehmer meist sehr gut. Da er die Anwendungen nutzt, ist er mit den Namen vertraut und kann den IT-Service dazu erkennen und einordnen.

Innerhalb der Tätigkeit »Prüfbarkeit sicherstellen« wird dies anhand von Messwerten verifiziert. Die für die SLAs relevanten Ist-Informationen und Quellen werden erfasst. Des Weiteren wird der Aufwand für den Nachweis von SLAs abgeschätzt. Das SLM unterstützt eine transparente Sicht auf IT-Services und ermöglicht dadurch den Blick auf die Zusammenhänge zwischen den IT-Services. Das SLM beschreibt die Abhängigkeiten zwischen IT-Services. Konkret bedeutet dies eine Klärung der Frage, welche IT-Systeme zu welchen IT-Services in welcher Weise beitragen. Auf Basis eines SLA wird der Beitrag von IT-Systemen für die IT-Services präzisiert. Insbesondere für die Anpassung von IT-Services an gestiegene Anforderungen auf Servicenehmerseite ist es sehr wichtig, die dafür notwendigen Änderungen an allen IT-Systemen zu ermitteln und in einer konsistenten Form in der IT-Service-Datenbank für alle Beteiligten zu dokumentieren.

Praxishinweis

Der Service-Level-Manager sollte zwar die Abhängigkeiten beschreiben, aber nicht zu detailliert. Je mehr Abhängigkeiten er erstellt und dokumentiert, desto intensiver muss er sich mit der Aktualisierung dieser Informationen beschäftigen. Hier sollte er Nutzen und Erfordernis einer vollständigen Dokumentation für den Servicenehmer, Dienstleister und für sich selbst überprüfen.

Die Tätigkeit »Quellen konfigurieren« schließt neben der Festlegung des einzusetzenden Werkzeugs auch das Bestimmen des Formats, die erforderliche Granularität und den Zielort der Ist-Informationen ein (s. Kap. 4). Wurden diese Konfigurationen vorgenommen, gilt die Vorbereitungsphase als abgeschlossen und die Prüfungsphase beginnt. Die neu formulierten SLAs werden zu bisherigen Überprüfungen hinzugefügt. Das SLM unterstützt eine bereichsübergreifende Überwachung von IT-Services. Die an der Erbringung des IT-Service beteiligten IT-Abteilungen und der externe Dienstleister erhalten vom SLM Informationen, wenn festgelegte Qualitätsmerkmale nicht eingehalten werden konnten. Auf dieser Grundlage können Maßnahmen zur Abhilfe bzw. Verbesserung erarbeitet werden. Das SLM pflegt Servicenehmer- und IT-Servicedaten: Hierzu wird insbesondere der Bezug zwischen Servicenehmer und seinen bezogenen IT-Services dargestellt.

Die Tätigkeit »Auswertung initiieren« beinhaltet die Reihenfolge, in der SLAs zu überprüfen sind, und die Aufteilung der anfallenden Überprüfungen. Das SLM führt zyklische Aktualisierungen und Sicherungen der betreffenden

Datenbasis durch. Im Rahmen dieser meist monatlich stattfindenden Aktualisierungen gehen in diese IT-Service-Datenbank Ergebnisse von Auswertungen (z.B. welche Verfügbarkeiten wurden erreicht) und Analysen (z.B. welche Ausfälle waren besonders gravierend) ein.

Praxishinweis

Für die Priorisierung der SLAs können verschiedene Informationen herangezogen werden:

- Wie wichtig ist der Servicenehmer für den Dienstleister?
- Mit welchen SLAs wird der größte Umsatz gemacht?
- Welche Pönalen (s. Abschnitt 3.4.3) sind die höchsten, die man zahlen müsste?
- Welche IT-Services sind häufig störanfällig und führen zur Servicenehmerunzufriedenheit?

Die Tätigkeit »Soll-Ist-Vergleich« kann als die Kerntätigkeit angesehen werden. Es erfolgt die Anwendung der SLAs auf die betriebliche Ist-Information. Die Ergebnisse, die man durch die Überprüfung erhält, müssen auf Korrektheit verifiziert werden. Dies kann innerhalb des SLM oder durch die Bestätigung von Servicenehmern erfolgen; hierfür wurde die Tätigkeit »Ergebnis prüfen« definiert. Treten hierbei Inkonsistenzen auf (z.B. Servicenehmer bestätigt Ergebnisse nicht), wird ein wiederholter Soll-Ist-Vergleich durchgeführt. Das SLM bereitet aufbauend auf der regelmäßig aktualisierten Datenbasis den servicebezogenen Report auf. Hierzu entnimmt das SLM die Teilreports der Bereiche oder Dienstleister für ihren jeweiligen Ausschnitt zur Leistungserbringung aus der Datenbank, stellt den Bezug zu den korrespondierenden IT-Services her und verdichtet ggf. die Teilreports. Die Ergebnisse werden der Leitung und den Abteilungsbereichen des Servicenehmers in Form von geeignet aufbereiteten Reports zur Verfügung gestellt.

Praxishinweis

Der Anteil an manuell nachzubearbeitenden Reports sollte so gering wie möglich gehalten werden. Hier zeigt die Erfahrung, dass manuell überarbeitetes Reporting fehleranfällig ist, was sehr viel Zeit in Anspruch nimmt und – viel riskanter/gefährlicher – den Servicenehmer misstrauisch werden lässt (Gefahr des Vertrauensverlusts).

Die Prüfungsphase wird mit der Tätigkeit »Auswertung fertigstellen« beendet. Zu dieser letzten Tätigkeit gehört die Feststellung, ob Vertragsverletzungen vorliegen, welche Erfahrungen aus der Auswertung gezogen wurden und wo die erreichten Ergebnisse abgelegt werden. Parallel zu allen Tätigkeiten der Prüfungsphase werden die Ist-Informationen nach den festgelegten Modalitäten gesammelt, d.h. zum SLM übertragen und archiviert. Das SLM koordiniert Beschwerden bereichsübergreifend. Hierzu nimmt das SLM Anregungen und Beschwerden von Servicenehmern entgegen und koordiniert die Reaktion darauf, falls mehrere IT-Abteilungen oder Drittdienstleister betroffen sind.

Praxishinweis

Der Service-Level-Manager sollte bei SLA-Verletzungen vor einem Kontakt mit dem Servicenehmer klare Antworten auf die folgenden Fragen vorbereiten:

- Welche Gründe hat die SLA-Verletzung (technisch, organisatorisch)?
- Wie wurde in der Vergangenheit bis zur Lösung genau für den Servicenehmer verfahren?
- Welche Lösung gibt es für die Zukunft, damit eine SLA-Verletzung nicht mehr eintritt?

2.4.3 Ebene 3: Überführung in ein Wertschöpfungskettendiagramm

Für Dienstleister erfolgt in diesem Abschnitt der konsequente Aufbau eines Service-Managements, das betriebsübergreifend funktioniert, sodass gegenüber Servicenehmern eine Ende-zu-Ende-Sicht und gegenüber Dienstleistern eine Ende-zu-Ende-Steuerung möglich wird. Zur Anwendung kommt das Wertschöpfungskettendiagramm, das die Prozessschritte verständlich aufzeigt. Die Ableitung der jeweiligen Prozessschritte erfolgt über die Prozessstruktur des oben dargestellten Service-Managements. In Abbildung 2–8 sind die fünf zentralen Prozessschritte aufgezeigt [Scholderer 2004].

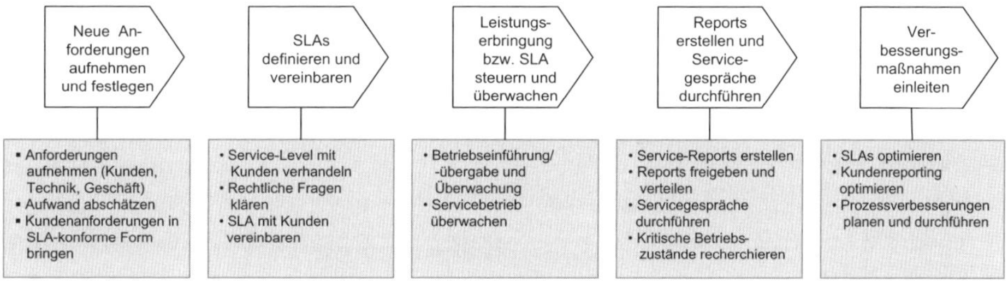

Abb. 2–8 *Wertschöpfungskettendiagramm [Scholderer 2009]*

Neue Anforderungen aufnehmen und festlegen

Die neuen Anforderungen seitens des Servicenehmers werden in diesem Prozessschritt aufgenommen. Findet eine Serviceanfrage seitens eines Servicenehmers statt, ist zunächst eine Eingangsbestätigung an diesen zu übermitteln (s. Abschnitt 2.2.2). Nach Prüfung der SLA-Anfrage erfolgt die Aufwandsabschätzung. Diese Elementarfunktion dient der Evaluation der Machbarkeit innerhalb des SLM. Anschließend kommt es entweder zu einer Zustimmung oder einer Ablehnung. Da SLAs bezüglich des IT-Service (technisches SLA, anwenderbezogenes SLA) differieren, ist eine Kategorisierung vorzunehmen. Wurde der SLA-Anfrage zugestimmt, so ist es notwendig, etwaige vom Standard-SLA abweichende Anforderungen seitens des Servicenehmers zu verhandeln und aufzunehmen. Das SLA ist abschließend dann den zeichnungsbefugten Instanzen vorzulegen.

SLAs definieren und vereinbaren

Innerhalb dieses Prozessschritts sind alle organisatorischen Aspekte bezüglich der SLAs zusammengefasst. Jedes SLA kann sich in einem unterschiedlichen Status der Bearbeitung innerhalb des SLM befinden. Somit ist es notwendig, einen Status zu führen, um dessen momentanen Stand zu erfahren. Status können sein:

- SLA angenommen:
  SLA wird angenommen und geprüft.
- SLA akzeptiert:
  SLA ist akzeptiert und wird nun erstellt und geändert.
- SLA in Bearbeitung bei (...):
  Leistungen werden iterativ bei den relevanten Instanzen abgestimmt.
- Service-Level ausgesetzt:
  Service-Levels können im laufenden Betrieb mit einer Begründung ausgesetzt werden.
- SLA abgelehnt:
  Begründete Ablehnung eines SLA.
- SLA fertiggestellt:
  SLA abgestimmt und fertiggestellt.

Da es innerhalb der SLA-Laufzeit oftmals erforderlich ist, auf die Inhalte der SLAs und der zugehörigen Messdaten zuzugreifen, ist eine einheitliche, zentrale Ablage aller Daten in einer IT-Service-Datenbank notwendig. Die im SLA verzeichneten Applikationen und deren Verfügbarkeiten werden zusammen mit dem Servicenehmer evaluiert und an dessen Bedürfnisse angepasst. Werden IT-Services verändert oder neue in den IT-Servicekatalog aufgenommen, ist es notwendig, das SLA entsprechend anzupassen. Mittels dieser Funktion wird jedem SLA ein Status zugeteilt, um einen direkten Überblick über alle SLAs und deren momentanen Stand zu vermitteln:

- In Bearbeitung:
  SLA momentan in der Evaluationsphase
- In Review:
  SLA in Review
- Laufend

Leistungserbringung bzw. SLA steuern und überwachen

Hier werden alle vom SLM übernommenen Überwachungs- und Kontrollmaßnahmen abgebildet. Die laufende Service-Level-Überprüfung dient der Ermittlung, ob die betriebenen IT-Services mit den vereinbarten Service-Levels eingehalten werden. Diese Prüfung geschieht seitens des SLM entweder periodisch oder stichprobenartig. Werden kritische Zustände einer Applikation gemessen, so entscheidet das SLM, ob ein außerplanmäßiges Servicegespräch einberufen oder eine Benachrichtigung an den Servicenehmer übermittelt wird. Veränderungen von SLA-Leistungen können während der Überwachung auf Wunsch des Servicenehmers stattfinden. Hierfür muss die Machbarkeit evaluiert werden. Bei positivem Befund wird das bestehende SLA entsprechend den neuen Vorgaben geändert und die Änderung (Change) in den Vertragsanhang übernommen. Neben der ständigen Überprüfung der Service-Levels ist es ebenso Aufgabe des SLM, die laufenden SLAs unter folgenden Aspekten zu kontrollieren:

- Prüfung, welche SLAs gekündigt werden sollen bzw. bei welchen die Laufzeit regulär endet
- Spezielle Überwachung von SLAs mit Sondervereinbarungen
- Überwachung, welche SLAs im gegenwärtigen Monat starten

Report erstellen und Servicegespräche führen

In diesem Teilprozess werden alle vom SLM durchzuführenden Monitoring- und Reporting-Aufgaben abgebildet.

SLA-Reviews werden periodisch abgehalten, um dem Servicenehmer anhand von Reports die Einhaltung der vertraglich definierten Service-Levels zu belegen und ihm gegenüber somit Transparenz zu schaffen. Servicegespräche dienen dazu, mit dem Servicenehmer die erbrachte Leistung abzustimmen, neue Anforderungen zu diskutieren und in das SLA aufzunehmen bzw. abzulehnen. Zudem können außerplanmäßige Servicegespräche einberufen werden, sollte der Service-Level deutlich unter das festgelegte Niveau fallen. Das Reporting als Basis für Reviews bildet eine zentrale Aufgabe des Service-Level-Managements. Mittels monatlicher Reports werden dem Servicenehmer die Verfügbarkeiten eines jeden IT-Service dargelegt und mit den Werten im jeweiligen SLA verglichen. Der erreichte Verfügbarkeitswert bildet somit die Grundlage für die Abrechnung der erbrachten Dienstleistungen.

- Die Reportüberprüfung dient der internen Abstimmung der dargestellten Verfügbarkeitswerte. Hier wird überprüft, ob die planmäßigen Wartungsfenster, kalendarischen Feiertage oder andere Zeiten geplanter Nichtverfügbarkeit korrekt berechnet wurden.
- Die Reportfreigabe erfolgt nach erfolgreicher Prüfung. Ist ein Report freigegeben, wird er dem Servicenehmer übermittelt.

Verbesserungsmaßnahmen einleiten

In den Servicegesprächen oder auch im laufenden Tagesbetrieb werden Verbesserungsmöglichkeiten gesammelt, strukturiert und konzentriert. Aus den konzentrierten Daten lassen sich Verbesserungsmaßnahmen ableiten. Diese müssen von beiden Seiten besprochen und geprüft werden. Anschließend können, wie in ISO 20000 vorgeschlagen, die Maßnahmen zur kontinuierlichen Verbesserung eingeleitet werden.

Anders werden Maßnahmen zum Vertragsende gehandhabt. Endet die Laufzeit eines SLA, so hat das SLM die Aufgabe, ein finales Reporting zu generieren, zu überprüfen und freizugeben. Ist dies geschehen, findet eine Evaluierung mit dem Servicenehmer in Form eines Audits statt. Hier werden alle Störungen und zur Beseitigung initiierten Verbesserungen gegeneinander abgewogen. Ist das Ergebnis positiv, findet die Weiterführung des SLA statt. Im negativen Fall kann das Gespräch den SLA-Abschluss darstellen.

2.4.4 Ebene 4: Modellierung der Teilprozesse

In diesem Abschnitt werden die Tätigkeiten und deren Zusammenhänge modelliert und erläutert. Die folgende Abbildung 2–9 zeigt einen Überblick über alle Teilprozesse.

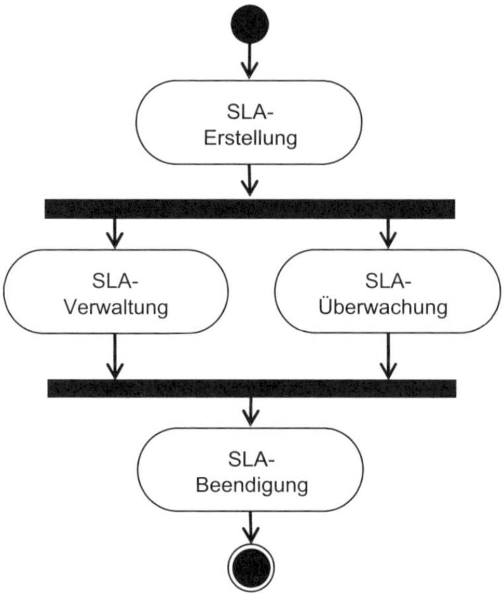

Abb. 2–9 *Überblick über die Teilprozesse*

Mittels UML-Diagrammen werden die Abläufe und eventuelle Parallelitäten innerhalb der Teilprozesse sichtbar. Für Dienstleister ist diese Modellierung entscheidend, um neben den Aktivitäten auch klar den Verlauf verfolgen zu können. Sind die Aktivitäten klar definiert, kann der Prozess effektiv laufen und ggf. optimiert werden. In diesem Abschnitt wird bei den Teilprozessen der Begriff Prozesskette verwendet.

SLA-Erstellung

Abbildung 2–10 zeigt den Teilprozess SLA-Erstellung.

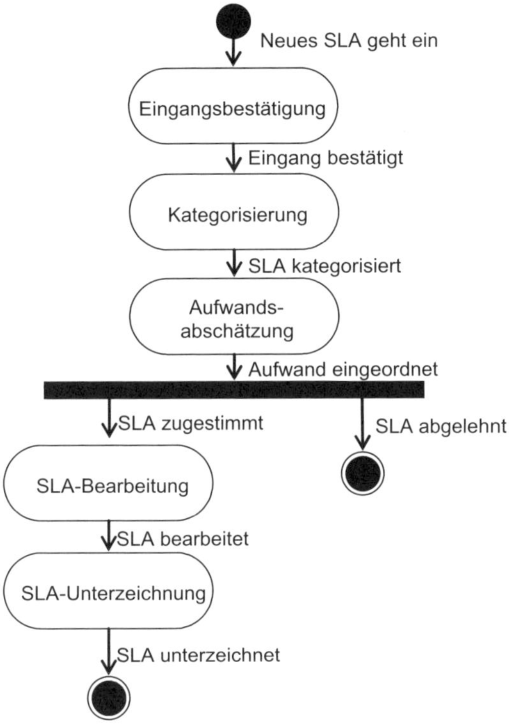

Abb. 2–10 *SLA-Erstellung [Scholderer 2009]*

Wie in Abbildung 2–10 zu erkennen, ist der Ablauf dieses Prozesses sequenziell. Geht ein neues SLA ein, so wird dessen Eingang bestätigt. Die Daten werden nun in den Folgeaktivitäten verarbeitet. Mittels des Konnektors tritt als »Output« der Aktivität »Zustimmung/Ablehnung« entweder das Ereignis »SLA abgelehnt«, was die Terminierung des Prozesses zur Folge hat, oder »SLA zugestimmt« ein. Der letztere Fall stellt den Eintritt in die Funktion »SLA- Bearbeitung« dar. In der Aktivität »SLA-Bearbeitung« wird sowohl schreibend als auch lesend auf die Daten zugegriffen, da, wie oben bereits erwähnt, das SLA zusammen mit dem potenziellen Servicenehmer modifiziert wird. Beide Parteien erstellen das SLA und stimmen die Inhalte (z.B. Service, Service-Levels, Kennzahlen) und Regelungen ab (s. Abschnitte 3.4.2, 3.4.5 und 3.4.6). Ebenso ist der Datenzugriff innerhalb der Aktivität »SLA-Unterzeichnung« als bidirektional anzusehen, da einerseits der modifizierte Vertrag einfließt und andererseits das unterzeichnete Vertragswerk zurückgegeben wird. Das Ereignis »SLA unterzeichnet« bildet das Austrittsereignis aus dem Teilprozess »SLA-Erstellung«.

SLA-Verwaltung

Abbildung 2–11 zeigt den Teilprozess der SLA-Verwaltung. Auf die Verwaltung von SLAs können drei Ereignisse folgen, die jedoch nicht parallel verarbeitet werden können. Dies ist hier mittels des Konnektors verdeutlicht. Tritt das Ereignis »Leistung ist zu modifizieren« als Folge einer notwendigen Leistungsanpassung (bedingt durch den Wunsch des Servicenehmers oder eine Applikationsanpassung) in Kraft, so fließen die betroffenen Leistungen in die Aktivität »SLA-Leistungsmodifikation« ein. Als Folge dieser Modifikation können die Ereignisse »Leistungen sind zu bearbeiten« und »Leistungen sind zu verändern« eintreten. Diese sind mittels eines Disjunktionskonnektors verknüpft, da die Möglichkeit besteht, dass beide gleichzeitig eintreten. Dies wäre der Fall, sofern sich eine Anpassung einer Applikation auf einen schon abgeschlossenen Vertrag auswirkt, beispielsweise bedingt durch ein Update, das einen größeren Funktionsumfang bewirkt. Beispielsweise kann eine Hosting-Plattform durch die Möglichkeit des Homings oder Housings erweitert werden oder es können auf einer bestehenden SAP-Plattform weitere Anwendungen hinzukommen. Jedoch können beide Folgeereignisse auch unabhängig voneinander eintreten. In beiden Fällen haben die nachgelagerten Aktivitäten Auswirkungen auf die »Datensicht« der SLAs. Deshalb ist auch hier eine bidirektionale Verbindung zwischen der Funktions- und der Datensicht zu finden, da die bestehenden SLAs zunächst eingelesen und anschließend verändert werden. Das Ereignis »SLA-Vorlage fortschreiben« tritt bei einer Veränderung des IT-Servicekatalogs ein. Werden neue Leistungen angeboten bzw. vorhandene verändert oder angepasst, ist es notwendig, diese in der SLA-Vorlage festzuhalten, denn das Dokument bildet die Grundlage für alle daraus abgeleiteten Servicenehmer-SLAs. Die Anpassungen geschehen in der Aktivi-

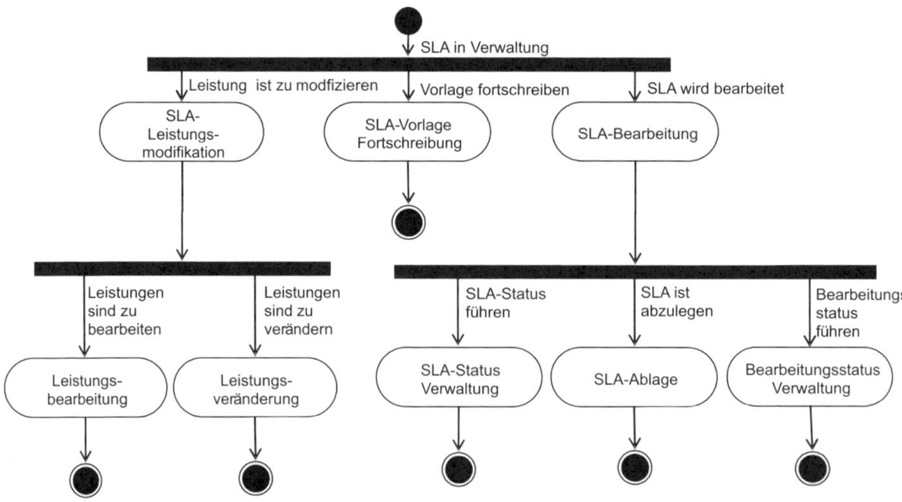

Abb. 2–11 *SLA-Verwaltung [Scholderer 2009]*

tät »SLA-Vorlage Fortschreibung«. Auch hier besteht eine bidirektionale Verbindung zur Datensicht in Form der SLA-Vorlage. Das Ereignis »SLA wird bearbeitet« löst notwendige Verwaltungsarbeiten an einem SLA aus. Durch eine geplante/notwendige Änderung (z.B. Umbenennung des Namens des IT-Service) wird die Aktivität »SLA-Bearbeitung« angestoßen. Als Folge daraus können wiederum drei Ereignisse eintreten, die mittels des Konnektors logisch voneinander getrennt sind. Diese logische Trennung geschieht deshalb, weil eine gleichzeitige Änderung des SLA-Status und des Bearbeitungsstatus nicht erfolgen kann, da letzterer in den Zustand »akzeptiert« kommen muss, um eine Zustandsänderung im »SLA-Status« zu erreichen. Dies gilt auch für das Ereignis »SLA ist abzulegen«, das ebenso von diesem Zustand abhängig ist.

SLA-Überwachung

In Abbildung 2–12 ist der Teilprozess »SLA-Überwachung« dargestellt. Es ist zu erkennen, dass die Aktivität »SLA-Überwachung« fünf Ereignisse auslöst. »SLA in Review« wird ausgelöst, wenn ein Review-Meeting für ein laufendes SLA ansteht. Dies geschieht nach einer im SLA festgelegten Periode. Steht ein Servicegespräch an, so ist es die Aufgabe des SLM, dieses vorzubereiten (s. CobiT DS 1.5 Review of SLAs and Contracts). Folgende Punkte und Dokumente müssen dem SLM dazu vorliegen:

- SLA
- Reports
- Kritische Zustände, sofern entstanden
- Aktueller Bearbeitungsstatus von Änderungen, die entweder vom Servicenehmer beauftragt wurden oder aufgrund technischer Gegebenheiten erforderlich waren.

Mit diesen Dokumenten ist das SLM in der Lage, schnell und transparent auf den Servicenehmer und dessen Problempunkte zu reagieren, um einer Eskalation vorzubeugen. Ist keine Einigung mit dem Servicenehmer zu erreichen, sind entweder die verzeichneten IT-Services zu skalieren oder der im SLA geregelte Eskalationspfad einzuschlagen, um Pönalen (s. Abschnitt 3.4.3) zu vermeiden. Das SLM wird in diesem Fall den Vorgaben des Vertragswerks folgen und versuchen, eine Einigung zu erzielen. Steht ein laufendes SLA zur Überwachung an, so erfolgt ein lesender Zugriff auf die Datensicht in Form des zu überprüfenden SLA. Die Aktivität »laufende SLA-Überwachung« wurde im vorangegangenen Abschnitt bereits erläutert.

Gehen die periodisch generierten Reports ein, so sind diese seitens des SLM auf Konsistenz und Inhalt zu prüfen. Reports stellen in Abbildung 2–12 die in die Aktivität »Reportprüfung« eingehenden Daten dar. Als Resultat tritt das Ereignis »Reports geprüft« ein, das gleichzeitig die Vorbedingung der Aktivität »Freigabe Reports« darstellt. Hier wird evaluiert, ob die Berichte an den Servicenehmer übermittelt werden dürfen. Im positiven Fall tritt das Ereignis »ok« ein, um die

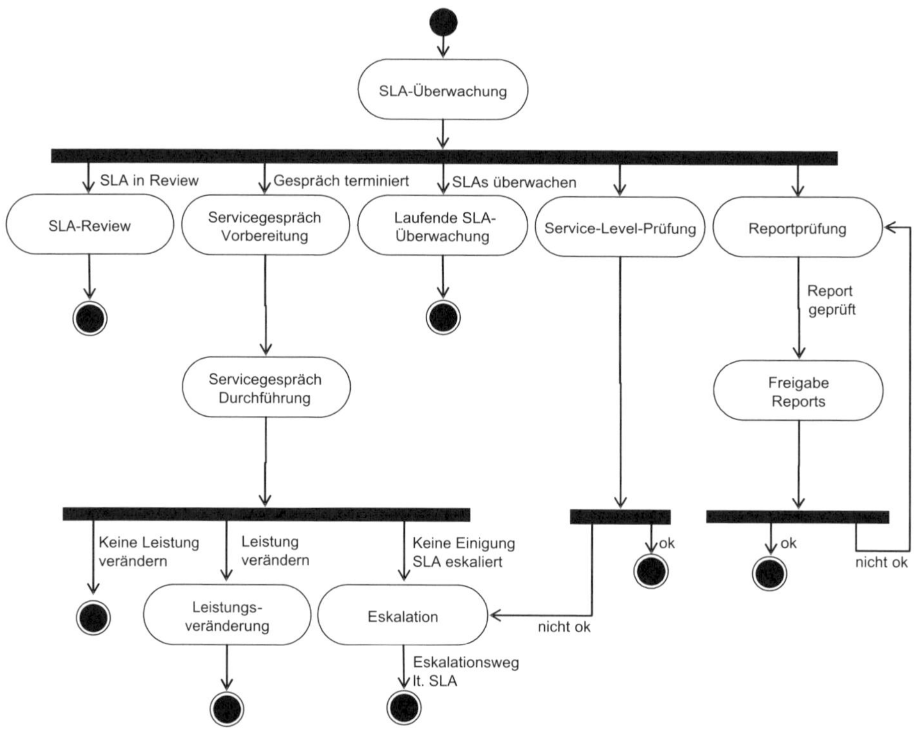

Abb. 2–12 *SLA-Überwachung [Scholderer 2009]*

Reports freizugeben, andernfalls »nicht ok« und die Reports werden nicht freigegeben. Die Aktivität »Service-Level-Prüfung« dient dazu, entweder zyklische Prüfungen oder Stichprobenkontrollen durchzuführen. Das Resultat dieser Prüfungen entscheidet, welches der Folgeereignisse eintritt. Sollte sich der Service-Level im vertraglich festgelegten Rahmen bewegen, so stellt »ok« für die Service-Levels das Austrittsereignis dar. Ist die Bedingung »nicht ok« erfüllt, wird die Eskalation eingeleitet und den Vorgaben im SLA entsprechend der Eskalationsweg eingehalten.

SLA-Beendigung

Abbildung 2–13 zeigt den Teilprozess »SLA-Beendigung«. Das Eingangsereignis ist hier das Ende einer SLA-Laufzeit. Das Ende der SLA-Laufzeit kann entweder regulär oder außerordentlich erfolgen. Für beide Varianten sind die Aktivitäten in ihrer Reihenfolge gleich, nur in der Ausprägung wird die Evaluierung anders ausfallen. Bei einer außerordentlichen Beendigung werden die Gründe detailliert recherchiert und besprochen, um ggf. später an die Geschäftsbeziehung wieder anknüpfen zu können. Das Laufzeitende stellt auch die Vorbedingung für die nachfolgende Aktivität »finales Reporting« dar. Ist das Reporting abgeschlossen, so erfolgt eine finale Evaluierung mit dem Servicenehmer. Unabhängig vom Ausgang dieser Evaluierung findet im Abschluss ein Servicegespräch statt, die Agenda dieses Dialogs ist jedoch abhängig von der genannten Bewertung.

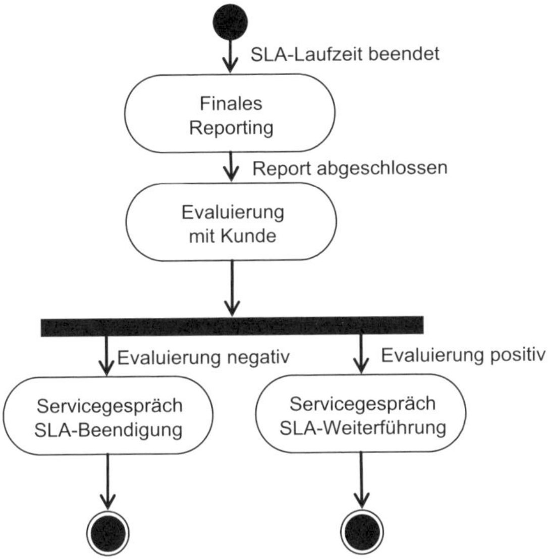

Abb. 2–13 *SLA-Beendigung [Scholderer 2009]*

Fällt diese Bewertung positiv aus, finden Verhandlungen über eine SLA-Weiterführung mit dem Bestands-SLA als Datenbasis statt; im negativen Fall bildet das Gespräch den SLA-Abschluss. Die geeignete Werkzeugunterstützung orientiert sich an diesem Ablauf und steuert an zentralen Punkten – oder ggf. lückenlos – Module zur Automatisierung des SLM-Prozesses.

2.4.5 Ebene 5: Mustervorlage einer Arbeitsanweisung

Ziel ist es, die ITIL-konforme Einführung des SLM im Unternehmen zu ermöglichen. Die Integration der SLM-Teilprozesse zu anderen ITIL-Prozessen erfolgt über Arbeitsanweisungen, die genau die Tätigkeiten beschreiben, die von Service-Level-Managern zu erbringen sind.

Die nachstehenden Abschnitte beschreiben in Form einer Arbeitsanweisung das Tätigkeitsfeld:

Tätigkeit: Definition bzw. Ziel der Arbeitsanweisung

Ziel der Arbeitsanweisung ist eine verbindliche Regelung im Sinne einer ordnungsgemäßen Vorgehensweise zur Erstellung, Verwaltung und Überwachung von SLAs in Richtung Servicenehmer und Dienstleister. Der Geltungsbereich des SLM ermöglicht darüber hinaus die Formulierung/Verwaltung konkreter SLA-Vorgaben und die Einhaltung dieser Vorgaben gegenüber anderen IT-Abteilungen.

Tätigkeit: Begriffsdefinitionen, Service-Level-Fakten und Abgrenzungen

Unter einem SLA-Request (SLA-R) wird die geplante Beauftragung, Änderung oder Mitteilung von Änderungen zu vereinbarten Leistungen in SLAs verstanden. Ein SLA-Request kann aus folgendem Grund gestellt werden:

- Neuer Servicenehmer
- Veränderung bestehender SLAs
- Review von SLAs
- Inbetriebnahme, Update einer neuen Applikation
- Überführung von Ausschreibungsunterlagen in ein SLA

Informell gestellte SLA-R zu vereinbarten Leistungen werden vom SLM innerhalb von z.B. zwei Arbeitstagen beantwortet. Das SLM stellt weiterhin für SLA-R zu Service-Level, SLAs etc. alle Informationen bereit.

Das SLM unterscheidet verschieden SLA-Typen. Diese Unterscheidung ist erforderlich, da der Prozess SLM mit unterschiedlichen Gewichtungen ausgeführt wird. Folgende SLA-Typen werden festgelegt:

- **Servicenehmer-SLA:**
  Das Servicenehmer-SLA (SLA-S) repräsentiert den Dienstleister gegenüber seinem Servicenehmer, der seine Geschäftsprozesse auf IT-Services wie Standard-IT-Arbeitsplatz oder Betrieb eines SAP-Systems für mehrere Geschäftsprozesse abgebildet hat. Idealtypisch ist dieses SLA mit einem standardisierten Vorgehen für den Service-Level-Manager verbunden, d.h., er kennt bei neuen Anforderungen des Servicenehmers oder bei Änderungen der Leistungen alle internen Abläufe und weiß, wie er dies zu regeln hat. Unter einem SLA-S wird eine Kombination aus für den Servicenehmer erforderlichen Service-Levels und intern abgestimmten OLAs verstanden.
- **Drittdienstleister-SLA:**
  Ein Drittdienstleister-SLA (SLA-DD) wird von Lieferanten (z.B. Hosting, Netze) dem SLM zur Prüfung übergeben. Das SLA-DD muss hinsichtlich der Service-Levels konform zum SLA-S sein, um die vereinbarte Qualität zwischen Servicenehmer und Dienstleister sicherzustellen. Der Service-Level-Manager muss hierfür die Abläufe und Spezifika des Drittdienstleisters kennenlernen, um sie später überwachen zu können. In jedem SLA-DD wird ein Service-Fact-Sheet (s. Abschnitt 3.3.2 und 3.3.3) verankert, das alle für die Aufrechterhaltung des Kunden-SLA relevanten Service-Level-Parameter enthält.

- **Full-Service-Dienstleister-SLA:**
  Ein Full-Service-Dienstleister-SLA (SLA-FD) ist dadurch gekennzeichnet, dass der Dienstleister eine Applikation vollständig für den Servicenehmer inkl. aller relevanten Prozesse wie Change-Management, Release-Management betreibt. Dieses SLA-FD wird dem SLM zur Prüfung übergeben. Das SLA-FD kann vom Standard-SLA-Template abweichen, wenn der Lieferant den Full-Service vollständig anbietet. Diese Abweichung entsteht dadurch, dass die Prozesse, um die Applikation zu betreiben, ausschließlich beim Dienstleister liegen und nur einer sehr eingeschränkten Abstimmung mit dem Servicenehmer bedürfen. Damit können Prozessabläufe vom Standard-SLA-Template abweichen, ohne dass dem Servicenehmer dadurch ein Nachteil entsteht. Um eine nachhaltige Prüfung der Einhaltung des SLA-FD zu gewährleisten, wird dieses ebenfalls mit einem Service-Fact-Sheet versehen.

Tätigkeit: Handhabung von SLAs

Antragsberechtigt für einen SLA-Request sind:

- Systemverantwortliche
- Vertragsmanagement
- Projektmanagement
- SLM-Review
- Service-Level-Manager mit Governance-Status

Anträge und Änderungsmitteilungen seitens der Servicenehmer oder des Lieferanten sind dem SLM zu melden. Bei Anträgen von neuen SLAs sind die relevanten Unterlagen, wie SLAs, Servicebeschreibungen, vom externen Dienstleister beizufügen.

Checkliste (Auszug):

- Angebot
- Ausschreibungsunterlagen
- Feinkonzept der vereinbarten Services
- Sicherheitskonzept
- Notfallkonzept
- Betriebskonzept
- Backup-Konzept
- Netzwerk- und Netzsicherheitskonzept
- Softwareverteilungskonzept

Der Eingang einer SLA-Anfrage wird binnen einer vereinbarten Frist, definiert in Arbeitstagen, per E-Mail bestätigt. Eine SLA-Anfrage wird über zwei zentrale Entscheidungskriterien kategorisiert, um den Aufwand abzuschätzen. Dabei ist entscheidend, für wen das SLA gilt bzw. von wem das SLA kommt. Die mit der Erstellung des SLA verbundenen Aufwände und damit Kosten werden ebenfalls eingeschätzt. Es gelten folgende Kategorien für die SLAs (s. Abschnitt 2.2.2):

- **SLA-S:**
  Standardleistung
- **SLA-DD:**
  Standard/Individuelle Leistung
- **SLA-FD:**
  Standard/Individuelle Leistung

Die Entscheidung, ob die SLA-Anfrage mit den bestehenden Ressourcen bearbeitet werden kann oder nicht, wird über Ampelfarben bestimmt:

- **Grün:**
  Geringer Aufwand, wird über SLM gelöst.
- **Gelb:**
  Erhöhter Aufwand, kann noch über SLM gelöst werden.
- **Rot:**
  Sehr hoher Aufwand, externe Ressourcen werden erforderlich.

Zustimmung/Ablehnung: Die Zustimmung zur Bearbeitung des SLA wird innerhalb einer vereinbarten Frist, definiert in (z.B. acht) Arbeitstagen, nach der Eingangsbestätigung bekannt gegeben. Auf Basis der Kategorisierung wird die Aufwandsabschätzung zur Erstellung des SLA ausgewiesen. Die Bearbeitung eines SLA-Requests kann auch abgelehnt werden. Hierzu muss jedoch ein treffender Grund vorliegen (z.B. nicht gesetzeskonform oder abweichend von verbindlichen Unternehmens- oder Securityrichtlinien). Das SLM erstellt diese Begründung.

Bearbeitungsstatus führen: Der Bearbeitungsstatus zu den SLA-Requests wird über das SLM geführt. Der Bearbeitungsstatus kann jederzeit eingesehen oder abgefragt werden. Folgende Bearbeitungsstatus werden geführt:

- **angenommen:**
  SLA-Request wird angenommen und für die Bearbeitung geprüft.
- **akzeptiert:**
  SLA-Request ist geprüft und akzeptiert.
- **in Bearbeitung bei [...]:**
  In Iterationsschritten werden die Leistungen des SLA sukzessive abgestimmt.
- **Bearbeitung ausgesetzt:**
  SLA-Requests können bzgl. der Bearbeitung ausgesetzt werden, wenn Projekte sich verzögern oder sonstige triftige Gründe wie gesperrte Budgets vorliegen.
- **Service-Level ausgesetzt:**
  Service-Levels können im laufenden Betrieb auch außer Kraft gesetzt werden. Dies ist z.B. dann der Fall, wenn ein Fehler nicht auf den Dienstleis-

ter, sondern auf einen Hersteller zurückgeht. Dann kann der Dienstleister ggf. seine Service-Levels nicht erfüllen.

- **abgelehnt:**
  Die Ablehnung von SLA-Requests ist zu begründen. Die Begründung sollte sich auf nachvollzieh- und belastbare Fakten stützen. Diese können z.B. aus OLAs, Arbeitsrichtlinien oder auch gesetzlichen Bestimmungen abgeleitet werden. Die Begründung kann auch auf technischen Faktoren beruhen. Wenn z.B. immer eine Testumgebung gefordert ist, diese aber im SLA-Request ausgeklammert wurde, so kann darüber die Ablehnung begründet werden.
- **fertiggestellt:**
  Abgestimmte SLA-Requests werden mit »fertiggestellt« gekennzeichnet.
- **unterzeichnet:**
  Unterzeichneter SLA-Request liegt vor.

Tätigkeit: Bearbeitung von SLAs

Die Bearbeitung von SLAs unterscheidet sich, je nachdem in welchem Kontext das SLA steht. Je nach Art des SLA werden die Arbeitsschritte anders durchgeführt bzw. relevante Informationen zur Abstimmung hinzugenommen. Dabei sind drei SLA-Kategorien zu unterscheiden:

- **SLA-S:**
  Gemeinsam mit Servicenehmern werden Applikationen, Verfügbarkeiten, Laufzeiten des SLA (s. Abschnitt 3.5.1) vereinbart. Dabei kommt das SLA-Template zur Anwendung. Es enthält alle relevanten betrieblichen Leistungen, die in diesem Rahmen zu vereinbaren sind. Alle Service-Levels (z.B. Betriebszeit, Wartungsfenster) sind in den Service-Fact-Sheets (s. Abschnitt 3.1.4) konzentriert und sollten nicht verändert werden.

  Werden im Rahmen der Verhandlung vom Servicenehmer besondere Vereinbarungen getroffen, so sind diese an einer dafür vorzusehenden Stelle im SLA einzutragen.
- **SLA-DD:**
  Drittdienstleister-SLAs können sehr unterschiedlich strukturierte Leistungen enthalten. Da diese SLAs eine direkte Auswirkung auf die SLA-S haben können, sind hier besondere Prüfungen vorzunehmen: Als zentrale Prüfungen gelten, dass die einzelnen Service-Levels übereinstimmen oder eine Obermenge der Service-Levels der SLA-S darstellen. Weiterhin sind die Kosten, Aufgaben und Verantwortlichkeiten zu prüfen, ob diese keine Widersprüche zum SLA-S aufweisen. Um einen geeigneten Überblick über das SLA-DD zu erhalten, ist in der Vereinbarungsphase darauf zu achten, dass eine strukturierte Tabelle mit Service-Levels (s. Abschnitt 3.3.2 und 3.3.3) implementiert ist. Dadurch

werden Inkonsistenzen direkt aufgedeckt und die Service-Levels transparent. Weiterhin ist zu prüfen, ob die Leistungen überdeckungsfrei zu bestehenden SLAs sind.

- **SLA-FD (Full-Service-Dienstleister):**
  SLAs mit Full-Service-Dienstleistern, die eine Applikation vollständig betreiben, sind wie folgt zu prüfen:
  - Ermittlung des Einflusses der Leistungen des SLA auf Kernapplikationen des Servicenehmers
  - Feststellung, ob das SLA-Template betroffen ist, d.h., ob der unternehmensweite Standard für SLAs durch das SLA-FD eingeschränkt oder ausgehebelt wird, z.B. durch andere Passwortrichtlinien.
  - Sicherstellung, dass ein Service-Fact-Sheet vorhanden ist
  - Abstimmung der inhaltlichen Leistungen

Tätigkeit: Reviews von SLAs

Für durchzuführende Reviews müssen seitens des SLM die Rahmenfaktoren aufgenommen werden. Diese sind:

- Aktuelle Richtlinie des Einkaufs oder auch des Vertriebs
- Verbesserungspotenziale aus dem laufenden IT-Betrieb
- Veränderte Leistungen
- Neue Anforderungen

Folgende Themen deckt das SLM im Rahmen des Reviews ab:

- Inhaltliche Prüfung, ob die Leistungen noch wie bisher vereinbart erbracht werden
- Aufdeckung von Einsparpotenzialen
- Übermittlung des SLA an die Rechtsabteilung
- Restrukturierung und Normierung der SLAs anhand unternehmensweit geltender Richtlinien bzw. Templates

Tätigkeit: Überwachung von Service-Levels und SLAs

- **SLA in der Implementierungsphase überwachen:**
  Das SLM führt in der Implementierungsphase laufend Kontrollen durch (z.B. Abstimmungsgespräche, Stichproben in Tools), um die Einführung des IT-Service bzgl. der einzuhaltenden und ggf. sich verändernden Service-Level-Parameter kontinuierlich überwachen zu können. Zu überwachen sind:
  - Parameter zur Gewährleistung der Einführung der jeweiligen IT-Services
  - Einhaltung von Vorgaben an das SLA-Monitoring und SLA-Reporting
  - Servicenehmerspezifische Vereinbarungen

- **Laufende Service-Level-Überprüfung:**
  Das SLM prüft laufend, ob betriebene IT-Services mit den vereinbarten Service-Levels eingehalten werden:
  - Das SLM prüft monatlich (ggf. nur stichprobenartig) die Einhaltung von SLAs.
  - Besonders kritische Zustände, die von Systemverantwortlichen übermittelt werden, sind zu prüfen. Das SLM entscheidet anschließend, ob ein zeitnahes Servicegespräch einberufen oder ob der Servicenehmer kurz informiert wird, dass eine Meldung vorliegt, die im nächsten Servicegespräch auf die Agenda gesetzt wird (s. CobiT DS 2.8 Monitoring, ISO 20 000 Prozess der Bereitstellung von Dienstleistungen, ITIL Service-Level-Überwachung und -Reporting). Diese kritischen Zustände sind für das Servicegespräch grundsätzlich in ausreichendem Umfang zu dokumentieren.
- **Laufende SLA-Überprüfung:**
  Neben der Überwachung von Service-Levels müssen auch die SLAs selbst überwacht werden. Das SLM prüft die SLAs unter folgenden Aspekten:
  - SLAs mit höchster Priorität (wird intern von SLM vergeben) erfordern eine verstärkte Report-, Trouble-Ticket- und Change-Prüfung. Zu höchstpriorisierten SLAs zählen alle SLAs, die eine übergreifende Auswirkung auf den Geschäftsbetrieb des Servicenehmers haben. Diese sind beispielsweise umfassende Hosting-Plattformen, Netzwerke, Kernsysteme und Telefonie.
  - Prüfung, welche IT-Services zu SLAs im aktuellen Monat aktiviert bzw. deaktiviert werden. Bei umfangreichen SLAs werden die einzelnen IT-Services nicht vollständig spezifiziert. So können z.B. auf IT-Plattformen bestimmte IT-Services in oder außer Betrieb genommen werden. Für jeden IT-Service kann eine Verrechnung und eine Qualitätszusicherung gefordert werden. Damit muss der Service-Level-Manager genaue Kenntnis haben, welche IT-Services starten oder enden, damit der Servicenehmer und der Dienstleister eine gültige Vereinbarung haben.
  - Prüfung, welche SLAs gekündigt werden sollen
  - Auflistung von SLAs, die Sondervereinbarungen enthalten
- **Überprüfung der Abstimmung von Reports:**
  Das Reporting wird wie folgt abgestimmt:
  - Messungen finden statt, der Report wird automatisch generiert
  - Systemverantwortliche werden angehalten, den Report auf Vollständigkeit und Korrektheit zu überprüfen (z.B. Wartung richtig eingetragen, Feiertage ausgeklammert). Zu den typischen Prüfungen zählen:
    - Prüfung, ob die vorhandenen Basisdaten des führendes Messsystems lückenlos sind
    - Kummulierung von Basisdaten mit aggregierten Werten

- Überprüfung Reporting mit Service-Levels
- Vergleich Dienstleisterdaten zu Servicenehmerdaten, wenn der Servicenehmer parallel Messungen durchführt
- Stichproben

- **Freigabe von Reports:**
Nach ordnungsgemäßer Rückmeldung vom Systemverantwortlichen wird der Report vom SLM freigegeben und zu einem im Voraus definierten Arbeitstag des Folgemonats an den Servicenehmer übergeben.

Tätigkeit: Servicegespräche

Die Servicegespräche dienen im Wesentlichen dazu, mit Servicenehmern die erbrachte Leistung gemeinsam abzustimmen und neue Anforderungen diskutieren und aufnehmen oder auch ablehnen zu können. Als zentrale Veränderungen gilt das Hinzufügen oder Neuskalieren von IT-Services und Service-Levels. Damit IT-Services und Service-Levels hinzugefügt oder verändert werden können, bedarf es der Zustimmung aus den IT-Abteilungen des Dienstleisters. Das SLM kommuniziert die neuen Anforderungen und übergibt diese an den operativen Betrieb, um die Machbarkeit und die Kosten abschätzen zu können. Eine Änderung erfolgt dann in einem SLA und wird entsprechend in einem Anhang zum SLA aufgenommen. Um die Änderung im SLA wirksam werden zu lassen, muss dem SLM eine Bestätigung aus der Rechtsabteilung vorliegen.

Das SLM muss die Servicegespräche vorbereiten und durchführen. Abbildung 2–14 zeigt, welche Punkte dem SLM vorliegen sollten.

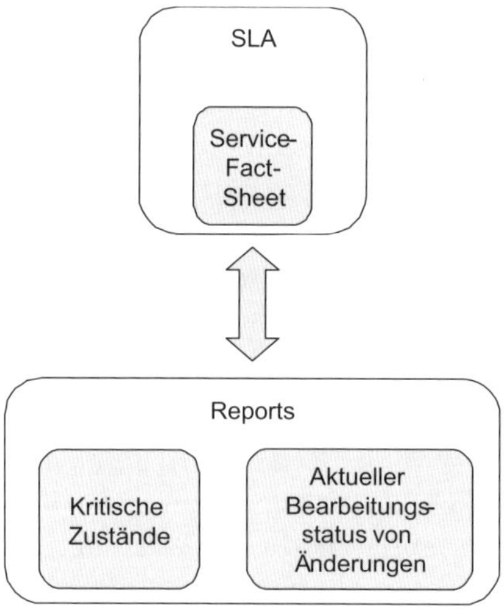

Abb. 2–14 *Informationen für das Servicegespräch*

Tätigkeit: Verhandlungsverlauf und -ende

Während des Verhandlungsverlaufs kommt es zu schnell wechselnden Versionsständen in den Dokumenten. In der zentralen IT-Service-Datenbank ist bei jedem Mailverkehr die aktuelle bzw. korrigierte Version des SLA sofort abzulegen. Vor und nach jedem Korrekturzyklus im SLM wird eine neue Version abgelegt, um jederzeit auf den aktuellen Stand zurückgreifen zu können.

Praxishinweis

Um einen häufigen Austausch von Informationen über E-Mail zu unterbinden, ist es sinnvoll, mindestens ein oder zwei Treffen mit allen Beteiligten einzuberufen, um möglichst viele relevante Punkte abzustimmen. Die SLAs werden so deutlich rascher gemeinsam vom Servicenehmer und Dienstleister als inhaltlich korrekt bewertet und die Bearbeitung schneller abgeschlossen. Zur Unterzeichnung wird vom SLM das SLA an das Vertragsmanagement übergeben.

Anhand dieser Dokumente kann das SLM schnell und direkt auf den Servicenehmer reagieren und so dessen aktuelle und besondere Problempunkte transparent darstellen, um eine Deeskalation zu erreichen. Sollte keine Einigung möglich sein, ist auf den im SLA geregelten Eskalationspfad zurückzugreifen, d.h., die in der Organisation höher stehenden Entscheidungsträger werden für jede Entscheidungsebene einberufen. Die Eskalation wird so lange aufrechterhalten, bis beide Parteien eine Lösung (z.B. Preisnachlass, Schadensersatz, Servicesteigerung) gefunden haben.

2.5 Zusammenfassung

Kapitel 2 befasste sich ausschließlich mit dem Entwurf und der Ausgestaltung des SLM-Prozesses. Der gewählte Top-down-Ansatz, der bei einer sehr managementgerechten Darstellung beginnt und mit jeder Stufe der weiteren Beschreibung Details hinzunimmt, bis er auf einer operativ nutzbaren Ebene ankommt, bietet die Möglichkeit, bei Rahmenwerken wie ISO 20000, ITIL V3 und CobiT anzusetzen und sich sukzessive vom Ideal hin zur »gelebten« Arbeitsanweisung zu orientieren. Gezeigt wurde, dass in den Standards eine Vielzahl von Strukturen enthalten ist, die sich in der Detaillierung an verschiedenen Stellen effektiv einbinden lassen [Andenmatten 2008; Bon 2008; Dieckmann 2002; Gaulke 2010].

Der Service-Level-Manager verfügt mit diesem Top-down-Ansatz über die Möglichkeit, ein einheitliches Prozessmodell anwenden zu können, das sich vor allem an Zielgruppen orientiert. Denn je nach Gegenüber kann der Service-Level-Manager mit den Abbildungen des Prozesses auf allen Ebenen die Diskussion führen, und je nach aktuellem Fall eine Abstraktionsebene nach oben oder unten gehen, um zu vereinfachen oder zu vertiefen. Dies bietet dem Service-Level-

Manager insbesondere in der Einführungs- und Festigungsphase des SLM eine große Hilfe, um seine Rolle und seinen Prozess klar zu vertreten.

Empfehlungen:

- **Abgrenzung** (s. Abschnitt 2.4):
  Die Prozessebenen im Unternehmen sollten voneinander abgegrenzt werden und Details sind nur auf der entsprechenden Diskussionsebene einzubringen.
- **Ausprägung** (s. Abschnitt 2.3.1):
  Der SLM-Prozess sollte nicht vollständig implementiert werden, sondern nach den besonderen Ausprägungen im Unternehmen hin ausgerichtet sein. SLM kann als Schwerpunkt eine umfassende Reporting-Kontrolle haben oder sollte aber nur einen geringen Aufwand für die Erstellung von SLAs aufbringen.
- **Aufgaben** (s. Abschnitt 2.4.5):
  Die Aufgaben des Service-Level-Managers unter dem Blickpunkt der Prozessebenen sind für das eigene Unternehmen zu verifizieren und anzupassen.
- **Kompetenzen** (s. Abschnitt 2.3.2):
  Die Rolle des Service-Level-Managers ist mit geeigneten Kompetenzen und Weisungsbefugnissen auszustatten. Freigaben, Budgetverantwortung und Zeichnungsberechtigung sind den IT-Services entsprechend anzupassen.
- **Strukturierung** (s. Abschnitt 2.2):
  Die Ausprägungen des SLM sind in jedem Unternehmen unterschiedlich vorzufinden. Wichtig ist jedoch, dass das SLM dem Servicenehmer und Dienstleister signalisiert, dass beide Seiten auf die Anforderungen und auch technischen Restriktionen des jeweils anderen eingehen und in einem strukturierten Verfahren behandeln.
- **Servicegespräche** (s. Abschnitt 2.4.5):
  Auch wenn das SLM sehr präzise SLAs erstellt und das Reporting einen sehr hohen Entwicklungsgrad aufweist, so sind Servicegespräche doch oftmals entscheidend. Die Zufriedenheit des Servicenehmers kann direkt überprüft werden und komplexe Sachverhalte, die ggf. nicht im SLA geregelt sind, können angesprochen oder ggf. neu verhandelt werden.
- **Dokumentation** (s. Abschnitt 2.4.5):
  Die Ergebnisse aus den Verhandlungen werden in SLAs beschrieben, die Messergebnisse sind in Form von Reports z.B. monatlich zu dokumentieren, die Servicegespräche werden in einer laufenden Agenda geführt. Der Service-Level-Manager sollte diese drei Dokumenttypen zusammen ablegen.

3 Entwurf von Service-Level-Agreements und Servicekatalogen

Für SLAs sind sehr wenig formale und nachvollziehbare Strukturen in den Standards definiert. Zwar werden in praxisnahen Toolkits Hinweise gegeben, aber ein einheitliches Modell, wie der Service-Level-Manager an die Erstellung eines SLA herangeht und dieses entsprechend seinen Anforderungen strukturiert, ist aber – obwohl ansatzweise in den Rahmenwerken CoBIT, ISO 20000 und ITIL vorhanden – nicht detailliert ausgeführt [Andenmatten 2008; Bon 2008; Gaulke 2010]. Eine Umsetzung, wie beispielsweise der Übergang von einem Servicekatalog zu einem SLA vorgenommen werden kann, wird dabei implizit angenommen. Es werden jedoch klare Strukturen und konstruktive Elemente, die in einem SLA erforderlich sind, benötigt [Jäckel und Scholderer 2005b]. Meist sind diese in ihrer Ausprägung (z.B. Kennzahlen) jedoch eindimensional und nicht in einem Gesamtkontext eingebunden. Weiterhin nur partiell vorhanden sind klare Ablaufbeschreibungen, wie beispielsweise eine kontinuierliche Erhebung und Sicherstellung der Korrektheit der Kennzahlen gewährleistet werden kann. Ähnliche Defizite finden sich beim Monitoring. Es werden wohl punktuell Überwachungen vorgenommen. Eine Messung ist somit aber stets stark an einem Objekt orientiert. Zur Frage, wie qualifizierte Ende-zu-Ende-Messungen zur SLA-Überprüfung eingebunden werden, liegen also nur wenige Konzepte vor.

Losgelöst von den SLAs, Service-Levels und dem Monitoring, sind die betrieblichen Abläufe hingegen definiert. Dies macht die Aufgabenbereiche des Dienstleisters transparent, die Abstraktion wird jedoch oft als Einschränkung empfunden. Die Verbindung zwischen Prozessen, SLAs, Service-Levels und dem Monitoring wird in der Praxis daher oft erst in einem vorliegenden Projekt selbst erarbeitet, da Rahmenwerke oder Blaupausen für ein systematisches, projektübergreifendes Vorgehen fehlen. Hierfür wird mit dem folgenden Modell eine Lösung geschaffen.

Der SLM-Prozess, auf dem in Kapitel 2 der Schwerpunkt lag, wird in den folgenden Abschnitten immer wieder als Voraussetzung angenommen. Die in den folgenden Abschnitten vorgestellten Objekte (SLA, IT-Servicekatalog) sind immer in den Kontext des SLM-Prozesses aus Kapitel 2 einzuordnen. Wiederholungen im Text sollen dem Service-Level-Manager zur Orientierung zwischen Kapitel 2 und Kapitel 3 dienen.

3.1 SOUSIS-Modell: Beschreibung von IT-Services

Wie bereits in Abschnitt 1.3 erwähnt, gibt es zahlreiche Herausforderungen für das Service-Level-Management. Ein zentraler Punkt ist die Beschreibung des IT-Service. Zwischen dem Servicenehmer und dem Dienstleister und ggf. zugeschalteten Drittdienstleistern werden Technologien eingesetzt, auf denen Applikationen aufsetzen, die wiederum in einer exakt definierten Kombination Geschäftsprozesse unterstützen. Der Service-Level-Manager muss diese Situation vollständig verstehen und so beherrschen, dass er nicht für jeden neuen IT-Service hin zum Servicenehmer mit einem neuen individuellen SLA-Vorschlag aufwartet, der eine zum Vorgänger-SLA veränderte neue Struktur aufweist. Dies würde den Service-Level-Manager bereits bei wenigen Servicenehmern, die unterschiedliche SLAs haben, mit einer unzumutbar hohen Komplexität konfrontieren. Es wäre sehr schwierig, all diese SLAs konsistent und aktuell zu halten, das Fehlerrisiko würde überproportional steigen. Daraus lässt sich weiter folgern, dass der Service-Level-Manager nicht nur seine SLAs beherrschen muss, sondern auch die SLAs, die er mit Drittdienstleistern abschließt. Diese SLAs haben, sofern der Service-Level-Manager nicht darauf einwirkt, einen komplett anderen Aufbau als die SLAs, die er seinen Servicenehmern angeboten hat. Auch hier ist der Service-Level-Manager aufgefordert, sich zu strukturieren und mit einem einheitlichen Konzept die Komplexität gering zu halten bzw. weitgehend zu vermeiden. Damit dies gelingt, benötigt der Service-Level-Manager ein Modell, mit dem er die Komplexität sicher beherrschen kann. Abbildung 3–1 zeigt, welche betriebliche Situation für das SLM vorliegt, und bildet den Hintergrund für das nachfolgend vorgestellte Modell.

Das hier entworfene, auf ITIL V3 basierende Modell ist eine kontinuierliche Entwicklung aus den wissenschaftlichen Publikationen, der Praxiserfahrung und den SLA-Trainings des Autors und stellt somit eine Eigenentwicklung dar, die sich über 15 Jahre hinweg in der Praxis weiterentwickelt und bewährt hat.

Das Akronym des Modellnamens SOUSIS steht dabei für:

S – SLA
O – OLA
U – UC
S – Servicekatalog
I – IT-Rahmenvertrag
S – Service-Level-Kalkulator

Es zeigt einen Weg auf, wie Service-Level-Manager belastbare Vereinbarungen für ausgelagerte IT-Services erstellen können.

Die Erstellung von SLAs erfolgt, wenn die Leistung klar beschrieben ist. Erst auf dieser Basis können einzelne Leistungen zu einem IT-Service zusammengestellt werden. Ziel von SOUSIS ist es, ein Modell (SLA-Framework) analog der

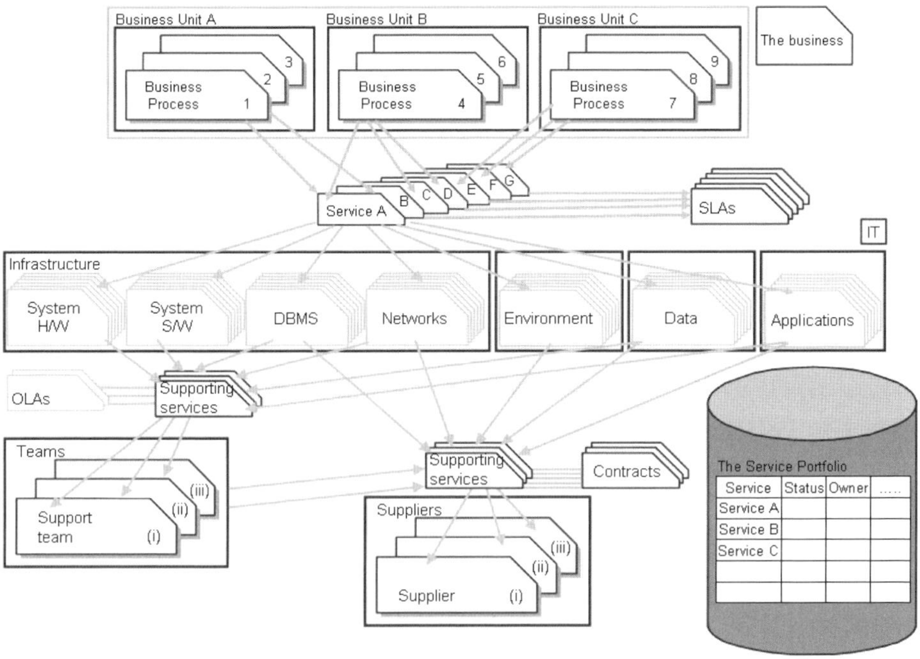

Abb. 3–1 *Motivation für das SOUSIS-Modell [IT Infrastructure Library 2004]*

Forderung von CobiT aufzubauen, das IT-Services transparent beschreibt und für Dienstleister nutz- und einsetzbar macht. Die Problematik der IT-Servicebeschreibung soll an einem einfachen Vergleich verdeutlicht werden. Beispielsweise benötigen die Auto-, Druck- oder Textilindustrie eine Massenverarbeitung. Denn nur Produkte von der Stange lassen sich in großen Mengen anbieten und absetzen. Dieser Schritt ist in der IT nachzuholen. Doch sind Automobile, Bücher und Kleidung physische Produkte. Die virtuellen »Produkte« der IT in Form von IT-Services jedoch müssen erst klarer umrissen werden. Es finden sich Analogien zur Güterproduktion bei der Datenübertragung oder beim Hosting. Dies verhält sich beim operativen Betrieb von Applikationen anders. Applikationen sind vielfältig und müssen in ein Schema eingepasst werden, damit eine konfektionierte Leistungserbringung möglich ist. Die nächsten Abschnitte zeigen, welche Strukturen geschaffen werden müssen, um die Vielfalt an Leistungen so zu bündeln, dass das Angebot von IT-Services beschrieben und produktiv zum Einsatz gebracht werden kann. Hierzu ist es besonders wichtig, die Ausgangssituation von Dienstleistern zu untersuchen.

3.1.1 Untersuchung von IT-Dienstleisterorganisationen

Der laufende Betrieb von Rechenzentren zeigt oft, dass trotz umfangreicher Planungen beim Outsourcing oder bei der Auftrennung von Leistungen innerhalb der Dienstleisterorganisation ein Teil der Leistungen erst im Test- oder sogar erst im operativen Betrieb geklärt werden kann (z. B. Antwortzeitverhalten, Reporting-Umfang). Somit ist der Dienstleister einer hohen Gefahr eines Misserfolgs ausgesetzt. Denn ist der operative Betrieb beim Servicenehmer aktiv, so ist eine Fallback-Strategie (z. B. wenn der Servicenehmer seine Anwendungen und Server bereits zum Dienstleister migriert hat) häufig nicht mehr oder nur zu unrealistischen Aufwänden möglich. Der Dienstleister und auch der Servicenehmer müssen mit den entstandenen Problemen im operativen Betrieb umgehen. Dieses Dilemma kann jedoch durch mehrere Maßnahmen wie Backup-Strategien oder redundante IT-Systeme [Abeck und Scholderer 2000] besser vorbereitet und somit besser beherrscht und leichter gelöst werden. Dienstleister sind dazu verpflichtet, den IT-Service in einem vollständig funktionsfähigen Zustand bereitzustellen und zu übergeben. Häufig muss man den Übergabetermin mehrere Wochen zuvor schriftlich ankündigen. Weiterhin schließt die Übergabe oft eine mehrmonatige Testphase mit ein, in der man den IT-Service unter (möglichst) realer Last prüft. Im Anschluss an die Testphase überreicht der Servicenehmer dem Dienstleister eine Mängelliste. Sobald der IT-Service abnahmefähig ist, muss der Servicenehmer die Abnahme der Bereitstellung des IT-Service schriftlich erklären. Die Abnahmefähigkeit des IT-Service bestimmt sich anhand eines vom Servicenehmer festzulegenden und dem Dienstleister rechtzeitig vorzulegenden Konzepts wie im Prozess Release-Management von ITIL vorgeschlagen. Der Dienstleister ist somit auf die Kooperation des Servicenehmers angewiesen [Olbrich 2004]. Eine automatisierte Abnahme mit entsprechenden Werten erfolgt bei Dienstleistern meist nicht. Dies ist risikobehaftet, denn manuelle Abnahmen können Lücken oder Fehler aufweisen. Aus diesem Grund sollten Abnahmen so formal wie möglich gestaltet werden [Andenmatten 2008; Gaulke 2010]. Die Servicenehmer sind berechtigt, während der gesamten Vertragslaufzeit Änderungen oder Erweiterungen des bestehenden IT-Servicekatalogs vorzuschlagen, und verpflichten sich, Dienstleister hiervon unverzüglich schriftlich in Kenntnis zu setzen. Für den Fall personeller und/oder Standorterweiterungen hat der Dienstleister das hierfür notwendige Equipment sowie Softwarenutzungsrechte zur Verfügung zu stellen. Übt der Dienstleister die Nutzungsrechte an bestimmter Software nur für Servicenehmer aus, so wird er sich zunächst um den vollständigen Erwerb der Nutzungsrechte für sich selbst bemühen. Ist dies nicht möglich, so liegt die rechtzeitige Bereitstellung der Nutzungsrechte zur Ausübung durch Dienstleister beim Servicenehmer [Scholderer 2004]. Werden Leistungen geplant oder ungeplant verändert, so muss die Handhabung in der Leistungsbeschreibung festgelegt sein. Die Dienstleister, die Rechenzentren betreiben, verpflichten sich häufig gegenüber dem Servicenehmer, die IT-Services hinsichtlich sämtlicher Aspekte auf dem aktuellen technologischen Stand zu halten und regelmäßig Überprüfungen vorzunehmen. Sollte aufgrund der Überprüfung ein technischer Wechsel des IT-Service oder einzelner Teile daraus angezeigt sein, so verpflichtet sich der Dienstleister, dies Servicenehmern anzubieten [Schlemmer 2003]. Die Rechenzentren sind zudem verpflichtet, den Servicenehmer ohne gesonderte Aufforderungen Updates der verwendeten Software zur Verfügung stellen. Die Updates sind für eine sofortige Nutzung und unter Wahrung der Verfügbarkeit, Daten- und Systemsicherheit sowie der Betriebsfähigkeit der Systemplattform zu implementieren. Upgrades (Releases) der verwendeten Software sind durch den Dienstleister zu implementieren, wenn er die Upgrades vom Hersteller erhält. Über die Möglichkeit der Implementierung zusätzlicher Softwaremodule sind Servicenehmer regelmäßig zu informieren. Diese Softwaremodule sind nur nach schriftlicher Aufforderung durch Servicenehmer zu implementieren. Dies gilt auch für Updates. Generell sollte der Servicenehmer Änderungen am IT-Service zustimmen, damit bei Problemen beide Parteien abgesichert sind und keine Regressforderungen entstehen. Die Anpassung von IT-Services führt häufig zu veränderten Performance-Werten und kann zu Veränderungen bei den Messungen (z.B. Timeout anpassen) führen. Um Leistungen dauerhaft konfektioniert behandeln zu können, ist ein fortwährendes Nachjustieren von Service-Levels (z.B. veränderte Backup-Zeit oder Verfügbarkeit) wie in den drei Standards CobiT (DS1: Definiere und manage Service-Levels), ISO 20000 (ISO/IEC 20000 Teil 1: Specification for Service Management) und ITIL V3 (Service Design) vorgeschlagen erforderlich. Dies muss ebenfalls in dem SOUSIS-Modell berücksichtigt werden. Da sich aufgrund neuer Benutzeranforderungen der Umfang ändern kann, wird somit auch die Servicebeschreibung verändert. Dies ist zusätzlich bei der Erstellung von SLAs mit einzuplanen, d.h., ein starres bzw. restriktives Konzept sollte vermieden werden [Scholderer 2002b]: Die Leistungskategorien, die sich in der Praxis bewähren, sind ein zentraler Ausgangspunkt in dieser Analyse. Dabei muss unterschieden werden, welche Aspekte in Zusammenhang gebracht werden dürfen [Speyerer 2004]. Die derzeitigen SLAs zeigen das Servicespektrum von Dienstleistern im Gesamten auf. Häufig findet man, dass die betrieblichen Abläufe (z.B. Einkauf) mit dem technischen Leistungsspektrum, z.B. E-Mail-Service, gekoppelt sind. So umfasst ein IT-Arbeitsplatz (definiert als IT-Service) gewisse Leistungen, also beispielsweise E-Mail-Funktionalität. Orthogonal dazu liegt die Verfügbarkeit der Leistung als Teil des IT-Service und damit die Verfügbarkeit des IT-Service selbst. Und wiederum unabhängig davon ist die Zeit, die benötigt wird, um einen Arbeitsplatz neu einzurichten (Bereitstellungszeit). Eine Trennung des E-Mail-Service von der Leistungsbeschreibung der Arbeitsplätze ist erforderlich, um Services einheitlich zu gestalten und damit einen nachvollziehbaren IT-Servicekatalog abzuleiten. Solchen Unschärfen, die dadurch entstehen, dass der IT-Service nicht eindeutig beschrieben ist, gilt es entgegenzutreten. Zu vermeiden ist die Vermischung der betriebswirtschaftlichen Herangehensweise mit Qualitätsaspekten.

Das Problem liegt darin, dass IT-Services fachlich orientiert beschrieben sind, d.h., der Servicenehmer wird stets mit einem fachlichen Blick auf den IT-Service sehen. Eine Vermischung ist daher unvermeidbar. Es ist nun die Aufgabe des Dienstleisters, die betriebswirtschaftliche Sicht in eine technische Sicht umzuwandeln, um Messungen und Beurteilungen durchführen zu können. Anschließend muss er das Ergebnis im Rahmen des Berichtswesens wieder zurück zur betriebswirtschaftlichen Sicht transformieren, z.B. in Form von klar verständlichen Rechnungen und Leistungsnachweisen.

Fehlt diese Transformation führt dies zur Unzufriedenheit des Servicenehmers. Denn er kann die vom Dienstleister erbrachten IT-Services, wenn diese nur technisch in Form von Reports für z.B. Server und Router nachgewiesen werden, nur schwer auf seine Geschäftsprozesse abbilden. Zurück bleibt eine subjektive Einschätzung, ob der IT-Service qualitativ hochwertig erbracht wurde oder nicht. Die Servicenehmer-Dienstleister-Situation ist daher so zu strukturieren, dass Dienstleister und deren Servicenehmer ein gemeinsames Verständnis über die erbrachten bzw. ausgelagerten IT-Services erhalten [Jäckel und Scholderer 2006b]. Im Folgenden wird ein Modell zur Strukturierung der Leistungsaspekte vorgestellt, das anschließend zu einer Standardisierung, wie in ISO 20000 vorgeschlagen, führt und in SLAs übernommen werden kann. Damit dies erreicht wird, sind die technischen und betrieblichen Sichten aufeinander abzustimmen, um die neuralgischen Punkte zu erkennen. Hierzu müssen für die Definition der zu modellierenden IT-Services und die Bestimmung des Niveaus der IT-Service-Modellierung Festlegungen getroffen werden.

Wichtig ist es also, die Leistung eines Dienstleisters für einen Servicenehmer verständlich zu strukturieren. Diesen Punkt ausführlich zu behandeln, führt zu einem gemeinsamen Begriffsverständnis, auf das sich beide Seiten einigen, um im Fall einer Unzufriedenheit den betroffenen IT-Service (z.B. Internet, E-Mail) benennen zu können. Das vorgestellte auf ITIL basierende SOUSIS-Modell strukturiert die Geschäftsbeziehung zwischen zwei Outsourcing-Partnern [Eberhart und Fischer 2004].

3.1.2 Ziele und Anforderungen für das SOUSIS-Modell

Damit das SLM zukünftig eine stärkere Automatisierung erfährt, bietet das SOUSIS-Modell eine pragmatische Lösung. Wird basierend auf den im SOUSIS-Modell entworfenen Strukturen das Management eines Service modelliert, so können z.B. über Entscheidungsregeln bestimmte Zustände der SLAs besser geprüft und gesteuert werden. Aus dem Überwachen von komplexen Zuständen wird somit eine ggf. auch komplexe Steuerung der SLAs möglich. Dies ist im Hinblick auf die steigende Zahl von SLAs ein wichtiger Aspekt. Das bisherige manuelle Management kann auf Dauer durch die Masse an Benutzern, IT-Services und darunter liegenden Applikationen bzw. IT-Systemen nicht qualitätsgesichert aufrechterhalten werden. Der Service-Level-Manager soll daher mit dem SOUSIS-Modell in seiner Arbeitsweise unterstützt werden. Das in den nachfolgenden Abschnitten erläuterte SOUSIS-Modell ist in seinem Aufbau sehr modular ausgelegt. Die dort entworfenen Module sind so aufgebaut, dass sie ihrer jeweiligen Kernfunktionalität gerecht werden. Für eine größtmögliche Automatisierung erweist sich dieser Schritt als vorteilhaft. Nur so können verteilte Informationen von SLAs und dezentral agierende Rollen mit einem einheitlichen Informationskonzept ausgestattet werden.

Jeder Dienstleister sollte in einer transparenten Form die Leistung, die für Servicenehmer angeboten wird, formalisieren. Dies ist mit einem erheblichen Aufwand verbunden, um die Leistung und die zugehörigen Prozesse zu beschreiben. So ist das Ergebnis aus Standards für bestimmte Zielgruppen sehr allgemein wie bei ITIL oder nur für eine eingegrenzte Zielgruppe wie bei eTOM beschrieben. Ein für beide Seiten leicht verständliches Gesamtkonzept ist daher wichtig und wird in diesem Abschnitt vorgestellt [Scholderer 2006a]. Das Vorgehensmodell greift diese Problematik auf und definiert entlang der Anforderungen praktikable und betriebssichere Strukturen. Denn der operative Einsatz dieser Strukturen muss auf die Geschäftswelt anwendbar sein, also verschiedene Betriebsabläufe sowie Vertragsbeziehungen berücksichtigen und zugleich die Technik so beherrschen, dass die IT-Services servicenehmerorientiert konfektionierbar sind [Muller 1999]. Im Folgenden werden die essenziellen Anforderungen für das Vorgehensmodell definiert. Das Vorgehensmodell muss für die Erstellung von SLAs die Anforderungen aus diesen drei Bereichen abdecken [Hackmann 2002]. Abbildung 3–2 verdeutlicht dies.

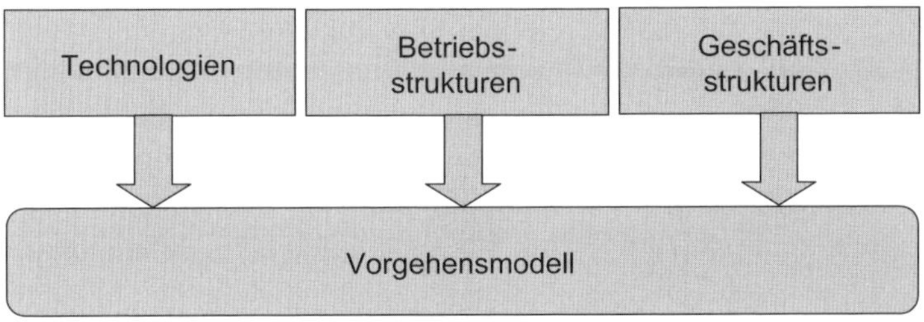

Abb. 3–2 *Anforderungen an das Vorgehensmodell*

Die Betriebsstrukturen, Geschäftsstrukturen und die Technologien stellen unterschiedliche Anforderungen an das Vorgehensmodell. Sie werden beim Dienstleister dokumentiert, um einen kontrollierten Ablauf im Betrieb und für den Servicenehmer zu gewährleisten. Dieser kontrollierte Ablauf ist insbesondere bei der Erstellung von SLAs zu gewährleisten [Haase 2001]. Hierfür muss das Vorgehensmodell eine probate Lösung liefern. Die Betriebsstrukturen unterscheiden sich bei jedem Dienstleister, auch wenn Standards wie ITIL eingehalten werden. Das Vorgehensmodell muss daher einerseits den Standards CobiT, ISO 20000 und ITIL V3 genügen, andererseits ausreichend Flexibilität aufweisen, um generisch anwendbar zu sein.

Der IT-Service ist häufig auf unterschiedlichen Niveaus beim Dienstleister beschrieben, d.h., es liegen mehrere Leistungsbeschreibungen für Applikationen, Datenbanken, Systeme, Services und Abläufe vor. Wiederum andere IT-Services sind überhaupt nicht dokumentiert. Das Vorgehensmodell muss somit die Dokumentation von unbeschriebenen Leistungen unterstützen, sodass unternehmensinterne Standards entstehen können. Weiterhin müssen bestehende und beschriebene Leistungen nach gleichem Verfahren in ein einheitliches Schema überführt werden. Die Normierung von IT-Services ist generell eine Anforderung bei Dienstleistern. Diese Anforderung wird zusätzlich verstärkt, wenn Dienstleister über mehrere Standorte verteilt sind und verschiedene Abteilungen aufweisen. Diese Normierung dient insbesondere dem Zweck, gegenüber dem Servicenehmer eine einheitliche Schnittstelle anzubieten. Nach einer konsequenten Normierung können und müssen Rechenzentren ihren operativen Betrieb transparenter abstimmen. Oft sind betriebsinterne OLAs und zum Servicenehmer hin vereinbarte SLAs nicht vollständig aufeinander abgestimmt. Die Zusicherung von Service-Levels gegenüber dem Servicenehmer, d.h. wie im SLA vereinbart, kann jedoch nur durch eine Unterstützung der internen Bereiche erfolgen. An das Vorgehensmodell wird daher die Anforderung gestellt, dass die internen OLAs gegenüber den extern vereinbarten SLAs synchronisierbar und synchronisiert sind, um eine Prüfung der Qualitätsparameter vorzunehmen bzw. vornehmen zu können. Die klare Definition von Wartungsfenstern, Service-Levels, Betriebszeiten stellt an das SLM und somit an das Vorgehensmodell klare Anforderungen, wie sie in ISO 20000 gefordert werden. SLAs sind zudem einem kontinuierlichen Wandel unterworfen und müssen häufig aktualisiert werden. Die Gewährleistung der Konsistenz muss daher auch in dieser Situation durch das Vorgehensmodell gegeben sein. Der Betrieb von Rechenzentren stellt also durchaus harte Anforderungen an das Vorgehensmodell, denn komplexe Modellierungsstrukturen lassen sich häufig nicht dauerhaft umsetzen. Begründet wird dies oft mit zwei wesentlichen Aspekten:

1. Der operative Betrieb erlaubt keine zeitaufwendigen Dokumentationsverfahren.
2. Häufig kann das Spezialwissen nicht an das Unternehmen gebunden werden, es kommt zum Know-how-Verlust.

Beide Aspekte stellen an das Vorgehensmodell die Anforderung, dass es wartbar sein muss. Denn nur eine praktikable Lösung kann umgesetzt werden. Die Gestaltung von Verträgen, die beim Dienstleister vorbereitet werden, unterliegt unterschiedlichen Kriterien und Verhandlungszeitpunkten. Zu verschiedenen Zeitpunkten werden Verträge geschlossen, die auf bereits bestehenden aufsetzen und diese ggf. umstrukturieren, oder ein erforderlicher Neuentwurf, wie in

Abschnitt 2.4 dargestellt, muss den SLM-Prozess durchlaufen. Die ISO 20000 konforme Standardisierung des Vertragsgestaltungsprozesses fordert dabei nicht die Fixierung eines vollständig lückenlosen Ablaufs, sondern die Berücksichtigung aller zum Vertrag gehörenden Aspekte, um einen umfassenden Vertrag herstellen zu können. Werden Neuerungen im Unternehmen eingeführt, wie z. B. die Veränderung von Prozessen, so kann dies Auswirkungen auf Kennzahlen haben. Es werden neue Kennzahlen gesetzt oder bestehende neu bewertet. Um ein kontinuierliches SLM aufrechterhalten zu können, muss das Vorgehensmodell auf derartige Neuerungen adaptiert werden können, ohne das Gesamtmodell verändern zu müssen. Diese aus dem Dienstleistungsbetrieb resultierenden Anforderungen liefern ein umfassendes Bild, welche Aspekte im SLA berücksichtigt werden müssen. Werden diese Anforderungen erfüllt, ist das SOUSIS-Modell beim Dienstleister von dauerhaftem Bestand [Jäckel und Scholderer 2007c].

Weitere Anforderungen werden über das Management gestellt. Das bedeutet konkret die Notwendigkeit, juristische Geschäftsstrukturen zu betrachten. Diese Geschäftsstrukturen müssen so unterstützt werden, dass sie die Geschäftsbeziehungen, z. B. Dienstleister – Servicenehmer, Dienstleister – Zulieferer, unterstützen. An das Vorgehensmodell werden somit die folgenden Anforderungen aus diesen Bereichen gestellt:

- **Kombinierbarkeit mit weiteren juristischen Verträgen:**
  Juristisch bindende Verträge müssen eine verständliche Leistungsbeschreibung, Definition von Begriffen und Aspekten enthalten. An das Vorgehensmodell wird die Anforderung gestellt, Objekte zu liefern, die konkret abgebildet werden können, d. h., die SLAs müssen so abgegrenzt entworfen sein, dass sie sich nicht mit juristischen Verträgen in der Beschreibung ausschließen oder Sachverhalte doppelt definieren.
- **Unterstützen von Dienstleisterketten und -netzen:**
  Die komplexer werdenden Geschäftsstrukturen, in denen ein Dienstleister IT-Services anderer Dienstleister zukauft und ebenfalls seine IT-Services zur Veredelung weiter- und ggf. zurückverkauft, stellen hohe Anforderungen. Dieses Szenario bringt komplexe Leistungsbeziehungen hervor, die durch das Vorgehensmodell abgebildet sein müssen, so wie dies in CobiT DS 2 Manage Thirdparty Services gefordert ist.
- **Flexibilität bei servicenehmerspezifischen Abweichungen:**
  Die Erstellung von SLAs kann in dedizierten Umgebungen oder Geschäftsfeldern einfach umgesetzt und operativ angewandt werden. Je komplexer die IT-Services werden, desto größer ist die Wahrscheinlichkeit, dass Abweichungen von standardisierten IT-Services entstehen, die in Form von spezifischen Servicenehmeranforderungen gestellt werden. Das Vorgehensmodell muss dies entsprechend unterstützen, d. h., die konfektionierten Leistungen sollen nicht bei jeder Anforderung umgestellt werden, sondern nur durch geeignete Ergänzungen zusätzlich bestückt werden.

- **Unterstützung von komplexen Vertragskonstrukten:**
  Häufig befinden sich Dienstleister in komplexen Geschäftsbeziehungen. Beispielsweise werden Leistungen zugekauft, eigene Leistungen ausgelagert und Teilleistungen an den Servicenehmer in unterschiedlichen Kombinationen, Service-Levels und Ausprägungen weitergereicht. Somit entsteht eine unübersichtliche und schwierige Situation. Die entstehende Komplexität durch Vertragsverflechtungen wird schwerer beherrschbar. Dies wirkt sich auf die Konsistenz der Dokumente aus. In einem Modell sind diese Punkte so zu berücksichtigen, dass eine transparente Sicht auf diese Konstrukte entsteht und die Konsistenz der Daten gewährleistet wird.
- **Massenverarbeitung:**
  SLAs werden immer häufiger gefordert und entsprechend oft vereinbart. Die Situation wird zusätzlich dadurch verstärkt, dass immer mehr Applikationen geschäftskritisch werden und somit SLA-relevant sind. Der Dienstleister muss somit eine Vielzahl von SLAs verwalten können. Diese Massenverarbeitung muss von dem Modell entsprechend abgedeckt werden.
- **Definition von Punkten zur Leistungsübergabe und Haftungsabgrenzung:**
  Ein weiterer Bereich, der an das Vorgehensmodell Anforderungen stellt, ist die Problematik der Leistungsübergabe. Zu klären ist, an welchem Punkt der Dienstleister den IT-Service übergibt. Dies kann z.B. ein Port am Router oder ein Datenverzeichnis auf einem Server sein. Durch die Beschreibung von Leistungsübergabepunkten entsteht die Möglichkeit, dass bei Störungen die Verantwortlichkeiten für Haftungsfragen eindeutig zugeteilt werden können. Werden beispielsweise für einen IT-Service die Komponenten Proxy oder Firewall vom Servicenehmer erbracht, dann nimmt dies der Dienstleister auf und schließt diese Leistung aus. Die klare Festlegung der Leistungsübergabepunkte ist häufig auch mit der Diskussion von Messpunkten verbunden. Die Definition der Leistungsübergabe muss unterstützt und transparent dargestellt werden können.

Die Vielzahl von technischen Systemen, die in Rechenzentren eingesetzt werden, stellen weitere Herausforderungen dar und somit Anforderungen an das Vorgehensmodell [Keller und Ludwig 2004]. In Rechenzentren werden heterogene Technologien eingesetzt. Eine standardisierte und homogene Technik ist selten vorzufinden. Somit müssen flexible Strukturen geschaffen werden, die einerseits eine dem IT-System entsprechende und präzise Beschreibung des IT-Service ermöglichen, aber auch eine vom IT-System unabhängige Beschreibung zulassen. Dies ist insbesondere für die Vorbereitung von Outsourcing-Projekten von besonderer Bedeutung, da oft nur sehr vage der detaillierte Leistungsumfang bekannt ist und keine weiter gehenden Informationen festgelegt sind. Das Vorgehensmodell muss auf derartige Anforderungen reagieren können [Wall 2000]. Ein Teil der IT-Services wird auf unterschiedlichen Technologieebenen wie z.B. technischen Plattformen, Anwendungen, Datenbanken, Netzen und Schnittstellen festgelegt. Dies begründet sich daraus, dass Servicenehmer an verschiedenen Stellen ihre IT-Services beziehen und so IT-Services mit einem unterschiedlichen Umfang geliefert bekommen. Weiterhin werden in Rechenzentren unterschiedliche Modelle bzgl. der Verständlichkeit des Systemumfangs eingesetzt. Ein Beispiel sind IT-Plattformen, die bei manchem Dienstleister die Hardwareserver und die Betriebssysteme umfassen. Andere Dienstleister definieren eine IT-Plattform umfassender und nehmen zusätzlich Netzinfrastrukturen und Datenbanken hinzu. Der Dienstleister benötigt an dieser Stelle vom Vorgehensmodell eine klare Unterstützung [Schauer 1999]. Die Präzisionsanforderungen, die an das Modell gestellt werden, sind im Bereich der Leistungsmessung angesiedelt. Lässt sich die Messung nicht genau auf den IT-Service abstimmen, kann kein einheitliches Reporting umgesetzt werden. Dies würde dazu führen, dass der Servicenehmer keinen sinnvollen und aussagekräftigen Report erhält [Ramallo Pallast 2002]. Das hier entwickelte SOUSIS-Modell definiert wie in ITIL V3 vorgeschlagen die zentralen Objekte Servicekatalog, SLA, Service-Fact-Sheet, OLA, UC, Service-Level-Kalkulator und IT-Rahmenvertrag. Diese Objekte sind für eine Umsetzung des SOUSIS-Modells erforderlich. Die Objekte leiten sich aus den Anforderungen deutlich ab. Tabelle 3–1 zeigt, wie die einzelnen Anforderungen auf die Objekte abgebildet werden und diese vorstrukturieren.

Anforderungen aus den Betriebs- und Geschäftsstrukturen und Technologien werden ...	... auf diese Objekte abgebildet.
▪ Erhebung des IT-Service ▪ Normierung des IT-Service ▪ Unterstützung Systemkomplexität/-vielfalt	Servicekatalog
▪ Standardisierung der Vertragsgestaltung ▪ Kombinierbarkeit mit juristischen Verträgen ▪ Flexibilität bei servicenehmerspezifischen Abweichungen ▪ Leistungsübergabe/Haftungsgrenzen ▪ Anwendbarkeit aller Technologieebenen	SLA Service-Fact-Sheet
▪ Standardisierung der Vertragsgestaltung	OLA Service-Fact-Sheet
▪ Unterstützung von Dienstleisterketten	UC Service-Fact-Sheet
▪ Synchronisation SLA-OLA ▪ Berechenbarkeit	Service-Level-Kalkulator
▪ Bezugnahme auf SLA ▪ Vermeidung doppelter Leistungen	IT-Rahmenvertrag
▪ Wartbarkeit ▪ Adaptierbarkeit von Neuerungen ▪ Unterstützung komplexer Vertragsstrukturen ▪ Massenverarbeitung ▪ Präzision der Leistungsmessung	Gesamtkonzept

Tab. 3–1 *Ableitung der Objekte*

Wichtig war es, die zentralen Anforderungen, die aus sehr unterschiedlichen Bereichen kommen, mit geeigneten Objekten zu beschreiben [Debusmann und Keller 2003]. Die Objekte werden im SOUSIS-Modell zusammengeführt und für ein effektives und effizientes SLM konstruiert.

3.1.3 Das SOUSIS-Modell

Die Ablaufbeschreibung wird unterteilt in den SLA- und Servicekatalog-Standardablauf, die OLA-Erweiterung und die UC-Erweiterung. Der Standardablauf beschreibt, wie man die im Servicekatalog dokumentierten IT-Services in das SLA übernimmt und um weitere vertragsrelevante Aspekte erweitert. Anschließend wird die Einordnung des SLA bzgl. Rahmenverträge etc. vorgenommen. Die agierende Rolle hat dabei der Dienstleister, der gegenüber Servicenehmern die IT-Services beschreibt und verkauft. Muss der Dienstleister interne IT-Abteilungen zur Erbringung einer Dienstleistung koordinieren, so wird eine OLA-Erweiterung erforderlich. Diese Erweiterung beschreibt, wie z.B. mehrere am IT-Service eines Servicenehmers involvierte IT-Abteilungen ihre Qualität dokumentieren und diese im SLA abgestimmt festlegen. Befindet sich der Dienstleister in der Rolle, von externen Unternehmen Leistungen zu beziehen, um den IT-Service gegenüber dem Servicenehmer erbringen zu können, so sind die nach ITIL definierten Underpinning Contracts (UC) erforderlich. Diese müssen ebenfalls mit dem SLA des Dienstleisters, der als Generalunternehmer gegenüber dem Servicenehmer auftritt, abgestimmt sein. Hierfür müssen besonders die Service-Levels entsprechend konzipiert ein [Scholderer 2003a]. Abbildung 3–3 zeigt einen Überblick über das Vorgehen.

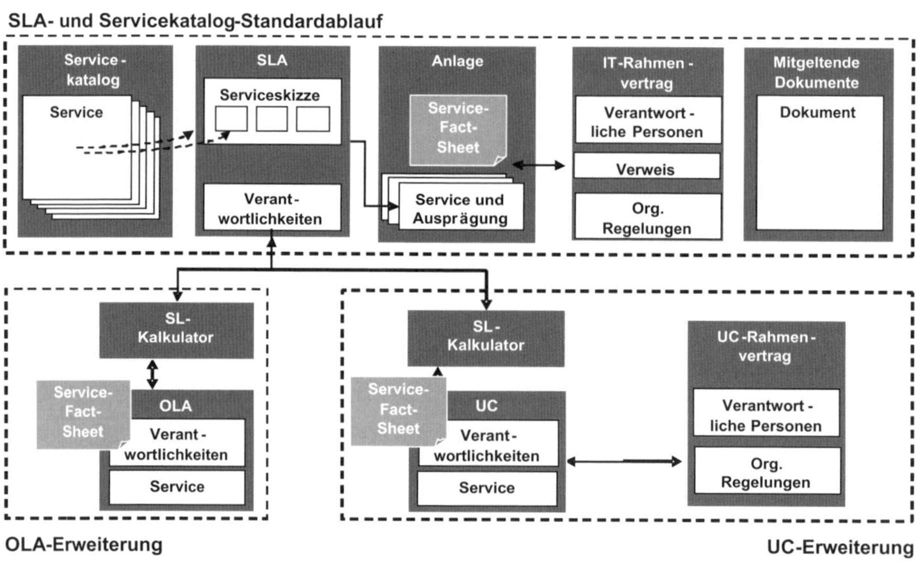

Abb. 3–3 *SOUSIS-Modell [Scholderer 2009]*

Den Einstiegspunkt beim Standardablauf bietet der Servicekatalog. Die zentralen im operativen Betrieb vorliegenden IT-Services müssen erhoben und dokumentiert werden. Dabei werden vom Servicekatalog wesentliche Strukturen vorgegeben, sodass eine strukturierte Erhebung der IT-Services aus dem operativen Betrieb möglich ist. Zu jedem IT-Service liegen nach Fertigstellung des Servicekatalogs die zentralen Parameter zu Serviceklasse, -betrieb und -überwachung unabhängig von einer konkreten Servicenehmerbeziehung vor. Diese Vorarbeit ist zwingend im Vorfeld zu leisten, um die Service-Levels und weitere relevante Parameter miteinander vergleichen zu können [Muller 1999]. Ebenfalls gelten unternehmensweite Service-Levels, die im Servicekatalog als übergeordnete Service-Levels gekennzeichnet und für alle IT-Services gültig sind. Aus dem Servicekatalog heraus werden die Leistungen für das SLA zusammengestellt. Der Servicekatalog ist als Vorstufe für das SLA zu verstehen. Die einzelnen IT-Services sind atomar aufgebaut, sodass sie wie Module behandelt und für den Servicenehmer individuell zusammengestellt werden können [Knuth 2002]. Durch die Normierung der Service-Levels – wie in ISO 20000 gefordert – können die Werte zu den IT-Services nach der Zusammenstellung miteinander abgeglichen werden, sodass eine homogene Lösung entsteht. Müssen mehrere IT-Services gegenüber einem Servicenehmer für getrennte Geschäftsbereiche, z.B. Callcenter, Buchhaltung, Logistik, gekoppelt werden, so ermöglicht dies das SOUSIS-Modell über die Verbindung zwischen SLA, OLA und UC ebenso. Das SOUSIS-Modell deckt die folgenden beiden Fälle ab:

- **Alle IT-Services in ein SLA:**
  Dies ist der einfachste Fall. Gelten alle Regelungen im SLA für alle IT-Services, so können die IT-Services in einem SLA zusammengestellt und abgeschlossen werden.
- **Verteilung der IT-Services auf mehrere SLAs:**
  Die Verteilung der IT-Services auf mehrere SLAs kann z.B. dann erforderlich werden, wenn eine hohe Änderungshäufigkeit bei bestimmten IT-Services besteht oder wenn für bestimmte IT-Services große Unterschiede bei den Vereinbarungen im SLA, z.B. bei den Verantwortlichkeiten, bestehen. Wenn dies der Fall ist, so sollte die Entscheidung, die IT-Services in mehrere SLAs aufzutrennen, dahingehend getroffen werden [Aguila 2005].

Um die Korrektheit der Lösung für den Servicenehmer zu gewährleisten, können die Wertebereiche der übergeordneten Service-Levels nur reduziert, nicht jedoch ausgeweitet werden. Eine Ausweitung könnte sonst für das IT-Personal eine starke Beeinträchtigung des täglichen Betriebsablaufs bedeuten.

Nachdem die Leistungen des Servicekatalogs im SLA abgestimmt sind, werden die Verantwortlichkeiten zwischen beiden Vertragsparteien verhandelt. Dabei sind die Punkte Verantwortung, Durchführung, Mitwirkung und Informationspflicht zur kontinuierlichen Leistungserhaltung und -erbringung gemeinsam zu klären. Um das SLA so effizient und effektiv wie möglich zu gestalten, werden beschreibende Texte und Fakten getrennt. Das Service-Fact-Sheet dient als Mittel der Wahl, um den IT-Service und seine Service-Levels kompakt zu zentralisieren. Die Anlage enthält das unten ausgeführte Service-Fact-Sheet und die servicespezifischen Ausprägungen. Dies können u.a. auch weitere Verantwortlichkeiten oder ergänzende Erläuterungen zu den Abweichungen von vordefinierten Service-Levels sein. Ist das SLA umfassend definiert, wird es dem entsprechenden IT-Rahmenvertrag zugeordnet. Somit sind im Wesentlichen die technischen Rahmenbedingungen festgelegt. Eine Weiterführung der organisatorisch abzustimmenden Werte (z.B. Höhe des Haftungsbetrags) erfolgt im IT-Rahmenvertrag. Im vorliegenden Ansatz wurde darauf geachtet, dass das SLA und der IT-Rahmenvertrag überschneidungsfrei aufgebaut sind. Eigentlich ist dies eine zwingende Forderung, die in der Praxis manchmal übersehen wird. Deshalb wird diese im SOUSIS-Modell explizit genannt. Die Überschneidungsfreiheit ermöglicht erst die unkomplizierte Handhabung neu hinzukommender, sich ändernder oder wegfallender Leistungen. Eine Besonderheit ist z.B. die Trennung zwischen Verantwortlichkeiten im SLA und den Verantwortlichkeiten im IT-Rahmenvertrag, die namentlich erwähnt sind und gegenzeichnen müssen. Es bleiben auch Änderungen auf den IT-Rahmenvertrag begrenzt und sind dadurch ebenfalls beherrschbar [Haitz 2002]. Der IT-Rahmenvertrag verweist zudem u.a. auf unternehmensinterne Dokumente, die z.B. bestimmte Abläufe definieren. Ein zentrales Thema, dem eine besondere Stellung zukommt, ist die Minderungsregelung. Hier wird definiert, wie bei Leistungsverzögerung oder -ausfall im konkreten Fall vorgegangen wird. Dies sind meist Regelungen, die erst ab einem festgelegten Niveau der Leistungsminderung eintreten und eine Reduzierung der Leistungsverrechnung ergeben (s. Abschnitt 3.4.3).

Das SLA

SLAs dienen – wie bereits eingangs definiert (s. Abschnitt 1.2.6) – dazu, die Qualität von IT-Services zu standardisieren, zu messen und dem Servicenehmer nachzuweisen, d.h., Servicequalität muss hierfür normiert und gewährleistet werden. Zu diesem Zweck vereinbart der Dienstleister mit dem Servicenehmer Kennzahlen für einzelne, möglichst operativ messbare und standardisierte Qualitätsparameter, die in der Summe die Servicequalität beschreiben. Dabei können standardisierte Kennzahlen in SLAs zur Beurteilung des Leistungserstellungsprozesses festgelegt werden. Beispiele für solche SLAs sind Vereinbarungen zur Verfügbarkeit von IT-Services während bestimmter Zeitfenster, wie z.B. der Betrieb von Datenbanken Mo.–Fr. von 08:00–20:00 Uhr und Sa.–So. 09:00–18:00 Uhr ([Burr 2003], Cobit DS 1.2 Aspects of Service-Level-Agreements). Die Beschreibungen standardisierter IT-Services mit Service-Levels werden hierfür in einem Servicekatalog festgehalten. Nur so kann eine einheitliche Nutzung von IT-Services gewährleistet werden [Schlemmer 2003]. Doch solch ein einheitlich aufgebauter

Servicekatalog mit standardisierten Kennzahlen in SLAs ist schwer zu entwickeln. Diese Tatsache ist zum einen Teil auf die im betrieblichen Alltag in der IT zwangsläufig auftretende Individualität von SLAs zurückzuführen und zum anderen Teil auf den Komplexitätsumfang, der bei stark variierenden Ausprägungen möglicher SLAs entstehen kann. Von Bedeutung ist es, sowohl grundlegende Elemente eines SLA einheitlich zu identifizieren und zu beschreiben als auch die Individualität zu gewährleisten und den Komplexitätsumfang bei der Gestaltung neuer Vertragsvereinbarungen zu begrenzen.

Zweck der Spezifikation von (positiven wie negativen) Konsequenzen bei (entsprechend positiven oder negativen) Abweichungen von Service-Levels ist die (dauerhafte) Sicherstellung der Einhaltung der SLAs. So hängt allgemein die Einhaltung von definierten Vereinbarungen von der Motivation oder auch von Anreizen (Bonus-Malus-Vereinbarungen) der betreffenden Einheiten ab. Der Anreiz wiederum hängt seinerseits davon ab, welche Konsequenzen sich für diese Einheiten aus alternativen Verhaltensweisen ergeben. Grundsätzlich sind zwei Arten von Konsequenzen zu unterscheiden [Berger 2005]:

- **Malus oder Sanktionen:**
  Konsequenzen bei Verletzung von Service-Levels
- **Bonus:**
  Konsequenzen bei Übererfüllung von Service-Levels, Anreiz zur systematischen und kontinuierlichen Effizienzverbesserung (und damit Kostensenkung)

Sanktionen lassen sich in monetäre (eine finanzielle Ausgleichszahlung) und nicht monetäre Sanktionen (Ersatzleistungen, außerordentliche Treffen etc.) unterscheiden. Bei der Vereinbarung von Bonussen ist zu bedenken, dass Service-Levels meist als Forderung einer Mindest- und Maximalausprägung und nicht als ein exakt einzuhaltender Wert einer Kennzahl definiert sind, sodass eine »Übererfüllung« in diesem Sinne nicht gewertet wird. Dennoch kann es zweckmäßig sein, das Erreichen eines Maximalwerts als eine »Übererfüllung« zu betrachten und hierfür Anreize zu schaffen [Berger 2005].

Demnach können Kennzahlen in ein Bonus-Malus-System eingebunden werden, wobei die Aktionen genau spezifiziert werden sollten. Dabei wird z.B. die Kennzahl »Verfügbarkeit« (z.B. einer Datenbank oder von Anwendungen) in Klassen eingeteilt, die mit unterschiedlichen Bonussen und Malussen arbeiten [Dan u.a. 2004]:

- Falls Ereignis A eintritt, dann hat dies Aktion B zur Folge (Beispiele: max. Verfügbarkeit: 99 % führt zu 5 % Bonus, Verfügbarkeit: 98 % führt zu 2 % Bonus, Verfügbarkeit: 97 % führt zu keinem Bonus).
- Falls Ereignis A nicht eintritt, dann hat dies Aktion C zur Folge (Beispiele: Verfügbarkeit: 96 % führt zu 3 % Malus, Verfügbarkeit: 95 % führt zu 4 % Malus, Verfügbarkeit: unter 95 % Kündigung des Vertrags).

Im Laufe der Zeit haben sich Schwerpunkte in den Messverfahren der Dienstleister etabliert, sodass jedes Unternehmen bei der Suche nach dem »richtigen« Tool die Anforderungen zweckgebunden definieren und formulieren muss. Da unterschiedliche Ergebnisse eintreten können, empfiehlt es sich, die Messmethode für beide Parteien verbindlich festzulegen. Einige Aspekte sind zu definieren, um ein Messverfahren in einem SLA hinreichend zu spezifizieren [Berger 2005]. Im Verantwortungsbereich des Dienstleisters liegen folgende Aspekte:

- das Messobjekt, also der IT-Service,
- das Subjekt/Objekt (Messsystem), das die Messung durchzuführen hat,
- die Daten (Messwerte z.B. Ausfälle), die erfasst und aufgearbeitet werden sollen,
- die Datenquellen (Logdaten), die zu nutzen sind,
- die Erhebungsverfahren (Verfügbarkeitsdaten), die angewendet werden sollen, und
- der Messtakt zur kontinuierlichen Erhebung von Messwerten.

Weitere Anforderungen an Messverfahren sind beispielsweise die objektive Anerkennung eines Messverfahrens, das per Definition nur einen Teil der realen Welt modellieren und damit messen kann, durch den Servicenehmer, die Kontrollierbarkeit durch beide Partner über eine offene Reporting- und Rohdatenschnittstelle und die hinreichende hohe Genauigkeit der Ergebnisse, die von beiden Seiten meist auf Erfahrungswerten basieren ([Berger 2005], Cobit DS 1.4 Monitoring and Reporting). Es existieren viele umfangreiche Messsysteme auf dem Markt, die Messungen automatisch durchführen. Die automatisierten Messungen können beispielsweise die Dauer einer Transaktion bestimmen. Hierbei lassen sich grundlegend zwei unterschiedliche Messverfahren unterscheiden [Kunst 1999]: aktive und passive Messverfahren. Die aktiven Messverfahren erzeugen selbst die zu messende Transaktion durch das Messsystem. Aktive Messsysteme können grundsätzlich nur Transaktionen simulieren und z.B. Verfügbarkeit, Korrektheit und Antwortzeit messen. Für die Realisierung dieses Messkonzepts – wie in CobiT vorgeschlagen – ist es erforderlich, dass das Messsystem die Transaktionen nachbildet und automatisch ausführt. Im Gegensatz zu einer aktiven Messung setzt das passive Messverfahren nicht die Erzeugung künstlicher Transaktionen voraus. Bei diesem Verfahren werden beispielsweise Antwortzeiten durch ein »passives Beobachten« der Anwendung ermittelt, z.B. durch Analysefunktionen von Routern oder spezielle Hardware-/Softwarewerkzeuge zur Überwachung von IT-Services. Lösungen hierzu sind auf dem Markt für zahlreiche IT-Komponenten erhältlich. Passive Messverfahren, die bereits in der Anwendung integriert sind, also direkt innerhalb der Anwendung mit messen, beruhen auf einer direkten Kommunikation zwischen dem Messsystem und der zu messenden Anwendung. Passive Messverfahren sind nicht in die Anwendung integriert und messen das Verhalten des IT-Service durch Beobachtung des wahrnehmbaren Verhaltens nach außen, z.B. Anwendung ist ausgefallen oder Transaktion wurde nicht ausgeführt.

Darüber hinaus sind auch manuelle Überwachungen möglich. Als manuelle Messverfahren lassen sich Verfahren einordnen, die auf einer Beobachtung von Anwendungen und der subjektiven Einschätzung der Beobachtenden beruhen. Beispielsweise erfasst der Dienstleister bei einer manuellen Überwachung des Netzwerks die Ausfälle, ordnet sie einem IT-Service zu und misst die Zeit bis zur Fehlerbehebung. Die Zuordnung von nicht eindeutig zuordenbaren Fehlern zu einem IT-Service kostet allerdings viel Zeit (s. Abschnitt 4.1.2), und auch die Erstellung des Reports ist zeitintensiv und kann in einer komplexen IT-Umgebung viele Tage in Anspruch nehmen. Manuelle Überwachungen scheitern schon bei mittleren Anforderungen und sind für das technische Messen der Performance von Geschäftsprozessen daher nicht geeignet [Haitz 2002].

Der IT-Rahmenvertrag

Der IT-Rahmenvertrag regelt im juristischen Sinne die Geschäftsbeziehung zwischen dem Servicenehmer und dem Dienstleister. Oftmals werden diese juristischen Rahmenverträge ausschließlich dazu vereinbart, die vertragliche Zusammenarbeit rechtssicher auszugestalten und zu regeln. Im Wesentlichen behandelt der IT-Rahmenvertrag generelle Themen, insbesondere die organisatorischen Aspekte und Schadensaspekte, die zur Anwendung kommen [Scholderer 2002c]. Dabei sind die Kategorien Verwaltung, Leistungen und Bestimmungen zu berücksichtigen. Innerhalb der Kategorie Verwaltung sind alle Verfahren und deren Beteiligte festgelegt. Eine Erweiterung um neue Verfahren kann durch das kontrollierte Hinzufügen problemlos erfolgen [Scholderer 2001]. Die Leistungen sind hier inhaltlich beschrieben, sodass die in der IT zur Verrechnung kommenden Aspekte aufgezeigt sind. Das Hinzufügen weiterer Leistungen kann einfach vorgenommen werden. Bei Bestimmungen handelt es sich z.B. um Mitwirkungspflichten, die auf beiden Seiten gelten. Der IT-Rahmenvertrag dient als Vorlage für typische Outsourcing-Projekte, die unabhängig von der vollständigen Outsourcing- oder Teil-Outsourcing-Lösung angewendet werden kann [Scholderer 2002c]. Zu den relevanten Punkten in solchen Verträgen zählen:

- Vertragsgegenstand – (generelle) Definition von Betriebsstörungen
- Lizenzen und Lizenzpolitik
- Datenschutz und Umgang mit geistigem Eigentum (ggf. Sicherheitsstandards)
- Mitwirkungspflichten und -rechte des Servicenehmers
- Beginn, Dauer, Kündigung, Übergangsregelungen nach Kündigung
- Vergütung und Fälligkeit von Vergütungen und Strafen
- Gewährleistung
- Haftung und Strafen, Rechtsfolgen
- Regelungen zur Durchführung von (IT-)Audits oder zur Benennung externer Prüfer
- Rechte und Pflichten von Subunternehmern
- Anpassungsregelungen, Übergangsklauseln, Inkrafttreten

Dieses valide Vorgehen erfordert zwischen dem Vertragsmanager und Service-Level-Manager eine genaue Abstimmung. Beide Seiten müssen wissen, welche Aspekte entweder im SLA oder im IT-Rahmenvertrag zu regeln sind. Die Praxis zeigt, dass die Ausgestaltung der Verträge bzw. SLAs stark von den Personen und deren Hintergrundwissen abhängt. Ist der Vertragsmanager ein ausgebildeter Jurist, der ein umfangreiches IT-Wissen hat, wird er in den Verträgen mehr ausgestalten und dem Service-Level-Manager einige Inhalte aus dem SLA entnehmen. Andersherum verhält es sich ebenso: Wenn ein Service-Level-Manager sich eine juristische Sprache angeeignet hat, kann er für den Vertragsmanager viele Aspekte aus dem IT-Verständnis heraus vor- bzw. ausformulieren. In der Praxis lassen sich folgende Zuordnungen feststellen, die in Tabelle 3–2 dargestellt sind.

Vertragsmanager	Service-Level-Manager
Kündigung: Welche Kündigungsfristen sind einzuhalten.	Ramp-up und -down: Festlegung, wie bestimmte Ressourcen (Mengen, Personal) nachgeordert oder zurückgestuft werden. Da bei bestimmten IT-Services die Mengen und das Personal z.B. saisonalen Schwankungen unterliegen, müssen hierfür Regelungen getroffen werden.
Haftung: Welche Haftungsregelung greift bei z.B. höherer Gewalt.	Run-down: Wie werden die IT-Services nach erfolgter Kündigung außer Betrieb genommen.
Wahlweise Vertragsmanager oder Service-Level-Manager ■ Pönale: Vertragsstrafe, Schadensersatzregelungen bei Nichteinhaltung der Service-Levels ■ Verfügbarkeit: Festlegung der Ausfallhäufigkeit	

Tab. 3–2 *Aufgabenverteilung*

In einigen Fällen werden zwischen dem IT-Rahmenvertrag und dem SLA auch Dienstleisterverträge zwischengeschaltet und abgeschlossen. Dann fließen nur noch höherwertige Formulierungen in den IT-Rahmenvertrag ein, ohne weiteren Bezug auf z.B. IT-Services zu nehmen. Lediglich die allgemeine Leistungserbringung findet sich im IT-Rahmenvertrag wieder. Die besonderen IT-spezifischen Merkmale werden dann beim Dienstleistervertrag geregelt. Wie in Tabelle 3–2 genannt, sind dann die Punkte des Vertragsmanagers entweder im IT-Rahmenvertrag oder beim Dienstleistervertrag vorzufinden. Der Service-Level-Manager muss in dieser Rollenabstimmung seinen Platz einnehmen, um seine SLAs zielgerichtet und am Servicenehmer orientiert erstellen zu können.

Die OLA-Erweiterung

Der Standardablauf wird ergänzt durch Erweiterungen. Der interne Betrieb größerer Rechenzentren ist organisatorisch in einzelne IT-Abteilungen, für z.B. Serverbetrieb oder Applikations-Hosting, aufgeteilt. Werden gegenüber Servicenehmern komplexe Leistungen angeboten, die aus den IT-Services der jeweiligen IT-Abteilungen zusammengesetzt werden, so sind diese Leistungen in OLAs gemäß

ITIL V3 aufzustellen. Das hier erarbeitete Modell greift diese Tatsache auf und setzt dies über eine gemeinsame Struktur um. Die Strukturen des Servicekatalogs finden sich teilweise im SLA und auch teilweise im OLA wieder. Nach dem Angebot aus dem Servicekatalog können die einzelnen IT-Abteilungen ein oder mehrere IT-Services in einem OLA zusammenstellen. Basierend auf diesen OLAs können jetzt die Werte und Service-Levels mit einem SLA verglichen und abgestimmt werden [Hagenhoff 2004]. Innerhalb der OLA-Erweiterung ist ein Service-Level-Kalkulator (s.u.) erforderlich, um die Service-Levels präzise berechnen zu können. Aus dem Kalkulator werden anschließend die Werte in den jeweiligen OLAs oder SLAs übernommen. Aufgrund des Szenarios, dass Leistungen von Lieferanten bezogen und an Servicenehmer angeboten werden, ergibt sich – auch gemäß ITIL-Definition –, dass die OLAs maßgeblich das SLA beeinflussen und entscheiden.

Die Underpinning-Contract-Erweiterung

Werden externe Unternehmen bei der Erbringung von IT-Services vertraglich eingebunden, so spricht man gemäß ITIL von Underpinning Contracts (UC). Letztlich sind diese Verträge analog zu SLAs zu verstehen. Denn Verträge kommen u.a. oft in anderen Projekten zustande, sodass der direkte Bezug zu einem aktuellen Projekt zum Zeitpunkt des Vertragsabschlusses nicht gegeben ist. Wird z.B. eine Netzleistung eingekauft, so muss für diesen IT-Service ein SLA abgeschlossen werden. Aus der Sicht des Dienstleisters ist dieses SLA ein Underpinning Contract. Der IT-Service Netzleistung wird für den Datentransport von IT-Applikationen verwendet. Ein Ausfall oder eine signifikante Minderung in der Übertragungsrate würde zu einer Störung der Geschäftsprozesse des Servicenehmers führen, d.h., der Service-Level-Manager muss darauf achten, dass dieses UC nun auch zu den SLAs, die er mit seinen Servicenehmern vereinbart hat, entsprechend ausgelegt ist. Um diesen Prozess angeleitet zu unterstützen, ist die UC-Erweiterung konzipiert worden.

Die UCs (im oben genannten Beispiel das SLA für Netzleistung) sind mit der UC-Erweiterung flexibel in das gesamte Vorgehensmodell eingefügt. Die folgenden Rahmenbedingungen sind besonders zu berücksichtigen: Die Leistungen sind meist nicht in einem IT-Servicekatalog definiert. Jeder Drittdienstleister definiert eigene IT-Services. Für diesen Fall müssen die IT-Services dennoch entsprechend normiert werden. Die UC-Erweiterung leistet dies, indem das UC das SLA-Template verwendet und somit konform zum OLA und SLA wird. Über diesen Mechanismus lassen sich heterogene, von Drittdienstleistern kommende Leistungen normieren. Die UC-Erweiterung setzt sich aus dem Standardablauf und der OLA-Erweiterung zusammen. Vom Standardablauf werden das SLA-Template und das Konzept zur inhaltlichen Trennung im IT-Rahmenvertrag übernommen. Im IT-Rahmenvertrag können ggf. andere Aspekte wie Datenschutzrichtlinien berücksichtigt sein, sodass eine inhaltliche Trennung umsetzbar ist. Aus der OLA-Erweiterung wird der Service-Level-Kalkulator (s.u.) verwendet, um die Abstimmung zwischen SLA und OLA vornehmen zu können. Für das Vorgehensmodell gilt, dass zum Standardablauf die OLA-Erweiterung sowie die UC-Erweiterung dynamisch hinzugefügt werden können. Dies ist insbesondere dann wichtig, wenn Verträge neu verhandelt werden oder bereits bestehen und zur Anwendung kommen.

Der Service-Level-Kalkulator

Der Service-Level-Kalkulator dient zur Abstimmung der Service-Levels aus den OLAs mit den Werten für die SLAs. Ziel ist es, dass der Kalkulator, auch wenn er nur als gedachtes Konzept zum Einsatz kommt (z.B. mit Papier und Bleistift), sicherstellt, dass alle zentralen Service-Levels widerspruchsfrei zueinander stehen. Für das SOUSIS-Modell wird er als Bindeglied zwischen dem Standardablauf für SLAs und den OLA- und UC-Erweiterungen verwendet. Aber auch ohne das SOUSIS-Modell kann der Service-Level-Manager einen derartigen Service-Level-Kalkulator für seine Anforderungen aufbauen. Der Kalkulator umfasst z.B. die Bereiche:

- Antwortzeit (in Sekunden, Millisekunden)
- Verfügbarkeit (in Tagen, Stunden, Prozent)
- Wartungsfenster (in Minuten, Stunden)

Es können beliebig viele Service-Levels zum Service-Level-Kalkulator hinzugenommen werden (s. Abschnitte 3.3.2 und 3.3.3), die widerspruchsfrei abzustimmen sind (s. CobiT DS 1.2 Aspects of Service-Level-Agreements).

Für die oben genannten drei Kennzahlen können die Werte klar bestimmt werden. Sie sind je nach Anwendungsfall als vollständige Outsourcing- oder Teil-Outsourcing-Lösung gekennzeichnet. Am Beispiel der Verfügbarkeit, die in einem SLA für Ende-zu-Ende-Dienste gilt, wird dies anhand von Formeln und grafischen Darstellungen aufgezeigt.

V_{E2E} = Verfügbarkeit in % im SLA (gültig für Ende-zu-Ende-IT-Services wie z.B. eine Client-Server-Anwendung, die auf mehreren relevanten IT-Komponenten verteilt betrieben wird. Typische IT-Services sind Online-Reservierungssysteme, Rechnungswesen mittels SAP, Zahlungsverkehr).

V_i = 1 ... n Verfügbarkeitswerte der für den IT-Service benötigten n IT-Systeme/-Systemkomponenten (z.B. für die dritte IT-Systemkomponente: V_3=99,86%)

Π = Formelzeichen für das mathematische Produkt

i = die Anzahl der Verfügbarkeitswerte von 1 bis n

$$V_{E2E} = \Pi_{i=1..n} \left(\frac{V_i}{100}\right) \times 100$$

Tabelle 3–3 zeigt anhand eines Ausschnitts eines Service-Level-Kalkulators, wie die einzelnen Verfügbarkeitswerte kalkuliert werden [Silberberger 2003].

Services	V_i	V_{E2E}
Systeme		
HP-UX	0,9986	0,9986
AIX	0,9986	
Linux	0,9986	
SUN	0,999	
NT	0,9986	
Novel	0,9999	
Storage		
Unix	0,99995	0,99995
NT/Novel	0,99995	
Netz		
LAN	0,999	0,99
WAN	0,9995	0,9995
Datenbanken		
Datenbanken	0,9986	0,9986
Tools		
Überwachung/Tivoli	0,9986	
Ablaufsteuerung	0,998	
Applikation		
Applikation 1	0,99	0,99
Applikation 2	0,995	
Applikation 3	0,995	
Applikation 4	0,99	
Applikation 5	0,985	
Applikation 6	0,99	
Applikation 7	0,99	
Applikation 8	0,994	
Applikation 9	0,985	
Applikation 10	0,985	
Applikation 11	0,985	
Applikation 12	0,985	
Applikation 13	0,985	
Gesamtverfügbarkeit		**0,97682012**

Tab. 3–3 *Verfügbarkeitskalkulation*

Die Verfügbarkeitswerte V_i sind in der Praxis die im OLA vereinbarten Verfügbarkeitswerte der IT-Services. Somit entsteht ein Überblick über die tatsächlichen Verfügbarkeiten, die einzelne IT-Abteilungen eines Dienstleisters erbringen. Gegenüber Servicenehmern werden jedoch nur einige Komponenten benötigt. Diese werden für die im SLA vereinbarten IT-Services ausgewählt und kalkuliert. Die Verfügbarkeit im SLA ist damit das Produkt aus den im OLA zugesicherten IT-Services.

Praxishinweis

Die Verfügbarkeitswerte werden nur als Kalkulation verstanden. Sie liefern das obere Limit der Verfügbarkeit, mit dem ein IT-Service im SLA vereinbart werden sollte. Darüber hinausgehend sollte kein Verfügbarkeitswert festgesetzt werden. Sollte der Servicenehmer dennoch eine höhere Verfügbarkeit als die in Tabelle 3–3 errechneten 97,68% fordern, muss der Dienstleister wissen, welche IT-Service er hochverfügbar auslegen muss. Die Kostenübernahme sollte mit dem Servicenehmer für diese Hochverfügbarkeit geklärt werden.

3.1.4 Das Service-Fact-Sheet

Eine mächtige Sonderstellung im SOUSIS-Modell nimmt das Service-Fact-Sheet ein. Es ist ein übergreifender Mechanismus, der sowohl im Standardablauf als auch in den Erweiterungen vorkommt. Das Service-Fact-Sheet ist eine Zusammenstellung aller Service-Levels, die zur Steuerung der Gesamtqualität eines IT-Service relevant sind. Die Praxis zeigt, dass eine einfache Tabelle ausreicht, um einen sehr mächtigen und sofort von allen Beteiligten akzeptierten Mechanismus zu etablieren. So einfach der Mechanismus ist, seine Tragweite wird meistens unterschätzt. Der Service-Level-Manager kann hierüber sehr viele seiner neuralgischen Punkte im SLM-Prozess steuern. Das Beispiel in Tabelle 3–4 soll das Service-Fact-Sheet veranschaulichen.

Typ	Service-Level
Betriebszeit bedient:	Montag – Freitag: 08:00 – 18:00 Uhr
Betriebszeit unbedient:	Rufbereitschaft
Online-Betriebszeit des Systems	Montag – Sonntag: 00:00 – 24:00 Uhr
Releasewechsel	max. 4 pro Jahr jeweils zum ersten Wochenende des ersten Quartalmonats. **Ausschluss:** Releasetermine innerhalb des Monatsabschlusskontierungsverfahrens der ersten 3 Monatsanfangstage sind nicht zugelassen
Verfügbarkeit des IT-Service	▪ 99,5%, gemessen über einen Kalendermonat, wobei die maximale Ausfallzeit pro Einzelausfall 2 Stunden nicht überschreiten darf ▪ 99,9% pro Tag an den ersten 3 Monatsanfangstagen des Monatsabschlussverfahrens

→

Typ	Service-Level
Backup & Restore/Disaster Recovery	
System, Security- und Konfigurationsdaten	1 × monatlich Full Backup 1 × täglich Incremental Backup
Wiederanlaufzeit des IT-Service	4 Stunden
Katastrophen-Testlauf/Übung	1 × pro Jahr nach Abstimmung mit dem Servicenehmer und unter seiner Verantwortung

Tab. 3–4 *Beispiel/Auszug Service-Fact-Sheet (s. Abschnitt 3.3.3)*

Mit dem Service-Fact-Sheet hat der Service-Level-Manager ein mächtiges Instrument zur Standardisierung und Sicherstellung der Korrektheit seiner SLAs zur Verfügung. Dies wirkt sich auch auf den SLM-Prozess aus, denn die Steuerung von Service-Levels wird einfacher. Ebenso wird sein eher intuitiv und nicht dokumentiert durchgeführter Prozess in einen definierten Zustand überführt, analog zum Reifegradmodell, wie dies in CobiT definiert ist [Gaulke 2010].

Der Aufbau eines Service-Fact-Sheets ist genau zu überlegen. Das Service-Fact-Sheet sollte keine leeren Service-Levels enthalten, um keinen strukturellen Ballast aufzubauen. Anhand der Auswahl und der Reihenfolge von Service-Levels lässt sich die Standardisierung weiterentwickeln, denn wenn der Service-Level-Manager mehrere Service-Fact-Sheets miteinander abgleicht, ist es hilfreich, wenn diese gleich strukturiert sind. Die typischen Kategorien, die immer an der gleichen Position vorzufinden sein sollten, werden im Folgenden skizziert:

- **Zeiten:**
  Zu den Zeiten zählen z.B. Betriebs-, Service-, Zutritts- und Erreichbarkeitszeiten sowie Wartungsfenster.
- **Prozesskennzahlen:**
  Die Prozesskennzahlen umfassen Reaktionszeiten, Durchlaufzeiten, Anzahl von Serviceupdates etc.
- **Servicekennzahlen:**
  Bei den Servicekennzahlen sind typische Vertreter Verfügbarkeit, Antwortzeit, Durchsatz und Schwellwerte.

Überblicksfunktion

Bei SLAs, die mehr als zehn Seiten aufweisen, sind Service-Levels, die in Texten integriert sind, nicht mehr auf einen Blick zu erfassen. Das Service-Fact-Sheet ermöglicht es, sich einen präzisen Überblick über ein SLA zu verschaffen. Alle Service-Levels sind aus den Texten extrahiert und im Service-Fact-Sheet zentralisiert.

Standardisierung

Der ISO-20000-Forderung zur Standardisierung von Vorgehen oder auch Kennzahlen und SLA-Inhalten kann mit einem Service-Fact-Sheet ein Stück weit Rechnung getragen werden. Das SOUSIS-Modell standardisiert mit dem Service-Fact-Sheet, wie Service-Levels zentralisiert werden. Diese Standardisierung gilt für SLAs/OLAs/UCs und ermöglicht es, sehr viele Verträge transparent zu gestalten. Weiterhin sind im Zuge der Standardisierung im Service-Fact-Sheet die Begriffe bzw. Kennzahlen zu normieren und auch deren Reihenfolge festzulegen. Somit sind alle Service-Fact-Sheets optisch identisch und inhaltlich gleich strukturiert und können so auch automatisiert weiterverarbeitet werden.

Interne Korrektheit

Mit dem Service-Fact-Sheet lässt sich die Korrektheit der Service-Levels innerhalb eines SLA besser gewährleisten. Dadurch, dass alle Service-Levels an einer Stelle konzentriert sind, lassen sich diese auch untereinander vergleichen und abstimmen. Über diese Zentralisierung der Service-Levels erreicht das Service-Fact-Sheet seine Sonderstellung, denn anhand der Service-Levels wird die Einhaltung des SLA gemessen. Somit ist das Service-Fact-Sheet der zentrale Ausgangspunkt, weil hier die Sollvorgaben konzentriert definiert sind.

Übergreifende Korrektheit

Das Service-Fact-Sheet dient dazu, die Dienstleisterketten besser abzustimmen. Jedes SLA, OLA oder UC sieht anders aus, und das Vergleichen zwischen den Verträgen wird damit denkbar schwierig. Sind jedoch zwischen allen Verträgen Service-Fact-Sheets eingebaut, lassen sich die Service-Levels sehr gut aufeinander abstimmen. Ein direkter Vergleich zwischen den Service-Fact-Sheets ermöglicht eine eindeutige Abstimmung von Werten. Der Service-Level-Manager kann sich durch den Einsatz von Service-Fact-Sheets viel Arbeit erleichtern und seinen Fokus an einer anderen Stelle setzen. So kann er sich beispielsweise auf IT-Services und zusätzliche Regelungen konzentrieren.

Wenn sich der Service-Level-Manager an diese Systematik hält, kann er mit diesem einfachen Mittel des Service-Fact-Sheets an vielen Stellen eine deutliche Qualitätsverbesserung für die Vereinheitlichung von SLAs erzielen. In ISO 20000 Service Delivery Library wurde die Standardisierung zudem ausdrücklich empfohlen. Das Service-Fact-Sheet standardisiert punktuell die Verträge. Es wird in allen SLAs eingetragen, und die darin enthaltenen Service-Levels gelten vor allen anderen festgelegten Service-Levels. Da das Service-Fact-Sheet in allen SLAs integriert wird, ist dies auch in Zulieferer-SLAs, den wie in ITIL definierten Underpinning Contracts, der Fall. Neben der Tatsache, dass es für den Service-Level-Manager eine große Hilfe darstellt, wird auch der Forderung von CobiT (DS 2.3 Third-Party Contracts) nach einem Management von Zulieferer-SLAs Rechnung getragen. Die Standards ITIL V3, ISO 20000 und CobiT helfen also mit ihren Forderungen dem Service-Level-Manager, den SLM-Prozess zu optimieren.

3.2 Servicekatalog mit SOUSIS-Modell

Der Servicekatalog dient dazu, die IT-Services, die der Dienstleister anbietet, in einer einheitlichen Systematik zu beschreiben. Dabei werden alle relevanten Leistungen einem IT-Service zugeordnet. Dies folgt dem Motto: »Wenn Servicenehmer gerne und umfangreich IT-Services buchen, dann ist der IT-Servicekatalog über den Status ‚Visitenkarte der IT' hinaus gewachsen.« Ziel des Servicekatalogs ist es, die Erstellung von SLAs adäquat zu unterstützen und zu formalisieren [Jäckel und Scholderer 2006c]. Der Servicekatalog ist eine Leistung des Dienstleisters. Pflege und Aktualisierung werden vom Dienstleister in Absprache mit den internen IT-Abteilungen vorgenommen. Auf einen Aspekt sei besonders hingewiesen. Der Servicekatalog wird über das Service Catalogue Management verwaltet. Aus dem in ITIL V3 definierten Service-Catalogue-Management-Prozess sind für das SOUSIS-Modell nur diejenigen Punkte von Interesse, die sich mit der Gestaltung und Überführung des Servicekatalogs in das SLA beschäftigen. Insbesondere ist der Servicekatalog der Rolle des Service-Level-Managers unterstellt und wird aus dessen Sichtweise mit dem genannten Fokus umgesetzt. Die gesamte Versionierung und das Einfügen von katalogrelevanten IT-Services aus dem Service-Portfolio-Management sind nicht Teil des SOUSIS-Modells.

3.2.1 Technischer vs. Business-Servicekatalog

Kein anderes Konzept liefert mehr Transparenz über die IT-Services des Dienstleisters für den Servicenehmer als der in ITIL definierte Servicekatalog. Der Servicekatalog ist in ITIL V3 Service Design in zwei Bereiche unterteilt. Zum einen gibt es einen Bereich, der technische IT-Services beschreibt. Diese technischen IT-Services wie LAN, WAN sind Dienstleistungen, deren Abläufe und Kosten/Preise im Vorfeld definiert wurden. Zum anderen existiert ein Bereich, der sich an den Servicenehmer von seinen IT-Services, also IT-Services aus Business-Sicht, richtet. Es wird beschrieben, welchen Nutzen der IT-Service bringt, in welchen Ausprägungen (Standardbenutzer, Administrator) er existiert und was er kostet.

Die in ITIL V3 genannten Konzepte »technischer und Business-Servicekatalog« werden in der Praxis häufig nicht voneinander getrennt gesehen. Das liegt u.a. daran, dass die im Business-Servicekatalog beschriebenen IT-Services für den nächsten in der Leistungskette stehenden Dienstleister als technischer Servicekatalog wahrgenommen werden. Dieser Effekt wird zusätzlich bei durchgereichten IT-Services verstärkt.

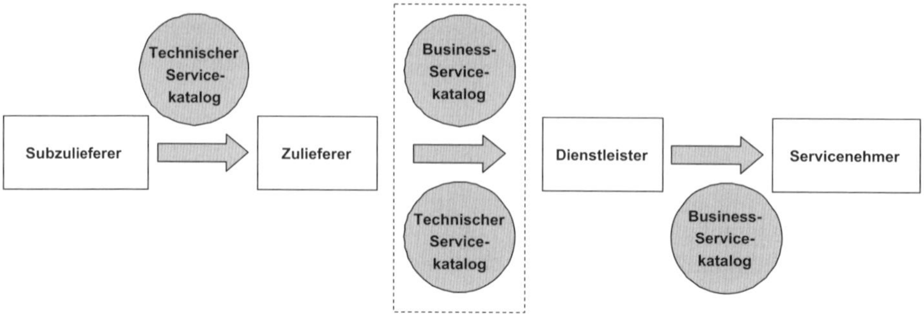

Abb. 3–4 *Technischer vs. Business-Servicekatalog*

Abbildung 3–4 zeigt eine Leistungskette, in der ein Subzulieferer IT-Services anbietet, die von einem Zulieferer eingekauft werden. Diese IT-Services werden veredelt bzw. der Umfang des IT-Service wird um weitere eigene Leistungen angereichert und anschließend als IT-Service für das Business angeboten. Der Nächste in der Lieferkette ist der Dienstleister, dieser kauft aus seiner Sicht technische IT-Services, auch wenn diese als IT-Services für das Business im Servicekatalog genannt werden, von einem Zulieferer ein. Anschließend veredelt der Dienstleister die IT-Services und definiert einen Business-Servicekatalog für Servicenehmer. Die in ITIL V3 genannte Trennung in technischer und Business-Servicekatalog sind nachvollziehbar, werden aber in der Leistungskette anders betrachtet. Dieses gedachte Konzept wird in den Praxislösungen (s. Abschnitte 3.3.2 und 3.3.3) aufgegriffen, um die Unterschiede bei den Service-Levels deutlich zu machen. Die hier genannten Begriffe werden dabei wie folgt verwendet:

- »technisch« wird umformuliert in »IT-betriebsrelevante«
- »business« entspricht »geschäftsprozessbezogen«

Mit dieser Unterscheidung werden zwei Beispiele aufgezeigt, wie verschiedene Service-Levels ausgewählt und definiert werden.

3.2.2 Zielgruppenbasierte Servicekatalog-Ansätze

Nachdem das Konzept technischer und Business-Servicekatalog nicht transparent greift, wird im weiteren Verlauf der Begriff IT-Service nicht in diese zwei Kategorien eingeteilt. Wichtig ist, dass der Blick auf bestehende Servicekataloge und deren Zielgruppe gelenkt wird. Üblicherweise sind Servicekataloge an Zielgruppen ausgerichtet [Jäckel und Scholderer 2006c]. Zu klären ist, wer als Servicenehmer angesprochen wird. Oft sind dies Manager, Fachbeauftragte, Techniker oder Finanzcontroller. Im Folgenden werden sechs Ansätze vorgestellt, die auf unterschiedlichen Ausrichtungen basieren.

Artikelansatz

Jeder IT-Service (z. B. Standard-IT-Arbeitsplatz) wird kurz skizziert und mit einigen Merkmalen, wie Wiederherstellungszeit, basierend auf anderen IT-Services (z. B. Internetzugang) formal beschrieben. Die zu beschreibenden IT-Services werden in Kategorien (z. B. Client- oder Hosting-Services, s.u.) geordnet. Jede Kategorieebene erhält eine eindeutige Identifikationsnummer – die Artikelnummer. Mit dieser Nummer kann eindeutig auf den IT-Service zugegriffen werden. Auf diesem Grundprinzip wird ein hierarchisches Leistungsverzeichnis erstellt. Das nachstehende Beispiel soll ein Leistungsverzeichnis verdeutlichen.

Beipielhaftes Leistungsverzeichnis

- 10000 Client-Services
  - 11000 Standard-IT-Arbeitsplatz
    - 11010 Silber
    - 11020 Gold
  - 12000 Scanner
  - 13000 Arbeitsplatzdrucker
- 20000 Hosting-Services
  - 21000 Serverbetrieb
  - 22000 Fileserver
  - 23000 Citrix – Windows Terminalserver
- 30000 Application Services
  - 31000 Rechnungswesen
  - 32000 E-Mail
  - 33000 Kollaboration
  - 34000 Intranet
  - 35000 Kundenstammdaten
- 40000 Infrastruktur-Services
  - 41000 Datenbank Oracle
  - 42000 Datenbank SQL
  - 43000 EAI – Application Development
  - 44000 EAI – System Maintenance & Operations

Die Leistungseinheiten in dem Leistungsverzeichnis (im obigen Beispiel ist es die Ebene 2) müssen so klein angesetzt werden, dass man jede beliebige Leistung miteinander kombinieren kann. Mit diesem Ansatz werden die erbrachten Leistungen sehr detailliert formuliert. Die Stärke dieses Ansatzes ist die sehr präzise Kombination von Leistungen zu IT-Services, die damit für jeden Servicenehmer individuell zusammenstellbar sind. Es ist fast jeder beliebige Serviceübergang hin zum Servicenehmer modellierbar. Ebenso können Servicenehmer über die Leistungsverzeichnisse den Serviceumfang einsehen und bei Nachbestellungen für bestimmte Bereiche ihren Bedarf unkompliziert bestellen. Trotz all dieser Vorzüge des Ansatzes können sich diese schnell in Nachteile verwandeln. Werden nämlich sehr viele IT-Services beschrieben, so steigen auch die vorhandenen IT-Service-Abhängigkeiten zueinander. Werden beispielsweise IT-Services wie Netze, Backup,

Firewall und Applikationen definiert, so gehören bei der Auswahl einer Applikation die IT-Services Firewall, Backup und Netze mit dazu, während bei der Wahl des IT-Service Netze nur die Firewall in einer Abhängigkeit steht. Also müssen diese Abhängigkeiten mitbeschrieben und verwaltet werden. Das ist aufwendig. Bei der Auswahl von IT-Services entsteht dann oftmals eine Buchungsbesonderheit. Wählt der Servicenehmer einen IT-Service, werden ihm weitere IT-Services angezeigt, die er aufgrund von internen Abhängigkeiten mit buchen muss. So entsteht Verwirrung oder auch Ablehnung des Einkäufers. Das heißt, bei der Einführung eines solchen artikelbasierten Katalogs muss auf der Servicenehmerseite eine gewisse Akzeptanz und Offenheit existieren, dass genau das beschriebene Phänomen allen bekannt ist.

Beispielelement des Artikels: Standard-IT-Arbeitsplatz

Zentrale Artikelattribute:

Beschreibung des IT-Service:

- Betrieb eines standardisierten IT-Arbeitsplatzes (ohne weitere Peripherie)
- Bereitstellung Applikationsportfolio
- Installation und Konfiguration der Software
- Einhaltung gültiger Policies durch den Dienstleister wie z.B. Passwortrichtlinie
- Einrichtung der benötigten Benutzerrechte
- Anbindung an das interne Netzwerk (für interne Arbeitsplätze)
- Versionsverwaltung und Sicherstellung einheitlicher Versionen einer Applikation
- Nutzung des Mailsystems
- Zugriff auf Intranet/Internet
- Nutzung des Filesystems
- Hardware orientiert sich an aktuellen Marktstandards und wird alle 3 Jahre erneuert

Mögliche Ausprägungen:

Artikelnummer	ITARTIKELNR 11000
Zielgruppe	Alle Fachbereiche des Providers

Artikelnummer	ITARTIKELNR 11010
Wiederherstellungszeit	6 Stunden nach gemeldeter Störung
Filesystem	100 GB
Rechte	Typ 1: keine Administratorrechte
Support	Uneingeschränkter Support für Standard, Mobile und Remote Client ohne Nachinstallationen, eingeschränkter Support für alle anderen Client-Typen

Artikelnummer	ITARTIKELNR 11020
Wiederherstellungszeit	4 Stunden nach gemeldeter Störung
Filesystem	200 GB
Rechte	Typ 2: Administratorrechte
Support	Uneingeschränkter Support

Nach der kurzen Beschreibung folgt der strukturelle Anteil mit den »möglichen Ausprägungen«, die mit der entsprechenden ITARTIKELNR klassifiziert sind, der für den Artikelansatz charakteristisch ist. Der Servicenehmer kann den Standard-IT-Arbeitsplatz in zwei Ausprägungen erhalten. Diese sind mit den Nummern 10010 und 10020 gekennzeichnet. Über diese eindeutigen Identifikatoren kann der Servicenehmer präzise seinen Service auswählen. So bekommt er für 10010 einen Standard-IT-Arbeitsplatz ohne Administratorrechte mit einem Filesystem von 100 GB pro Benutzer. Der Benutzer kann damit rechnen, dass dieser Standard-IT-Arbeitsplatz binnen 6 Stunden nach gemeldeter Störung wiederhergestellt wird. Den Anforderungen des Servicenehmers entsprechend gibt es eine Artikelnummer (10020) mit einem gehobenen Profil. Werden in der weiteren Geschäftsbeziehung andere Ausprägungen notwendig, kann der Service-Level-Manager neue Artikelnummern mit den relevanten Service-Levels und dazugehörigen Werten festlegen.

Imageansatz

Der Imageansatz geht von einer anderen Sichtweise aus. Die angebotenen IT-Services werden dergestalt beschrieben, dass sie das Image des Unternehmens unterstützen. Alle Beschreibungen sind so gehalten, dass diese schnell vom Servicenehmer erfasst werden können und seinen Anforderungen genau entsprechen. Der Servicekatalog erfordert damit auch die strikte Einhaltung eines Corporate Designs, um dem Imageansatz gerecht zu werden. Alle im Servicekatalog enthaltenen Service-Levels sind weitestgehend von technischen Details abgekoppelt. Die Darstellung des IT-Service nimmt konsequent die Servicenehmersicht ein. Dieser Ansatz schafft es, sich von Technik frei zu machen. Mit dieser Servicenehmersicht kann sich der Dienstleister auf dem Markt positionieren und einen sehr vertriebsfreundlichen Ansatz aufbauen. Nachteile entstehen, wenn Servicenehmer mehr Transparenz für die Preisbildung fordern. Hier kann dieser Ansatz wenig Stellung beziehen. Dem Servicenehmer bleibt es sozusagen selbst überlassen, die Kosten als adäquat anzusehen. Weiterhin ist der Ansatz nur auf sehr klar abgegrenzte IT-Services anwendbar. Bei IT-Services, die Mitwirkungspflichten seitens des Servicenehmers umfassen, lässt sich das bei größeren Szenarien nicht stringent fortführen (s. Abb. 3–5).

SERVICE

Standard IT-Arbeitsplatz

Kategorie	Client	Serviceklasse	Gold	Betriebszeit	24x7

Die aufgeführten IT-Services dienen als Grundlage für den Abschluss von Service-Level-Agreements (SLAs). Servicenehmer und Dienstleister können ihre Zusammenarbeit somit auf der Basis standardisierter Leistungen und Prozesse vereinbaren.

Service-Beschreibung

Betrieb eines standardisierten Arbeitsplatz-PCs
- Bereitstellung des Applikationportfolios
- Installation und Konfiguration der Software
- Einhaltung gültiger Policies
- Einrichten der nötigen Benutzer-Rechte

Service-Konsumentennutzen

- Sicherstellung einheitlicher Versionen einer Applikation
- Nutzung des Mailsystems
- Zugriff auf Intranet/Internet
- Nutzung des Filesystems (150 MB)

Service-spezifische Parameter	Attributwert	Wert
Servicepack	3	SP
Windows	XP	OS

Abb. 3–5 *Beispielelement eines Imageansatzes [Jäckel und Scholderer 2006c]*

Beschreibender Ansatz

Servicekataloge, die sich auf diesen Ansatz fokussieren, beschreiben IT-Services textbasiert und versehen diese mit Service-Levels. Dem Verfasser wird freigestellt, welche Texte er aufnimmt und welchen Umfang die Beschreibung hat. Der IT-Service wird ohne Anspruch auf Vollständigkeit erläutert. Der Vorteil ist, dass sich technische Leistungen mit organisatorischen Leistungen sehr leicht kombinieren lassen, da bzgl. der Beschreibung freie Strukturen vorliegen und somit keine Restriktionen existieren.

Beispielelement eines beschreibenden Ansatzes

Beschreibung

Unter dem IT-Service Standard-IT-Arbeitsplatz versteht man die Dienstleistung rund um den Benutzerarbeitsplatz, inkl. aller anwendungsspezifischen Einstellungen, die der Dienstleister dem Servicenehmer nach dessen Vorgaben bereitstellt. Hierzu zählen PC, Notebook, Monitor, Arbeitsplatzdrucker und Telefonapparate.

Leistungen

Installation, Umzug und Abbau sowie Reparatur von PC, Notebook, Arbeitsplatzdrucker und Telefonapparaten nach einer entsprechenden Bedarfsmeldung. Diese Leistung umfasst ebenso die Wartung und Instandhaltung der Geräte.

Kostenstellenansatz

Unternehmen, die mit Kostenstellen gegenüber dem Servicenehmer arbeiten, können darauf ihren Servicekatalog aufbauen. Dieser Ansatz zeigt dann, welche IT-Services mit welchen Preismodellen, z.B. pro GB, pro CPU oder pro Benutzer, gearbeitet wird. Dem Servicenehmer wird über diesen Aufbau der Kostenstellen ein transparenter Einblick in die Verrechnungssystematik gegeben. Für jeden Posten sind die Kosten aufgelistet ähnlich zum Artikelansatz. Die Unterscheidung liegt in der Controlling-Systematik [Zuidweg 1999]. Hier werden Kosten auch »quer« verrechnet oder Pauschalen für z.B. Gemeinkosten eingesetzt, um eine Summe von IT-Services und ggf. auch Personalkosten mit einzubeziehen. Dieser Katalogansatz ist effizient, da er im Unternehmen aktuell gehalten wird und jederzeit mit validen Zahlen und Daten arbeitet. Die ungünstigen Aspekte sind z.T. Umstellungen in der Kosten- und Preisbildungssystematik. Denn zu Jahresabschlüssen oder Quartalsreports müssen ggf. Budgets umorganisiert werden. Dies hat eine direkte Auswirkung auf den Servicenehmer, der damit verunsichert werden kann. Das in Tabelle 3–5 aufgezeigte Beispiel soll dies verdeutlichen. Der Dienstleister ändert seine Abrechnungssystematik, in dem er die über eine Umlage verrechneten IT-Services auf eine verbrauchsgerechte Verrechnung umstellt. Dies kann sich für den Servicenehmer entweder kostensenkend (der einfachere Fall) oder kostensteigernd auswirken. Für den Servicenehmer werden im kostensteigernden Fall seine IT-Services ad hoc nicht mehr planbar, was zu einem Vertrauensverlust beim Dienstleister führen kann. Hier muss der Dienstleister den Servicenehmer vorbereiten, damit keine unerwarteten Diskussionen über Preissteigerungen entstehen.

IT-Service	Kosten-stelle	Mindest-abnahme	Einheit pro Stück	Preis p.a.
Client-Services				
Standard-IT-Arbeitsplatz	11000	1	CPU	5.000 €
Scanner	12000	0	GB	1.500 €
Arbeitsplatzdrucker	13000	0	CPU	500 €
Hosting-Services				
Fileserver	22000	1	CPU	10.000 €
Terminalserver	23000	1	CPU	13.000 €
Application-Services				
Rechnungswesen	31000	100	Lizenz	38.500 €
E-Mail	32000	1	GB	300 €
Kollaboration	33000		Umlage	15.300 €
Intranet	34000		Umlage	42.000 €
Kundenstammdaten	35000	50	Lizenz	500 €
Infrastruktur-Services				
Datenbank Oracle	41000	10	GB	4.000 €
Datenbank SQL	42000	1	GB	1.500 €
EAI – Application Development	43000	0	PT	1.750 €
EAI – System Maintenance & Operations	44000	0	PT	1.500 €

Tab. 3–5 *Beispielelement eines Kostenstellenansatzes*

Faktenansatz

Der Faktenansatz nimmt bestehende IT-Services und gibt ihnen eine strukturierte Form über alle relevanten Service-Levels. Eine einfache tabellarische Auflistung der relevanten Kennzahlen führt dazu, dass der IT-Service umfassend beschrieben ist. Bei den Werten werden entlang der ITIL-Prozesse die Service-Levels wie Betriebszeiten, Vorlaufzeiten, Reaktionszeiten, aber auch IT-spezifische Aspekte wie Verfügbarkeit, Antwortzeit, Durchsatz, Fehlerrate zusammengestellt und mit einem Preis versehen. Die Summe der IT-Services wird anschließend im Servicekatalog zusammengestellt. Darüber hinaus können auch Zusammenhänge zwischen den IT-Services modelliert werden, indem man Felder mit Hinweisen aufnimmt, welche IT-Services bei diesem IT-Service gleichzeitig mit gelten müssen. Dieser Ansatz ist leicht und schnell realisierbar, wenn die jeweiligen Service-Levels im Unternehmen vorliegen (s. Tab. 3–6). Die einzelnen Service-Levels müssen jedoch immer wieder aktualisiert und mit den IT-Abteilungen abgesprochen werden. Das kann einerseits sehr schnell und pragmatisch stattfinden, wenn die Menge der Service-Levels pro IT-Service nicht zu groß und detailliert gewählt worden ist.

Die Menge sollte 20 Service-Levels nicht überschreiten. Dies ist auch aus Servicenehmersicht sinnvoll, damit der Überblick über den IT-Service noch gegeben ist.

Service-Level	Festgelegte/vereinbarte Werte
Auskunft	
Servicenummer	+49 (0)721-570 44 387 zum Normaltelefontarif
Servicezeit/Ansprechzeit	Montag – Freitag: 08:00 Uhr – 20:00 Uhr
Anrufannahmezeit	90% in 10 Sekunden
Anrufankunftsrate	99%
Aufträge	
Servicezeit	Montag – Freitag: 08:00 Uhr – 18:00 Uhr
Kontrolle	Vieraugenkontrolle durch Servicenehmer
Auftragsbearbeitungsrate	100%
Auftragserfassungszeit	innerhalb von 2 Arbeitstagen in der Servicezeit
Fehlerquote	1%
Max. Anwählversuche	2 Calls über 3 Arbeitstage verteilt

Tab. 3–6 *Beispielelement/Auszug eines Faktenansatzes (s. Abschnitt 3.3.2)*

Architekturansatz

Der Architekturansatz verfolgt einen anderen Stil als die oben genannten Servicekataloge. Hier werden technische Architekturbilder in Form von Schichtenmodellen oder Client-Server-Architekturen verwendet, um dem Servicenehmer den IT-Service so grafisch wie möglich aufzubereiten und diesen IT-Service anbieten zu können. Auch hier entnimmt der Ersteller des Servicekatalogs aus einem bestehenden Datenbestand, der in den IT-Abteilungen vorliegt, seinen Inhalt. Die Grafiken werden übernommen und mit kleineren technischen Beschreibungen kombiniert. Das ist für die Modellierung von komplexen Services eine geeignete Methode. Andererseits sind die Grafiken sehr anfällig, wenn beispielsweise Änderungen durch Systemablösungen notwendig werden. Dann muss der IT-Service neu aufgebaut werden, und die bisherigen Kosten erschließen sich nicht mehr ganz so leicht bzw. müssen angepasst werden (s. Abb. 3–6).

Die oben genannten Servicekatalog-Ansätze sind prinzipiell in das SOUSIS-Modell integrierbar. Je nach Gewichtung und tatsächlicher Ausprägung des Servicekatalogs kann dieser jedoch nicht immer optimal in den Standardablauf übernommen werden, sodass die IT-Services auch direkt in das SLA einfließen können (s. Abschnitt 3.1.3). Der Grund ist die Kombination aus Servicebeschreibung und Service-Levels. Tabelle 3–7 zeigt, welche Ansätze formalisierte Stukturen (Servicebeschreibung, Service-Levels) aufweisen.

Der Dienstleister erbringt für Servicenehmer folgende IT-Services:

- Bereitstellung der Räumlichkeiten und IT-Infrastruktur für den Routerbetrieb
- Bereitstellung des LAN-Zugangs an den Router
- Abstimmung zu eingesetzten Kommunikationseinrichtungen wie z. B. Router, Datenleitungen (zwischen den Standorten des Servicenehmers und dem Dienstleister-Rechenzentrum)

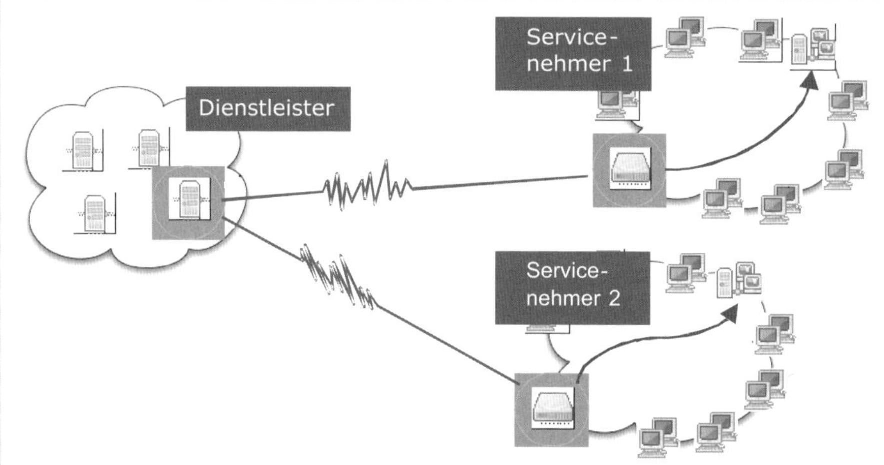

Abb. 3-6 *Beispielelement eines Architekturansatzes*

Ansatz	Servicebeschreibung	Service-Levels
Artikelansatz	formalisiert	stark formalisiert ausgeprägt
Imageansatz	formalisiert	stark formalisiert ausgeprägbar
Beschreibender Ansatz	nicht formalisiert	wenig formalisiert ausgeprägt
Kostenstellenansatz	formalisiert	wenig formalisiert ausgeprägt
Faktenansatz	formalisiert	stark formalisiert ausgeprägt
Architekturansatz	nicht formalisiert	wenig formalisiert ausgeprägt

Tab. 3-7 *Bewertung der Ansätze*

Aus Tabelle 3–7 geht hervor, dass sich die jeweiligen Ansätze im Grad der Formalisierung unterscheiden. Für das SOUSIS-Modell eignen sich optimal der Artikel-, Image- und Faktenansatz. Alle drei Ansätze weisen ähnliche Strukturen auf. Anhand des Faktenansatzes wird im Folgenden der Ansatz für einen Servicekatalog ausgearbeitet und in das SOUSIS-Modell integriert.

3.2.3 Faktenbasierter Servicekatalog mit dem SOUSIS-Modell

Der Servicekatalog ist ein wichtiges Hilfsmittel, um auf Servicenehmeranforderungen optimal reagieren oder SLAs präzise erstellen zu können [Jäckel und Scholderer 2007a]. Eine zuverlässige und leistungsfähige Konzeption eines Servicekatalogs ist daher notwendig. Die folgende Konzeption ermöglicht den Aufbau des Servicekatalogs. Darin sind die Vorgänge des SLM-Prozesses beschrieben, die erforderlich sind, um den Servicekatalog auf die SLAs anwenden zu können. Zusätzlich sind darin die zentralen Werte, die den Betrieb der IT-Services operativ ermöglichen, explizit genannt. Diese Werte sind die »übergeordneten Service-Levels«. Sie gelten für alle IT-Services und sollten für spezielle IT-Services nicht verändert werden. Das Element »IT-Service« nimmt alle Leistungen mit einem vordefinierten Template auf. Es können zusätzliche Kategorien für dieses Element definiert werden, um bei vielen IT-Services eine Strukturierung zu erhalten. Dies ist jedoch nicht bindend und kann ggf. aufgehoben werden. Diese Flexibilität ist deshalb wichtig, da IT-Services je nach Anwendungsfall unterschiedlich strukturiert werden müssen. Eine starre Hierarchie ist aus diesem Grund nicht sinnvoll und dauerhaft aufrechtzuerhalten. An das Element IT-Service schließt der Bereich »Begriffe und Definitionen« an. Hier werden ähnlich wie bei einem Glossar die verwendeten Begriffe eingeführt und kurz erläutert sowie bestimmte Definitionen für Kennzahlen vorgenommen. Das abschließende Element wird gesondert zu den IT-Services definiert und behandelt die Kosten, die für einen IT-Service berechnet werden. Diese komprimierte Darstellung aller IT-Services in einer Preisliste erlaubt ein kontinuierliches Aktualisieren der Kosten. Zudem kann der Servicekatalog so ggf. auch ohne Preisliste an den Servicenehmer zur Ansicht weitergegeben werden. Dies ist szenariospezifisch zu berücksichtigen, denn für eine IT-Lösung mittels IT-Services können und müssen bestimmte Bereiche auch individuell kalkuliert werden, sodass eine starre Preisliste kontraproduktiv und somit nicht zielführend wäre. Der Servicekatalog kann jedoch nicht als vollständiges Kompendium betrachtet werden, das alle Details zu einem IT-Service enthält. Dies würde über den Servicekatalog-Gedanken hinausgehen und mehr als Configuration Management Data Base (CMDB) anzusehen sein. Natürlich kann aus einer CMDB ein Servicekatalog extrahiert werden. In Abbildung 3–7 sind die wichtigsten Elemente und deren Beziehungen dargestellt.

Die zentralen Charakteristika eines IT-Service werden prägnant beschrieben und bestimmte wiederkehrende Serviceklassen vereinheitlicht dargestellt. Die Zuteilung betrieblicher Zuständigkeiten wird dem Verhandlungsprozess überlassen. Der Servicekatalog dient dazu, die Eckpunkte eines IT-Service festzulegen [Jäckel und Scholderer 2007a]. In der konkreten Umsetzung müssen diese beschrieben und ausgestaltet werden.

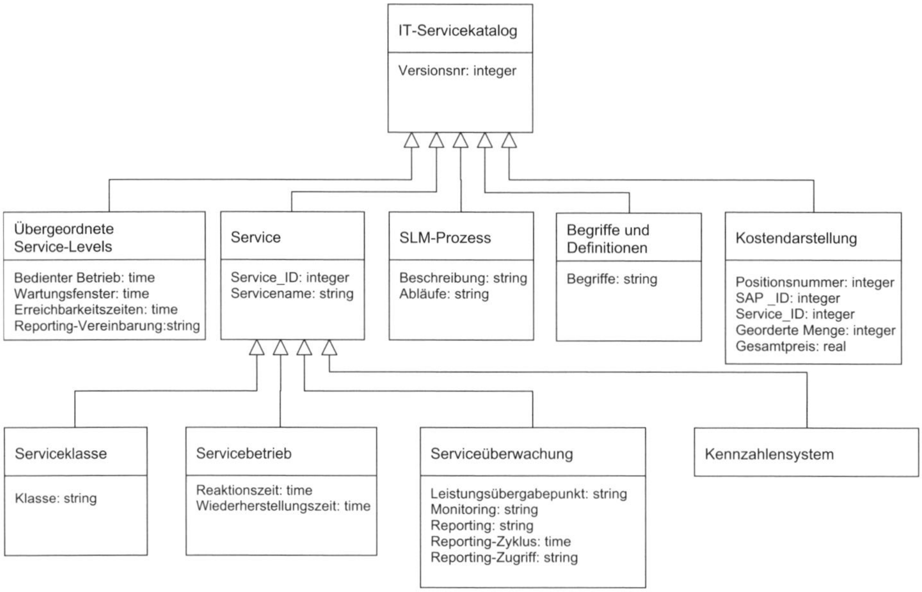

Abb. 3–7 *Struktur des IT-Servicekatalogs*

SLM-Prozess

Innerhalb des SLM-Prozesses existiert eine Vielzahl von Rollen, um den IT-Service an den Servicenehmer auszuliefern. Um Unstimmigkeiten über die Art des zu liefernden IT-Service zu vermeiden, muss die gegenseitige Erwartungshaltung bekannt sein. Die Ausprägung des SLM unterscheidet sich deutlich in der Art der IT-Services, die ein Dienstleister anbietet. Werden kleinere und stark vorkonfektionierte Lösungen für bestimmte Zielgruppen angeboten, so wählt der Servicenehmer aus dem Servicekatalog aus, und anschließend kommt der Vertrag zustande. Anders verhält sich das SLM für große IT-Lösungen, z.B. Outsourcing von 4000 Servern und 600 Applikationen. Deutlich ist, dass auch hier ein Servicekatalog benötigt wird, um die Komplexität zu beherrschen. Die Abstimmung durch alle Abteilungen ist dennoch erforderlich, da bestimmte Details zu klären sind.

Der SLM-Prozess sieht wie folgt aus (s. Abb. 3–8). Der Servicenehmer kann aus einem Servicekatalog oder einem vorkonfektionierten Serviceangebot seinen benötigten IT-Service auswählen. Entweder wird anschließend direkt der IT-Rahmenvertrag erstellt oder es werden Treffen einberufen, um die Anforderungen seitens des Servicenehmers genauer abzustimmen. Im SLM entsteht in der Aktivität SLA-Eingang der erste Entwurf eines SLA für den Servicenehmer. Hierfür können ggf. bereichsbezogene Abstimmungen stattfinden. Anschließend wird der intern abgestimmte Entwurf mit dem Servicenehmer diskutiert. Je nach Status des SLA erfolgt eine neue Abstimmungsrunde oder der Entwurf wird als IT-Rahmenvertrag formuliert. Die Bereiche Vertragsmanagement und IT-Controlling überneh-

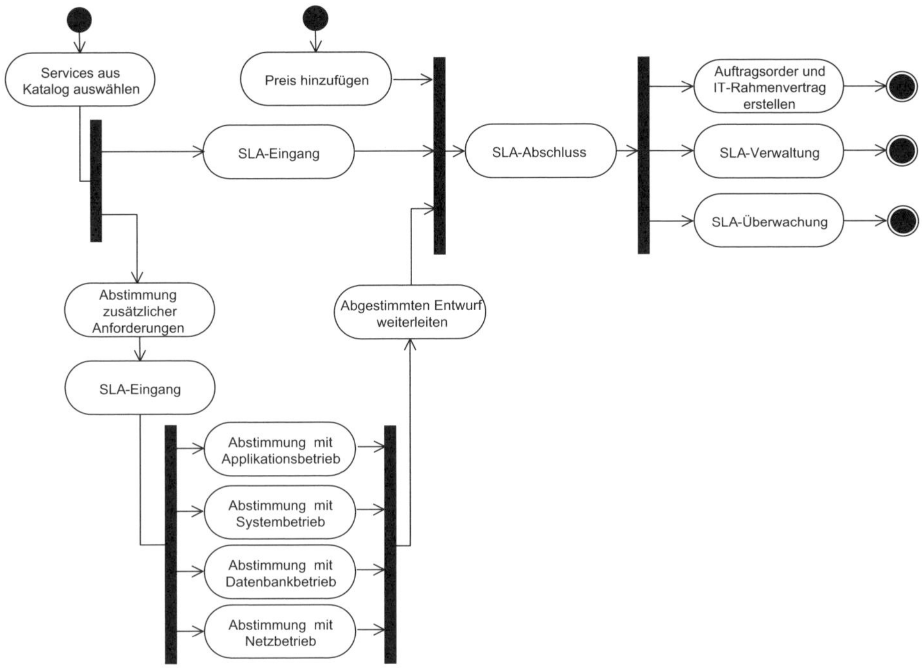

Abb. 3–8 *SLM-Prozess*

men hier die tragende Rolle. Das Outsourcing-Projekt kommt durch den SLA-Abschluss zustande. Das SLA wird zusammen mit einem IT-Rahmenvertrag verabschiedet. Parallel mit dem neuen SLA werden die Aktivitäten SLA-Überwachung und SLA-Verwaltung gestartet.

Der Servicekatalog muss als Vorstufe für ein SLA verstanden werden. Die einzelnen IT-Services sind so atomar aufgebaut, dass sie wie Module behandelt und für den Servicenehmer individuell zusammengestellt werden können. Der Ablauf vom Servicekatalog zum Service-Fact-Sheet (SLA) lässt sich wie folgt beschreiben:

1. Auswahl der IT-Services und deren Serviceklasse.
2. In der konkreten Ausprägung bei einem Servicenehmer wird beispielsweise der IT-Service XYZ an mehreren Stellen erforderlich. Die einzelnen Ausprägungen des IT-Service XYZ können in einem SLA zusammengefasst werden.
3. Das SLA übernimmt vom Servicekatalog alle zentralen Serviceparameter wie z.B. Verfügbarkeitsklassen oder Bandbreiten. Den Anforderungen des Servicenehmers entsprechend werden die Parameter abgestimmt.
4. Zusätzlich zu den auszuwählenden Serviceklassen werden weitere Absprachen im SLA getroffen und dort beschrieben.
5. Die aus dem Servicekatalog kommenden »übergeordneten Service-Levels« sollten nicht verändert werden. Ist dies in einem Projekt erforderlich, so ist mit dem verantwortlichen Service-Level-Manager eine Abstimmung zu treffen.

6. Komplexe IT-Services werden häufig in Kooperation zwischen beiden Parteien – Servicenehmer und Dienstleister – erbracht. Für diesen Fall stehen Zuständigkeitsmatrizen bei den jeweiligen IT-Services zur Verfügung, um eine Verteilung der Verantwortlichkeiten, Durchführung, Mitwirkung und Informationspflicht treffen zu können.

Das Ergebnis aus einer Anwendung eines angewendeten Servicekatalogs ist somit eine konkrete Beschreibung der SLAs für Servicenehmer und eine klare Preisstruktur, auf die eine Verrechnung in den SLAs basiert.

Grenzen des Servicekatalogs

Der Servicekatalog ist ein wichtiges Hilfsmittel, um auf Servicenehmeranforderungen optimal reagieren oder SLAs präzise erstellen zu können. Die zentralen Charakteristika eines Diensts werden prägnant beschrieben und bestimmte wiederkehrende Serviceklassen vereinheitlicht dargestellt. Der Servicekatalog muss gegenüber dem Servicenehmer klar definiert werden. Analog zu den Leistungsausschlüssen sind auch im Servicekatalog die Grenzen wie unten ausgeführt zu setzen. Zu unterscheiden sind die prinzipiellen Grenzen des Servicekatalogs von den Grenzen, die der Dienstleister setzt, um dem Servicenehmer die Leistung so transparent wie möglich darzustellen:

Prinzipielle Grenzen

Der Servicekatalog ersetzt keine SLAs, sodass im Einzelnen zu klären ist, wer der Servicenehmer im Vertragsverhältnis ist. Der Servicekatalog trifft keine Entscheidung, in wie viele SLAs die IT-Services aufgeteilt werden. Ebenfalls wird die Zuteilung betrieblicher Zuständigkeiten dem Verhandlungsprozess überlassen.

Beispiele für Grenzen, die Dienstleister setzen

Der Servicekatalog beschränkt sich derzeit auf die Erbringung des IT-Service. Die Auslieferung von IT-Services mit Lieferzeiten wird nicht berücksichtigt. Der Servicekatalog beinhaltet auch keine Beratungs- und Planungsleistungen.

Der Servicekatalog dient ausschließlich dazu, die Eckpunkte eines IT-Service festzulegen. In der konkreten Umsetzung müssen diese, wie im vorhergehenden Abschnitt beschrieben, ausgestaltet werden.

Übergeordnete Service-Levels

Die übergeordneten Service-Levels gelten für alle IT-Services im Servicekatalog. Alle weiteren erforderlichen Service-Levels sind bei den einzelnen IT-Services spezifisch festgelegt. Ziel der übergeordneten Service-Levels ist es, einen Betriebsstandard zu prägen und die Erstellung und Verwaltung von SLAs zu vereinfachen. Die Anforderung nach übergeordneten Service-Levels resultiert aus der Tatsache, dass bei Untersuchungen von Rechenzentren jeder IT-Service individuell erscheint. Die Ergebnisse solcher Untersuchungen von Rechenzentren zeigen auch, dass eine Diskrepanz zwischen dem tatsächlich »gelebten« operativen Geschäft und den Betriebsunterlagen besteht. Häufig sind in den Betriebsunterlagen ITIL-konforme Prozesse mit ihren erforderlichen Ausprägungen beschrieben und bewertet [Abeck und Scholderer 2000]. Das Tagesgeschäft in Rechenzentren zeigt jedoch, dass am Service-Desk und in der Störungsbearbeitung zwar ein Reglement eingehalten wird, aber man sich intern auf den kleinsten gemeinsamen Nenner geeinigt hat. Die übergeordneten Service-Levels nehmen diesen Aspekt auf und definieren dies explizit, sodass die Werte im Servicekatalog die Dienstleistungsrealität genauer beschreiben. Sichergestellt werden soll eine kontinuierliche Betriebsstabilität, die auch im SLM bekannt sein muss. Die übergeordneten Service-Levels fassen somit die wichtigsten Eckpunkte des Betriebs des Dienstleisters zusammen. Zu diesen Eckwerten zählen z.B. die verschiedenen Zeitdefinitionen des Dienstleisters. Das nachstehende Beispiel zeigt die Kernzeitdefinition des Dienstleisters (s. Tab. 3–8). Die Kernzeit wird als bedienter Betrieb ausgewiesen. Werden Wartungen vorgenommen, so erfolgen diese innerhalb vordefinierter Wartungsfenster. Die Erreichbarkeitszeiten werden ebenfalls klar definiert. Dieses Beispiel konzentriert sich damit auf die zeitliche Transparenz des IT-Betriebs.

Betrieb	
Bedienter Betrieb	Mo. – Fr. 08:00 – 18:00 Uhr
Wartungszeit	Fr. 20:00 – 23:50 Uhr
Erreichbarkeitszeiten	
Service-Desk	Mo. – Fr. 09:00 – 17:00 Uhr Sa. 10:00 – 18:00 Uhr
Unbedienter Betrieb (Rufbereitschaft)	
Service-Desk	keine Rufbereitschaft
Reaktionszeit	
Service-Desk	Prio 1 binnen 30 Minuten Prio 2 binnen 5 Stunden

Tab. 3–8 *Übergeordnete Service-Levels*

Es ist offensichtlich, dass der Betrieb der IT-Services unabhängig von bestimmten SLAs nach einem definierten Schema abläuft. Dieses Schema wird in den übergeordneten Service-Levels klar definiert.

IT-Service

Beim Aufbau von Servicekatalogen muss entschieden werden, wie die IT-Services beschrieben sind. Diese Thematik ist nicht allgemein lösbar. Es sei deshalb auf einige Beispiele aus der Praxis hingewiesen:

- **Bekannte IT-Services:**
  Diese IT-Services sind z. T. auch in der Fachpresse und den Normen anerkannt. Wenn dies der Fall ist, müssen diese IT-Services nicht näher beschrieben werden. Oft genügt dann das Stichwort.

  Beispiele: Firewall, Proxy, Virenscanner, DNS, VPN. Das Akronym selbst muss nicht mehr erläutert werden. Häufig genügen einfache erläuternde Ergänzungen, um den Leistungsumfang zu definieren.
- **Anwendungsbeschreibung:**
  Bei Anwendungen, die Prozesse im Unternehmen unterstützen, also keine Textverarbeitungsprogramme, sondern Formularsysteme oder andere prozessgesteuerte IT-Systeme, bedarf es einer umfassenderen Beschreibung, um den IT-Service dem Servicenehmer darzustellen. Bei der Beschreibung sollte darauf geachtet werden, dass sie als eine Serviceskizze das Charakteristikum der Anwendung verdeutlicht.

  Beispiel: Eine Anwendung X verwaltet die Kundenstammdaten (Name, Anschriften, Rechnungskonten, Verträge, Produktausprägungen) und beauftragt für bestimmte Produkte die technische Provisionierung.
- **Komplexe IT-Services:**
  Bei komplexen IT-Services sind Kurzbeschreibungen oft nicht mehr ausreichend. Es werden umfangreichere Beschreibungen erforderlich.

  Beispiel: Für Notfälle steht auf dem Gelände des Servicenehmers ein Network Operation Center (NOC) zur Verfügung. Die Infrastruktur (USV, Netzwerk) des NOC ist unabhängig von der übrigen Gebäudeinfrastruktur. Die Einsatzbereitschaft des NOC wird in regelmäßigen Notfallübungen nach Absprache mit dem Servicenehmer geprüft.

Der IT-Service wird durch folgende Attribute beschrieben:

- Kurzbeschreibung
- Servicekategorie
- Serviceklasse
- Servicebetrieb
- Serviceüberwachung

Über die Kurzbeschreibung wird wie oben gezeigt der IT-Service definiert. Die Servicekategorie dient dazu, dass IT-Services in logische Einheiten gruppiert werden. Innerhalb der Serviceklasse wird, je nach Ausprägung der Service-Levels, das Leistungsniveau beschrieben. Treten Störungen im Servicebetrieb auf, so sind Reaktions- und ggf. Lösungszeiten zu definieren. Das Attribut Serviceüberwachung beinhaltet alle Informationen, um die Einhaltung von definierten Service-Levels messen zu können.

Servicekategorie

Werden viele IT-Services vereinbart, ist es sinnvoll, diese in Kategorien einzuteilen. Unter diesen Kategorien werden alle relevanten IT-Services gruppiert. Dies ist sinnvoll, wenn Servicepakete aufgebaut werden oder wenn Verzeichnisse zum Auffinden von IT-Services angelegt werden. Dabei findet häufig das Schichtenprinzip Anwendung. Eine typische Schichtung, die sich an Managementebenen orientiert, zeigt Abbildung 3–9. Häufig finden sich in abgewandelter Form ähnliche Schichten wieder.

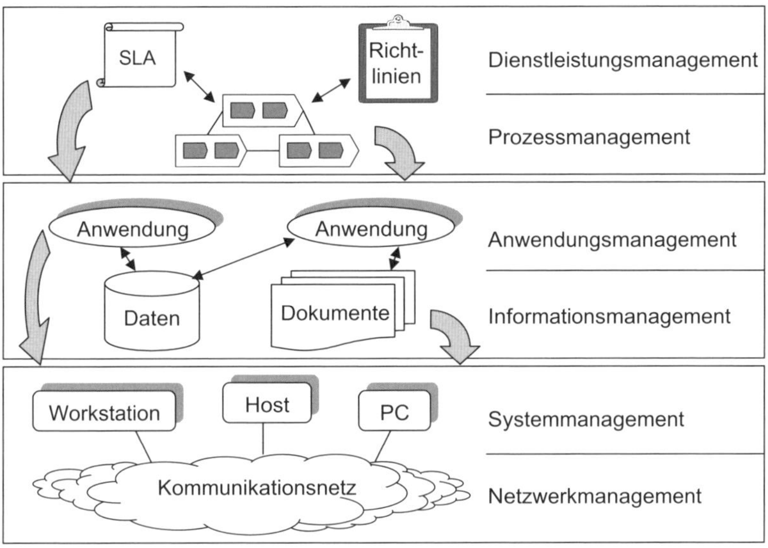

Abb. 3–9 *Managementebenen zur Strukturierung von IT-Services [Scholderer 2001]*

Auf der untersten Ebene »Netzwerkmanagement« werden die einzelnen Komponenten des Kommunikationsnetzes verwaltet. Dazu gehören einfache Kommunikationsdienste. Dieser Bereich ist sowohl durch die ISO als auch durch Internetstandards normiert [Slom 1994]. Typische IT-Services auf dieser Ebene sind LAN, WAN und weitere. Das Systemmanagement erweitert das Netzwerkmanagement um die Hardwarebereiche, die nicht unmittelbar zur Kommunikation dienen. IT-Services auf dieser Ebene sind Serverbetrieb, Hosting, Homing und Housing. Für ein umfassendes Management von vernetzten IT-Systemen müssen deshalb auch die Informationen verwaltet werden, wofür das Informationsmanagement zuständig ist. Hierunter fallen IT-Services, wie Datenbanken, Fileserver, Backup etc. [Herget und Schuchow 1997; Moll94]. Eine Vielzahl von IT-Services basieren auf verteilten Anwendungen. Das Anwendungsmanagement erlaubt die Installation, Überwachung bzw. Rekonfiguration und das Debuggen dieser verteilten Applikationen. In der Praxis werden die Anwendungen in IT-Servicekatalogen oder CMDBs beschrieben Die betrieblichen Prozesse (Prozessmanagement), wie in ITIL, ISO 20000 und CobiT eingeführt, werden als IT-Services verstanden. Hierzu gehören Service-Desk, Incident-Management u.v.m. Das Service-Management auf dieser Ebene soll die Serviceerbringung optimieren, worin auch die Servicenehmer bzw. deren Benutzer involviert sind. Aspekte dieses Bereichs sind die Einhaltung von SLAs, die Zufriedenheit, Offenlegung und Reporting der Quality of Service und die Planung neuer bzw. die Weiterentwicklung bestehender IT-Services. Oberhalb dieser Ebenen können evtl. noch weitere Ebenen identifiziert werden, die sich an strategischen Unternehmenszielen oder der Unternehmenspolitik orientieren.

Ein Beispiel soll die oben genannten theoretischen Ebenen veranschaulichen (s. Tab. 3–9). Die vom IT-Betrieb angebotenen IT-Services lassen sich aufgrund ihrer wesentlichen Merkmale in fünf Kategorien einteilen.

Servicekategorie	Merkmale
Systemmanagement-Services	Unter den Systemmanagement-Services werden alle IT-Services zusammengefasst, bei denen der Dienstleister lediglich Plattformen zur Verfügung stellt, auf denen der Servicenehmer Applikationen aufsetzt und betreibt.
Anwendungs- und Informationsmanagement-Services	Unter Anwendungsservices sind alle Arten von Applikationen zusammengefasst, die durch den Dienstleister bereitgestellt werden. Die Anwendungsservices sind weiter untergliedert in die drei Gruppen: ▪ Business Consultancy ▪ Application Development ▪ System Maintenance & Operations

Tab. 3–9 *Beschreibung von Servicekategorien*

Serviceklasse

Serviceklassen definieren, wie wichtig bzw. wie qualitativ hochwertig ein IT-Service erbracht wird. Für Servicenehmer ist dies eine Möglichkeit, um bei IT-Services abzulesen, welche maximalen bzw. minimalen Qualitätsanforderungen möglich sind. Innerhalb der Serviceklasse werden Kennzahlen wie Verfügbarkeit, Antwortzeit oder Bandbreite definiert und mögliche Levels zum überwachten Betrieb angegeben [Bahli und Rivard 2003]. Tabelle 3–10 zeigt eine Auswahl.

Serviceklasse	IT-Services	Verfügbarkeit pro Monat (%)	Durchschnittl. Antwortzeit (sec.) pro Monat	Überwachter Betrieb (365 Tage p.a.)
Gold	z.B. SAP R/3	99,0%	4 msec	24 Std. × 5 Tage
Silber		98,0%	10 msec	16 Std. × 5 Tage
Bronze		97,0%	10 msec	24 Std. × 7 Tage

Tab. 3–10 *Beschreibung von Serviceklassen*

Aus dem Beispiel geht hervor, dass Serviceklassen wie Gold, Silber oder Bronze nicht stringent zu definieren sind. In Abhängigkeit von den jeweils erreichbaren Service-Levels verhalten sich die einzelnen Service-Levels unterschiedlich. Dies ist nur bei dedizierten IT-Services möglich, bei komplexen IT-Services kann dieses Prinzip nicht mehr weitergeführt werden. In Tabelle 3–10, letzte Zeile, ist dargestellt, dass Bronze mit einem überwachten Betrieb von 24 Std. * 7 Tage angeboten wird.

Speziell für die Erstellung von SLAs ist dies ein Problem. Ein durchgängiges Serviceklassenmodell ist nur für einen Parameter (z. B. Verfügbarkeit) umsetzbar. Bei mehreren Parametern kann eine Erstellung von SLAs nur innerhalb eines Parameters erfolgen. Wählt ein Servicenehmer unterschiedliche Service-Levels aus, so beschränkt sich die Darstellung der Serviceklasse ausschließlich auf die genannten Werte.

Servicebetrieb

Der Servicebetrieb legt Parameter wie Priorität von Störungen eines IT-Service, Anzahl betroffener Benutzer, Reaktionszeit und Wiederherstellungszeit fest. Dies sind Aspekte, die für den Betrieb des IT-Service von Bedeutung sind. In Tabelle 3–11 sind Beispiele aufgeführt.

Priorität	Ausfall	Reaktionszeit
1	Totalausfall; das gesamte System steht nicht zur Verfügung	15 Minuten
2	Gesamte Teilsysteme (Module) oder Kernfunktionalitäten stehen nicht zur Verfügung (Teilausfall)	30 Minuten
3	Einzelne Funktionalitäten stehen nicht zur Verfügung (Einzelausfall)	60 Minuten

Tab. 3–11 *Darstellung von Störungsprioritäten (Beispiel 1)*

Tabelle 3–12 zeigt ein weiteres Beispiel, wie Störungsprioritäten aufgebaut sein können. Passend zum jeweiligen operativen Betrieb des Dienstleisters sollte dies entsprechend aufgebaut sein.

Priorität	Anzahl betroffener Benutzer	Reaktionszeit	Wiederherstellungszeit
1	> 1000	20 min	60 min
2	$1000 \geq$ Benutzer > 500	30 min	120 min
3	≤ 500	40 min	180 min

Tab. 3–12 *Darstellung von Störungsprioritäten (Beispiel 2)*

Deutlich wird, dass dem Servicenehmer keine explizite Auswahl aufgezeigt wird. Dies wird dadurch begründet, dass sich die Parameter am Betrieb und der Technik orientieren. Gezeigt wird, wie Störungen schnellstmöglich bearbeitet werden.

Serviceüberwachung

Zur Überwachung des IT-Service sind der Leistungsübergabepunkt (s. Abschnitt 3.1.3), das Monitoring und das Reporting zu definieren. Leistungsübergabepunkte kommen häufig bei Systemen wie Router, Gateway und Port vor. An diesen Systemen werden IT-Services übergeben. Tabelle 3–13 gibt vor, um welche IT-Systeme es sich handelt, an welchem Standort sie untergebracht sind und welche (Netz-)Adresse zugeteilt wurde. Werden mehrere Übergabepunkte für einen IT-Service definiert, kann auch eine Sammeladresse verwendet werden.

Beschreibung	Standort (Straße, Raum)	Netzadresse (IP-Adresse)	Messtakt
Router	München, Theresienstr. 2, Gebäude 2.3	82.165.217.239	1 Minute
Port	Frankfurt, Hahnstr. 5	193.99.144.85:8080	1 Minute
Mess-PC	Berlin, Sonnenstr. 71, Raum L422	69.63.189.11	15 Minuten

Tab. 3–13 *Struktur für Leistungsübergabepunkte*

Das Monitoring konzentriert sich auf die Messung des IT-Service. Dabei ist entscheidend, an welchen Stellen die Messung vorgenommen wird. Der Leistungsübergabepunkt definiert hier die Stelle, an der eine Messung vorzunehmen ist (s. Abschnitt 3.1.3). Die Methode, welche Messung zum Einsatz kommt, wird hier in der Serviceüberwachung definiert.

Der Messtakt definiert, in welchem zyklischen Abstand eine Messung durchgeführt wird, um zu wissen, wie häufig die Messung stattfindet. Dies wird in der Praxis oftmals nicht eingefordert. Einige Messysteme lassen eine Einstellung der Schrittweite bzw. des Messtakts nicht zu. Eine Nachfrage beim Dienstleister kann klären, inwieweit sich das Messsystem hier konfigurieren lässt. Falls eine Konfiguration möglich ist, kann beispielsweise ein Messtakt von einer Minute vereinbart werden. Wird der Messtakt nicht explizit festgelegt, können die aggregierten Werte in den Reports überhaupt nicht oder nicht umfassend genug interpretiert werden. Ein in der Praxis so nie anzutreffendes Extrembeispiel soll dies verdeutlichen: Ein Jahresreport über die Verfügbarkeit eines IT-Service ist vereinbart. Es gibt für diesen sehr kritischen IT-Service jedoch nur eine einzige Messung im Jahr. Das Ergebnis einer erfolgreichen Messung würde dann entweder 100 % (das System läuft zum Zeitpunkt der Messung) oder 0 % (das System steht zum Zeitpunkt der Messung) im Report liefern. Die Zeit, in der keine Messung stattgefunden hat, kann überhaupt nicht bewertet werden, das System könnte also entweder bis auf diese eine Minute, in der gemessen wird, das ganze Jahr über stillstehen oder durchgehend verfügbar sein – mit allen entsprechenden Konsequenzen. Deshalb ist die Definition des korrekten Messtakts sehr wichtig, um zu wissen, wann der IT-Service tatsächlich verfügbar war. In der Praxis finden sich Messtakte im Bereich von 1 Sekunde bis maximal 15 Minuten.

IT-Kennzahlensystem

Die vorangegangene Beschreibung von IT-Services zeigt an einigen Stellen Qualitätsparameter (beispielsweise die Übertragungsrate eines Internetanschlusses in Megabit/s) oder Mengengerüste auf (beispielsweise Anzahl der IT-Arbeitsplätze). Je nach Art der Leistung des IT-Service, die erbracht werden soll, sind die entscheidenden/entsprechenden Kennzahlen auszuwählen. Der Forderung nach einem Kennzahlensystem wird hiermit Rechnung getragen.

Viele der heute eingesetzten Kennzahlensysteme gehen von der Hypothese aus, dass der Nutzen allein an der Höhe der entstandenen Kosten zu messen ist. Im Gegensatz dazu stützt sich das im Folgenden beschriebene Kennzahlenkonzept auf reale technische Daten und veranschaulicht technische Beziehungen des zugrunde liegenden vernetzten IT-Systems. Die Vorteile sind Transparenz von Messinformationen über Organisationseinheiten hinweg und eine zunächst kostenfreie Bewertung technischer Daten. Das Hauptaugenmerk liegt dabei weniger auf der Bewertung des Dienstleisters hinsichtlich seiner Effektivität und Effizienz im Allgemeinen als vielmehr auf der Unterstützung servicebezogener Qualitätsbewertung im Speziellen [Scholderer 2003c].

Eine Erweiterung dieses Konzepts besteht darin, dass zum einen das Bewertungssystem mittels Kennzahlen auf den gesamten IT-Betrieb ausgedehnt wird. Zum anderen wird durch die Verbindung dieser technischen Kennzahlen mit finanztechnischen Daten eine unternehmerische Gesamtsicht für alle IT-Services des Dienstleisters hergestellt.

Kennzahlen sind als objektive Maßstäbe zu sehen, anhand derer Sollvorgaben aus SLAs oder Betriebsrichtlinien eingeführt werden. Somit ist durch Vergleich mit Ist-Werten der Erfüllungsgrad dieser Sollvorgaben quantitativ erfassbar [Schauer 1999].

Die Kennzahlen sind systematisch im IT-Betrieb zu erfassen, um die Leistung zu messen. In Abbildung 3–10 wird beispielhaft eine Matrix mit möglichen Kennzahlen für eine systematische Erhebung aufgezeigt.

Eine Auswahl dieser Kennzahlen für eine tatsächliche Umsetzung im operativen Betrieb kann aus unterschiedlichen Gründen getroffen werden:

- Vom Servicenehmer gefordert
- Im operativen Betrieb langfristig erworbene Erfahrungen mit bestimmen Kennzahlen
- Aufwand, der u.a. zur Berechnung und Einführung in den Betrieb anfällt und dem Nutzen gegenübergestellt wird (Aussagen zu Nutzungsprofilen von Anwendungen sind evtl. weniger wichtig als Aussagen zur Servicequalität, die der Servicenehmer wahrnimmt).

	Fehler	Leistung	Kofiguration	Sicherheit	Kosten
Dienst	■ Verfügbarkeit ■ Erreichbarkeit ■ MTBF ■ MTTR ■ Ausfallwahr-scheinlichkeit	■ Antwortzeit ■ Verzögerung	■ Kundenzahlen	■ Anzahl Fehl-zugriffe ■ Anzahl externe Angriffe	■ Auslastung ■ Sitzungsdauer ■ Nutzungsdauer
Prozess	■ Erreichbarkeit ■ MTTR	■ Durchlaufzeit ■ Reaktionszeit ■ MTTR	■ Automatisie-rungsgrad ■ Arbeitszeit	■ Anzahl interner Angriffe	
Anwendung	■ Verfügbarkeit ■ Ausfallzeiten ■ MTBF	■ Antwortzeit ■ Länge der Warteschlange	■ Auslastung ■ Länge der Warteschlange	■ Anzahl Fehl-bedienungen ■ fehlende Log-nummern	■ Auslastung ■ Sitzungsdauer
Information	■ Verfügbarkeit		■ Auslastung ■ Kapazität		■ Auslastung ■ Disk Quota
System	■ Verfügbarkeit ■ Ausfallzeiten ■ MTBF	■ Antwortzeit ■ Transaktionen ■ Auslastung ■ MIPS	■ Auslastung ■ MIPS ■ Speicher-kapazitäten ■ ...		■ Installations-kosten ■ Betriebskosten
Netzwerk	■ Verfügbarkeit ■ MTBF	■ Jitter ■ Durchsatz ■ Antwortzeit ■ Kapazität	■ Länge der Warteschlange ■ Anzahl Vermitt-lungsknoten	■ Netzlast an Feiertagen	■ Auslastung ■ Installations-kosten ■ Betriebskosten

Abb. 3–10 *Beispielmatrix zur Auswahl von möglichen Kennzahlen [Scholderer 2001]*

Ziel für einen IT-Betrieb ist es, die bestehenden Kennzahlen so zu reduzieren, dass nur noch einige wenige in das SLM eingehen [White 2000]. Den Ausgangspunkt für diese Zielsetzung bildet die vorgestellte Kennzahlenmatrix. Diese Matrix zeigt in Auszügen, welche Kennzahlen in vernetzten Systemen erprobt wurden und sich bewährt haben [Haas und Zorn 1995]. Dabei ist auf den Servicenehmer und dessen Notwendigkeiten einzugehen. Die von Servicenehmern gestellten Anforderungen sind ebenfalls ausschlaggebend für die Qualitätsbewertung. Dabei lassen sich die typischen Kennzahlen wie folgt beschreiben:

- **Verfügbarkeit:**
  Der Servicenehmer muss bei Zugriff auf IT-Services diese in der vereinbarten Weise nutzen können.
- **Performance:**
  Die Performance eines IT-Service wird in vernetzten Systemen als Antwortzeit angegeben. Der IT-Service reagiert aus der Sicht des Servicenehmers in der vorgegebenen Zeit.
- **Genauigkeit:**
  Idealerweise bietet man dem Servicenehmer einen fehlerfreien IT-Service an. Da dies jedoch aufgrund der Komplexität von vernetzten IT-Systemen nur teilweise möglich ist, sind Vereinbarungen zu treffen wie z.B. die Häufigkeit der Aktualisierung von Sicherheitspatches oder Häufigkeit der Logdatenauswertung bzgl. Unregelmäßigkeiten.

Die bestehenden, messbaren technischen Kennzahlen reichen für eine Qualitätsbewertung nicht aus. Hierzu sind Erweiterungen auf der betrieblichen Ebene erforderlich. Dazu werden die bestehenden Kennzahlen auf betriebliche Abläufe abgebildet, sofern dies sinnvoll erscheint:

- **Verfügbarkeit – Erreichbarkeit:**
  Die Kennzahl Verfügbarkeit wird in Prozessen als Erreichbarkeit interpretiert, d.h., wenn ein Servicenehmer sich beim Dienstleister meldet, muss der Dienstleister in der festgelegten Kommunikationsform (z.B. Telefon etc.) kontaktiert werden können.
- **Antwortzeit – Reaktionszeit:**
  Die Antwortzeit, wie sie in Bezug auf einen IT-Service spezifiziert ist, wird bei Prozessen als Reaktionszeit verwendet.
- **Durchsatz – Auftragsbearbeitungszeit:**
  Der Durchsatz wird in betrieblichen Prozessen für bestimmte Aufträge verwendet. Dabei ist die Auftragsbearbeitungszeit eine geeignete und vergleichbare Größe. Typische Beispiele sind im Prozess Störungsbearbeitung die Störungsbehebungszeit und im Änderungsbetrieb die Installationszeit.

Sind die Kennzahlen festgelegt, sind diese in geeignete Definitionen zu überführen (s. Abschnitt 3.3.4).

Kostendarstellung

Die Kostendarstellung wird dem Servicekatalog kompakt beigefügt (s. CobiT DS 1.6. Chargeable Items, Tab. 3–14). Dabei beschränkt sich die Darstellung auf die Werte Mengeneinheit und Preis. Die Positionsnummer ist anzufügen, um die Vielzahl der IT-Services geeignet dokumentieren zu können und um damit die Kommunikation hin zum Servicenehmer bei der Fertigstellung einer Offerte zu erleichtern.

Positions-nummer	ID	Servicename	Preismodell für Einzelpreis	Preis p.a.	Geor-derte Menge	Gesamt-preis
		Client-Services				
01	11000	Standard-IT-Arbeitsplatz	CPU	5.000 €	100	500.000 €
02	12000	Scanner	GB	1.500 €	4	6.000 €
03	13000	Arbeitsplatzdrucker	CPU	500 €	20	10.000 €
		Hosting-Services				
04	22000	Fileserver	CPU	10.000 €	3	30.000 €
05	23000	Terminalserver	CPU	13.000 €	1	13.000 €
		Application-Services				
06	31000	Rechnungswesen	Lizenz	38.500 €	1	38.500 €

→

Positions-nummer	ID	Servicename	Preismodell für Einzelpreis	Preis p.a.	Geor-derte Menge	Gesamt-preis
07	32000	E-Mail	GB	300 €	100	30.000 €
08	33000	Kollaboration	Umlage	15.300 €	1	15.300 €
09	34000	Intranet	Umlage	42.000 €	1	42.000 €
10	35000	Kundenstammdaten	Lizenz	500 €	100	50.000 €
		Infrastruktur-Services				
11	41000	Datenbank Oracle	GB	4.000 €	10	40.000 €
12	42000	Datenbank SQL	GB	1.500 €	3	4.500 €
13	43000	EAI – Application Development	PT	1.750 €	0	
14	44000	EAI – System Maintenance & Operations	PT	1.500 €	0	

Tab. 3–14 *Kostenstruktur*

Die Mengeneinheit ist das entscheidende Kriterium. Eine Vielzahl von Mengeneinheiten lässt sich hier abhängig vom IT-Service verwenden. Datenbanken werden beispielsweise häufig per Benutzer verrechnet, die Verrechnungseinheiten bei Netzwerken ist oftmals die Anzahl genutzter Ports.

Einige Verrechnungsmodelle sollen in Tabelle 3–15 vorgestellt werden.

Bereiche	Quantifizierbare Leistung
Service-Desk	Anzahl Servicecalls
Incident- und Problem-Management	Anzahl der Incidents
Change-Management	Anzahl der Changes (Change-Requests)
Release-Management	Mitarbeiterkosten über eine Zeiterfassung
Systemmanagement	Anzahl eingerichteter Messsonden
Basisinfrastruktur-Management	Anzahl Server
Server Management (Win, Unix)	Anzahl Serverinstanzen
Netzservice (LAN/WAN)	Anzahl Ports
Storage & Backup	Anzahl verwalteter Giga-/Terabyte
Desktop-Services	Mitarbeiterkosten über eine Zeiterfassung
Database-Services	Anzahl Benutzer
EAI-Services	Anzahl der Changes an diesen Applikationen
Middleware-Services	Anzahl der Benutzer
App- & Webservice	Anzahl der Benutzer

Tab. 3–15 *Quantifizierbare Leistung*

Jeder Dienstleister verrechnet nach anderen Kriterien. Tabelle 3–15 ist eine beispielhafte Zusammenstellung aus der Praxis.

3.3 Praxislösungen für Servicekataloge

Die folgenden Abschnitte zeigen Praxislösungen für den Service-Level-Manager auf, mit deren Unterstützung die Neuerstellung von Servicekatalogen direkt begonnen werden kann.

3.3.1 Beispiele für Servicebeschreibungen

Ein kurzer Auszug aus der nachfolgenden Liste (s. Tab. 3–16) wurde in Abschnitt 3.2.3 bereits verwendet, um den faktenbasierten Servicekatalog zu veranschaulichen. Die Liste enthält Servicebeschreibungen unterschiedlicher IT-Services, die der Dienstleister als Basis für sich verwenden kann. Die konkrete Ausgestaltung ist noch vorzunehmen, um die IT-Services dem Servicenehmer passend zum tatsächlich vorliegenden Szenarios anbieten zu können.

Die aufgeführten IT-Services dienen als Grundlage für den Abschluss von SLAs. Servicenehmer und Dienstleister können ihre Zusammenarbeit somit auf Basis standardisierter Leistungen und Prozesse vereinbaren.

IT-Service	Beschreibung
Standard-IT-Arbeitsplatz	Bereitstellung und Betrieb eines Standard-IT-Arbeitsplatzes ▪ Bereitstellung eines Applikationsportfolios ▪ Automatische Softwareverteilung und Lizenzkontrolle ▪ Automatische Installation und Konfiguration der Software ▪ Einhaltung gültiger Sicherheitsrichtlinien (z.B. Passwortlänge) ▪ Einrichten der nötigen Benutzerrechte je Applikation ▪ Anbindung an das Netzwerk (für interne Arbeitsplätze) ▪ Versionsverwaltung und Sicherstellung einheitlicher Versionen einer Applikation ▪ Nutzung des Mailsystems ▪ Zugriff auf Intranet/Internet ▪ Nutzung des Filesystems (Plattenplatz, den der Benutzer für private Daten nutzen darf) ▪ Hardwareumfang: Desktoprechner, Maus, Monitor **Praxishinweis** In der Servicebeschreibung sollten keine Differenzierungen abhängig von den Rollen der Nutzer des Arbeitsplatzes vorgenommen werden. Die Differenzierung für einen rollenadäquaten Standard-IT-Arbeitsplatz wird (s. Artikelansatz in Abschnitt 3.2.2) über die Artikel und damit über die Service-Levels gesteuert.

→

IT-Service	Beschreibung
Hardware-Serverbetrieb	Der Infrastruktur-Service »Hardware-Serverbetrieb« stellt abgenommene Betriebssystemplattformen im Bereich Windows und Unix zur Verfügung: ▪ Bereitstellung der notwendigen Server im IT-Betrieb ▪ Konfiguration und Anbindung von Storage (SAN, RAID ...) ▪ Konfiguration und Einbindung in das LAN ▪ Betrieb der Infrastruktur entsprechend gültiger Security ▪ Policies inkl. des notwendigen Monitorings und der Datensicherung bzw. der Datenwiederherstellung
Fileserver	Der IT-Service »Fileserver« umfasst die Bereitstellung von Gruppenshares und expliziten Fileservern in fest definierten maximalen Größen: ▪ Durchführung der physikalischen Ersteinrichtungen ▪ Täglicher Serverbetrieb (Überwachung entsprechend gültiger Security Policies) ▪ Bereitstellung von Plattenplatz für die benötigten Benutzer ▪ Tägliche Datensicherung gemäß den Sicherungsprozeduren (z.B. Vollsicherung, inkrementelle Sicherung) sowie Datenwiederherstellung
Terminalserver	Im Rahmen dieses IT-Service stellt der Dienstleister abgenommene Plattformen zur Verfügung. Solche Terminalserver-Lösungen erlauben eine gute nachträgliche Skalierbarkeit: ▪ Bereitstellung der notwendigen Server ▪ Betrieb der Infrastruktur entsprechend gültiger Security Policies inkl. des notwendigen Monitorings ▪ Datensicherung sowie Datenwiederherstellung.
Datenbank-server	Der IT-Service »Datenbankserver« umfasst die Bereitstellung der Infrastruktur zum Test und zum Betrieb von Datenbanken der entsprechenden Hersteller. Im Rahmen dieses Service wird auch der Betrieb der Datenbank bzw. der Datenbankumgebung angeboten: ▪ Einrichtung und Bereitstellung des Datenbank-Basissystems ▪ Durchführung von Datensicherungen und Recovery (im Bedarfsfall) ▪ Erstellung von Datenbankkopien im Rahmen des vereinbarten Umfangs ▪ Monitoring der Datenbank bzw. der Umgebung entsprechend gültiger Security Policies ▪ Reporting von Performance und Verfügbarkeitsdaten. Die genaue Definition der Ausprägung wird im Rahmen des SLA vorgenommen, ebenso die Bestimmung der Messpunkte und die Definition des Übergabepunkts der Leistung.

→

IT-Service	Beschreibung
EAI – Application Development	Der EAI-Application-Development-Service unterstützt die Servicenehmer bei der Planung und Implementierung von Prozessen und Datentransfers zwischen unterschiedlichen IT-Systemen im Rahmen von Enterprise Application Integration (EAI-Lösungen). Der IT-Service umfasst sowohl den Transport der Daten als auch die Anpassung der Datenformate an das jeweilige Zielsystem. Mit diesem IT-Service wird nicht nur der Datentransfer zwischen unterschiedlichen IT-Systemen innerhalb des Standortes unterstützt, sondern auch die Anbindung anderer Standorte sowie externer Partner: ■ Beratung bei der Gestaltung des Prozessablaufs ■ Beratung bei der Gestaltung von Nachrichtenstrukturen und Formaten ■ Umsetzung der Nachrichten zwischen unterschiedlichen Implementierungen der Prozesse im EAI-Werkzeug ■ Projektmanagementleistungen ■ Dokumentation
EAI – System Maintenance & Operations	Der EAI-Service beinhaltet das Schnittstellenmanagement zwischen operativen Systemen inkl. notwendiger Datenkonvertierungen im Rahmen von Enterprise Application Integration (EAI-Lösungen): ■ Monitoring des Datentransports ■ Konvertierung der Formate lt. Applikationsportfolio ■ Datentransfer zu externen Datenanbietern und Lieferanten ■ Überwachung der EAI-Schnittstellen
IT-Security	Der IT-Dienstleister bietet Servicenehmern auf Aufwandsbasis (i.d.R. Personentage) IT-Services im Bereich IT-Security an. Der IT-Dienstleister berät und unterstützt Servicenehmer hinsichtlich Security-Aspekte bei der Konzeption, dem Aufbau, der Implementierung und dem Betrieb von IT-Systemen (logischer Systemzugang, Benutzerverwaltung, technische Einbindung von Systemen in die Systemlandschaft, Backup und Recovery etc.): ■ Beurteilung der Sicherheitslage und Etablierung adäquater interner Maßnahmen wie z.B. Aufbau eines Computer Emergency Response Team (CERT) und eines Computer Security Incident Response Team (CSIRT) ■ Praxishinweis bzw. Entwicklung umsetzbarer Sicherheitsempfehlungen/ -maßnahmen wie z.B. eines allgemeingültigen Sicherheitsstandards im Haus des Dienstleisters ■ Management der Betriebskontinuitäts- und Notfallpläne (beispielsweise Emergency-Situationen wie Brandfälle an Servern durch ausgefallene Kühlanlagen und Eskalationspfade wie das Umschalten auf ein Ausweichrechenzentrum)

Tab. 3–16 *Beispiele für Servicebeschreibungen*

3.3.2 Service-Fact-Sheet für geschäftsprozessbezogene Service-Levels

Das Service-Fact-Sheet nimmt, wie oben beschrieben, eine mächtige Sonderstellung ein. Das folgende Service-Fact-Sheet gibt für Callcenter einen Einblick in die möglichen Service-Levels. Die hier aufgezeigten Inhalte sind in SLAs, OLAs und UCs einzubinden, aber sie definieren auch wichtige Service-Levels, die zur Umsetzung des Servicekatalogs hilfreich sind.

Genannte Zeiten, Mengen und sonstige Angaben in Tabelle 3–17 sind fiktiv und müssen im konkreten Anwendungsfall den Erfordernissen der jeweiligen

Gegebenheiten angepasst werden. Beide Vertragsparteien erhalten über das Service-Fact-Sheet einen Überblick zur Qualität des IT-Service. Die konkrete Ausgestaltung wird durch die sehr komprimierte tabellarische Darstellung dahingehend unterstützt, dass die Korrektheit zwischen den Service-Levels nachvollzogen werden kann.

Service-Level	Festgelegte/vereinbarte Werte
Auskunft	
Servicenummer	+49 (0)721-570 44 387 zum Normaltelefontarif
Servicezeit/Ansprechzeit	Montag – Freitag: 08:00 Uhr – 20:00 Uhr
Anrufannahmezeit	90% in 10 Sekunden
Anrufankunftsrate	99%
Aufträge	
Servicezeit	Montag – Freitag: 08:00 Uhr – 18:00 Uhr
Kontrolle	Vieraugenkontrolle durch Servicenehmer
Auftragsbearbeitungsrate	100%
Auftragserfassungzeit	innerhalb von 2 Arbeitstagen in der Servicezeit
Fehlerquote	1%
Max. Anwählversuche	2 Calls über 3 Arbeitstage verteilt
Reporting	
Bereitstellung Tagesreport	Bis 10:00 Uhr zum nächsten Arbeitstag
Bereitstellung Monatsreport	zum 7. Arbeitstag des Folgemonats
Berechtigungsvergabe	
Vorlaufzeit für neue Benutzeraccounts	2 Arbeitstage

3.3.3 Service-Fact-Sheet für IT-betriebsrelevante Service-Levels

Anders als die Service-Levels für geschäftsprozessbezogene IT-Services, die sich auf einen speziellen Bereich konzentrieren, sind Service-Levels für IT-betriebsnahe IT-Services allgemeingültiger in der IT anwendbar. Die folgenden Service-Levels zeigen eine Zusammenstellung relevanter Fakten:

Typ	Service-Level
Betriebszeit bedient	Montag – Freitag: 08:00 – 18:00 Uhr
Betriebszeit unbedient	Rufbereitschaft
Online-Betriebszeit des Systems	Montag – Sonntag: 00:00 – 24:00 Uhr
Releasewechsel	max. 4 pro Jahr
Verfügbarkeit	99,5%, gemessen über einen Kalendermonat

→

Typ	Service-Level
Backup & Restore/Disaster Recovery	
System, Security- und Konfigurationsdaten	1 × monatlich Full Backup 1 × täglich Incremental Backup
Wiederanlaufzeit	4 Stunden
Katastrophen-Testlauf/Übung	1 × pro Jahr nach Abstimmung mit dem Servicenehmer und unter dessen Verantwortung
Reporting-Service	
Monatlicher Gesamtreport einschl. Auflistung der Störfälle	Jeweils zum 5. Arbeitstag des Folgemonats
Service-Desk	
Service-Desk-Servicezeit	Montag – Freitag: 08:00 – 18:00 Uhr
Rufbereitschaft ausschließlich für Rechenzentrum	außerhalb der Service-Desk-Servicezeiten
Reaktionszeit telefonisch	0,5 Stunden
Reaktionszeit Remote (sofern dem Servicenehmer der Zugriff ermöglicht wird)	1 Stunde
Wiederherstellungszeit	3 Stunden Workaround: Bereitstellung eines Notsystems innerhalb von zwei Stunden zzgl. der technisch bedingten Dauer der Wiedereinspielung von Datenbankdaten
Wartung	
Wartungsfenster	Vorbeugende Wartungsmaßnahmen teilt der Dienstleister dem Servicenehmer mit und informiert ihn über den zu erwartenden Umfang und Zeitaufwand. Diese Umsetzung der Wartungsmaßnahmen bietet der Dienstleister gemäß den Vereinbarungen des Rahmenvertrags an.

3.3.4 Kennzahlendefinitionen

Zur einheitlichen Beschreibung von IT-Services müssen die Service-Level-Parameter präzisiert werden. Anhand von Definitionen werden die relevanten Werte formuliert. Ziel ist es, einen abgestimmten, einheitlichen und klaren Servicekatalog zu erhalten. Die nachstehend genannten Formeln sind formalisiert. Da bei Messungen speziell in verteilten IT-Systemen Abweichungen entstehen können, weil synchrone Uhren nicht immer vorhanden sind, müssen Toleranzbereiche festgelegt werden. In Abhängigkeit des jeweiligen technischen Szenarios lassen sich Richtwerte angeben. Diese Richtwerte sind Praxiserfahrungen und wurden empirisch erhoben. Sie sind in den Definitionen genannt.

Kennzahl	Definition
Durchschnitt-liche Antwortzeit	Die durchschnittliche Antwortzeit einer Applikation wird wie folgt berechnet: $AwZ = \sum_{i=1 \ldots n} (EZP_i - SZP_i)/n$ **AwZ [Sekunden]**: durchschnittliche Antwortzeit **i**: Zählervariable **n**: Gesamtzahl der einzelnen Messwerte **SZP_i [Sekunden]**: Der Startzeitpunkt referenziert auf den Zeitstempel eines Messwerts i, bevor eine bestimmte Applikationsaktion (z. B. Funktionsaufruf, Start einer Transaktion) ausgeführt wird. **EZP_i [Sekunden]**: Der Endzeitpunkt referenziert auf den Zeitstempel eines Messwertes i, nachdem die gestartete Applikationsaktion ausgeführt wurde. Im Fall, dass die Messung den Endzeitpunkt nicht erreicht, da die Zeit überschritten ist, wird der Messwert der Verfügbarkeit zugeteilt. Für die Antwortzeit besteht für diese Messung kein Wert. **Richtwerte für Messtoleranzen** ■ Zeit zwischen SZP bis zum Aufruf der Applikation: < 10 Millisekunden ■ Zeit zwischen EZP bis zur aufgerufenen Applikation: < 10 Millisekunden **Praxishinweis** Bei IT-Services, die sehr zeitkritisch sind und bei denen die Antwortzeit eine bedeutende Rolle beim Geschäftserfolg einnimmt, ist es sinnvoll, sich neben der aktuellen durchschnittlichen Antwortzeit auch einen Trend erstellen zu lassen. Denn es gibt einen sogenannten Point-of-no-Return. Die Antwortzeit folgt nicht einem binären Schema wie etwa die Verfügbarkeit mit ihren Zuständen 0 (nicht verfügbar) und 1 (verfügbar). Antwortzeiten sind stetige Größen, sie können innerhalb eines Wertebereichs von knapp über null (Millisekunden) bis unendlich (keine Rückmeldung) schwanken. Diese Gesetzmäßigkeit führt dazu, dass bei jedem neu hinzukommenden Wert der Durchschnitt besser oder schlechter ausfällt. Deshalb muss neben dem Durchschnitt eine zweite Berechnung mitgeführt werden: Nachdem der Durchschnitt mit einem hinzukommenden Wert gebildet wurde, blickt man in die Zukunft. Die Anzahl der noch verbleibenden Messtakte wird mit einer Antwortzeit von null angenommen. Anschließend berechnet man den Durchschnitt neu und sieht, ob sich ein Trend abzeichnet, dass die im SLA vereinbarte Antwortzeit langfristig nicht gewährleistet werden kann. Damit wäre dieser Service-Level verletzt und beide Seiten können frühzeitig auf diesen Umstand reagieren und z. B. ein Servicegespräch zur Lösungsfindung einberufen.

Kennzahl	Definition
Verfügbarkeit	Analog zur Antwortzeit gelten die Zeitpunkte für die Messung der Verfügbarkeit. Kann keine Antwortzeit ermittelt werden, gilt die Nichtverfügbarkeit. Die Gesamtverfügbarkeit wird in Prozent pro Monat ermittelt und berechnet sich nach der Formel: $V = \frac{(T_{\text{Monat}} - T_{\text{Wartungsfenster}}) - T_{\text{Nichtverfügbarkeit}}}{(T_{\text{Monat}} - T_{\text{Wartungsfenster}})} \times 100$ **T_{Monat} [Minuten]:** Der Zeitraum der Auswertung der Verfügbarkeit eines IT-Service pro Monat bezieht sich auf den Monat. **$T_{\text{Wartungsfenster}}$ [Minuten]:** Zeiträume oder Zeitraum, in denen der IT-Service durch geplante und abgestimmte Wartungsarbeiten nicht bereitgestellt wird. **$T_{\text{Nichtverfügbarkeit}}$ [Minuten]:** Zeitraum oder Zeiträume, in dem der IT-Service ungeplant nicht zur Verfügung steht. Die Gesamtausfallzeit berechnet sich aus der Summe der einzelnen Ausfälle. Folgende Ausfallzeiten sind nicht Gegenstand der Betrachtung: - Ausfallzeiten aufgrund höherer Gewalt - Nicht durch den Dienstleister zu vertretende Ausfallzeiten durch Fehler, die von Applikationen dritter Parteien, Firmware oder Hardware verursacht sind. Der Dienstleister muss hier jedoch in jedem Fall nachweisen, dass auch das Versagen einer alternativen Lösung (Workaround) nicht von ihm zu vertreten ist. - Können sich die Vertragsparteien über den Verursacher nicht einigen, entscheidet das dann anzurufende Schiedsgericht über diese Frage. **Richtwerte für Messtoleranzen** - Erfassung eines Ausfallbeginns: < 1 Minute - Erfassung eines Ausfallendes: < 1 Minute **Praxishinweis** Der Service-Level-Manager sollte sich nicht irritieren lassen, wenn er andere Verfügbarkeitsformeln vorfindet. Wichtig für ihn ist, dass die jeweilige Formel und auch die Definition der Terme nachvollziehbar sind. Eine kurze Rechnung, was bei einem Totalausfall für einen ganzen Monat passiert, zeigt oft, ob die Formel stimmt.

→

Kennzahl	Definition
Reaktionszeit	Die Reaktionszeit zur Störungsbearbeitung wird wie folgt definiert: $$RZ = EZP_{Reaktion} - SZP_{Reaktion}$$ **RZ [Minuten]:** Reaktionszeit **$SZP_{Reaktion}$ [Minuten]:** Der Startzeitpunkt referenziert auf den Zeitstempel im Trouble-Ticket-System, nachdem eine Störung am Service-Desk gemeldet wurde und als Ticket formuliert ist. **$EZP_{Reaktion}$ [Minuten]:** Der Endzeitpunkt ist durch den Zeitstempel im Trouble-Ticket-System gekennzeichnet, nachdem ein Problembearbeiter festgelegt wurde. **Richtwerte für Messtoleranzen** - Zeit zwischen Ticket aufgenommen und Zeit erfasst: < 100 Millisekunden - Zeit zwischen Ticket abgeschlossen und Zeit erfasst: < 100 Millisekunden **Praxishinweis** Die Herausforderung besteht darin, dass Start- und Endzeitpunkt eindeutig festgelegt werden. Ein Blick auf das Trouble-Ticket-System und dessen Abläufe ist notwendig, um die relevanten Zeitstempel zu erkennen und mit beiden Vertragsparteien abzustimmen.
Entstörzeit	Die Entstörzeit ist die Zeit, die für die reine Entstörung veranschlagt wird. $$EZ = EZP_{Entstörzeit} - SZP_{Entstörzeit}$$ **EZ [Minuten]:** Entstörzeit **$SZP_{Entstörzeit}$ [Minuten]:** Der Startzeitpunkt referenziert auf den Zeitstempel im Trouble-Ticket-System, nachdem ein Problembearbeiter festgelegt wurde. **$EZP_{Entstörzeit}$ [Minuten]:** Der Endzeitpunkt ist durch den Zeitstempel »Problem gelöst« im Trouble-Ticket-System gekennzeichnet. **Richtwerte für Messtoleranzen** - Zeit zwischen Ticket aufgenommen und Zeit erfasst: < 1 Minute - Zeit zwischen Ticket abgeschlossen und Zeit erfasst: < 1 Minute **Praxishinweis** Im SLA sollte zur Entstörzeit deutlich gemacht werden, dass die garantierte Entstörzeit nur für bekannte Fehler gewährleistet wird. Für unbekannte Fehler sollte keine Garantie übernommen werden. Natürlich ist es zu Beginn einer Geschäftsbeziehung schwierig, alle Fälle kennenzulernen. Hier sollte kontinulierlich protokolliert werden, welche Fehler mit welchen Häufigkeiten und Entstörzeiten auftreten. Für das SLA können beide Partner einen Zeitpunkt vereinbaren, ab wann eine definierte Liste als gültig anerkannt wird.

Kennzahl	Definition
Wiederherstellungszeit	Wiederherstellungszeit ist die Summe aus der Reaktions- und der Entstörzeit. $$WHZ = RZ + EZ$$ **WHZ [Minuten]:** Wiederherstellungszeit **RZ [Minuten]:** Reaktionszeit **EZ [Minuten]:** Entstörzeit **Praxishinweis** Der Endzeitpunkt der Reaktionszeit und der Startzeitpunkt der Entstörzeit müssen identisch sein. Ist dies nicht der Fall, so kann die tatsächliche Wiederherstellungszeit einen unsicheren Zeitfaktor enthalten, da unklar ist, was in der nicht definierten Zeit passiert. Dies würde für die Wiederherstellungszeit bedeuten, dass sie größer wird als vom Servicenehmer angenommen.
Einrichtungszeit	Die Einrichtungszeit bezieht sich auf die Einrichtung von Benutzeraccounts und ist wie folgt definiert: $$EZ = EZP_{Einrichtung} - SZP_{Einrichtung}$$ **EZ [Minuten]:** Einrichtungszeit **$SZP_{Einrichtung}$ [Minuten]:** Der Startzeitpunkt ist der Auftragseingang vom Servicenehmer **$EZP_{Einrichtung}$ [Minuten]:** Der Endzeitpunkt ist der Meldezeitpunkt an den Servicenehmer über den Abschluss der Einrichtung. Die Einrichtungszeit wird pro Auftrag gemessen und einzeln ausgewiesen. **Richtwerte für Messtoleranzen** ■ Zeit zwischen Auftrag aufgenommen und Zeit erfasst: < 1 Minute ■ Zeit zwischen Auftrag abgeschlossen und Zeit erfasst: < 1 Minute **Praxishinweis** Wird die Einrichtungszeit definiert, so sollte sie in der Definition so ausgelegt sein, dass sie abhängig von der Benutzerzahl vereinbart wird. Ein Beispiel: Einrichtungszeit: ■ 3 Stunden bei < 10 Benutzern ■ 10 Stunden bei ≥ 10 und < 100 Benutzern ■ nach Absprache bei ≥ 100 Benutzern

Tab. 3–17 *Definition von zentralen Begriffen*

Die Definition von Kennzahlen kann, wie oben gezeigt, präzise erfolgen. Eine Definition auf dieser formulierten Basis ermöglicht die Berechnung der oben genannten Kennzahlen aus den ermittelten Messdaten. Schwieriger gestaltet sich die Rohwertbestimmung, im Besonderen die Definition von Beginn und Ende der Messung, denn die im Betrieb abgenommenen Zeitstempel müssen eindeutig sein. Weiterhin ist zu beachten, dass die Zeitstempel weitestgehend automatisch protokolliert werden. Ansonsten ist ein kontinuierliches Messen nicht möglich.

3.4 Service-Level-Agreements mit SOUSIS-Modell

Im SOUSIS-Modell wurden bereits die Objekte SLA, OLA und UC eingeführt und deren Ausrichtung skizziert. In diesem Abschnitt werden diese Objekte genauer untersucht, gestaltet und auch deren Ausprägungen bewertet. Ebenfalls werden Gestaltungselemente aufgezeigt, die sich in der Praxis bewährt und auch etabliert haben.

3.4.1 Architekturen von Service-Level-Agreements und deren Einsatzfeld

Der Service-Level-Manager muss beim Design seines SLA erkennen, welchen der in den folgenden Abschnitten vorgestellten Architekturansätze er wählen muss, um dem jeweiligen Szenario gerecht zu werden. Hierfür muss er wissen, wie viele IT-Services zum Einsatz kommen, welche Änderungshäufigkeiten abzuschätzen sind und wie stark Organisationshierarchien auf die notwendigen Unterschriften unter das SLA einwirken. Meist ist das Einholen von Unterschriften bei beiden Vertragsparteien ein langwieriger Prozess, denn zeichnungsberechtigt sind oft Verantwortliche, die erst von den Änderungen in Kenntnis gesetzt werden müssen. Wenn sich der Service-Level-Manager auch als SLA-Designer versteht, kann er für die vielfältigen Anforderungen transparente und je nach Möglichkeit auch selbstkorrigierende Strukturen (s. Abschnitt 3.1.4) entwerfen. Dieser Abschnitt zeigt nun, wie sich SLAs und deren Architekturen entlang der Komplexität von Szenarien weiterentwickelt haben und wie diese zum Einsatz kommen. Um das Einsatzfeld eines SLA zu beschreiben, wird das Einsatzfeld in drei Bereiche eingeteilt:

- **Servicenehmer:**
  Bei den Architekturen wird geprüft, für wie viele Servicenehmer ist ein SLA verwendbar bzw. für wie viele Servicenehmer ist der SLA-Ansatz noch sinnvoll und effektiv handhabbar. Wenn der Service-Level-Manager erkennt, dass die SLA-Architektur nicht mehr den Anforderungen genügt, kann er auf eine andere Architektur ausweichen, die mehr seinen Gegebenheiten entspricht.
- **Beteiligte:**
  Bei der Abstimmung der SLA-Inhalte und bei der Unterzeichnung des SLA sind mehrere zeichnungsberechtigte Verantwortliche (Stakeholder) involviert. Hier werden Abschätzungen getroffen, welcher der unten genannten SLA-Ansätze geeignet ist.
- **IT-Services:**
  Die Anzahl installierter und betriebener IT-Services beeinflussen, welcher SLA-Ansatz am besten zur Anwendung kommen soll. Auch hier gilt, dass der Service-Level-Manager entscheiden muss, welche SLA-Architektur für seine Zwecke geeignet ist.

Diesen drei Bereichen folgend werden die SLA-Architekturansätze auf deren Einsatzfeld hin abgeschätzt und zugeordnet.

Monolithischer SLA-Architekturansatz

Monolithisch aufgebaute SLAs enthalten alle Informationen und Regelungen, die zwischen beiden Parteien gelten. Es werden keine weiteren Dokumente hinzugezogen oder auf keine weiteren verwiesen. Dieser Ansatz ist für Dienstleister geeignet, die sich auf eine Anwendung und darin gruppierte Dienstleistungen spezialisiert haben. Der Vorteil dieses Ansatzes ist die eindeutige Kommunikation mit dem Servicenehmer über ein Dokument. Darin erkennt der Servicenehmer seine Leistung sofort. Der Dienstleister hat den Vorteil, dass er bei einem überschaubaren Kundenstamm nur mit einer Vorlage arbeiten und seine Servicenehmer einheitlich bedienen kann. Der Hauptnachteil dieses Ansatzes besteht darin, dass dieser nur in besonderen Szenarien zielführend zum Einsatz kommen kann. Bei diesen Szenarien handelt es sich um IT-Services, die ein sehr abgegrenztes Spektrum, also z. B. ein Server mit einer bestimmten Applikation, bedienen und nur wenige Regelungen und keine zusätzlichen erläuternden Dokumente für das SLA erfordern (s. Tab. 3–18). Für komplexere Outsourcing-Szenarien, bei denen eine große Zahl IT-Services verwaltet werden muss, oder wenn Dienstleister sehr unterschiedliche IT-Services für ihre Servicenehmer erbringen, sind monolithische SLAs weniger gut überschaubar und dadurch schwer handhabbar. Würden alle Informationen wie Betriebskonzepte, Erläuterungen, Notfallkonzepte der vielen IT-Services in ein SLA überführt werden, entstände ein sehr umfangreiches Dokument. Wenn innerhalb des Dokuments Änderungen an den IT-Services durchgeführt werden, so ist dies schwerer nachzuvollziehen und konsistent zu halten, als wenn das SLA modularisierter aufgebaut wäre.

Einsatzfeld für den monolithischen SLA-Architekturansatz		
Bereich	**Abschätzung**	**Beschreibung**
Servicenehmer	bis 10 Servicenehmer	Begrenzte Servicenehmeranzahl
Beteiligte	bis 5 Beteiligte	Wenig Personen in die Abstimmung und Unterzeichnung involviert
IT-Services	eine Applikation plus Dienstleistungen	Eine Applikation mit z. B. ITIL-Prozessen wie Service-Desk, Incident-Management, Change-Management

Tab. 3–18 *Monolithischer SLA-Architekturansatz*

Monolithischer SLA-Architekturansatz mit Anlagen

Ein erster Schritt, der den monolithischen Ansatz weiterentwickelt, sind Anlagen. Im SLA werden zu finanziellen Themen oder anderen Punkten Verweise auf externe mitgeltende Dokumente (Anlagen) gesetzt. Diese Anlagen regeln z. B. die Vergütung, Personen und deren Adressen, Lizenzen etc. und somit Aspekte, die oft Änderungen unterworfen sind. Im SLA werden weiterhin die IT-Services und Regelungen beschrieben, aber die Trägheit des reinen monolithischen Ansatzes wird aufgehoben. Am Beispiel soll dies erläutert werden: SLAs müssen mit vielen Beteiligten abgestimmt werden. Wird das rein monolithische SLA an den Servicenehmer zur Abstimmung weitergegeben, entsteht schnell der Effekt, dass die Beteiligten ihre Aspekte im SLA suchen müssen und bei der Recherche auch andere Abschnitte mit überprüfen und ggf. ungerechtfertigt ein Veto einlegen (s. Abbildung 3–11).

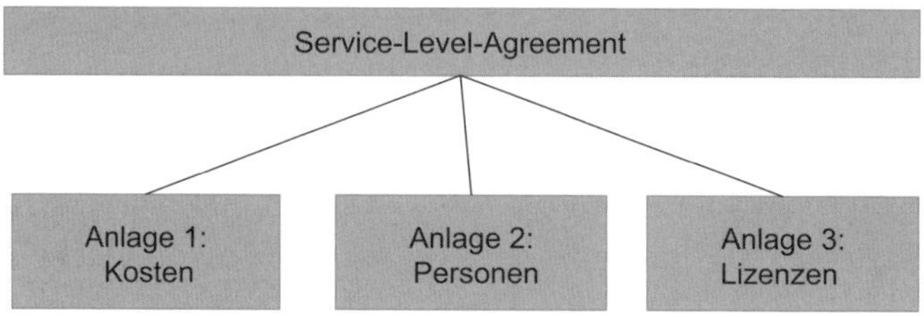

Abb. 3–11 *Monolithischer SLA-Architekturansatz mit Anlagen*

Deutlich wird, dass schnell die Zuständigkeiten seitens der Beteiligten nicht mehr eingehalten werden und letztlich alle »mitreden«. Dies ist eine ungünstige Situation, um SLAs abzustimmen. Deshalb ist die Einführung von Anlagen ein wichtiger Schritt, denn dann können z.B. IT-Controller nur die Anlage Vergütung prüfen und freigeben oder der IT-Einkauf kann sich auf die Anlage Lizenzen beschränken (s. Abb. 3–19). Sind die Anlagen überschaubar aufgebaut, können die Überprüfenden schnell ein qualifiziertes Feedback geben. Der Dienstleister und auch der Servicenehmer kommen somit schneller zum unterschriebenen SLA (s. Tab. 3–19).

Einsatzfeld für den monolithischen SLA-Architektur-Ansatz mit Anlagen		
Bereich	**Abschätzung**	**Beschreibung**
Servicenehmer	bis 10 Servicenehmer bzw. Kunden	Begrenzte Servicenehmeranzahl
Beteiligte	ab 5 Beteiligten	Mehrere Personen in die Abstimmung und Unterzeichnung involviert
IT-Services	eine Applikation plus Dienstleistungen	Eine Applikation mit z.B. ITIL-Prozessen wie Service-Desk, Incident-Management, Change- Management etc.

Tab. 3–19 *Monolithischer SLA-Architekturansatz mit Anlagen*

Modularer SLA-Architekturansatz

Dienstleister, die viele klar abgrenzbare IT-Services anbieten, die weniger stark mit Servicenehmern abgestimmt werden müssen, können den modularen Ansatz wählen. Hierfür müssen beide Vertragsparteien einen Rahmenvertrag abschließen, der regelt, dass der Servicenehmer IT-Services vom Dienstleister bezieht.

Jeder IT-Service wird analog zum monolithischen Ansatz in einem eigenständigen Modul beschrieben. Diese IT-Service-Module können von Servicenehmern gewählt werden. Nach Unterzeichnung ist das IT-Service-Modul das SLA. Wenn Servicenehmer viele IT-Services auswählen, so erhalten sie viele SLAs mit dem Dienstleister. Über den modularen Ansatz wird eine Form des Servicekatalogs aufgebaut (s. Abb. 3–12).

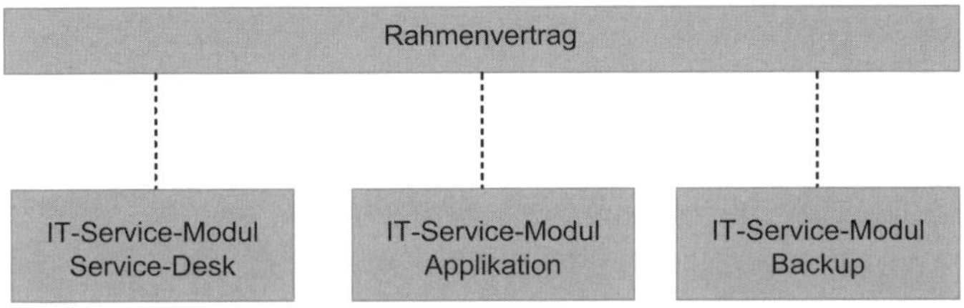

Abb. 3–12 *Modularer SLA-Architekturansatz*

Die Vorteile des modularen Ansatzes sind damit ersichtlich. Der Servicenehmer bekommt mit dem Bausteinverfahren einen guten Überblick über die Leistungen und kann sich diese zusammenstellen. Von Nachteil ist, dass viele SLA-Inhalte mehrfach verwaltet werden müssen. Werden z.B. Betriebszeiten geändert, so müssen alle SLAs angepasst werden (s. Abb. 3–20). Dies ist ein sehr hoher Aufwand, der die Beziehung zu Servicenehmern negativ beeinflussen kann. Der Dienstleister muss nämlich für eine Neuunterzeichnung an den Servicenehmer herantreten (s. Tab. 3–20).

Einsatzfeld für den modularen SLA-Architektur-Ansatz		
Bereich	**Abschätzung**	**Beschreibung**
Servicenehmer	bis 10 Servicenehmer bzw. Kunden	Begrenzte Servicenehmeranzahl
Beteiligte	bis 5 Beteiligte	Wenige Personen in die Abstimmung und Unterzeichnung involviert
Services	bis 20 Applikationen plus Dienstleistungen	Viele Applikationen mit z. B. ITIL-Prozessen wie Service-Desk, Incident Management, Change-Management etc.

Tab. 3–20 *Modularer SLA-Architekturansatz*

Architekturansatz »generisches« und »spezifisches« SLA

Eine Ausprägung des monolithischen Ansatzes mit Anlagen ist das Duo »generisches« SLA (gSLA) und »spezifisches« SLA (sSLA). Dabei sind die Regelungen ähnlich wie beim monolithischen SLA im gSLA beschrieben, während eine besondere Ausprägung die Anlage sSLA darstellt. Das sSLA besitzt die gleiche Struktur wie das gSLA, enthält jedoch nur noch diejenigen Service-Levels, die den jeweiligen Abschnitten im gSLA zugeordnet werden müssen. Zusätzlich finden sich noch die servicenehmerspezifischen Ausprägungen im sSLA wieder. Der Ansatz ist sehr homogen, und es lassen sich für jeden Abschnitt im gSLA die Service-Levels parallel mitverfolgen (s. Abb. 3–13).

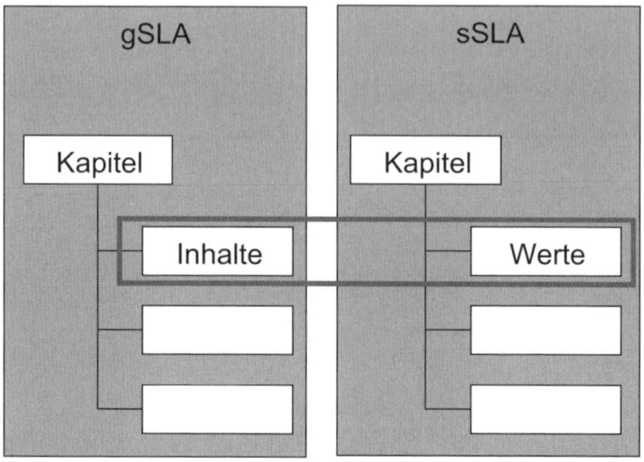

Abb. 3–13 *gSLA- und sSLA-Architekturansatz*

Der Servicenehmer wird einerseits standardisiert via gSLA bedient und andererseits sehr individuell mit dem sSLA behandelt. Damit erreicht der Dienstleister eine starke Normierung für alle Servicenehmer bei gleichzeitiger Flexibilität für den einzelnen Servicenehmer. Obwohl dieser Architekturansatz eine sehr gute Weiterentwicklung darstellt, hat er Schwächen. Denn bei sehr umfangreichen Gliederungen im gSLA müssen diese auch im sSLA parallel nachgehalten werden. Bei Änderungen müssen beide Dokumente überarbeitet werden. Weiterhin gilt, dass das sSLA an vielen Stellen im Dokument leer bleibt und somit einen strukturellen Ballast aufweist/enthält (s. Tab. 3–21).

Einsatzfeld für den gSLA- und sSLA-Architekturansatz		
Bereich	**Abschätzung**	**Beschreibung**
Servicenehmer	unbegrenzt	Unbegrenzte Servicenehmeranzahl
Beteiligte	ab 5 Beteiligten	Mehrere Personen in die Abstimmung und Unterzeichnung involviert
IT-Services	eine Applikation plus Dienstleistungen	Eine Applikationen mit z.B. ITIL-Prozessen wie Service-Desk, Incident Management, Change-Management etc.

Tab. 3–21 *gSLA- und sSLA-Architekturansatz*

Master-SLA-Architekturansatz mit strukturierten Anlagen

Der Master-SLA-Architekturansatz stellt ebenfalls eine Weiterentwicklung des monolithischen SLA mit Anlagen dar. Das Besondere ist, dass die Anlagen in Klassen geordnet werden. Dies ermöglicht eine Abbildung komplexer Szenarien. Über diesen Architekturansatz werden sehr viele neue Möglichkeiten eröffnet (s. Tab. 3–22). Eine Vielzahl von Regelungen und Textbausteinen kann in Anlagen verbleiben und muss nicht im Master-SLA aufgenommen werden. Damit wird das Master-SLA entlastet und kann den Leistungsumfang transparenter und in verdichteter Form darstellen. Wichtig in diesem Zusammenhang ist die inhaltliche Ausgestaltung des Master-SLA, denn hier sollten die Punkte Beschreibung, Zuständigkeiten, Service-Levels und Verweise besondere beachtet werden (s. Abb. 3–14).

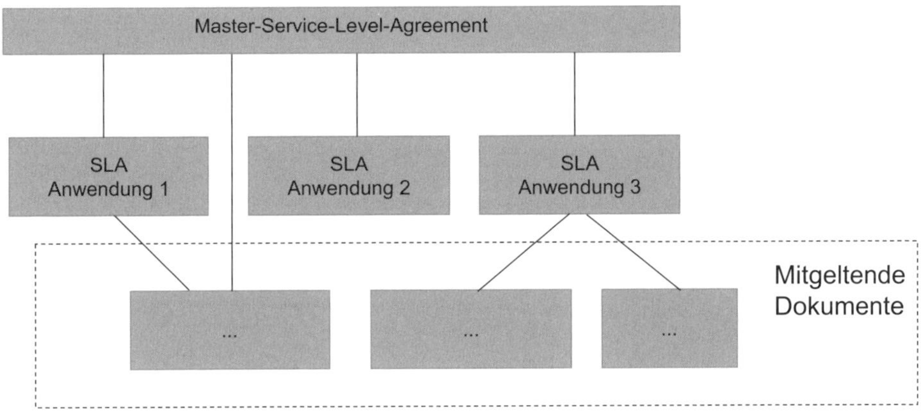

Abb. 3–14 *Master-SLA-Architekturansatz*

Bei den Strukturen in den mitgeltenden Dokumenten lassen sich folgende Dokumenttypen kategorisieren:

- **Übergreifende Service-Levels:**
  Die bereits im Servicekatalog genannten übergreifenden Service-Levels können in einem serviceübergreifenden SLA implementiert werden.
- **Strukturierte SLAs:**
  Die SLAs sind analog zu Teilkapiteln im Master-SLA strukturiert. Nur die relevanten Kapitel werden aus dem Master-SLA herausgenommen und in einer Formularstruktur festgelegt. Somit lassen sich IT-Services in sehr großer Stückzahl verarbeiten.
- **Teilstrukturierte SLAs:**
  Für IT-Services, die sich dieser Formularstruktur entziehen, müssen teilstrukturierte SLAs aufgebaut werden. Nur die Beschreibungselemente und deren

Einsatzreihenfolge werden festgelegt. Somit lassen sich vergleichbare Strukturen im größeren Umfang aufbauen.

- **Richtlinien und Arbeitsanweisungen:**
  Feststehende Unternehmensdokumente werden via Verweise im Master-SLA verankert und entlasten das Master-SLA von ausführlichen Beschreibungen.
- **UCs/OLAs:**
  Der Verweis auf diese UCs oder OLAs kann sowohl aus dem Master-SLA als auch aus den SLAs erfolgen. Das Ziel ist es, sich ggf. gegenüber dem Servicenehmer abzusichern, indem er die Servicekette anerkennt. Im Master-SLA werden Formulierungen aufgenommen, die im Schadensfall durch z.B. Softwarefehler von Herstellern, auf die der Dienstleister keinen Einfluss hat, den Dienstleister der Pönalenzahlung enthebt.
- **Kommerzielle Anlagen:**
  Bei diesen Anlagen handelt es sich um Themen, die Änderungen unterliegen. Ziel ist es, dass nicht das gesamte SLA zur Unterzeichnung kommen soll. Das Einholen von Unterschriften aus dem Management ist oft zeitraubend und bei kleineren Änderungen bringt dies keinen nennenswerten Beitrag zur kontinuierlichen Aufrechterhaltung des Servicebetriebs. Punkte wie Vergütung, Lizenzen finden sich in dieser Kategorie wieder. Ziel ist es, detaillierte Informationen, die sich häufiger ändern wie z.B. Preise, aber den gesamten Leistungsumfang nicht nennenswert beeinflussen, in Anlagen zusammenzufassen.
- **Konzepte:**
  Bei größeren Outsourcing-Projekten werden auch technische Konzepte, Betriebskonzepte oder IT-Landkarten als mitgeltende Anlagen aufgeführt. Diese sind zwar niederer priorisiert, sind jedoch hilfreich zur Veranschaulichung. Hier lassen sich auch umfangreiche Systemdetails wie IP-Adresslisten unterbringen.

Einsatzfeld für den Master-SLA-Architekturansatz mit strukturierten Anlagen		
Bereich	**Abschätzung**	**Beschreibung**
Servicenehmer	unbegrenzt	Unbegrenzte Servicenehmeranzahl
Beteiligte	ab 5 Beteiligte	Mehrere Personen in die Abstimmung und Unterzeichnung involviert
IT-Services	unbegrenzte Applikationen plus Dienstleistungen	Unbegrenzte Applikationen mit z.B. ITIL-Prozessen wie Service-Desk, Incident Management, Change-Management etc.

Tab. 3–22 *Master-SLA-Architekturansatz mit strukturierten Anlagen*

Die genannten Ansätze zeigen, dass die genaue Kenntnis des Outsourcing-Vorhabens signifikanten Einfluss auf die SLA-Architekturen hat. Über diesen Weg lassen sich auch an das jeweilige Outsourcing-Szenario angepasste SLA-Architekturen entwickeln, die Teile aus den genannten Ansätzen verwenden und auf das spezielle Szenario abbilden.

Die richtige Wahl der SLA-Architektur soll zusätzlich durch eine Eignungsprüfung gegenüber den Servicekatalog-Ansätzen ausgelotet werden (s. Tab. 3–23).

Servicekatalog-Ansatz	SLA-Architektur	Eignung
▪ Artikelansatz ▪ Imageansatz ▪ Kostenstellenansatz ▪ Faktenansatz	▪ Monolithischer Ansatz ▪ Monolithischer Ansatz mit Anlagen ▪ Modularer Ansatz ▪ gSLA- und sSLA-Ansatz ▪ Master-SLA-Ansatz	Die formalisierten Servicekatalog-Ansätze können geeignet bei diesen SLA-Architekturen übernommen werden.
▪ Beschreibender Ansatz	▪ Monolithischer Ansatz	Die fehlende Formalisierung dieses Servicekatalog-Ansatzes kann mit dem monolithischen SLA aufgefangen werden, da diese SLA-Architektur Strukturen nicht zwingend voraussetzt.
▪ Architekturansatz	▪ Monolithischer Ansatz mit Anlagen	Die Architekturabbildungen können in die Anlagen ausgelagert werden. Andere SLA-Architekturen sind nicht zu empfehlen, da der IT-Service aus dem Architekturbild nur mit größerem Aufwand in die anderen SLA-Architekturen übernommen werden kann.

Tab. 3–23 *Eignung der Servicekatalog-Ansätze gegenüber SLA-Architekturen*

Nachdem die SLA-Architekturen vorgestellt wurden, ist in Bezug auf die sechs Servicekatalog-Ansätze (s. Abschnitt 3.2.2) nun ersichtlich, dass die Wahl der Architekturansätze mit den Servicekatalog-Ansätzen abzustimmen ist. Es muss möglich sein, dass die IT-Services aus dem konzipierten Servicekatalog direkt in den SLA-Architekturansatz übernommen werden können.

3.4.2 Service-Level-Agreement mit SOUSIS-Modell

Im SOUSIS-Modell wurde das Element SLA inhaltlich skizziert. Ebenso wurde die Struktur des Service-Fact-Sheets eingeführt. In diesem Abschnitt werden das SLA und seine Inhalte umfassend dargestellt. Dabei werden die in Abschnitt 1.2.6 und 3.1.3 genannten Punkte inhaltlich weitergeführt und zu einem vollständigen Gesamtbild zusammengeführt. Insbesondere soll eine Vorlage entstehen, ein sogenanntes SLA-Template, mit dem der Service-Level-Manager seine SLAs inhaltlich genau strukturiert. Dabei kommt es zwischen dem SLA und dem Servicekatalog zu Überschneidungen bei den Aspekten »übergeordnete Service-Levels« und »Serviceklassen, -betrieb und -überwachung«. Diese Überschneidungen zeigen, wie stark das SLA und der Servicekatalog miteinander verknüpft sind. Die entstehenden Abweichungen in der Handhabung der genannten zwei Aspekte werden hier inhaltlich aufgezeigt.

Wird im Folgenden davon ausgegangen, dass ein Servicekatalog definiert ist, so stellt sich die Frage, ob dies bereits genügt. Denn wenn der Servicenehmer seinen IT-Service und seine Serviceklasse (Gold, Silber, Bronze) gewählt hat, werden weitere Punkte geregelt, die sich aus servicenehmerspezifischen Voraussetzungen ergeben. Das SLA nimmt die ausgewählten Bestandteile auf und erweitert diese um zusätzliche Zusicherungen. Die meisten Unternehmen unterschätzen die Bedeutung der vereinbarten SLAs. Dabei ist zu unterscheiden, ob es sich um abgegrenzte IT-Services handelt, bei denen der Servicenehmer zu vernachlässigende Mitwirkungspflichten hat oder bei denen der Servicenehmer aktiv mitwirkt. Letzteres verändert die Geschäftsbeziehung deutlich. Es muss viel genauer und detaillierter abgestimmt werden, welche Partei mit welchen Aufgaben mit einer festgelegten Qualität betreut wird. Der Dienstleister muss nach der Auswahl der IT-Services mit dem Servicenehmer diese Service-Levels und Aufgaben so festlegen, dass die Qualität auch prüfbar ist. Je präziser die Formulierungen sind, desto erfolgreicher wird das kooperative Verhältnis. Zu vermeiden sind unspezifische Formulierungen, beispielsweise ab wann bei Verletzungen der SLA-Werte die ersten finanziellen Kompensationen geleistet werden [Bahli und Rivard 2003] (s. Abschnitt 3.4.3). Dabei ist entscheidend, ob absolute, verbindliche Grenzwerte oder Mittelwerte definiert sind, die nicht durch Formulierungen wie »in der Regel« oder »normalerweise« ungenau werden. Alle angegebenen Werte sollten genau beschrieben sein, sodass Messungen zum Nachweis möglich sind [Jäckel und Scholderer 2006g].

Das SOUSIS-Modell definiert ein standardisiertes SLA-Template (s. CobiT DS 1.1 SLA Framework). Dieses Template soll für SLAs, OLAs und UCs einheitlich verwendet werden. Auf diese Weise wird ein Schritt zur Präzisierung und Standardisierung der Inhalte erreicht. Die ausgeführten Texte (Paragraphen) sollten jedoch explizit vom Service-Level-Manager überprüft werden. Das SOUSIS-Modell verfolgt den Ansatz, diese Texte zu minimieren (s. Abschnitt 3.5.4) Für SLAs, OLAs und UCs wird das nachstehende einheitliche Template verwendet.

Die Module des SLA-Informationsmodells werden in den folgenden Unterabschnitten beschrieben. Dabei ist das reine Informationsmodell, wie es in Abb. 3–15 dargestellt ist, auf die jeweilige SLA-Architektur anzuwenden. Hier ist der Service-Level-Manager als SLA-Designer tätig (s. Abschnitt 3.4.1). Nur er kann erkennen, wie das SLA-Informationsmodell für sein Szenario (im Sinne eines Customizings) am besten anzupassen ist.

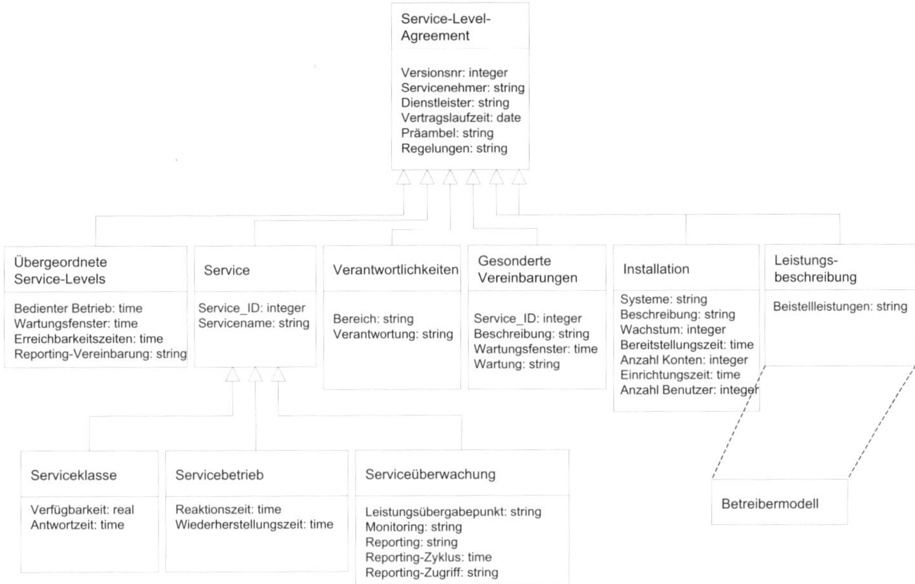

Abb. 3–15 *SLA-Informationsmodell*

Modul »Service-Level-Agreement«

Im SLA wird das Attribut Versionsnummer mitgeführt. Dies ist insofern erforderlich, da SLAs in der Abstimmung mehrfach überarbeitet werden. Damit dieser iterative Prozess nachvollziehbar ist, sollte laufend der aktuelle Stand mit einer Versionsnummer versehen werden. Ob dies in Form des Datums oder einer laufenden Nummer erfolgt, ist nicht entscheidend, wichtig ist nur, dass sich beide Parteien auf ein Modell einigen.

Die Attribute Servicenehmer und Dienstleister sind obligatorisch, da diese die Vertragsparteien darstellen. In der Praxis sind die Vertragsparteien zu Beginn des Vertragsdokuments mit allen notwendigen Angaben zur eindeutigen Identifikation genannt, anschließend wird ein Alias, also ein Kürzel, genutzt.

Die Vertragslaufzeit für das SLA oder den IT-Service wird ebenfalls aufgeführt. Dieses Attribut kann auch mehrfach auftreten, wenn mehrere IT-Services mit unterschiedlichen Vertragslaufzeiten abonniert werden.

Obwohl im UML-basierten SLA-Informationsmodell nur in zwei Attributen abgehandelt, sind die Präambel und die Regelungen sehr umfassende Textpassagen. Die folgende Liste soll aufzeigen, welche Aspekte adressiert werden (s. CobiT DS 1.2 Aspects of SLAs):

- Vertragsbedingungen (z.B. Kündigung)
- Kosten
- Definitionen
- Datenschutz
- Subcontracting
- Informationspflicht
- Lizenzen
- Eskalationsmanagement
- Dokumentation
- Ansprechpartner und Kommunikationsformen
- Change-Management
- Modifikationen
- Schnittstellen
- Backup und Recovery
- Supportstruktur
- Schulungen
- Customizing
- Benutzer- und Berechtigungsmanagement
- Nachweispflicht
- Systemausfall

Welche Punkte zur Präambel zählen und welche eher Regelungen entsprechen, lässt sich im SLA-Informationsmodell nicht genauer unterscheiden (s. Abschnitt 3.5.2).

Modul »Übergeordnete Service-Levels«

Die übergeordneten Service-Levels werden entweder aus dem Servicekatalog ohne Veränderung übernommen oder im SLA wird darauf verwiesen. Unabhängig davon, ob es eine Übernahme oder einen Verweis auf die übergeordneten Service-Levels gibt, sind Abweichungen der neuralgische Punkt. Diese Abweichungen entstehen dadurch, dass für einen bestimmten IT-Service anderslautende Werte für Service-Levels definiert werden, als in den übergeordneten Service-Levels zentral vereinbart sind. Der Service-Level-Manager muss im Fall anderer Werte als in den übergeordneten Service-Levels entscheiden, wo diese hinterlegt werden. Beispielsweise gelten für alle IT-Services fest definierte Wartungsfenster, nur bei einem bestimmten IT-Service ist ein anderes Wartungsfenster aufgrund von Herstellergegebenheiten vereinbart. Die Abweichung kann der Service-Level-Manager auf zwei Wegen angeben. Er kann direkt in Tabelle 3–8 auf Seite 115 mit den übergeordneten Service-Levels die abweichenden Service-Levels zuordnen – im Beispiel war es das Wartungsfenster. Dies ist zwar übersichtlich, aber wenig ratsam, da er das bestehende und mit vermutlich vielen Beteiligten abgestimmte Modul »Übergeordnete Service-Levels« verändert. Eine effektivere Variante ist, dass er die Ergänzungen im Modul »Gesonderte Vereinbarungen« vornimmt. Mit dieser zweiten Variante erhält der Service-Level-Manager die Möglichkeit, das Modul »Übergeordnete Service-Levels« aufrechtzuerhalten und Abweichungen kontrolliert zu platzieren. Das Modul »übergeordnete Service-Levels« kann im SLA-Informationsmodell nicht aufrechterhalten werden, wenn die IT-Services keinen gemeinsamen Nenner, also nur unterschiedliche Service-Levels, aufweisen.

Module »IT-Service«, »Serviceklassen«, »Servicebetrieb« und »Serviceüberwachung«

Aus dem Servicekatalog heraus werden die entsprechenden IT-Services entnommen und für den Servicenehmer zusammengestellt [Keller und Ludwig 2002]. Jeder IT-Service wird dabei mit den relevanten Service-Levels und zugehörigen Schwellwerten versehen. Für den Servicenehmer entsteht somit eine Übersicht zu den vereinbarten IT-Services. Dieses Verfahren kann für einen oder viele IT-Services angewendet werden, ohne größere Redundanzen zu erzeugen. In Tabelle 3–24 sind beispielhaft einige IT-Services aufgezeigt.

IT-Services	Verfügbarkeit pro Monat (%)	Durchschnittl. Antwortzeit (sec.) pro Monat	Überwachter Betrieb (365 Tage p.a.)
Human Resource	98,5%	5 sec	Mo. – So. 00:00 – 24:00
Terminalservice	99,5%	none	Mo. – So. 00:00 – 24:00
Benutzerapplikation	98,5%	5 sec	Mo. – So. 00:00 – 24:00
Webapplikation	97,5%	none	Mo. – So. 00:00 – 24:00
... weitere Services			

Tab. 3–24 *Vereinbarte IT-Services im SLA*

Der Terminalservice in der linken Spalte der Tabelle 3–24 zeigt, dass nicht jede Kennzahl einen Wert enthalten muss. Die Gründe hierfür sind z. B., dass entweder kein Service-Level im SLA vereinbart wurde oder kein Messsystem implementiert ist. Ist kein Wert für einen Service-Level vereinbart, so sollte dies mit »none« oder einem ähnlichen Defaultwert eindeutig gekennzeichnet sein. Es sollte nicht der Eindruck entstehen, hier wurde etwas vergessen, damit beide Vertragsparteien wissen, dass für den jeweiligen Service-Level nichts vereinbart wurde.

Tabelle 3–24 zeigt für die beiden Service-Levels Verfügbarkeit und durchschnittliche Anwortzeit die Werte im Zusammenhang mit dem überwachten Betrieb auf. Sind weitere servicespezifische Kennzahlen erforderlich, so müssen z. B. Durchsatz, Jitter etc. aufgenommen werden. Hierfür wird Tabelle 3–24 um eine oder mehrere Spalten rechts neben der Spalte IT-Service erweitert. Dort kann der Service-Level-Manager die für den Servicenehmer zusätzlich wichtigen Kennzahlen unterbringen.

Zu den sehr wichtigen Kennzahlen zählen die Reaktions- und die Wiederherstellungszeit (s. Abschnitt 3.3.4). Diese beiden Zeiten werden an die Störungsprioritäten gekoppelt.

Prio	Beschreibung der Prioritäten	Reaktionszeit	Wiederherstellungszeit
1	▪ Ausfall/Störung mit erheblicher Auswirkung auf den gesamten Betrieb eines Standorts oder den Servicenehmer global ▪ Die Anwender sind massiv in ihrer Arbeit behindert.	5 min	4 Stunden
2	▪ Ausfall/Störung mit minder schweren Auswirkungen auf den gesamten Betrieb eines Standorts oder den Servicenehmer global ▪ Die Anwender sind gering in ihrer Arbeit behindert.	10 min	8 Stunden
3	▪ Ausfall/Störung eines Arbeitsplatzs oder eines Arbeitsbereichs ▪ Der Anwender kann nicht mehr mit seinem Profil auf die Anwendung oder eine bestimmte Dokumentenmenge zugreifen. ▪ Der Anwender kann mit einem anderen Profil oder als anderer Nutzer mit zumutbaren Einschränkungen weiterarbeiten.	10 min	16 Stunden
4	▪ Wiederkehrende störende Meldungen auf der Anwenderebene	10 min	3 Arbeitstage

Tab. 3–25 *Geltende Störungsprioritäten*

Die geltenden Störungsprioritäten sind meist serviceübergreifend definiert, d.h., diese gelten für alle IT-Services (s. Tab. 3–25). Werden die Service-Levels nicht normiert aus dem Servicekatalog übernommen, muss der Service-Level-Manager handeln. Dass Service-Levels vom Servicenehmer verändert werden, ist ein häufiger Fall, auf den man vorbereitet sein muss. Der Grund dafür ist leicht ersichtlich. Der Servicenehmer möchte einen besseren IT-Service erhalten (höhere Service-Levels) oder er möchte Kosten sparen (niedrigere Service-Levels). Eine derartige Situation beeinflusst die gesamte SLA-Architektur im Sinne des Aufbaus und der Modularisierung von Service-Levels (s. Modularer SLA-Architekturansatz und MasterSLA-Architekturansatz in Abschnitt 3.4.1). Das SOUSIS-Modell sieht in diesem Fall Folgendes vor: Das oben aufgezeigte SLA, das für alle IT-Services gilt, wird nun anders organisiert. Es folgt daraus, dass es pro IT-Service ein Service-Fact-Sheet (s. Abschnitt 3.1.4) gibt, das alle für den IT-Service relevanten Service-Levels enthält. Das SLA-Informationsmodell bleibt dabei vollständig erhalten.

Im Modul »Serviceüberwachung« sind die Leistungsübergabepunkte entscheidend (s. Abschnitt 4.1.2). Daran wird der Messpunkt für z.B. die Kennzahl Verfügbarkeit festgemacht. Tabelle 3–26 mit den Leistungsübergabepunkten liefert eine Reihe von Beispielen und deren Verwendung für bestimmte IT-Services.

Leistungsübergabepunkte	LÜP ist anwendbar für folgende Services	Netzadresse (z.B. IP-Adresse)
Der Leistungsübergabepunkt ist der jeweilige Port an einem Patchpanel.	▪ System (LAN)	66.249. 66.228
Als Leistungsübergabepunkt 1 gilt das Interface des regionalen Sammelrouters bzw. Backup-Router.	▪ System (WAN)	141.113.86.92
Der Dienstleister stellt dem Servicenehmer eine betriebsbereite Plattform zum Betrieb der Applikation(en) am Internetzugang zur Verfügung.	▪ System ▪ Applikation	209.85.1.99:29452
Alle Daten werden auf dem Dokumentenserver des Servicenehmers abgelegt. Nach diesem Leistungsübergabepunkt werden die Daten innerhalb des Servicenehmers verarbeitet.	▪ Applikation ▪ Geschäftsprozess	195.71.11.67

Tab. 3–26 *Beispiele für Leistungsübergabepunkte (LÜP)*

Nachdem die Leistungsübergabepunkte definiert sind, kann ein Reporting implementiert werden. Das SOUSIS-Modell schränkt das Reporting nicht auf die zu messenden Kennzahlen ein. Es kann viel mehr berichtet werden, als dies von der Seite der Kennzahlen gefordert wird. Oft hilft der Report, die Situation des Dienstleisters besser zu verstehen.

Da jedes Reporting (s. Abschnitt 4.4) nur so gut ist wie die dazugehörenden Regelungen, muss zusätzlich definiert werden, ab wann das SLA gestoppt ist. Gemeint sind Ausfälle, die einer Rückmeldung vonseiten des Servicenehmers oder der Hersteller bedürfen. Da diese Rückmeldung zeitlich verzögert ist, würden Ausfälle sehr stark in die Bewertung des Reports einfließen. Hier müssen beide Parteien eine Regelung finden. Tabelle 3–27 zeigt, wie diese Regelungen getroffen werden können.

Status	Beschreibung	SLA gestoppt (wie gekennzeichnet)
Neu	Ein Incident ist geöffnet, ein Bearbeiter ist noch nicht zugeordnet. Bei generierten Incidents aus dem Systemmanagement werden die Bearbeiter automatisch eingetragen.	
In Bearbeitung	Ein Incident hat einen Bearbeiter, aber die Störung ist nicht gelöst.	
In Bearbeitung	Ein Incident ist aufgenommen und der Bearbeiter arbeitet an einer Lösung.	
Wartend	SLA gestoppt, da auf Rückantwort vom Servicenehmer gewartet wird.	X
Zurückgestellt	SLA gestoppt, da auf Rückantwort vom Hersteller gewartet wird.	X

→

Status	Beschreibung	SLA gestoppt (wie gekennzeichnet)
Geschlossen und extern vom Serviceneh-mer bestätigt	Der Incident wurde behoben und zur Schließung freigegeben.	
Geschlossen	Der Incident ist geschlossen.	

Tab. 3–27 *Aussetzen eines SLA*

Bisher wurden nur Service-Levels behandelt, die sich mit dem laufenden Betrieb der IT-Services beschäftigten. Es folgen nun Service-Levels, die häufig nur in denjenigen SLAs auftreten, in denen die Leistungen initial installiert wurden, dann aber bei einem laufenden Servicebetrieb aus dem SLA entfernt werden. Solche Änderungen des SLA können z.B. bei einem SLA-Review erfolgen. Beispielsweise sind im SLA bereitzustellende Systemgrößen (Plattenplatz, Anzahl CPU) im initialen Schritt erforderlich. Wenn der IT-Service in Betrieb ist, wird eine Überwachung dieser Größen, sofern es keine Verrechnung auf dieser Basis gibt, jedoch nicht mehr notwendig. Auf Basis einer gemeinsamen Entscheidung können diese Systemgrößen aus dem SLA gelöscht werden.

Modul »Installation«

Die zur Durchführung der Installation bereitzustellenden IT-Systeme und die entsprechenden Lieferzeiten werden im Template des SLA hinterlegt. Bei den bereitzustellenden IT-Systemen ist auf folgende Kategorien zu achten [Hars 2002]:

IT-Systeme	Beschreibung	Wachstum
Software	▪ Alle im Servicekatalog definierten IT-Services ▪ Softwarepakete und dazugehörige Lizenzen	Prognostiziertes Wachstum der Lizenzen jährlich ca. 5%
Storage	▪ Startmenge zum Produktivstart ist 1.000 Gigabyte.	Prognostiziertes Wachstum des Speichermenge jährlich ca. 10%
Serverleistung in CPU	▪ 3 CPUs pro Server zum Produktivstart	Prognostiziertes Wachstum der CPUs jährlich ca. 5%
Hardware	▪ Hardware mit einem maximalen Lebenszyklus von drei Jahren ▪ Netzwerkkomponenten ab Leistungsübergabepunkt ins Netz des Dienstleisters	Prognostiziertes Wachstum der IT-Arbeitsplätze jährlich ca. 5% Prognostiziertes Wachstum der Servers jährlich ca. 1%

Tab. 3–28 *Bereitstellungskomponenten*

Über die Kategorie Wachstum kann die Nachlieferung bereits im Vorfeld geklärt werden, sodass die Nachlieferung entsprechend kontrollierbar und für die Abwicklung konfektioniert vorbereitet ist (s. Tab. 3–28). Es kann auch ein negatives Wachstum prognostiziert werden, um im Vorfeld die Planung der Ressourcen entsprechend anzupassen.

Modul »Installation«

Bei der Installation ist es wichtig zu wissen, wie schnell ein IT-Service von Benutzern in Anspruch genommen werden kann. Dies wird durch die Lieferzeit ausgedrückt. Die Lieferzeit bezieht sich neben den oben genannten IT-Systemen u.a. auch auf Benutzeraccounts. Dann würde man ggf. nicht von »Lieferzeit«, sondern von »Bereitstellungs-/Einrichtungszeit« sprechen (s. Tab. 3–29). Dabei sind Aspekte für die Bereitstellungszeit und die Anzahl der einzurichtenden Benutzer zu berücksichtigen.

Bereitstellungszeit nach Auftragserteilung	Anzahl der Benutzeraccounts
2 Wochen	≤ 50
4 Wochen	$50 < \text{Accounts} \leq 100$
8 Wochen	> 100

Tab. 3–29 *Struktur zur Modellierung der Bereitstellungszeit*

Das Anlegen, Ändern oder Löschen von Benutzeraccounts erfolgt nach Abstimmung zwischen jeweils einem Vertreter des Servicenehmers und des Dienstleisters im Regelfall innerhalb von fünf Werktagen. Das Löschen von Benutzeraccounts sollte sofort (z.B. innerhalb von 60 Minuten) erfolgen, da dadurch ein hohes Risiko eines unberechtigten Datenzugriffs vermieden wird (s. Tab. 3–30).

Einrichtungszeiten von Benutzeraccounts	Anzahl der Benutzer
2 Tage	≤ 50
4 Tage	$50 < \text{Benutzer} \leq 100$
8 Tage	> 100

Tab. 3–30 *Struktur zur Beschreibung der Einrichtungszeit*

Nach den stark formalen und standardisierten Service-Levels folgen nun die vonseiten des Servicenehmers individuell benötigten Service-Levels.

Modul »Gesonderte Vereinbarungen«

Einige Absprachen müssen individuell mit Servicenehmern vorgenommen werden. Diese werden in den gesonderten Vereinbarungen auf- und ausgeführt. Entscheidend am folgenden Konzept ist das Verständnis, dass für den Servicenehmer eine

Anpassung an seine Gegebenheiten vorgenommen werden kann. So sind beispielsweise Absprachen zu Wartungsfenstern erforderlich, die außerhalb eines vordefinierten Zeitraums (z.B. nachts von 22:00 – 06:00 Uhr) liegen. Tabelle 3–31 zeigt, wie dies erfolgen kann.

Typ	Beschreibung	Bemerkung
Individuell vereinbarte Wartung (z.B. zum Anwendungs-Releasewechsel)	In Ab- und Rücksprache mit den betroffenen Anwendern/Verantwortlichen, nachts von 22:00 – 6:00 Uhr	▪ Zur vereinbarten Zeit ▪ Die Termine sind 7 Werktage im Voraus anzumelden.

Tab. 3–31 *Wartungsfenster*

Die Ergänzung um weitere Vereinbarungen oder Einschränkungen der im Servicekatalog vordefinierten Serviceklassen erfolgt durch das Hinzufügen der jeweiligen Bedingung in diesen Abschnitt.

Modul »Verantwortlichkeiten«

Entsprechend der Leistungsbeschreibung werden die Aufgaben zwischen Servicenehmer und Dienstleister in einer Zuständigkeitsmatrix aufgeteilt. Die Zuweisung der jeweiligen Aufgaben erfolgt am Leistungsübergabepunkt. Mit Zuständigkeitsmatrizen wird eine Technik zur Analyse und Darstellung von Verantwortlichkeiten bezeichnet (s. CobiT DS 1.3 Performance Procedures). Dabei werden folgende Modelle unterschieden:

Deutsches Modell: VDMI	Internationales Modell: RACI
▪ V = Verantwortlich: Aufbauend auf dem Dienstleistermodell werden die Verantwortlichkeiten im Detail ausgeführt. Verantwortlich bedeutet hier, der Vertragspartner muss sicherstellen, dass diese Aufgabe korrekt erfolgt. (Variante anstelle von V: E = Entscheidungsverantwortung) ▪ D = Durchführung: Die in Auftrag gegebenen Aufgaben werden durchgeführt. ▪ M = Mitwirkung/Mitarbeit: Der Vertragspartner hat eine Mitwirkungsleistung zu erbringen. ▪ I = Information: Der Vertragspartner erhält eine Information über einen Vorgang.	▪ R = Responsible – verantwortlich (Durchführungsverantwortung), zuständig für die eigentliche Durchführung: Die Person, die die Initiative für die Durchführung (durch andere) vergibt oder die die Aktivität selbst durchführt. Wird auch als Verantwortung im disziplinarischen Sinne interpretiert. ▪ A = Accountable – rechenschaftspflichtig (Kostenverantwortung), verantwortlich im Sinne von »genehmigen«, »billigen« oder »unterschreiben«: Die Person, die im rechtlichen oder kaufmännischen Sinne die Verantwortung trägt. Wird auch als Verantwortung aus Kostenstellensicht interpretiert. ▪ C = Consulted – konsultiert (Fachverantwortung): Eine Person, deren Rat eingeholt wird. Wird auch als Verantwortung aus fachlicher Sicht interpretiert. ▪ I = Informed – zu informieren (Informationsrecht): Eine Person, die Informationen über den Verlauf bzw. das Ergebnis der Tätigkeit erhält oder die Berechtigung besitzt, Auskunft zu erhalten.

Tab. 3–32 *Verantwortlichkeitsmodelle*

In der Regel sollte pro Aktivität nur eine Person (Rolle) verantwortlich sein (s. Tab. 3–32). Dagegen können mehrere Personen bei einer Aktivität durchführend, mitwirkend oder informiert beteiligt sein. Ebenso kann es vorkommen, dass eine Person für eine Aktivität gleichzeitig verantwortlich und durchführend ist. Zur weiteren Auftrennung der Verantwortlichkeiten werden in den Zuständigkeitsmatrizen die erforderlichen Aufgaben abgestimmt. Diese resultieren z. T. aus den Mitwirkungspflichten seitens des Servicenehmers. Tabelle 3–33 zeigt anhand eines beispielhaften Ausschnitts (vollständiges Beispiel s. Abschnitt 3.5.4), wie diese Zuständigkeitsmatrizen aufgebaut sind.

Bereich	Servicenehmer	Dienstleister
Anfragen (z. B. Annahme von Störungen als Incident)	M	V/D
Störungsbehebung für bekannte Probleme mit Lösungsweg	I	V/D
Initiale Priorisierung von Störungen		V/D
Aktualisierung und Abschluss von Incidents		V/D

Tab. 3–33 *Verantwortlichkeitsmatrix zur Bereitstellung seitens Dienstleister*

Mithilfe der Zuständigkeitsmatrizen wird dem Service-Level-Manager ersichtlich, wo der Übergang von Tätigkeiten und den Verantwortungsbereichen stattfindet. Damit erhalten beide Parteien eine höhere Sicherheit bzgl. der erwarteten Leistung oder auch Gegenleistung.

Praxishinweis

Die Zuständigkeitsmatrix ist es eines der entscheidenden Mechanismen, wie der Service-Level-Manager schwer überschaubaren Beschreibungen und Regelungen entkommt. Bei der Erstellung von SLAs verfällt der Service-Level-Manager sonst unter Umständen schnell in den Schreibstil: »Der Servicenehmer hat zu gewährleisten, dass...« oder »Der Dienstleister übernimmt ...«. Binnen weniger Sätze entsteht ein schwer überschaubares Konstrukt diffuser Verantwortlichkeiten. Der Service-Level-Manager kann sich davor schützen, indem er bestehende Texte, in denen Verantwortlichkeiten enthalten sind, auf die Zuständigkeitsmatrix überträgt. Das führt zu einem klaren Verständnis der Verteilung der Aufgaben und Verantwortlichkeiten. Die Herausforderung liegt darin, dass die Zuständigkeitsmatrizen nicht zu umfangreich werden (s. Abschnitt 3.5.4) .

Modul »Leistungsbeschreibung«

Damit die Leistungsbeschreibung strukturiert erfolgt, ist es sinnvoll, sich auf die Outsourcing-Situation zu konzentrieren. Dabei hilft eine einfache Veranschaulichung: Klar geregelt werden muss das Betriebsmodell.

Das Betriebsmodell, das in einem SLA hinterlegt ist, wird beispielhaft in Abbildung 3–16 dargestellt.

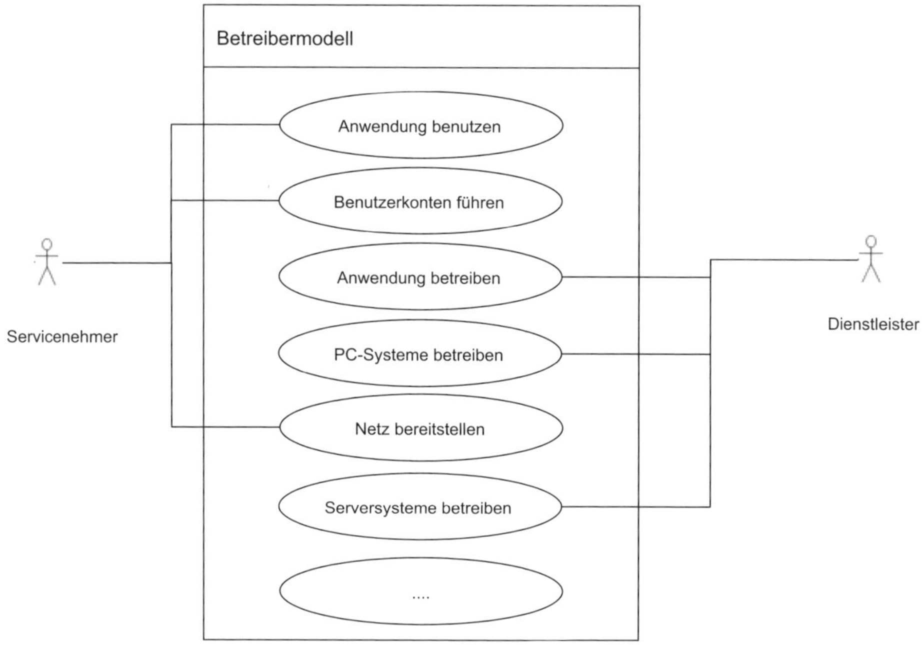

Abb. 3–16 *Betriebsmodell*

In diesem Modell bietet der Dienstleister sowohl das Hosting als auch den Applikationsbetrieb und die Betreuung der Clientstruktur beim Servicenehmer an [Scholderer 2003b]. Der Servicenehmer übernimmt einen Eigenanteil. Basierend auf dem Betriebsmodell werden die konkreten Voraussetzungen, die im Einzelnen zu erfüllen sind, beschrieben. Dieses Modell dient später zur Festlegung der Verantwortlichkeiten [Dangelmaier u.a. 2004].

Der Dienstleister bietet beispielsweise für die Leistungserbringung Folgendes an:

- Kalkulation der erforderlichen Leistungsgrößen
- Bereitstellung der verbindlichen Lizenzen
- Accountmanagement von Benutzerprofilen
- Abnahme der Lieferleistung bzw. Arbeitsumgebung
- Einrichten der Benutzeraccounts
- Übernahme der Lösung in die Produktionsumgebung
- Aufrechterhaltung des kontinuierlichen Betriebs
- Sicherung der Benutzerprofile
- Aktualisierung von Securitymodulen
- Aufrechterhaltung von Securitymodulen
- Information bei betrieblichen Veränderungen (z.B. Rollout)
- Monitoring und Reporting der bereitgestellten Services
- Bereitstellung eines 24/7-Service-Desks für Problemmeldungen

Die Umsetzung erfolgt anschließend via Zuständigkeitsmatrix. Das hat den Hintergrund, dass nur text-asierte Elemente im SLA enthalten sein sollen. Denn wenn Grafiken zum Einsatz kommen, muss der überarbeitende Service-Level-Manager ggf. Grafiken neu zeichnen. Um dies zu vermeiden, wird das oben Erläuterte mit der Matrix als adäquates Mittel umgesetzt.

Bereich	Servicenehmer	Dienstleister
Betriebsmodell		
Anwendung benutzen	V/D	
Benutzerkonten führen	V/D	
Anwendung betreiben		V/D
PC-Systeme betreiben		V/D
Netze bereitstellen	V/D	
Serversysteme bereitstellen		V/D
Beistellleistung		
Kalkulation der erforderlichen Leistungsgrößen		V/D
Bereitstellung der verbindlichen Lizenzen		V/D
Accountmanagement von Benutzerprofilen		V/D
Abnahme der Lieferleistung bzw. Arbeitsumgebung	VD	M
Einrichten der Benutzeraccounts	M	V/D
Übernahme der Lösung in die Produktionsumgebung		V/D
Aufrechterhaltung des kontinuierlichen Betriebs	M	V/D
Sicherung der Benutzerprofile		V/D
Aktualisierung von Securitymodulen	I	V/D
Aufrechterhaltung von Securitymodulen		V/D
Information bei betrieblichen Veränderungen (z.B. Rollout)		V/D
Monitoring und Reporting der bereitgestellten Services	I	V/D
Bereitstellung eines 24/7-Service-Desks für Problemmeldungen		V/D

Tab. 3–34 *Verantwortlichkeitsmatrix*

Derartige Leistungen lassen sich für Dienstleister normiert aufbauen und mit der Verantwortlichkeitsmatrix dokumentieren (s. Tab. 3–34). Für dieses Modell ist es jedoch zweckmäßiger, dass die Aufgaben in den zentralen Templates zur Vorkonfektionierung von SLAs, OLAs oder UCs bereitgestellt sind. Diese prägnante Beschreibung mit zusätzlichem Fokus auf die Verantwortlichkeiten richtet den Blick auf den Servicenehmer und dessen Verständnis von Betriebsmodell und Beistellleistung. Wenn der Service-Level-Manager das Arbeiten mit den oben aufgezeigten Strukturen vornimmt, kann er sein SLA oder seine SLA-Architektur stark formalisieren und auch einen transparenten und sehr verständlichen Ansatz vorstellen und zum Abschluss bringen.

Praxishinweise für flexible SLAs

Um das SLA redaktionell besser zu beherrschen und auf häufige Änderungen gut vorbereitet zu sein, sollte der Service-Level-Manager entsprechend vorsorgen. Aspekte wie Vertragspartner, Tools und Namen müssen flexibel behandelbar sein.

- **Vertragspartner**:
  Auch wenn das manchmal absurd klingt, ist oft nicht klar, welche Vertragspartner *genau* das SLA abschließen. Meist steht nur fest, dass eine Leistung von einem Dienstleister zu einem Servicenehmer geliefert werden muss. Aber welcher Vertragspartner *genau* dafür unterzeichnet, ist damit nicht ausgesagt. Dies ist insbesondere bei großen Konzernen häufig der Fall. Die Untereinheiten der Konzerne sind so zersplittert und verrechnen die Leistungen ihren eigenen Strukturen folgend. Für diesen Aspekt ist es entscheidend, das SLA zwar auszuarbeiten, aber nur die Titelseite des SLA enthält die Vertragspartner. Im SLA werden dann Akronyme verwendet (s. Abschnitt 1.2.6). Damit kann bei sich oft ändernden Vertragsparteien schnell reagiert werden. Im SLA werden für Servicenehmer und Dienstleister beispielsweise nur die Begriffe Auftraggeber und Auftragnehmer verwendet. Somit kann der Service-Level-Manager bis zum Schluss der SLA-Verhandlung warten, welche Vertragsparteien das SLA letztlich unterschreiben.
- **Tools**:
  Ebenso verhält es sich bei Werkzeugen (Tools) und Produkten. Es ist nicht ratsam, konkrete Tools oder Produkte im SLA zu nennen, da diese oft ersetzt werden. Beispielsweise erhalten Softwareprodukte in einer neuen Version einen neuen Namen. Oder Tools werden konsolidiert und durch andere Werkzeuge ersetzt.
- **Namen**:
  Das Einsetzen von Namen bestimmter Personen z.B. in der Eskalationsmatrix sollte in einen Anhang ausgelagert werden. Die Häufigkeit, mit der Rollen, Personen und Kontaktdaten ausgetauscht werden, führt zu Aktualisierungen im SLA, deshalb ist es zweckmäßig, dies gleich in einen Anhang auszulagern (s. »Monolithischer Ansatz mit Anlagen« in Abschnitt 3.4.1).

3.4.3 Zentrale Sonderstellung: Pönalen/Gelbes Geld/Corporate Pönale

Wie in vielen Verträgen, so hat sich auch in SLAs der Mechanismus Vertragsstrafe bewährt. Leistet ein Dienstleister seinen Service nicht in der angemessenen und vereinbarten Weise, kann man den Vertrag kündigen oder die finanzielle Ausgleichszahlung mindern. Dafür werden Pönalenregelungen eingeführt, um aufzuzeigen, in welcher Höhe der Schaden auf Servicenehmerseite zum Tragen kommt. Die Pönale ist an einem oder mehreren Service-Levels (z.B. Verfügbarkeit) festgemacht. Dabei geht man so vor, dass zu jedem anteiligen Prozentwert der Preis gemindert wird. Damit der Dienstleister bei kleinen Verfehlungen keine größeren Summen verliert bzw. gegenseitige Fairness waltet, werden die Minderungen schrittweise berechnet. Die Festsetzung der Schrittweite ist für beide Seiten abzustimmen. Diese kann im Schadensfall auch null sein. Die Vertragsstrafe wird im BGB juristisch behandelt. In der Praxis wird die Pönale bis zu einem abgestimmten Grad gemindert, da der Dienstleister die IT-Infrastruktur und das

Personal bereitstellt. Beide Parteien einigen sich meistens darauf, dass diese Gestellungskosten auch bei wiederholten Verstößen gegen die Service-Levels getragen werden. Zur Minderung der Pönale wird eine Kappungsgrenze eingeführt, die eine schrittweise Minderung nach unten hin stoppt. Im schlimmsten Fall gilt das Sonderkündigungsrecht. Die folgende Regelung zeigt, wie eine Pönale für SLAs und UCs formuliert und vereinbart werden könnte:

> »*Werden die geschuldeten Verfügbarkeiten unterschritten, ist die monatliche Vergütung wie folgt zu mindern: Je 0,2% der Unterschreitung der Verfügbarkeit wird die monatliche Vergütung um jeweils 2% gekürzt. Die Minderung beträgt insgesamt maximal 30% der jeweiligen monatlichen Vergütung für den Basisbetrieb (Kappungsgrenze).*«

In der Praxis werden unterschiedliche Werte verhandelt. Dennoch kann ein Spektrum angegeben werden, in dem sich für bestimmte IT-Services die Schrittweiten aufzeigen lassen (s. Abschnitt 3.5.5). Für SLAs und UCs wurde oben gezeigt, wie eine Pönale formuliert werden kann. Für OLAs gelten andere Rahmenbedingungen. Auf Basis der vollkommen anderen Ausgangssituation bei OLAs werden im nächsten Abschnitt kooperative Leistungsminderungen erarbeitet.

Corporate Pönale für OLAs

Eine der größten Herausforderungen in Konzernen ist die interne Verrechnung. Sie hat einen erheblichen Einfluss auf die Leistungsbeziehungen. Wichtig ist zu wissen, welche Unternehmenseinheiten miteinander Leistungen verrechnen dürfen. Dabei hat sich das Denken für sogenanntes »gelbes Geld« entwickelt. Das gelbe Geld stellt also keinen zusätzlichen Verdienst im Unternehmen, sondern vielmehr ein transparentes Verrechnungssystem dar. Verloren gegangen ist dabei der Begriff Schadensanspruch. Unter Kollegen verrechnet es sich schwieriger. Heute findet sich in nur sehr wenigen Fällen eine Pönale bei OLAs. Das hat erhebliche Nachteile. Wenn »die Kollegen«, die für die Serviceerbringung zuständig und verantwortlich sind, nicht die gewünschte Servicequalität erbringen können, hat der Servicenehmer keine Handhabe, sich zu wehren, außer den IT-Service von extern – sofern überhaupt möglich – einzukaufen. Genau für diese Situation bietet sich die Möglichkeit der Coporate Pönale an. Hierbei geht es nicht um den Einbehalt beim finanziellen Ausgleich, sondern um die zielgerichtete Steuerung des Dienstleisters, also der »Kollegen«. Im OLA wird mit der Corporate Pönale eine Möglichkeit geschaffen, bei einer Leistungsminderung, die sich am Schwellwert eines Service-Level oder einer Kennzahl orientiert, ein Teil des Geldes für die Verbesserung des IT-Service einzusetzen. Ein Beispiel soll dies veranschaulichen. Fällt ein IT-Service häufiger aus, so kann der Servicenehmer mitbestimmen, dass das Geld für die festgesetzte Pönale entweder für ein Backup-System oder auch für zusätzliches Personal investiert wird.

Die Herausforderung in diesem Ansatz ist an folgenden Punkten festzumachen:

- In welchem Umfang kann der Servicenehmer in die IT des Dienstleisters (der »Kollegen«) eingreifen?
- Wie lassen sich Investitionen für strategische und lokale Verbesserungsmaßnahmen unterscheiden?
- Wie kann der Servicenehmer ohne Kenntnis der bei den »Kollegen« eingesetzten IT eine Verbesserungsmaßnahme entscheiden?

Diese drei Herausforderungen müssen berücksichtigt werden, wenn es darum geht, dass Servicenehmer und interner Dienstleister in dieser Kooperationsform dauerhaft Einigungen erreichen wollen. Die nachfolgende Formulierung widmet sich dem Problem und schafft eine kooperative Pönalenregelung, die diesen Herausforderungen Rechnung trägt. Eine Ergänzung der oben genannten Pönalenregelung könnte wie folgt lauten:

- Beide Parteien einigen sich darauf, dass der geminderte Betrag zur Verbesserung und Qualitätssteigerung des beanstandeten IT-Service verwendet wird. Der Servicenehmer und der Dienstleister einigen sich im Rahmen eines monatlichen Servicegesprächs auf notwendige Maßnahmen. Dabei werden folgende Vorrechte eingeräumt:
  - Der Dienstleister zeigt anhand seiner aktuellen Investionsstrategien Möglichkeiten auf, welche Verbesserungen geeignet sind.
  - Der Dienstleister muss die Investitionen dem »Servicenehmer« nach Einführung der Maßnahme belegen oder zumindest transparent nachweisen.
  - Der Servicenehmer enthält das Entscheidungsrecht, bei personellen Veränderungen die Qualifikationen der neuen Mitarbeiter mit zu prüfen.
  - Der Servicenehmer erteilt für eine abgestimmte Verbesserungsmaßnahme die Freigabe.

Anhand der beiden Pönalenansätze zeigt sich, dass SLAs oder OLAs ohne eine Regelung nur den Wert einer transparenten Leistungsverrechnung haben. Für eine konkrete Dienstleistersteuerung werden Minderungsmechanismen wie Pönalen benötigt. Andernfalls bleibt dem Servicenehmer nur die »binäre« Möglichkeit der Kündigung oder des Weiterlaufenlassens in der Hoffnung, dass die Leistungen wieder besser werden. Bei den gezeigten Ansätzen wurde nur ein Service-Level verwendet, um die Leistung zu mindern. Dies ist auch empfehlenswert, damit keine sich gegenseitig beeinflussenden Regelungen und Kennzahlen bzw. Service-Levels die Pönale aushebeln. Dies wäre z.B. der Fall, wenn die Verfügbarkeit mit 99,5 % pro Monat (entspricht einer Ausfallzeit von ca. 3 Stunden und 22 Minuten) und eine Wiederherstellungszeit von 5 Stunden vereinbart wären und daran die Pönale gekoppelt ist. Würde die Verfügbarkeit in einem Monat nicht eingehalten werden, aber die Wiederherstellungszeit in z.B. 3 Stunden eingehalten werden, so würde der Service-Level-Manager nicht entscheiden können, ob er eine Pönale geltend machen kann oder nicht. Die Kopplung der Pönale an nur einen Service-Level ist für die Praxis ein probater Ansatz. Häufig hat der Service-Level-Manager zu wenig Zeit, um sehr komplexe Regelungen dauerhaft zu überprüfen, insbesondere wenn er die Pönale selbst berechnen muss. Dann zeigt es sich, dass Pönale, die auf vielen Service-Levels basieren, unpraktikabel sind. Wichtig ist, dass ein SLA eine Pönalenregelung enthält. Wenn dies der Fall ist, so sollten alle SLAs, die mit Drittdienstleistern abgeschlossen sind, auch eine Pönalenregelung aufweisen, um ein durchgängiges Minderungsmodell über alle Dienstleister hinweg zu haben.

3.4.4 Verhandlungsstrategien

Die SLA-Verhandlung unterliegt z.T. ähnlichen Paradigmen wie andere Verhandlungen. Das Besondere an SLA-Verhandlungen ist, dass sehr viel technisches und organisatorisches Wissen erforderlich ist. In der Verhandlungsphase treten immer wieder andere Experten auf, die insbesondere bei größeren Outsourcing-Volumen mit mehreren IT-Services ihr Wissen zum Ganzen beitragen [Jäckel und Scholderer 2006f]. Das führt zu einem uneinheitlichen Verhandlungsprozess, denn die Meinungen der Experten können konträr zur Direktion des Managements sein. Damit ist es für den Service-Level-Manager sehr schwer, diese Spannbreite sowohl inhaltlich als auch redaktionell zu beherrschen. Letztlich steht der Service-Level-Manager zwischen vier Fronten: Experten aus dem eigenen Haus und der Gegenpartei sowie das Management auf beiden Seiten. Das Zusammenführen von Interessen und Strategien ist dann in solchen Situationen beliebig komplex. Die wichtigsten Punkte, um in der SLA-Verhandlung zu bestehen, sind im Folgenden aufgeführt.

Strategien bei der SLA-Verhandlung

Entscheidend ist, den Überblick dauerhaft zu behalten, um die Ziele des Managements zu erreichen. Bei der SLA-Verhandlung bedeutet dies, dass das gesamte SLA im Blick behalten werden muss. Es ist äußerst hilfreich, wenn der Ansatz des SLA gemeinsam entwickelt wird, sodass sich beide Parteien darin wiederfinden. Dies schafft eine konstruktive Arbeitsatmosphäre und führt langfristig in eine kooperative Geschäftsbeziehung. Schwieriger ist es, wenn der Entwurf des SLA nicht den eigenen Vorstellungen entspricht. Die eine oder andere Partei hat eine Vorlage, die in einem anderen Zusammenhang entstanden ist und auf das neue Szenario nicht passt. In diesem Fall empfiehlt es sich, einen Gegenentwurf einzubringen. Damit dies nicht zu einer Konfrontation führt, ist darauf zu achten, dass die Begrifflichkeiten der anderen Partei verwendet werden. Erreicht werden soll damit eine höhere Akzeptanz bei der Gegenpartei. Beide Vertragspartner werden versuchen, sofern vorhanden, auf ihre Standards bzw. Templates zurückzugreifen und diese einzubringen. Wenn von beiden Seiten festgelegt ist, mit welcher SLA-

Struktur weiterverhandelt wird, geht es um die Detailklärung. Auch hier werden Strategien – bewusst oder unbewusst – eingesetzt. Einige Strategien sind in der SLA-Verhandlung immer wieder vorzufinden. Mit Faustformeln oder -regelungen, wie z. B. »Wartungsfenster sind nicht Bestandteil der Servicezeit«, kann man sehr klar argumentieren und die Service-Levels mitbestimmen. In den beiden genannten Fällen sind zum einen Erreichbarkeitszeiten des Service-Desks und zum anderen der Aufbau der Verfügbarkeitsformel und somit auch der Verfügbarkeitswert beeinflusst. Da Faustformeln sehr leicht verstanden werden, haben sie eine hohe Relevanz, da sie ohne Verklausulierung sind. Falls sie doch verklausuliert sind, handelt es sich nicht mehr um eine Faustformel, sondern um eine Hintertür, die sich die eine oder andere Partei offen halten möchte. Ersichtlich wird dies, wenn eine einfache Faustformel durch Einschränkungen aufgeweicht wird. Hat die andere Partei bestimmte Vorstellungen, die selbst nicht vertretbar sind oder anders herum von der anderen Partei nicht akzeptiert werden, ist eine unabhängige Regelung zielführend. So kann die Durchsetzung von Fakten mittels Referenzierung auf Richtlinien oder gesetzliche Bestimmungen erfolgen. Bei entscheidenden Formulierungen wie Kündigungsregelungen, die man nicht verhandeln möchte, sondern als Standard annehmen will, muss man die andere Partei überzeugen. Hierbei greift die Möglichkeit, vollendete Tatsachen zu schaffen. Beispielsweise können nicht verhandelbare Punkte als Unternehmensstandard präsentiert werden. Diese Strategie ist natürlich nur sinnvoll, wenn man eine entsprechende Marktdurchdringung oder eine stärkere Position gegenüber der anderen Partei hat. Ergänzend können auch Standards wie GDPdU (Grundsätze zum Datenzugriff und zur Prüfbarkeit digitaler Unterlagen) vollendete Tatsachen schaffen. Letztlich, und das müssen beiden Seiten anstreben, ist der Konsens für eine funktionierende Kooperation wichtig. Alle Strategien münden bei den Verhandlungen in diesem gemeinsamen Konsens und somit im SLA.

Überblick beim schnellen Austausch von Informationen

Ganz besonders schwierig ist die Phase, kurz bevor das SLA fertiggestellt wird. Nämlich dann, wenn mehrere E-Mails mit dem SLA im Anhang zur Abstimmung ausgetauscht werden. Hier gilt es, Regeln einzuhalten, die der Service-Level-Manager für beide Parteien vorschlagen sollte. Ein Beispiel soll das erläutern: Zur Festlegung von verhandelten Regelungen im SLA gibt es Gesprächsprotokolle, Überlegungen in E-Mails und auch Änderungen im SLA-Dokument. Dabei ist die Situation immer ähnlich, die Informationen sind verteilt und je schneller der Austausch von Informationen vor sich geht, umso größer wird die Gefahr, dass etwas übersehen wird, das sich später als ungünstig herausstellen kann. Der Service-Level-Manager muss Regeln vorgeben. Diese Regeln können wie folgt aussehen:

- Es ist immer die Änderungshistorie im zu bearbeitenden SLA-Dokument einzuschalten
- Änderungen, werden nur vom Service-Level-Manager angenommen.

- Beim Auffinden von eigenmächtig durchgeführten und akzeptierten Änderungen durch den Dokumentenvergleich wird eine Übervorteilung unterstellt. Dies hat zur Konsequenz, dass bereits in der SLA-Verhandlung der Vertragspartei entweder sehr kritisch gegenübergetreten oder das Misstrauen ausgesprochen wird. Oft werden bestehende bereits abgestimmte Themen wieder neu aufgerollt und auf den Prüfstand gestellt bzw. noch einmal zu Ungunsten der Vertragspartei nachverhandelt.
- Alle Informationen zur SLA-Verhandlung werden zentralisiert, der Service-Level-Manager ist immer auf dem aktuellen Stand.

Diese vier einfachen Regeln helfen beiden Seiten weiter und stellen eine kooperative Zusammenarbeit bereits von Anfang an sicher.

Widersprüchliche Service-Levels

Eine besondere Situation entsteht, wenn Service-Levels zueinander widersprüchlich dokumentiert sind. Dies kann in großen Projekten auftreten und lässt sich schwer steuern, da viele Beteiligte an Konzepten mitarbeiten. Der Service-Level-Manager muss jedoch in der Lage sein, diese Widersprüche aufzulösen. Folgende Strategien kann der Service-Level-Manager verfolgen:

- **Steuerung von Widersprüchen:**
  Die Geltungsreihenfolge steuert ein Mechanismus: Im führenden SLA-Dokument wird eine Passage eingefügt, die mitgeltende Dokumente nennt und auch deren Geltungsreihenfolge festlegt. Damit werden widersprüchliche Service-Levels zwischen unterschiedlichen Dokumenten aufgelöst.
- **Auflösen von Widersprüchen:**
  An einigen Stellen lassen sich Widersprüche auch gut auflösen, da die Service-Levels eindeutig und klar verstanden werden. Dies ist bei Betriebszeiten oder sonstigen Zeitfenstern von Bedeutung. Wird der Widerspruch erkannt, so stimmen sich die Vertragsparteien dahingehend ab, dass entweder die differierende Zeit durch den Dienstleister ausgeglichen wird, und diese Teil des Leistungsumfangs ist, oder dass der Servicenehmer explizit beim Dienstleister eine Rufbereitschaft für diese Zeiten einkauft.
- **Fokussierung auf einzelne Service-Levels:**
  Widersprüche bei Verfügbarkeit und Wiederherstellungszeiten kann der Service-Level-Manager bestehen lassen, wenn er keinen Einfluss mehr auf die Änderung hat. Zu seinen Möglichkeiten zählt dann die Fokussierung auf z.B. die Verfügbarkeit, an die er eine Pönale koppelt. Er nimmt damit der Wiederherstellungszeit die gleichwertige Stellung und kommuniziert damit klar, dass er bei einer Unterschreitung der Verfügbarkeit eine Pönale geltend macht, während er dies bei der Wiederherstellungszeit nicht vornehmen wird. Dies muss der Service-Level-Manager vor der Unterzeichnung des SLA mit den Vertragsparteien abstimmen und im SLA aufnehmen.

- **Ergänzungen zur Widerspruchsfreiheit:**
  Einige Widersprüche lassen sich gut aufzeigen und über Formulierungen regeln. An einem Beispiel soll dies genauer erläutert werden: Die Nichtverfügbarkeit in einem Messsystem wird so eingestellt, dass ab einer Antwortzeit von 3 Sekunden der Timeout festgelegt ist. Durch auftretende Messtoleranzen kommt es immer wieder vor, dass z.B. ein Ausfall nicht erkannt wird. So entsteht das Bild, dass der Dienstleister etwas anderes misst als der Servicenehmer. Eine sinnvolle Ergänzung ist die Aufnahme eines Passus, der das führende Messsystem mit allen Vor- und Nachteilen festlegt und zusätzlich können noch Messtoleranzen um z.B. +/-30 % aufgeführt werden.

Schwer verhandelbare Optionen

Oft haben beide Parteien ihre eigenen Prozesse und Abläufe, die feststehenden Regelungen folgen. Für den Service-Level-Manager ist dies eine Herausforderung, denn dies bedeutet, dass er Optionen, die diese Prozesse betreffen, schwer verhandeln kann. Eine Beeinflussung der jeweiligen Kennzahlen der Prozesse ist oft nicht möglich. In solch einer Situation ist es sinnvoll, dass sich die Partei flexibel zeigt, die den größten Spielraum besitzt. Als schwer verhandelbare Optionen gelten folgende Prozesse und Abläufe:

- **Service-Desk:**
  Der zentrale Service-Desk gilt häufig für alle Anwendungen gleich. Daraus resultiert, dass auch alle Servicenehmer gleich schnell bedient werden. Die Steuerungen der Servicenehmer nach Priorität ist sehr aufwendig. Die Kosten hierfür werden in vielen Unternehmen vermieden, indem ein Gleichheitsprinzip eingeführt wird. Der Service-Level-Manager kann somit auf Erstlösungsrate oder Reaktionszeiten keinen Einfluss geltend machen. Natürlich kann eine Vereinbarung im SLA zustande kommen, die real gelebten Abläufe werden sich davon aber deutlich unterscheiden. Im Incident-Management ist dies anders. Da bereits für die Anwendungen geschultes Personal zum Einsatz kommt, können ggf. Reaktionszeiten angepasst werden.
- **Change-Management:**
  Das meist sehr komplexe Change-Management kann nur schwer in ein Schema gepresst werden. Werden Anforderungen für z.B. die Durchlaufzeit eines Changes genannt, so ist dies unrealistisch. Derartigen Kennzahlen fehlt der Bezug zum Prozess. Wichtig ist – wenn auch schwer verhandelbar –, dass sich der Service-Level-Manager darauf konzentriert, wie schnell ein Change angenommen wird, wie schnell eine Klassifizierung vorgenommen wird und wie schnell der Auftraggeber eine Rückantwort vom Dienstleister bekommt. Gesteuert wird nicht der gesamte Prozess, sondern nur der Teil, der für die benötigte Entscheidungsfindung bis zu einem Change benötigt wird.

- **Continuity-Management:**
  In großen IT-Umgebungen, die sehr viele Daten erzeugen und sehr sensible Daten enthalten, wird das Thema Backup und Restore stark diskutiert. Oft können die eingesetzten IT-Systeme die Datenmenge nur in den produktionsschwachen Zeiten oder nachts sichern. Für Vereinbarungen zu Backup kann sich der Service-Level-Manager noch so sehr engagieren, hier wird er von den Systemverantwortlichen hohen Widerstand erfahren, denn Backup-Verfahren laufen weitestgehend automatisiert in dedizierten Zeitfenstern. Eine Verlegung der Zeitfenster ist in den seltensten Fällen möglich. Aber auch andere Aspekte, die nicht das Zeitfenster betreffen, wie z.B. Notfallübungen oder Ausweichsysteme, sind in der Regel Managemententscheidungen auf allerhöchster Ebene. Die Vorgaben hierzu sind im Idealfall nach einer Risiko- und Kosten-Nutzen-Analyse vom Management klar vorzugeben. Der Service-Level-Manager kann vermutlich bestenfalls Empfehlungen aussprechen oder darauf hinwirken, dass die Vorgaben korrekt umgesetzt werden.

Die genannten Prozesse stehen exemplarisch für alle Prozesse, die in unterschiedlichen Ausprägungen schwer verhandelbare Optionen enthalten. Nachfolgend sind in Tabelle 3–35 weitere Punkte gelistet, und es werden mögliche Alternativen angegeben.

Aspekt	Alternative
Für alle Prozesse gilt, dass die Betriebszeiten, sofern es sich nicht um 24/7 handelt, eine Einschränkung darstellen.	Diese Option ist nicht verhandelbar. Sie kann z.B. nur über zusätzliche Rufbereitschaften erweitert werden. Der Service-Level-Manager kann dies somit zwar verhandeln, muss aber mit erheblichen Mehrkosten rechnen.
Aufbewahrungsfristen von Daten sind gesetzlich geregelt.	keine
Verringerung der durchschnittlichen Lösungszeiten zur Problembehebung	Dies lässt sich nur für sehr dedizierte und bekannte Probleme festlegen. Eine Verallgemeinerung über alle Probleme ist nicht ratsam und stellt ein hohes Risiko dar.
Verringerung der technischen Wiederherstellungszeit	Wenn bereits ein Automatismus eingeschaltet ist, um Systeme neu zu starten, dann ist schon das unterste Limit erreicht. Die Wiederherstellungszeit geringer zu formulieren, würde in der Realität so nicht funktionieren.

Tab. 3–35 *Schwer verhandelbare Optionen*

Regressansprüche geltend machen

Große Vorsicht ist geboten vor dem Einfordern von Regressansprüchen, den sogenannten Pönalen. Der Service-Level-Manager muss im Fall einer Service-Level-Verletzung abwägen, zwischen der Ahndung und dem bestehenden kooperativen Verhältnis. Klar ist, dass das Einfordern der Pönale das Verhältnis zwischen Dienstleister und Servicenehmer nachhaltig verändert. Abseits der Service-

Level-Verletzung gibt es häufig auch seitens des Dienstleisters Kulanzen, die er gegenüber dem Kunden stillschweigend im Sinne der Kooperation leistet (z.B. wird zur automatisierten Überwachung noch zusätzlich eine manuelle Überwachung stichprobenweise zur Korrektheitsprüfung der Messungen durchgeführt). Wird eine Pönale brachial durchgesetzt, so können diese Kulanzen wegfallen und – da sie im SLA nicht explizit aufgeführt waren – in Rechnung gestellt werden oder es wird der »Dienst nach Vorschrift« ausgeführt. Damit ist dem Servicenehmer nicht geholfen, deshalb ist es wichtig, die Situation in ihrer Gesamtheit zu erfassen. Natürlich sollte man einerseits auf die Pönale bestehen, andererseits aber dennoch einen kooperativen Vergleich aushandeln. Dies ist für die Weiterführung der Kooperation besser, da beide Seiten anschließend ihre Arbeit sinnvoll weiterführen können. Als geeignetes Mittel der Wahl kann der Wechsel von Pönalen auf Corporate Pönalen erfolgen (s. Abschnitt 3.4.3). Auch wenn typischerweise die Corporate Pönale nur im Innenverhältnis bei den OLAs verwendet wird, kann diese Methode auch hier eingesetzt werden, um gemeinsam mit dem Dienstleister eine Lösung für den entstandenen Schadensfall zu finden.

Ungenügende SLAs

Ein Service-Level-Manager steht u.a. vor der Situation, dass er ungenügende SLAs erhält, die z.B. aus früheren Projekten stammen. Wird das SLA neu verhandelt, ist die Herausforderung offensichtlich. Häufig ist so viel Text vorhanden, dass Verantwortliche evtl. Angst haben, etwas zu ändern, zu kürzen und dabei etwas zu vergessen. In diesem Fall muss der Service-Level-Manager eine dominante Position beziehen und zeigen, dass vieles nicht geregelt ist, also bereits Lücken vorhanden sind. Das ist vermutlich die bessere Ansatzweise und minimiert die Angst, denn wer Lücken zeigen kann, der befindet sich in einer besseren Situation. Das Vorgehen kann wie folgt aussehen: Der Änderungsprozess sollte langsam eingeleitet werden, z.B. in einem offiziellen »friendly SLA-Review«, bei dem beide Seiten das Reengineering wollen. Danach kann man die SLAs schrittweise ändern, indem man ein Template erstellt. Eine Hürde stellt sich dabei: Die vorhandenen SLAs basieren meist auch auf einem Template. Ein neues Template würde das alte ersetzen und somit auch den bisherigen Ersteller brüskieren. Daraus folgt, es muss eine gemeinsame, kooperative Stimmung herrschen oder der Druck vom Servicenehmer so groß sein, dass »etwas« passieren muss.

3.4.5 Verhandlungsverlauf

Die Verhandlung von SLAs ist häufig dadurch gekennzeichnet, dass Servicenehmer und Dienstleister zu Beginn der Verhandlung durch eine Wissenslücke voneinander getrennt sind. Diese Wissenslücke umfasst die notwendige Erfahrung, das erforderliche Wissen über die gegenseitigen Organisationsstrukturen und/oder das Wissen über die Applikation bzw. den IT-Service, die Applikationsumgebung und die Verwendung der Applikation. Die Wissenslücke ist offensichtlich, wenn man den Dienstleister und den Servicenehmer zu Beginn der Einführung eines neuen Applikationssystems analysiert: Der Servicenehmer hat meist keine vollständig ausgeprägte Vorstellung der exakten Abbildung seiner Geschäftsprozesse auf das neue IT-System. Ihm fehlen also Test- und Nutzungserfahrung und er kann nicht vorhersagen, wie die Applikation in die organisatorische Struktur seines Unternehmens passt. Der Dienstleister wird nicht in der Lage sein, zu diesem frühen Zeitpunkt die zukünftige Komplexität des IT-Systems vollständig abzuschätzen. Er ist in der Regel weder der ganzen organisatorischen Struktur des Servicenehmers noch mit dessen Geschäftsprozessen vertraut. Die maximale Größe der Wissenslücke ist durch die gesamte Information, die für eine erfolgreiche SLA-Verhandlung notwendig ist, bestimmt. Die tatsächliche Ausprägung (Größe) der Wissenslücke ist abhängig vom individuellen und gegenseitigen Wissen der verhandelnden Parteien. Eine Verkleinerung der Wissenslücke befähigt Servicenehmer und Dienstleister, ein vernünftiges und umsetzbares bzw. realistisches SLA zu verhandeln. Jedoch kann die Verkleinerung der Wissenslücke nicht sofort erreicht werden. So können nicht alle Tests parallel durchgeführt werden, Erfahrung in Bezug auf den Einsatz der Anwendung lässt sich nicht innerhalb von Tagen gewinnen und organisatorische Strukturen können nicht in wenigen Augenblicken etabliert werden.

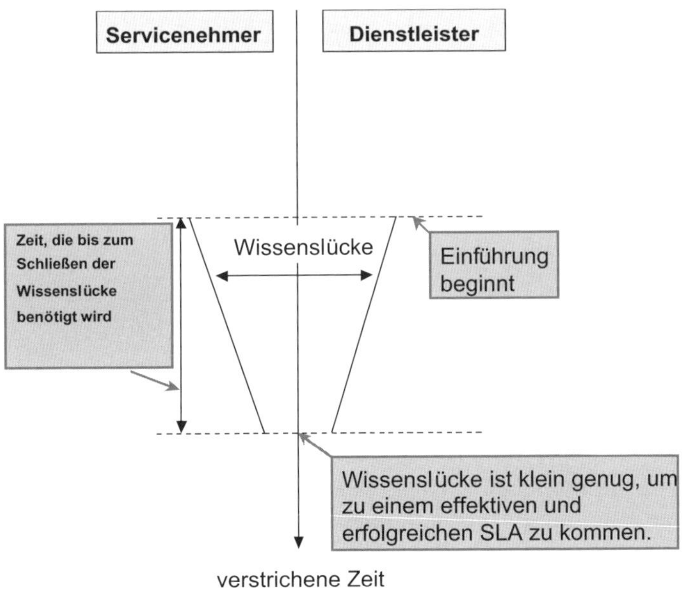

Abb. 3–17 *Wissenslücke*

Abbildung 3–17 illustriert die zeitlichen Einschränkungen der Verkleinerung der Wissenslücke. Führt der Servicenehmer den IT-Service unter Begleitung des Dienstleisters ein, wird die minimale Zeit zur Überwindung der Wissenslücke angezeigt.

Wie zuvor erläutert, muss die Vermittlung von SLAs eine gewisse Zeit des Wissenserwerbs berücksichtigen. SLAs für komplizierte IT-Services können fehlschlagen. Einer der Hauptgründe ist der Wissensabstand zwischen dem Servicenehmer und dem Dienstleister. Wenn beide Beteiligten in einem zu frühen Stadium entscheiden, d.h., wenn der Wissensabstand noch zu groß ist, so muss das SLA anschließend geändert werden, da die vereinbarten IT-Services nicht den tatsächlichen Anforderungen entsprechen. Eine Enttäuschung, Verzögerung und Zunahme von Kosten muss erwartet werden. Im schlechtesten Fall muss der Vertrag beendet werden – das SLA ist nicht einhaltbar. Um zu verhindern, dass SLAs fehlschlagen, müssen Dienstleister und Servicenehmer ihren momentanen Wissensabstand kennzeichnen, der auf einem vollständigen Satz relevanter SLA-Aspekte (s. Abschnitt 3.4.2) basiert. Um den Wissensabstand zu schließen, müssen mehr Details und Aspekte des SLA verhandelt werden.

In den meisten Fällen besteht das Schließen der Wissenlücke aus einer planenden Phase, einer Anforderungsstudie und -definition, der Implementierungsphase, der prüfenden Phase (Testphase) und schließlich der Betriebsphase. Der Ablauf der Einführung von IT-Services ist in folgende fünf Phasen unterteilt:

Phase 1: Projektvorbereitung

Während dieser Phase steht die Planung des Projektverlaufs im Vordergrund. Die Ziele des Projekts werden definiert, um sicherzugehen, dass alle Seiten die gleichen Ziele verfolgen und diese auch akzeptieren.

Eine wichtige Entscheidung in der ersten Phase ist die Wahl der Einführungsstrategie. Es stehen verschiedene Formen der Einführung von IT-Services zur Auswahl. Alle Geschäftsbereiche können den IT-Service gleichzeitig produktiv nutzen, abzulösende IT-Services werden gleichzeitig abgeschaltet. Diese Strategie ist auch bekannt als die »Big Bang«-Strategie. Alternativ erfolgt eine gestaffelte Einführung, d.h., zuerst nutzt eine begrenzte Anzahl an Geschäftsbereichen den IT-Service produktiv, die übrigen Bereiche folgen nach einem bestimmten, exakt festgelegten oder von Tests abhängigen Zeitplan. Dies hat den Vorteil, dass die Erfahrungen aus den ersten Produktivgängen in das Go-Live der nachfolgenden Geschäftsbereiche einfließen können. Die Big Bang-Strategie ist mit einem hohen Risiko verbunden, da im Fehlerfall alle Geschäftsbereiche betroffen sind, wohingegen bei einer Staffelung immer einige Bereiche voll funktionsfähig bleiben. Das gleichzeitige Einführen eines IT-Service in allen Bereichen zieht auch höhere Kosten nach sich, da alle Ressourcen sofort zur Verfügung stehen müssen.

Phase 2: Business Blueprint

Im Business Blueprint findet die Planung statt, wie die Geschäftsprozesse auf die IT-Services (z.B. Applikationen) abzubilden sind. Es wird die zukünftige Systemumgebung sowie die Netzwerkinfrastruktur definiert. Ebenso werden die Systemadministrationsaufgaben, wie z.B. Backup und Recovery, festgelegt. In Bezug auf die Abbildung der Geschäftsprozesse müssen die Schnittstellen zu anderen Applikationen und die Datenübernahmeprozeduren spezifiziert werden. Sollte die Standardfunktionalität des IT-Service für die Umsetzung der Geschäftsprozesse nicht ausreichen, so müssen notwendige Modifikationen am Umfang des IT-Service geplant werden. Das Ergebnis dieser Phase ist der Business Blueprint, der beschreibt, wie die Geschäftsprozesse auf die IT-Services abgebildet werden.

Phase 3: Realisierung

Die Anforderungen des Business Blueprint müssen in dieser Phase zunächst in einer Entwicklungsumgebung implementiert und danach in die Testumgebung transportiert werden. Die Testumgebung ist dabei im Idealfall ein Produktivsystem mit anonymisierten (Teil-)Datenbeständen und weist die wesentlichen Charaktereigenschaften der Produktivumgebung auf. Im Rahmen der Umsetzung des Business Blueprint müssen die nötigen Konfigurations- und Customizing-Einstellungen vorgenommen werden. Neben diesen Einstellungen sind auch die Datenübernahme- und Schnittstellenprogramme, alle Modifikationen, Reports und Formulare zu realisieren. Zu implementieren sind zudem das Berechtigungskonzept und die Archivierungsstrategie. Zum Abschluss dieser Phase müssen alle Einstellungen, Programme und Strategien einem letzten Integrationstest unterzogen werden. Dieser Test ist sehr wichtig und sollte deswegen sorgfältig geplant werden.

Phase 4: Produktionsvorbereitung

Diese Phase umfasst die Vorbereitung des IT-Service für das Produktivsystem sowie die Planung der Benutzerschulungen, des Cut-over und der Supportstruktur. Unter dem Cut-over versteht man den Transport der Konfiguration des IT-Service vom Testsystem in das Produktivsystem sowie die automatische und manuelle Datenübernahme in dieses Produktivsystem. Innerhalb der Supportstruktur müssen die Prioritäten der Probleme sowie die zugehörigen Problemlösungs-Zeiträume definiert werden. Erst nachdem beide Parteien in der Einführungsphase Erfahrungen gesammelt haben, welche Probleme anfallen können, wird – sofern noch nicht vorhanden – ein Service-Desk geplant und installiert, damit alle Benutzer eine Anlaufstation haben. Ist ein Service-Desk bereits vorhanden, so muss dieser geschult werden. Die Vorbereitung des IT-Service für das Produktivsystem umfasst System- sowie Benutzerakzeptanztests und die Definition der Systemadministrationsaufgaben für das Produktivsystem.

Phase 5: Go-Live & Support

Diese Phase markiert das Ende des Einführungsprojekts. Der Cut-over wird durchgeführt und der neue IT-Service ist betriebsbereit. Die Supportstruktur muss getestet und so angepasst werden, dass eine Effektivität auf lange Sicht gewährleistet ist. Die langfristigen Systemaufgaben und die Prozesse für das Change-Management der Applikationen sowie für die Releasewechsel müssen vorbereitet werden. Zum Abschluss dieser Phase ist der Projektverlauf zu analysieren und es sollte auch festgestellt werden, ob alle Meilensteine und Ziele erreicht wurden.

Nachdem die fünf Phasen erläutert wurden, können entlang dieses Wegs die SLA-Aspekte (s. Abschnitte 3.4.4 und 3.5) eingeordnet werden. Gezeigt wird, welche SLA-Aspekte zu welchem Zeitpunkt wichtig sind. Dabei stellt sich heraus, dass einige SLA-Aspekte wiederkehren, denn je weiter das Projekt voranschreitet, umso klarer werden die Inhalte, die vertraglich vereinbart werden müssen.

Zeitpunkt 1: SLA-Inhalte vor der 1. Phase (Projektvorbereitung)

Der Servicenehmer hat noch nicht mit der Einführung des Systems begonnen.

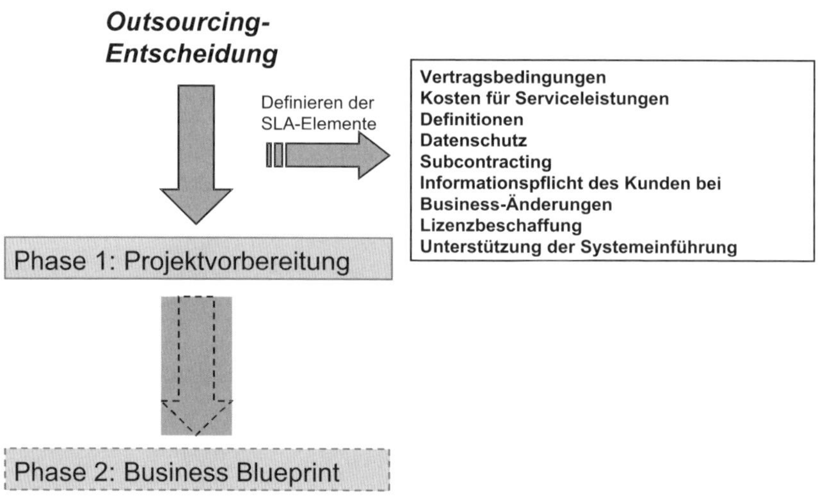

Abb. 3–18 *SLA-Inhalte in der Projektvorbereitung*

Die Vertragsbedingungen müssen schon vor der Einführung des IT-Service geregelt werden, da sich ohne ihre Spezifizierung keine Partei auf ein Outsourcing einlassen würde (s. Abb. 3–18). Denkbar ist auch, dass die Elemente, die unter der Rubrik »Vertragsbedingungen« aufgelistet sind, in einen Rahmenvertrag ausgegliedert werden.

Neben den Vertragsbedingungen haben beide Parteien schon bestimmte Kostenvorstellungen. Der Servicenehmer besitzt ein spezielles Budget und der Dienstleister hat eine Preisstruktur. Servicenehmer und Dienstleister äußern auf dieser Basis ihre groben Zielvorstellungen, und die Anforderungen bestimmen im Laufe der Spezifikation der SLAs die endgültigen Preise. Dabei ist auch die Frage interessant, ob zu einem festen Budget die Service-Levels angepasst werden oder ob die Service-Levels vom Servicenehmer festgelegt und nur der Preis variiert wird. Die Kosten werden im Laufe der Einführung immer weiter verfeinert werden, da jede Spezifikation oder Änderung von SLA-Inhalten oft eine Auswirkung auf den Preis hat.

Für die Definitionen gelten ähnliche Umstände. Servicenehmer und Dienstleister verwenden unterschiedliche Begrifflichkeiten. Um Missverständnisse zu vermeiden, müssen beide Parteien eine Art Glossar aufbauen. Im Laufe der Zusammenarbeit tauchen dann immer mehr Begriffe auf, die einer Erklärung bedürfen. Deshalb wird dieses Element »Definitionen« nach jeder Phase weiter verfeinert (s. Abschnitt 3.3.4).

Der Datenschutz ist ein sehr wichtiges Thema und muss gleich zu Beginn des Outsourcing-Projekts festgelegt werden. In manchen sicherheitskritischen Branchen müssen Dienstleister gewisse Auflagen erfüllen, was z. B. die Verschwiegenheit der Mitarbeiter angeht (s. Security, Abschnitt 3.5.4).

Ob dem Dienstleister das Subcontracting erlaubt wird, sollte ebenfalls bereits zu Beginn geregelt werden. Eventuell bestehen Sicherheitsbedenken aufseiten des Servicenehmers oder es gibt gesetzliche Regelungen (Transborder-Gesetze) (s. Formulierungsbeispiel zur Drittdienstleisterkontrolle, Abschnitt 3.5.3).

Die Informationspflicht des Servicenehmers bei Business-Änderungen wird zwar erst nach der Einführung der Applikation wichtig, sollte aber bereits im Vorfeld definiert werden, damit eine spätere Zusammenarbeit bei der Einführung des IT-Service nicht durch ständige, nicht bekannt gegebene Änderungen vom Servicenehmer behindert wird (s. Formulierungsbeispiel für unterjährige Änderungen des vereinbarten Leistungsumfangs, Abschnitt 3.5.3).

Die Lizenzen für die einzusetzenden IT-Services müssen selbstverständlich vor der Einführungsphase der Applikation vorliegen. Ebenso sollte die Frage geklärt werden, ob der Dienstleister den Servicenehmer bei der Einführung des IT-Service unterstützt und wenn ja, in welchem Umfang. Alle SLA-Inhalte werden zu diesem Zeitpunkt erstmalig spezifiziert. Verfeinerungen von Vereinbarungen werden nicht durchgeführt.

Zeitpunkt 2: SLA-Inhalte nach der 1. Phase (Projektvorbereitung)

Servicenehmer und Dienstleister haben nun erstes Wissen über die genauen Anforderungen und Aufwände gewonnen und können erste Aussagen zur gewünschten IT-Infrastruktur machen (s. Abb. 3–19).

Das Eskalationsmanagement legt die Zuständigkeiten beider Parteien bei auftretenden Fragen fest (s. Formulierungsbeispiel für das Eskalationsmanagement, Abschnitt 3.5.3).

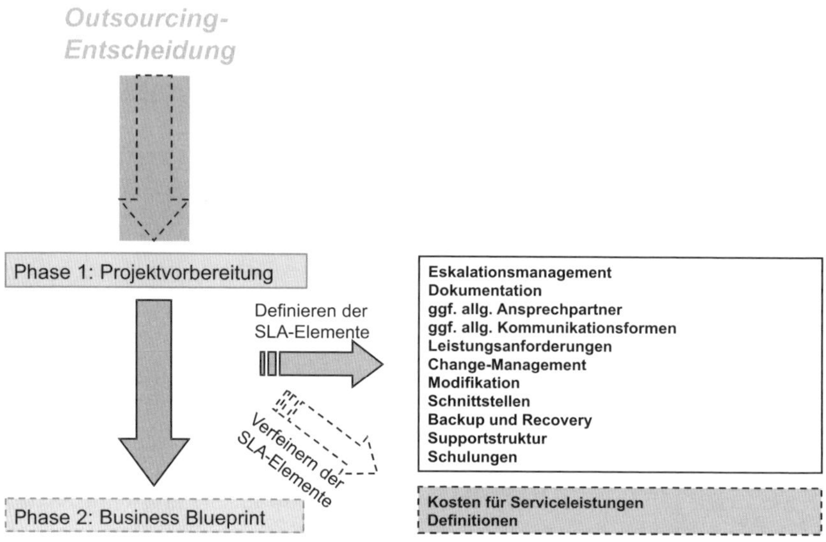

Abb. 3–19 *SLA-Inhalte nach der Projektvorbereitung*

Die Dokumentation des IT-Service, z.B. die Dokumentation der Geschäftsprozesse und die Benutzerdokumentation, wird ebenfalls geplant und findet Eingang in die Dokumentationsvereinbarung der SLAs (s. Formulierungsbeispiel für die Dokumentation, Abschnitt 3.5.3).

Informationen bzw. Vereinbarungen, die die allgemeinen Ansprechpartner und Kommunikationsformen umfassen, werden gleich in mehreren Arbeitsschritten der Projektvorbereitung erarbeitet. Zum einen werden bei der Aufgabe »Arbeitsumgebung des Projektteams einrichten« Kenntnisse über die späteren Kommunikationsformen erlangt. Zum anderen werden bei der Bestimmung der Projektstruktur innerhalb dieser Phase die Rollen und Zuständigkeiten im Projekt behandelt. Diese Rollenverteilung kann auch in SLA-Inhalte einfließen (s. Formulierungsbeispiele zu Servicegesprächen, Abschnitt 3.5.3).

Ein wichtiger Beitrag ist die initiale Festlegung der IT-Services. Dabei handelt es sich um die Planung der Systemlandschaft und als Folge davon um die Beschaffung der notwendigen personellen Ressourcen, Hard- und Software. Dazu zählen das Release der Applikation (Version), das Datenbanksystem falls benötigt, das Betriebssystem/Frontend und die Netzwerktopologie. Grund hierfür ist die Ermittlung der technischen Anforderungen innerhalb der Phase der Projektvorbereitung und die dadurch gewonnenen Kenntnisse. Außerdem können die gewünschten Module/Geschäftsprozesse sowie Art und Anzahl der physischen Systeme spezifiziert werden. Physische Systeme sind die tatsächlichen Installationen auf entsprechenden Rechnern. Logische Systeme hingegen eine logische Unterteilung der Applikationen. Sie können nur dann spezifiziert werden, wenn die Applikation eine logische Trennung der Daten und Ressourcen erlaubt. Beispiele hierfür sind die Unterteilung eines Webservers in unterschiedliche virtuelle Webserver oder die Möglichkeit, in IT-Systemen unterschiedliche Mandanten festzulegen. Hierbei handelt es sich bereits um die Spezifikation der Komponenten des IT-Service. Die Leistungsanforderungen stellen die erste Definition der Service-Levels und ihrer Sollwerte dar. Bei den Service-Levels handelt es sich um die Fakten aus dem Service-Fact-Sheet, wie Verfügbarkeit, Anzahl der Benutzer, Antwortzeit und Durchsatz sowie das zu erwartende Gesamtdatenvolumen.

Die Planung der Systemlandschaft für die IT-Services kann auch dazu genutzt werden, um die zukünftige Change-Management- und die Release-Management-Strategie zu definieren, da die Übertragung der Konfigurationen des IT-Service vom Entwicklungs- zum Test- und schließlich zum Produktivsystem durchgeführt werden muss. Die Releasestrategie sollte aufgrund der Tatsache spezifiziert werden, dass ein neues Release normalerweise zunächst auf dem Entwicklungssystem getestet wird, bevor es in die Produktivumgebung einfließen darf. Der Servicenehmer kann die Risikobereiche identifizieren, die im späteren Betrieb der Applikation besondere Aufmerksamkeit des Dienstleisters erfordern (s. Change-Management, Abschnitt 3.5.4).

Gerade bei großen Einführungsprojekten wird die Notwendigkeit bestehen, die Anforderungen der vorhandenen Applikation auszudehnen (Modifikationen). Neben der Dokumentation dieser Modifikationen sieht die Phase der Projektvorbereitung die Definition von Einführungsstandards und -abläufen vor. Damit verbunden sind die Erstellung von Genehmigungsverfahren dieser Modifikationen und die Festlegung von Tests für diese Modifikationen (s. Change-Management, Abschnitt 3.5.4).

Die Anforderungen an Schnittstellen zu externen IT-Systemen müssen festgelegt werden. Der Durchsatz, die Art des Zugriffs (File, API ...) und die Verfügbarkeit der Schnittstellen spielen dabei eine große Rolle. Die Schnittstellen stellen damit Beziehungen zu externen IT-Systemen her. Unter die Schnittstellen fällt auch die Datenbank. Da die Datenbank bei heutigen Multi-Tier-Applikationen einen festen Bestandteil der Architektur von Applikationen darstellt, ist sie oft gesondert als IT-Service ausgewiesen (s. Middleware, Abschnitt 3.5.4).

Zentrale Bedeutung hat auch die Spezifikation von Backup und Recovery, da in Katastrophenfällen oder bei inkonsistenten Daten eine schnelle Wiederherstellung des konsistenten Zustands der Applikation bzw. ihrer Daten von vitalem Interesse für den Servicenehmer ist. Die wesentlichen Eckpunkte sind hier Datenvolumen, Zeitpunkt und Dauer (s. Backup & Restore, Abschnitt 3.5.4).

Servicenehmer und Dienstleister definieren auch die Supportstruktur. Es fließen die Überlegungen zum Incident- und Problem-Management und zum Aufbau der Service-Desks beim Servicenehmer und Dienstleister in die SLAs ein. Aufgrund der Erkenntnisse aus der Planung bzw. Beschaffung der Hardware kann auch die Verbindung zum Support spezifiziert werden (s. Service-Desk, Abschnitt 3.5.4).

Die Schulungen spielen bei der Spezifizierung der SLA-Inhalte »Schulungen« durch den Dienstleister sowie beim Schulungsstand des Dienstleisters und Schulungsstand des Servicenehmers eine große Rolle. Die Arbeitsschritte in der Projektvorbereitungsphase, die Planungen zum Thema Schulungen enthalten, sind die Erstellung des Schulungsplans für das Projektteam und die Definition der Einführungsstandards und -abläufe.

Die applikationsspezifischen Ansprechpartner können aufgrund der Erkenntnisse aus der Einrichtung der Arbeitsumgebung des Projektteams und der Bestimmung der Projektstruktur benannt werden (s. Formulierungsbeispiel zur Schulung, Abschnitt 3.5.3).

Alle bisher genannten SLA-Inhalte erfahren am Ende der Projektvorbereitungsphase ihre initiale Spezifikation. Es existieren aber auch zwei Elemente, bei denen zu diesem Zeitpunkt eine Verfeinerung der Vereinbarungen vorgenommen werden kann.

Zunächst sind die Kosten für IT-Services bei allen Vereinbarungen zu betrachten, da praktisch jeder IT-Service bzw. jede Ausprägung von Service-Levels mit speziellen Kosten verbunden ist. Als SLA-Inhalte, die eine Verfeinerung erfahren können, sind die Definitionen zu nennen. Durch die Projektarbeit zwischen Servicenehmer und Dienstleister müssen alle verwendeten Begriffe klar definiert werden, damit zwischen Servicenehmer und Dienstleister die gleiche Sprache gesprochen wird.

Zeitpunkt 3: SLA-Inhalte nach der 2. Phase (Business Blueprint)

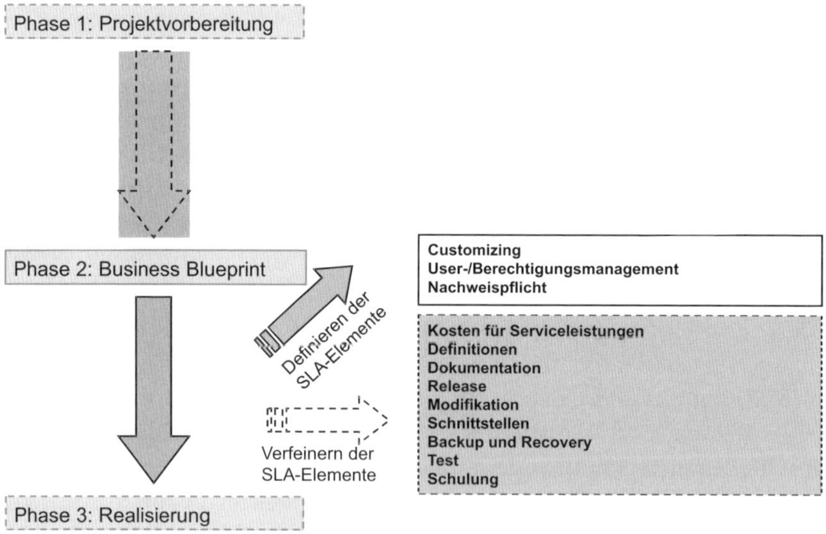

Abb. 3–20 *SLA-Inhalte nach dem Business Blueprint*

Zunächst wird auf die SLA-Elemente eingegangen, die nach der Business-Blueprint-Phase ihre initiale Spezifizierung erfahren (s. Abb. 3–20). Die servicenehmerabhängigen Einstellungen des IT-Service werden unter Customizing zusammengefasst. Je nach Komplexität dieser Einstellungen unterstützt und standardisiert der Applikationshersteller das Customizing.

Das User- und Berechtigungsmanagement kann durch die Erkenntnisse aus der Durchführung von Geschäftsprozess-Workshops, die in dieser zweiten Phase durchgeführt werden und den Bedarf an Berechtigungen erarbeiten helfen sollen, spezifiziert werden. In den Geschäftsprozess-Workshops wird auch die Datenübernahme geplant.

Des Weiteren fließen die Vereinbarungen zur Systemadministration durch den Dienstleister ein. Sie erfassen aus SLM-Sicht die Analyse, Messung und Kontrolle des Verhaltens der Applikation. Dazu gehörte die Planung der Konfiguration und des Einsatzes der Administrationswerkzeuge, die mit der Applikation geliefert werden, und derjenigen Werkzeuge, die bereits eingesetzt werden bzw. neu hinzukommen sollen. Das Reporting des IT-Service fällt unter die Nachweispflicht (s. Reporting-Service, Abschnitt 3.5.4).

Bei den folgenden Inhalten werden bisher getroffene Vereinbarungen verfeinert: Die Kosten und die Definitionen müssen nach jeder Phase des Einführungsprozesses angepasst werden.

Das eingesetzte Release der Applikation, das Datenbanksystem, das Betriebssystem und das Frontend erfahren zu diesem Zeitpunkt ebenfalls eine Verfeinerung. Dies ist eine unmittelbare Folge des Entwurfs des technischen Konzepts. Das erstellte technische Konzept beeinflusst auch die Vereinbarungen der Netzwerktopologie, des Change-Managements, der Releasestrategie, zum Bedarf an erweiterter Funktionalität (Modifikationen) und zu den Schnittstellen.

Bei den Vereinbarungen zu den Modifikationen und den Schnittstellen sollten auch die Ergebnisse der Geschäftsprozess-Workshops beachtet werden, da dort Schnittstellen und Systemerweiterungen wichtige Themen sind.

Diese Workshops bzw. die Geschäftsprozessdefinition im Allgemeinen haben natürlich maßgeblichen Einfluss auf die genutzten Module und Geschäftsprozesse der Applikation.

Die für Vereinbarungen wichtigen Abläufe sind unter dem Punkt »Backup und Recovery« bzw. »Zeitpläne für Backups« parallel zur Planung der Systemverwaltung festgelegt.

Beim Einrichten der Entwicklungsumgebung müssen Tests definiert und durchgeführt werden. Die Festlegung der logischen Systeme wird durch die Erkenntnisse aus der Einrichtung der Systemlandschaft des Entwicklungssystems erweitert.

Bei der Schulung des Projektteams und der Planung der Benutzerschulungen sollte eine Zusammenarbeit des Servicenehmers mit dem Dienstleister berücksichtigt werden.

Zeitpunkt 4: SLA-Inhalte nach der 3. Phase (Realisierung)

Zu diesem Zeitpunkt ist die Realisierungsphase der Applikation abgeschlossen, und für den Dienstleister werden folgende Aufgaben aktuell:

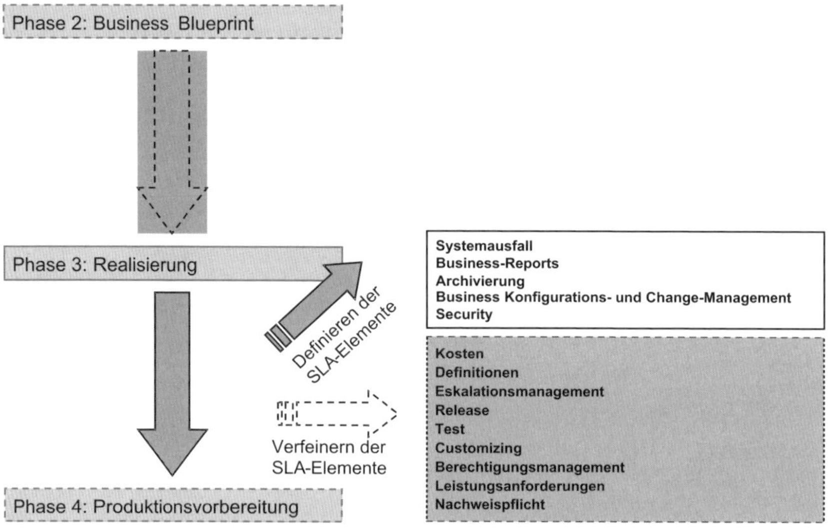

Abb. 3–21 *SLA-Inhalte nach der Realisierung*

Auch zu diesem Zeitpunkt werden zunächst die SLA-Elemente betrachtet, bei denen eine erste initiale Spezifikation durchgeführt wird (s. Abb. 3–21). Diese Phase der Einführung sieht die Erarbeitung von Systemtestplänen vor und erlaubt damit, Systemausfallszenarios zu identifizieren und bei den Vereinbarungen und Planungen zum Ausfall des IT-Service zu berücksichtigen. In der Realisierungsphase wurde die Planung und die Implementierung von Business-Reports und Formularen durchgeführt. Die Planung hat damit Einfluss auf das SLA (s. Formulierungsbeispiel zu Pönalen, Abschnitt 3.5.3, und Verfügbarkeit, Abschnitt 3.3.4).

Da die Einrichtung der Archivierung zu diesem Zeitpunkt abgeschlossen ist, können auch in diesem SLA-Inhalt fundierte Vereinbarungen getroffen werden. Als weitere SLA-Inhalte sollten die Peripheriegeräte und Drucker spezifiziert werden. Zum einen, da bei den Systemtestplänen Druck- und Faxtests erstellt werden, und zum anderen, da beim Aufbau der Produktivumgebung z.B. die Drucker in Betrieb genommen und die Druckfunktionen getestet werden.

Als weiterer wichtiger Punkt muss das Konfigurations- und Change-Management definiert werden. Grundlage hierfür bilden die Erstellung der Pläne für die voreingestellte Baseline-Konfiguration, die Konfiguration und Überprüfung der Baseline und die Detailkonfiguration und -abnahme. Bei diesen Arbeitsschritten der Applikationseinführung spielen die Konfigurationsprozesse eine große Rolle. Wichtig ist dabei, welche Änderungen vom Servicenehmer wie durchgeführt werden dürfen, da Business-Konfigurationsänderungen einen erheblichen Einfluss auf die Applikations-Performance haben können.

Das innerhalb der Definition des Systemmanagements für das Produktivsystem erarbeitete Sicherheitskonzept sowie die Strukturen des in dieser Phase erstellten Berechtigungskonzepts haben einen Einfluss auf die technische Sicherheit.

Die im Folgenden beschriebenen SLA-Inhalte werden zu diesem Zeitpunkt verfeinert. Die Kosten und Definitionen gehören wie nach jeder Phase zu den Elementen, die angepasst werden sollten.

Durch die Berücksichtigung verschiedener Ausfallszenarien bei den Testplänen erlangen beide Parteien neues Wissen über die Anforderungen an das Eskalationsmanagement, und diese Erkenntnisse sollten sich auch im SLA niederschlagen. Die Ausfallszenarien sollten sich weiter in der Definition der Risikobereiche widerspiegeln.

In der Realisierungsphase planen beide Parteien die Dokumentation der Konfiguration des IT- Service. Im Rahmen der Baseline-Konfiguration ist es wichtig, dass alle Veränderungen einschließlich der Testergebnisse dokumentiert werden. Die Zuständigkeiten und Ablagen für diese Dokumentation sind im SLA festzuhalten.

Bei der Baseline- und auch der Detailkonfiguration wird klar, welche Module bzw. Geschäftsprozesse zukünftig genutzt werden sollen. Diese Ergebnisse können ins SLA übernommen werden. Die Vereinbarungen zur Netzwerktopologie werden durch die Erkenntnisse aus dem Aufbau der Produktivumgebung erweitert. Die in dieser Phase realisierten Erweiterungen sollten unter dem Punkt »Bedarf an erweiterter Funktionalität« dokumentiert werden. Die Schnittstellen werden ebenfalls in dieser Phase entwickelt und getestet. Mögliche neue Erkenntnisse und Änderungen sollten ins SLA übertragen werden. Die Recovery sollte zudem nach der Einrichtung der Systemadministrationsfunktionen und Betrachtung der Ausfallszenarien überarbeitet werden. Besonders wichtig sind hierbei die Anforderungen bzgl. der Recovery-Strategien für Notfälle und Recovery-Fähigkeit von Änderungen am IT-Service (Change-Management).

Tests sind von besonderer Wichtigkeit in der Realisierungsphase. Daher sollten die Testpläne bzw. Ergebnisse in das SLA einfließen.

Die Baseline-Konfiguration beinhaltet auch Customizing-Einträge, die im SLA festgehalten werden.

Das Berechtigungsmanagement wird im Zuge der Einrichtung der Konsolidierungsumgebung (auch Qualitätssicherungsumgebung genannt) umgesetzt und für das Produktivsystem geplant. Die Ergebnisse aus der Umsetzung und die Planung können in das SLA übertragen werden.

In der Realisierungsphase wird das spätere Produktivsystemdesign festgelegt, und daraus ergeben sich auch neue Kenntnisse über die Leistungsanforderungen des IT-Service im Produktivsystem. Die Systemadministration durch den Dienstleister wird ebenfalls ergänzt. Dazu werden jetzt auch die Verantwortlichen für die Bereiche Datenbank, Hardware etc. festgelegt und unter den applikationsspezifischen Ansprechpartnern eingetragen. Für die Nachweispflicht sind besonders die Konfiguration der Ereignisse, die Performance und Alarm-Monitore der Managementanwendungen wichtig.

Zeitpunkt 5: SLA-Inhalte nach der 4. Phase (Produktionsvorbereitung)

Nach dem Ende der Produktionsvorbereitungsphase finden nur noch Verfeinerungen statt, alle den Dienstleister betreffenden Aspekte sollten bisher zumindest einmal berücksichtigt worden sein.

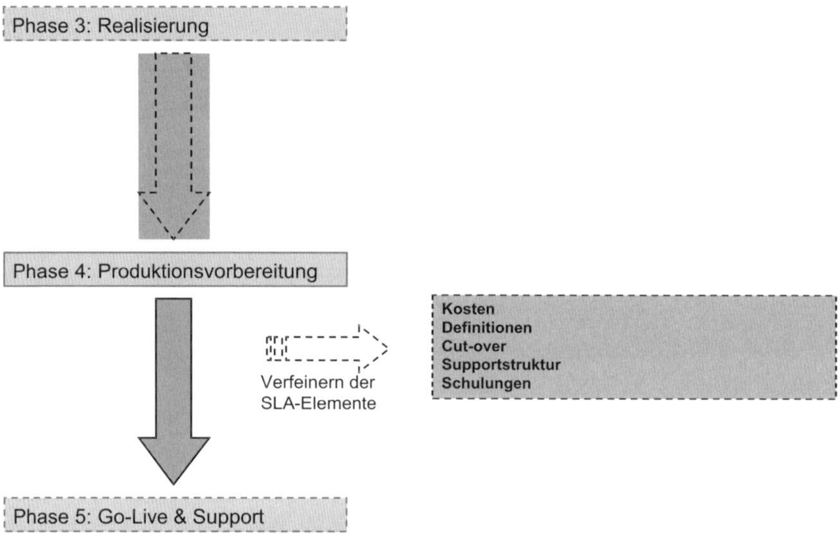

Abb. 3–22 *SLA-Inhalte nach der Produktionsvorbereitung*

Die detaillierte Planung von Cut-over und Support hat in dieser Phase die größte Bedeutung für den Dienstleister (s. Abb. 3–22). Die daraus gewonnenen Erkenntnisse fließen natürlich in die Vereinbarungen zum Cut-over, der Supportstruktur und der Verbindung zum Support ein. Nach der Planung wird der Cut-over in der Produktionsvorbereitung durchgeführt und verfeinert die entsprechenden Vereinbarungen weiter. Die Planung des Systemmanagements wird ebenfalls überarbeitet. Bei der Benutzerschulung können Schulungen durch den Dienstleister berücksichtigt werden.

Zeitpunkt 6: SLA-Inhalte nach der 5. Phase (Go-Live & Support)

Der Abschluss der fünften Phase ist gleichbedeutend mit dem Ende der Einführungsphase der Applikation. Nach diesen letzten Modifikationen erreicht der Servicenehmer und der Dienstleister ein erstes vollständiges SLA.

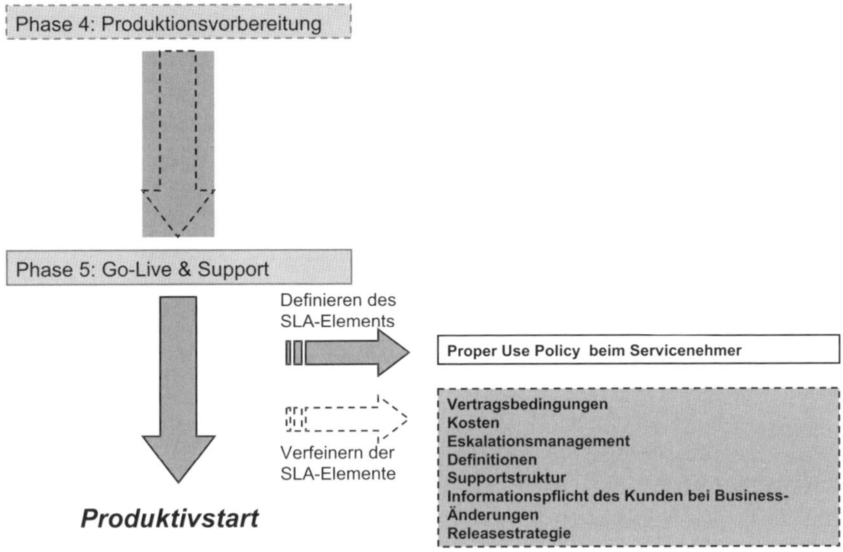

Abb. 3–23 *SLA-Inhalte nach dem Go-Live & Support*

Nach erfolgter Definition der Proper Use Policy (Richtlinie für eine ordnungsgemäße Nutzung des IT-Service) für den Servicenehmer wird der IT-Service produktiv geschaltet (s. Abb. 3–23). Nach der Einführung des IT-Service ist es sinnvoll, wenn die Vertragsbedingungen nochmals überprüft werden. Die Kosten werden gemäß den Anforderungen definiert und die notwendigen Definitionen im SLA vervollständigt. Einer der Arbeitsschritte dieser Phase stellt der Produktionssupport dar. Er beeinflusst nochmals das Eskalationsmanagement und natürlich die Supportstruktur. Da nun das Produktivsystem fertig konfiguriert ist, können genaue Anforderungen bzgl. der Informationspflicht des Servicenehmers bei Business-Änderungen definiert werden. Es wird nun noch eine langfristige Systemplanung angeschlossen, die vor allen Dingen die Releasestrategie betrifft.

3.4.6 Änderungen an bestehenden Service-Level-Agreements

SLAs sind Änderungen und Anpassungen unterworfen. Ihr Inhalt wird aufgrund aktueller Gegebenheiten, wie sich ändernde Nachfrage nach IT-Services oder Änderungen von Leistungen, immer wieder neu angepasst. Dieser Prozess wird häufig unterschätzt. Sehr schnell können plötzliche Anpassungen den gewählten Ansatz bzw. die entworfene SLA-Architektur (s. Abschnitt 3.4.1) unterlaufen.

Anhand eines Beispiels mit einer Master-SLA-Architektur soll diese Problematik untersucht werden.

Ausgangssituation

Anhand eines Praxisbeispiels wird untersucht, welche Herausforderungen im täglichen Betrieb für Service-Level-Manager entstehen können. Der Dienstleister sei in diesem Beispiel ein Generalunternehmer, der viele IT-Services einkauft, somit liegen auch mehrere Underpinning Contracts vor. Die IT-Services werden veredelt und über das Master-SLA als ein individuelles sehr umfangreiches IT-Servicepaket an einen Großkunden weiterverkauft. Auf diesem Weg entsteht ein Master-SLA mit 200 IT-Services, die in je einem SLA beschrieben sind. Vom Master-SLA und auch von den Service-Fact-Sheets sind detaillierte Verweise auf Underpinning Contracts gesetzt. Das Master-SLA und die SLA sind nach dem Vieraugenprinzip für jede Vertragspartei aufgebaut, d.h., es gibt pro Dokument vier Unterschriften. Ergänzend sei genannt, dass der Großkunde insgesamt 402 und die Gegenpartei ebenfalls 402 Unterschriften in diesem Master-SLA geleistet hat.

Neue Situation

Ein bestehendes zentrales Underpinning Contract, in dem Hosting- und Datenbankleistungen vereinbart sind, wird gewechselt. Der neu entstehende Underpinning Contract hat neue Vertragspartner und muss in das Master-SLA-Konstrukt integriert werden. Dabei ist im Vorfeld ersichtlich, dass mehrere Vereinbarungen davon betroffen sind. Die Herausforderung liegt darin, dass alle betroffenen SLAs auf diese Änderung hin aktualisiert werden müssen. Insbesondere sind viele Unterschriften einzuholen. Abb. 3–24 veranschaulicht die Situation.

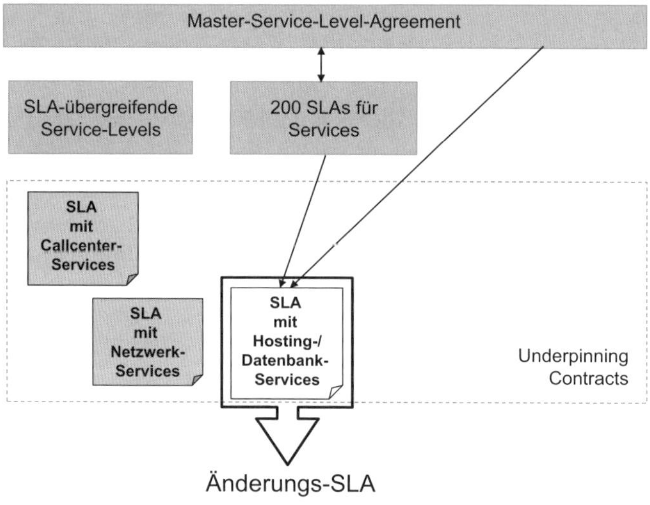

Abb. 3–24 *Situation bei Änderungen*

Deutlich wird, dass bei Änderungen nicht immer ein einfaches Verfahren gilt, wenn es sich um umfangreiche SLAs handelt, die über sehr viele IT-Services oder Leistungsbausteine verfügen. Das folgende Vorgehen zeigt, worauf zu achten ist:

- Auflösung von Verweisen auf mitgeltende Dokumente und Betriebsverträge, die bei Änderungen (z.B. Dienstleisterwechsel) eine Neuunterzeichnung bedeuten würden
- Gewährleistung des Überblicks von Neuunterzeichnungen
- Flexibilisierung des Master-SLA und der SLAs bei zukünftigen Änderungen

Es empfiehlt sich eine konzeptionelle Anpassung, um mehrere Change-Requests mit Sonderregelungen zum SLA zu vermeiden. In der Analyse der Abhängigkeiten muss erkannt werden, dass das Master-SLA und die SLAs an bestimmten Stellen auf den zu ändernden Underpinning Contract verweisen. Tabelle 3–36 zeigt beispielhaft die Verweismenge und die Auswirkungen auf die Unterschriften.

Dokument	Situation	Auswirkung
Master-SLA	Verweise von 2 Kapiteln aus auf das Änderungs-SLA	2 Unterschriften pro Partei
SLA	Verweise von 150 SLAs auf das Änderungs-SLA	300 Unterschriften pro Partei
Gesamt		302 Unterschriften pro Partei

Tab. 3–36 *Unterschriftenmenge*

Bei der Analyse zeigt sich, dass der Austausch eines zentralen Underpinning Contract zu 604 Unterschriften (s. Tab. 3–36 oben: 2×302 Unterschriften) führen kann. Dies ist eine schwer zu beherrschende Situation. Denn das Einholen der vielen Unterschriften ist oft ein zeitraubender Prozess. In den nachstehenden Abschnitten wird dargelegt, welche Möglichkeiten Service-Level-Manager haben, um mit dieser Situation umzugehen. Vorgestellt werden drei Ansätze, die jeweils Vor- und Nachteile beinhalten. Der Service-Level-Manager kann einen der drei Ansätze wählen, um das neue Dokument in seine SLA-Architektur zu integrieren.

Praxishinweis

Die Analyse wurde manuell durchgeführt, da für diese Situation keinerlei Vorbereitungen zur technischen Unterstützung getroffen waren. Nur durch das Expertenwissen und einfache Suchmethoden konnten alle Fundstellen in den Dokumenten lokalisiert werden. Für eine technische Unterstützung bieten sich Werkzeuge an, die Datenbanken und deren Beziehungen visualisieren können. So würde auf der in Abschnitt 5.2.4 genannten Soll-Ist-Datenbank ein solches Datenbank-Visualisierungwerkzeug aufsetzen und die Analyse für die Service-Level-Manager übernehmen.

Austausch-Ansatz

Wenn die Verweise im Master-SLA und in den SLAs ausgetauscht werden, dann wird dies als Austausch-Ansatz bezeichnet. Dabei werden alle SLAs angepasst, d.h., in jedem Dokument werden die alten Verweise gelöscht. Anschließend werden die neuen Verweise eingefügt. Die Anpassung betrifft auch das Master-SLA. Es muss ebenfalls aktualisiert werden (s. Abb. 3–25).

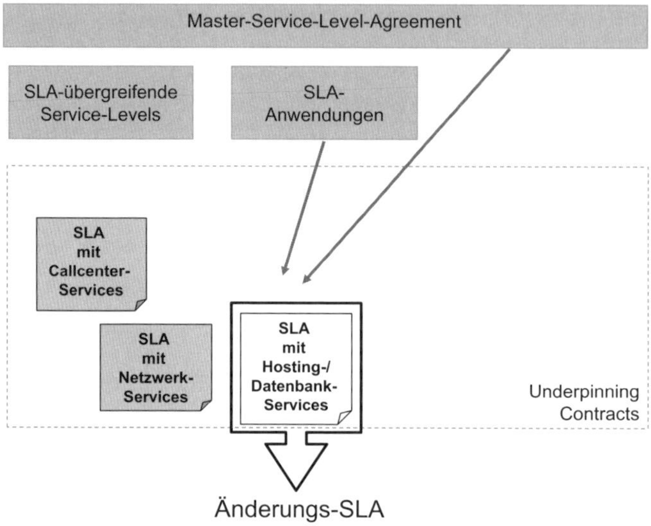

Abb. 3–25 *Austausch-Ansatz*

Bei diesem Ansatz wird deutlich, dass man mit einem hohen Aufwand rechnen muss, Fakt ist jedoch, dass man anschließend ein vollständig aktualisiertes SLA erhält. Und man hat zudem den Vorteil, dass ggf. bestehende Ungenauigkeiten auch in diesem Zyklus noch geändert werden könnten. Es sind neue Unterschriften auf den geänderten Dokumenten erforderlich. Im Beispiel sind 604 Unterschriften notwendig, um diesen Austausch-Ansatz umzusetzen. Für die Zukunft hat der Service-Level-Manager dadurch aber nichts gewonnen. Denn wenn eine ähnliche Situation wieder entsteht, wird er mit dem gleichen Aufwand rechnen müssen.

Zusatzvereinbarung mit Altlast

Es wird eine Zusatzvereinbarung geschlossen, die alle Verweise auf mitgeltende Dokumente entkräftet und eine neue Referenzliste aufbaut. Zukünftig gibt es eine Matrix in der Zusatzvereinbarung, die SLAs bzw. betroffene Kapitel im Master-SLA aufnimmt und diese bzgl. der Underpinning Contracts in Relation stellt. Im weiteren Verlauf werden nur noch diese Verweise aktualisiert. Als Altlast bleiben die bisherigen Verweise im Master-SLA und den SLAs bestehen (s. Abb. 3–26).

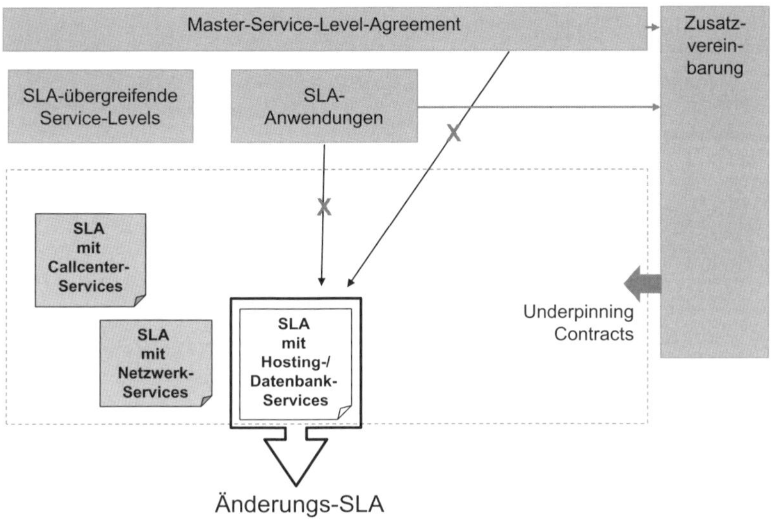

Abb. 3–26 *Zusatzvereinbarung mit Altlast*

Das Master-SLA kann involviert sein, wenn eine Regelung für Zusatzvereinbarungen geschaffen werden muss. Für die Zusatzvereinbarung und/oder das Master-SLA sind Unterschriften einzuholen. Damit wird die Menge der Unterschriften auf 2×4 Unterschriften (pro Partei entstehen 2 Unterschriften für das Master-SLA und 2 Unterschriften für die Zusatzvereinbarung) begrenzt. Es müssen jedoch die Nebeneffekte abgeschätzt werden. Denn es entsteht eine umfangreiche Zusatzvereinbarung, die bei Entscheidungen immer mit herangezogen werden muss. Ebenso zeigt es sich, dass im Master-SLA und den SLAs die alten Verweise bestehen bleiben. Im laufenden Tagesgeschäft kann es zu Verständnisproblemen im Betrieb führen, nach dem Motto: »Was gilt jetzt?«

Die Stärke des Ansatzes liegt darin, dass die Änderbarkeit zukünftig deutlich erleichtert wird. Denn die Matrix lässt sich bei zukünftigen Änderungen leicht handhaben und in den Unterschriftenumlauf bringen.

Zusatzvereinbarung mit Synonymen

Bei diesem Ansatz wird eine einfache Zusatzvereinbarung aufgebaut, die die bestehenden Begriffe und Verweise als Synonyme aufgreift unter der Annahme, dass Synonyme verwendbar sind. Zwar bleiben auch die Verweise in den SLAs bestehen, jedoch sind diese nicht als veraltet anzusehen, denn sie werden in der Zusatzvereinbarung als Träger der Zuordnung aufgenommen (s. Abb. 3–27).

Analog zur Zusatzvereinbarung mit Altlasten bewegt sich die Menge der Unterschriften bei 2×4. Die Verweise können zukünftig ebenfalls einfach geändert werden. Tabelle 3–37 zeigt, wie die Synonyme in der Zusatzvereinbarung aufgenommen werden.

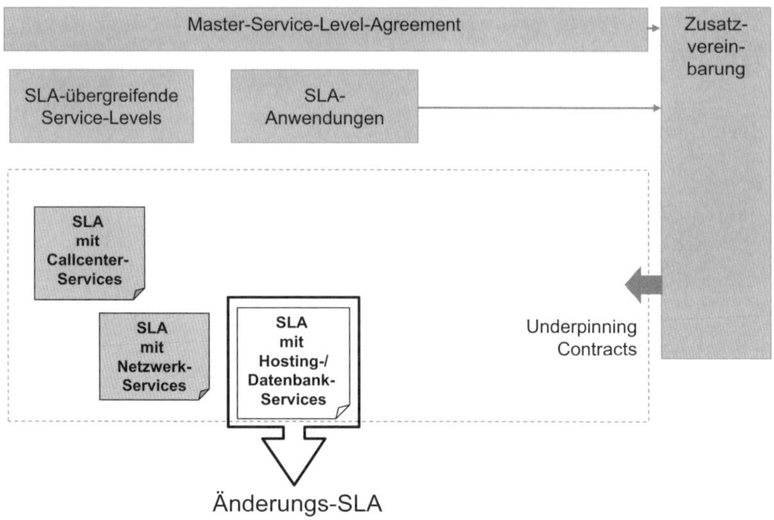

Abb. 3–27 *Zusatzvereinbarung mit Synonymen*

Alte Namenskonvention von Verweisen	Neue Namenskonvention von Verweisen
Änderungs-SLA mit **Dienstleister A**	Änderungs-SLA mit **Dienstleister 1**
Anwendungs-SLA mit Dienstleister B	Anwendungs-SLA mit Dienstleister B
Netzwerk-SLA mit Dienstleister C	Netzwerk-SLA mit Dienstleister C

Tab. 3–37 *Synonyme in der Zusatzvereinbarung*

Nachdem die Zusatzvereinbarung um diese Tabelle 3–37 ergänzt wurde, wird zukünftig nur noch diese Tabelle aktualisiert.

Bei der Konzeption des SLA sollte auch auf den Change-Prozess für das SLA geachtet werden. Dabei muss der Service-Level-Manager berücksichtigen, in welchem Unternehmen er sich befindet. Denn Unternehmen ohne Revisionspflicht können sich auf einfache Abläufe verständigen, während Unternehmen mit Revisionspflicht zusätzliche Aspekte beachten müssen. Sie benötigen insbesondere nachvollziehbare und transparente Konzepte wie z.B. Change-Requests auf SLAs. In diesen Change-Requests müssen für die Revision folgende Punkte enthalten sein:

- Wann wurde der Change-Request erstellt?
- Welches SLA bzw. mitgeltendes Dokument ist betroffen?
- Welcher IT-Service wird geändert?
- Welche Art der Änderung liegt vor (neuer IT-Service, Änderung oder Außerbetriebnahme von IT-Services)?
- Wer hat die Änderung am IT-Service veranlasst?
- Welche Personen bzw. Rollen haben dies von beiden Vertragsparteien abgestimmt?

- Welche Personen bzw. Rollen haben die Änderung für den Change-Request freigegeben (Projektleiter)?
- Welche Änderungen wurden am IT-Service vorgenommen (detaillierte Beschreibung der Änderung)?
- Wer ist für diesen Change-Request verantwortlich (unterschriftsberechtigte Person)?
- Ab welchem Zeitpunkt gilt die Änderung für den operativen Betrieb?

Mithilfe dieser Checkliste bzw. dieses Change-Requests können Änderungen an IT-Services revisionssicher dokumentiert werden.

3.5 Praxislösungen für Service-Level-Agreements

Für SLAs werden in diesem Abschnitt viele Praxislösungen aufgezeigt. Hier geht es primär um eine bessere Beherrschung der vielfältigen Herausforderungen durch Beispiele aus der Praxis für die Praxis.

3.5.1 Checkliste

Diese Checkliste dient dazu, SLAs auf Vollständigkeit zu prüfen (s. Tab. 3–38).

Vertragsparteien: ▪ Wer ist der Servicenehmer (Gesellschaft, Abteilung, Ansprechpartner)? ▪ Wer ist der Dienstleister (Gesellschaft, Abteilung, Ansprechpartner)?	Detaillierte Beschreibung der zu erbringenden IT-Services: ▪ Funktionen/Leistungsmerkmale ▪ Technische Beschreibungen ▪ Nicht funktionale Beschreibungen ▪ Technische Umgebung ▪ Schnittstellen zu anderen IT-Systemen ▪ Abbildung der Prozessschritte und -Anforderungen Sicherstellung der Einhaltung der Servicenehmeranforderungen: ▪ Sind die spezifischen und/oder individuellen Anforderungen des Servicenehmers ordnungsgemäß dokumentiert und vor dem Start der Betriebsleistung des SLA implementiert worden? ▪ Ist sichergestellt, dass diese spezifischen und dokumentierten Anforderungen nicht ohne vorherige Mitsprache und Zustimmung des Servicenehmers geändert werden können?

→

<table>
<tr>
<td>Detaillierte Aufführung und explizite Nennung von Leistungsausschlüssen:
- Welche Leistungen werden ausgeschlossen?
- Werden Leistungen unter anderen Verträgen erbracht bzw. berührt oder von Dritten erbracht?
- Wenn ja, sollten diese referenziert werden?</td>
<td>Verfügbarkeitsraten: 99,8% pro Monat
Sind die dadurch vereinbarten Stillstandszeiten (Downtime) für den Servicenehmer akzeptabel und abgestimmt?
Wartungsfenster – welche Zeiten werden zur Durchführung notwendiger Wartungsarbeiten vereinbart, z.B. zur Installation von Patches? Gehen diese in die vereinbarte Verfügbarkeit mit ein?</td>
</tr>
<tr>
<td>Servicezeiten, Kommunikation und Verfügbarkeit:
- Standort
- Nummer
- Erreichbarkeitszeiten
- Nichterreichbarkeit – z.B. aufgrund lokaler Feiertage am Standort
- Verfügbare Sprachen
- Ist die vorgeschlagene Service-Desk-Erreichbarkeit für den Servicenehmer akzeptabel und abgestimmt?
- Anrufberechtigungen – wer ist berechtigt oder verpflichtet, den Service-Desk oder den benannten Ansprechpartner beim Dienstleister zu kontaktieren?
- Gibt es eine Rufbereitschaft für Notfälle?</td>
<td>Definition von Fehlerklassen nach Schweregrad und Priorität:
1. Katastrophal – IT-System nicht funktionsfähig bzw. unbrauchbar für den Servicenehmer
2. Kritisch – Systemnutzung für den Servicenehmer stark eingeschränkt, ein für den Servicenehmer akzeptabler Workaround ist jedoch innerhalb angemessener (definierter) Zeit installierbar
3. Kosmetisch – unerhebliche Mängel, die die geforderten Funktionen und Funktionalitäten nicht einschränken und die Nutzung für den Servicenehmer nicht behindern</td>
</tr>
<tr>
<td>Antwortzeiten und Frequenz von Zwischenstandsmeldungen nach Störungspriorität – der Dienstleister wird den Servicenehmer innerhalb vereinbarter Zeitfenster über den Status informieren und Lösungswege vorschlagen:
<table>
<tr><th>Prio</th><th>Reaktionszeit</th><th>Update-Frequenz</th></tr>
<tr><td>1</td><td>1 Stunde</td><td>30 Minuten</td></tr>
<tr><td>2</td><td>2 Stunden</td><td>alle 4 Stunden</td></tr>
<tr><td>3</td><td>4 Stunden/
1 Werktag</td><td>Täglich</td></tr>
<tr><td>4</td><td>4 Stunden/
1 Werktag</td><td>Täglich</td></tr>
</table>
</td>
<td>Wiederherstellungszeiten – garantierte Zeiten zur Fehlerbehebung:
- Nach Störungspriorität
- Bei Standard-Incidents (z.B. DB-Absturz, OS-Absturz, Absturz einer Applikation, Serverausfall)</td>
</tr>
</table>

→

<table>
<tr>
<td>Service-Level-Reporting:
- Verfahren?
- Kennzahlen?
- Zyklen?
- Formate?
- Ad-hoc-Reporting – hat der Servicenehmer die Möglichkeit, kurzfristig Ad-hoc-Reports abzurufen?</td>
<td>Service-Level-Überwachung und -Sicherstellung:
- Wie werden Service-Levels überwacht und gesteuert?
- Wie wird die Einhaltung des vereinbarten Service-Levels sichergestellt?
- Lessons Learned – Wie werden Schlussfolgerungen und Verbesserungen daraus implementiert und gesichert?
- Leistungsübergabepunkt – wo erfolgt die Übergabe der tatsächlichen Leistung (z. B. Einstiegspunkt in das Netzwerk des Servicenehmers, Ausgang des Netzwerks des Dienstleisters, ein bestimmter Router, ein bestimmter Server)?</td>
</tr>
<tr>
<td>Eskalationsweg – wer sind die Ansprechpartner beider Parteien bei Problemen, die auf der operativen Ebene nicht zu lösen sind?
<table>
<tr><th>Ebene</th><th>Ansprechpartner</th></tr>
<tr><td>Betrieb</td><td>Name, Telefon</td></tr>
<tr><td>Management</td><td>Name, Telefon</td></tr>
<tr><td>Gehobenes Management</td><td>Name, Telefon</td></tr>
</table>
Gremien (z. B. Lenkungsausschuss):
- Sind Gremien erforderlich bzw. erwünscht und definiert?
- Ist ein Zyklus von Meetings dieser Gremien definiert?
- Ist die Besetzung der Gremien geregelt?
- Sind Eskalationspfade innerhalb der Gremien vereinbart?</td>
<td>Mitwirkungspflichten – welche Mitwirkungspflichten werden vom Servicenehmer erwartet?
- Sind diese klar beschrieben?
- Sind klare Termine bestimmt, zu denen diese Mitwirkungspflichten erbracht sein müssen?
- Sind diese vollständig kommuniziert?
- Sind diese Mitwirkungspflichten beiden Parteien bewusst und untereinander abgestimmt?

Rollenbezeichnungen und Verantwortlichkeiten – sind verwendete Rollenbezeichnungen und damit verbundene Aufgaben und Verantwortlichkeiten klar definiert und abgestimmt?</td>
</tr>
<tr>
<td>Änderungswünsche/Change-Management-Prozess – ist der Prozess der Abstimmung und Durchführung von Notfall- und Standardänderungen klar definiert und abgestimmt?</td>
<td>Preise, Vergütung, Geltungsdauer, Neuverhandlungen:
- Was ist das Preismodell und der Preis der im SLA vereinbarten Leistungen?
- Sind weitere Leistungen vereinbart?
  • Ist ein Leistungsnachweisformular vorhanden und abgestimmt?
  • Sind die Preise dafür abgestimmt?
- Ist die Zahlungsbedingung klar beschrieben?
- Ist eine Geltungsdauer der Preise und/oder Leistungen definiert?
- Sind Bedingungen oder Zeitpunkte definiert, an denen eine Neuverhandlung der Preise/Leistungen erfolgt?
- Ist evtl. eine finanzielle Trennung von Support und Update-Lieferung möglich und erwünscht (späteres Einsetzen der Zahlungsverpflichtungen für den Support)?</td>
</tr>
</table>

→

Minderungsregelungen – Regelungen, die den Servicenehmer zum Zurückhalten oder Herabsetzen der Vergütung berechtigen, wenn der Dienstleister die vereinbarten Service-Levels verletzt: ▪ Abstufung der SLA-Verletzung? ▪ Zeit- oder vorfallbasierte Strafen? ▪ Begrenzung der Vertragsstrafen?	Welche IT-Services werden gewartet? ▪ Detaillierte Aufführung der Softwareprodukte, -komponenten, Module etc. ▪ Name, Art, Umfang und Anzahl der Lizenzen Sind Anpassungen und individuelle Entwicklungen ebenfalls Gegenstand der Wartung bzw. des Supports? ▪ Wenn ja, sollten diese detailliert beschrieben werden oder auf einen evtl. bestehenden separaten Vertrag darüber verwiesen werden. Fernzugriff und Websupport: ▪ Sind alle aktuell gültigen Sicherheitsrichtlinien implementiert? ▪ Sind entsprechende Mitwirkungspflichten definiert?
Vor-Ort-Betreuung – ist eine Vor-Ort-Betreuung beim Servicenehmer möglich und wenn ja, unter welchen Bedingungen? Backwards-Support-Garantien – in welchem Maße und Umfang und wie lang werden ältere Versionen der im Rahmen von IT-Services eingesetzten Software vom Dienstleister gewartet und unterstützt?	Update-/Upgrade-Lieferung – verpflichtet sich der Dienstleister zur Lieferung von Updates-/Upgrades? Gibt es Einschränkungen für bestimmte Versionen, Applikationen etc.? ▪ Update-/Upgrade-Zyklen? ▪ Ist das Lifecycle-Modell der gewarteten Software bekannt? Vergütung: ▪ Zahlungsbedingungen (z.B. quartalsweise im Voraus)? ▪ Trennung von Support und Updates – ist eine Trennung von Supportleistungen und Upgrade-Lieferung möglich und erwünscht (späteres Einsetzen der Zahlungsbedingungen bei Support)? ▪ Vertragsstrafen – siehe oben ▪ Bonusregelungen
Nutzungsrechte: ▪ Welche Nutzungsrechte bestehen oder entstehen seitens des Dienstleisters? ▪ In welchem Umfang werden diese dem Servicenehmer zur Verfügung gestellt? ▪ Ist sichergestellt, dass die Ergebnisse der Tätigkeiten auch in anderen Projekten bei anderen Mandanten/Kunden des Dienstleisters genutzt und weitergegeben werden können?	Datenschutz und Datensicherheit: ▪ Sind die zu erbringenden Leistungen datenschutz- und datensicherheitsrelevant? ▪ Werden die aktuellen Datenschutz- und Datensicherheitsrichtlinien beachtet und sind diese im SLA mit erfasst?

→

Testfälle und Testergebnisse: ■ Wurden Testmethoden, Testobjekte und Testfälle definiert? ■ Wurde ein Testplan definiert? ■ Wurden die dafür erwarteten Testergebnisse definiert? Testumgebung: ■ Ist eine Testumgebung definiert worden und entspricht diese der vorgesehenen Produktions-/Live-Umgebung (Hardware/Software etc.)?	Funktionale Kriterien: ■ Arbeitet das System als Ganzes und arbeiten alle definierten Module/Komponenten/Features/Funktionalitäten/Schnittstellen gemäß den im Vorfeld definierten Anforderungen und liefern diese die erwarteten Testergebnisse? Nicht funktionale und technische Kriterien: ■ Erfüllt das System alle im Vorfeld definierten technischen und nicht funktionalen Anforderungen (z. B. Systemarchitektur, Antwortzeiten der Applikation(en), Verarbeitungsgeschwindigkeit, technischer Aufbau, Verbindung/Einbindung von Modulen, Schnittstellen)? ■ Werden alle Datensicherheits- und Datenschutzrichtlinien eingehalten?
Andere Leistungsgegenstände/Dokumentationen: ■ Wurden alle anderen Leistungsgegenstände/zu liefernden Ergebnisse, z. B. Dokumentationen, in der richtigen Sprache geliefert und wurden weitere Materialien, Methoden, Schemata, Quellcode (sofern vereinbart und anwendbar), ausführbarer Code etc. vom Auftragnehmer bereitgestellt/hinterlegt und erfüllen diese hinsichtlich Umfang, Qualität und Inhalt die zuvor definierten Anforderungen?	Prozessschritte und Prozessanforderungen: ■ Liefert das IT-System nicht nur die erwarteten Ergebnisse, sondern verarbeitet es auch die Daten/Testfälle/Testdaten in der richtigen im Vorfeld definierten Art und Weise? ■ Werden alle im Vorfeld definierten Workflow-, Prozess- bzw. Verarbeitungsschritte korrekt eingehalten?

Tab. 3–38 *SLA-Checkliste*

3.5.2 Beispiele für SLA-Gliederungen

Business-Gliederung fachlich orientierter SLAs für Geschäftsprozesse

Bei fachspezifischen SLAs wird der ITIL-Aspekt in den Hintergrund gedrängt. Es treten mehr die fachlichen Punkte in den Vordergrund. Die folgende Gliederung liefert einen Einblick, wie beispielsweise das SLA eines Callcenters aufgebaut sein kann.

1 Vertragsgegenstand
2 Service-Fact-Sheet
3 Serviceleistungen
  3.1 Annahme und Bearbeitung von Servicenehmeranrufen
  3.2 Kundenerfassung
4 Unterlagenrücksendung durch den Auftragnehmer

→

5 Verrechnungsgrundlage und Preise
- 5.1 Vergütung von Anrufen
- 5.2 Vergütung der Kundenerfassung
- 5.3 Leistungsverpflichtung/Preise

6 Kennzahlen und Leistungsminderung
- 6.1 Inboundrate
- 6.2 Kundenbearbeitungsrate
- 6.3 Fehlerrate in der Kundenerfassung

7 Leistungsübergabepunkt

8 Reporting

9 Veränderung von Service-Levels

10 Berechtigungen

11 Schulung

12 Servicegespräche

13 Kommunikationsmatrix

14 Sicherheit
- 14.1 Informationssicherheit
- 14.2 Verlust oder Beschädigung
- 14.3 Produktionsstätten
- 14.4 Produktionsraum
- 14.5 Berechtigungsliste der Mitarbeiter

15 Glossar

Technische Gliederung für eine Anwendung mit zugehörigen ITIL-Prozessen

Diese Gliederung zeigt eine Struktur, wie das SLA für eine Spezialanwendung mit zusätzlichen Leistungen wie Backup aufgebaut werden kann (s. monolithisches SLA mit Anlagen, Abschnitt 3.4.1).

1 Verwaltung
- 1.1 Präambel
- 1.2 Managementzusammenfassung
- 1.3 Vertragsgegenstand
- 1.4 Außerkrafttreten des SLA
- 1.5 Mitgeltende Unterlagen
- 1.6 Änderung des Leistungsumfangs
- 1.7 SLA-Review
- 1.8 Servicegespräche
- 1.9 Aansprechpartner
- 1.10 Abkürzungsverzeichnis

2 Service-Fact-Sheet

3 Leistungen
- 3.1 Installation
- 3.2 Service-Desk
- 3.3 Incident-Management

→

3.4 Problem-Management
3.5 Change-Management
3.6 Release-Management
3.7 Security-Management
3.8 Operation-Management
3.9 Continuity-Management
3.10 Availability-Management
3.11 Dokumentation
3.12 Reporting
3.13 Monitoring
3.14 Leistungsübergabepunkt

Gliederung für mehrere IT-Services

Wie mehrere IT-Services (innerhalb der Gliederung in Abschnitt 3.4) vereinbart werden können, zeigt die folgende Gliederung.

1 Präambel
1.1 Vertragsgegenstand
1.2 Mitgeltende Unterlagen
1.3 Laufzeit- und Kündigungsregelungen
1.4 Änderung des vereinbarten Leistungsumfangs
1.5 Servicegespräche
1.6 Eskalationsmanagement

2 IT-Service-Management-Prozesse
2.1 Service-Desk
2.2 Incident-Management
2.3 Problem-Management
2.4 Change-Management
2.5 Service-Level-Management
2.6 Availability-Management
2.7 Continuity-Management

3 Security-Management-Services
3.1 Notfallmanagement
3.2 Antivirenmanagement

4 Operation-Management
4.1 Rechenzentrumsbasismanagement
4.2 Servermanagement
4.3 HardwareServices
4.4 PC-Services
4.5 Backup und Restore
4.6 Datenbank-Services
4.7 Wartungen

5 Kosten und Prelse

6 Unterschriften

7 Anhänge

8 Glossar

3.5.3 Formulierungsbeispiele (inkl. Pönalenregelung)

Diese Praxislösung liefert Formulierungsbeispiele, die direkt im SLA angewendet werden können. Mithilfe dieser Formulierungen werden dem Service-Level-Manager Möglichkeiten aufgezeigt, wie bestimmte Sachverhalte in SLAs gelöst werden können.

Formulierungsbeispiel zur jährlichen SLA-Anpassung

Mindestens einmal pro Jahr findet ein SLA-Review zwischen Servicenehmer und Dienstleister statt. Innerhalb des SLA-Reviews werden die Inhalte des SLA überprüft und erforderliche Anpassungen nachfolgend durchgeführt und freigegeben. Die Koordination der Anpassungen erfolgt durch den Servicenehmer. Die Initiierung des Review-Termins zur SLA-Anpassung beginnt mit der gemeinsamen Festlegung eines Termins und einer Einladung durch den Dienstleister. Teilnehmer seitens des Dienstleisters sind die jeweils verantwortlichen Teamleiter, Abteilungsleiter oder entsprechende Rollen. Die Ergebnisse der SLA-Anpassung werden dokumentiert und allen beteiligten Parteien zur Verfügung gestellt. Beide Vertragsparteien verpflichten sich, den festgestellten Änderungsbedarf im Vertragswerk binnen 15 Arbeitstagen umzusetzen.

Formulierungsbeispiel für unterjährige Änderungen des vereinbarten Leistungsumfangs

Anforderungen seitens des Servicenehmers zur Änderung des beschriebenen Leistungsumfangs bedürfen der Schriftform. Diese Anforderungen werden vom Dienstleister bewertet. Alle Änderungen an IT-Services koordiniert der Service-Level-Manager des Dienstleisters. Aufgrund der Veränderungen des Markts sowie der technischen Möglichkeiten einerseits und der dynamischen Entwicklung in den Geschäftsfeldern des Servicenehmers andererseits sehen beide Vertragsparteien die Notwendigkeit, dieses SLA an die sich verändernden Rahmenbedingungen fortlaufend anzupassen. Entsprechendes gilt für Leistungserweiterungen.

Formulierungsbeispiel zu Servicegesprächen

Der Servicenehmer initiiert in Abstimmung mit dem Dienstleister ein monatliches Servicegespräch beim Servicenehmer. Die Beteiligten vereinbaren hierzu einen regelmäßigen Termin (monatlich). Die Agenda des Servicegesprächs wird im Vorfeld, mindestens x Arbeitstage vorher, bekannt gemacht und auf geeignete Weise allen Betroffenen zur Verfügung gestellt. Ein Bestandteil der Agenda ist grundsätzlich die Besprechung der Monatsberichte. Für die Servicegespräche stellt der Dienstleister die festgelegten Monatsberichte spätestens zum x-ten Arbeitstag des Monats zur Verfügung. Die Berichte zeigen die beschriebenen IT-Services in der erbrachten Qualität, die gegen die vereinbarten Service-Levels gemessen werden.

Formulierungsbeispiel zur Drittdienstleisterkontrolle

Für den Servicenehmer wird aktuell eine Vielzahl von IT-Services durch Dritte, nachfolgend »Drittdienstleister« genannt, in verschiedenen Rechenzentren betrieben. Seitens des Dienstleisters ist sicherzustellen, dass die Drittdienstleister den ihnen aus der jeweiligen Vereinbarung obliegenden Pflichten wie folgt nachkommen:

- Steuerung der Drittdienstleister gemäß den vertraglichen Vereinbarungen zwischen dem Dienstleister und dem jeweiligen Drittdienstleister
- Unverzügliche Mitteilung an den Servicenehmer bei Leistungsmängeln oder bei Verstößen der Servicenehmer-Richtlinien durch den Drittdienstleister
- Sicherstellung, dass Verpflichtungen, Mitwirkungen und Rechte des Servicenehmers gegenüber dem Drittdienstleister durch den Dienstleister stellvertretend erbracht werden
- Durchführung der Servicegespräche gemäß den jeweiligen vertraglichen Regelungen mit dem Drittdienstleister

Formulierungsbeispiel für das Eskalationsmanagement

Das Eskalationsmanagement nimmt seine Arbeit auf, wenn umfangreiche Problemfälle (s. Abschnitt 2.4.4) eintreten. Nach Eintritt eines Problemfalls sind die verantwortlichen Stellen des jeweiligen Vertragspartners unverzüglich zu informieren. Die Verantwortlichen sind dann angehalten, innerhalb eines Arbeitstags einen Lösungsvorschlag zu erarbeiten. Die Maßnahmen, die nach dem ausgearbeiteten Lösungsvorschlag vorzunehmen sind, müssen binnen einer Stunde eingeleitet werden. Die Arbeit des Eskalationsmanagements und dessen Resultate sind zu dokumentieren. Ab dem Zeitpunkt, ab dem der Sollzustand erreicht ist, endet die Aufgabe des Eskalationsmanagements. Die Eskalation kann durch den Dienstleister oder den Servicenehmer initiiert werden. In Tabelle 3–39 sind drei Eskalationsstufen definiert:

Eskalationsstufe	Auftraggeber	Auftragnehmer
Eins	Projektleiter	Projektleiter
Zwei	CIO	Teamleiter
Drei	Vorstand	Geschäftsführung

Tab. 3–39 *Eskalationsstufen*

Formulierungsbeispiel für die Geltungsreihenfolge

Soweit sich Regelungen, die den IT-Service beschreiben, im rechtlichen Vertrag, den Service-Level-Vereinbarungen und den Anlagen widersprechen, ist bei der Auflösung des Widerspruchs folgende Geltungsreihenfolge anzuwenden:

1. Rahmenvertrag
2. Anhang 3: Servicebeschreibung
3. Service-Level-Agreement
4. Anhang 2: Ausschreibung
5. Anhang 1: Technische Konzepte

Hinweis
Gestalten Sie die Geltungsreihenfolge so eindeutig wie möglich.

Formulierungsbeispiel für Pönalen

Werden die geschuldeten Verfügbarkeiten unterschritten, ist die monatliche Vergütung wie folgt zu mindern: Je 0,x% der Unterschreitung der Verfügbarkeit wird die monatliche Vergütung um jeweils x% gekürzt. Die Minderung beträgt insgesamt maximal yz% der jeweiligen monatlichen Vergütung (Kappungsgrenze).

Formulierungsbeispiel für die Dokumentation

Die Dokumentation enthält Regelungen, wie die vereinbarten IT-Services zu erbringen sind. Sie berücksichtigt im Wesentlichen die Themen organisatorische Abläufe zur Durchführung administrativer Tätigkeiten und technische Abläufe zur Durchführung administrativer Tätigkeiten. Dienstleister und Servicenehmer sind sich bewusst, dass es sich um eine Dokumentation handelt, die permanent den sich verändernden Gegebenheiten im operativen Betrieb angepasst werden muss. Insofern stellt sie jeweils den aktuellen Stand der Durchführungsanweisungen zur Leistungserbringung dar. Die Dokumentation enthält keine Leistungsvereinbarungen der Service-Levels.

Formulierungsbeispiel zur Schulung

Der Servicenehmer stellt dem Dienstleister Schulungsunterlagen und Arbeitsanweisungen bereit. Nach der Pilotphase hat der Dienstleister sicherzustellen, dass die IT-Services zur vereinbarten Qualität unabhängig vom Schulungsstand der Mitarbeiter beim Dienstleister erbracht werden. Beide Seiten verständigen sich auf die Menge der zu schulenden Mitarbeiter. Der Servicenehmer schult in der Projektphase einen oder mehrere Trainer des Dienstleisters. Der interne Aufbau von weiteren Trainern seitens des Dienstleisters hat der Dienstleister selbst zu leisten. Der Schulungsplan einschließlich der Schulungsinhalte wird zwischen den Vertragspartnern vorab abgestimmt, Änderungen werden gemeinsam vereinbart. Der Servicenehmer erstellt das Schulungskonzept und die notwendigen Unterlagen. Der Servicenehmer schult in seinen Räumlichkeiten eine vom Dienstleister benannte Gruppe (Multiplikatoren, Trainer und Leiter des Dienstleisters).

3.5.4 Zuständigkeitsmatrizen

Die hier aufgeführten Zuständigkeitsmatrizen sollen dem Service-Level-Manager Beispiele aufzeigen, auf welche Aufgaben oder Tätigkeiten der Schwerpunkt in ITIL-Prozessen gelegt werden kann. Dabei ist u.a. gut zu sehen, dass die Menge der aufeinanderfolgenden Zuständigkeitsmatrizen eine neue Komplexität darstellt. Der Service-Level-Manager muss erkennen, ab wann die Menge der Tätigkeiten zu umfangreich geworden ist. Die Ausgestaltung von V, D, M, I ist beispielhaft in den Matrizen eingetragen.

Service-Desk

V = Verantwortung, **D** = Durchführung, **M** = Mitwirkung, **I** = Information	**Servicenehmer**	**Dienstleister**
Anfragen (z.B. Annahme von Störungen als Incident)	M	V/D
Störungsbehebung für bekannte Probleme mit Lösungsweg	I	V/D
Initiale Priorisierung von Störungen		V/D
Aktualisierung und Abschluss von Incidents		V/D
Auskunftserteilung von Servicenehmer-Rückfragen	I	V/D
Weiterleitung von Anfragen	M	V/D
Bearbeitung von Reklamationen		V/D
Annahme von Problemmeldungen		V/D
Diagnose und – sofern möglich – sofortige Behebung von Software-, Hardware-, Konfigurations- und Bedienfehlern	M	V/D
Regelmäßige Information über Status der Bearbeitung	I	V/D
Bekannte Lösungen/Workarounds ermitteln	M	V/D

Applikationsbetrieb für <Spezialanwendung>

V = Verantwortung, **D** = Durchführung, **M** = Mitwirkung, **I** = Information	**Servicenehmer**	**Dienstleister**
Betrieb von <Spezialanwendung> und der individuell programmierten Schnittstellen		V/D
Systemspezifische Fehlerbehebung, -verfolgung und -dokumentation		V/D

Rechenzentrumsbetrieb

V = Verantwortung, **D** = Durchführung, **M** = Mitwirkung, **I** = Information	Servicenehmer	Dienstleister
Bereitstellung von Hardware	V/D	I
Bereitstellung von Software	V/D	I
Abnahme der <Spezialanwendung>-Software vor Installation	M	V/D
Bereitstellung, Konfiguration, Implementierung, Betreuung, Wartung und Pflege	V/D	
Bereitstellung von Accounts für Servicenehmer und Dienstleister	V/D	I
Erstellung, Durchführung von Fallback-Verfahren	V/D	M
Erstellung und Dokumentation von Verfahrens- und Arbeitsanweisungen bzw. Installationsanweisungen	V/D	

Hosting

V = Verantwortung, **D** = Durchführung, **M** = Mitwirkung, **I** = Information	Servicenehmer	Dienstleister
Betrieb und Wartung der technischen Infrastruktur	V/D	
Behebung von Störungen	V/D	I
Durchführung der Kapazitäts- und Leistungsplanung von Ressourcen	V/D	I

Datenbankmanagement

V = Verantwortung, **D** = Durchführung, **M** = Mitwirkung, **I** = Information	Servicenehmer	Dienstleister
Installation des Datenbanksystems und der -schnittstellen	V/D	
Administration der Datenbanken	M	V/D
Reorganisation der Datenbank	M	V/D
Definition des Benutzer- und Berechtigungskonzepts	M	V/D
Test von Backup und Recovery	V/D	
Durchführen der Datensicherung	V/D	
Entscheidung über Rücksetzen der Datenbank	M	V/D
Durchführen Restore/Recovery	M	V/D
Mitteilung von Konfigurationsstandard	V/D	
Festlegung der Zugriffsberechtigungen	V/D	I

Middleware

V = Verantwortung, **D** = Durchführung, **M** = Mitwirkung, **I** = Information	Servicenehmer	Dienstleister
Service, Betrieb und Administration		V/D
Einrichten der für die Nutzung des Middleware-Produkts notwendigen Umgebung auf den jeweiligen Rechnersystemen	M	V/D
Festlegung der Middleware und der benötigten Komponenten	V/D	
Unterstützung bei der Installation und Konfiguration	V/D	

Netzwerkanbindung

V = Verantwortung, **D** = Durchführung, **M** = Mitwirkung, **I** = Information	Servicenehmer	Dienstleister
Zugangsberechtigung zu den Routern		V/D
Bereitstellung der erforderlichen technischen Infrastruktur		V/D
Konfiguration der Kommunikationseinrichtungen	M	V/D
Wartung und Pflege der Kommunikationseinrichtungen		V/D
Betrieb der Router	V/D	M
Bereitstellung der Leitungsanbindung	V/D	

Servermanagement

V = Verantwortung, **D** = Durchführung, **M** = Mitwirkung, **I** = Information	Servicenehmer	Dienstleister
Installation, Inbetriebnahme Hardware	V/D	I
Test der installierten Hardware	V/D	I
Notfallorganisation planen und testen	V/D	I
Installation, Inbetriebnahme Betriebssystem	V/D	
Betriebssystem-Updates/Releasewechsel	V/D	M
Administration von Berechtigungen des Betriebssystems	V/D	I
Dokumentation der Installation (Betriebssystem)	V/D	I
Implementierung Systemhardware	V/D	I
Tuning des Betriebssystems	V/D	I
Betriebssystem-Softwarewartung (Korrektur, Update)	V/D	I
Planung bei Betriebssystemänderungen	V/D	I
Test von Devices	V/D	
Fehlereingrenzung, -behebung im Serverbereich	V/D	I
Unterstützung zur Fehlereingrenzung/-behebung	V/D	

Backup & Restore

V = Verantwortung, **D** = Durchführung, **M** = Mitwirkung, **I** = Information	Servicenehmer	Dienstleister
Spezifizierung des zu sichernden Datenbestands	I	V/D
Sicherungsverfahren werden lt. den beschriebenen Prozeduren durchgeführt	V/D	I
Durchführung von Backup (Datensicherung)	V/D	
Durchführung von Test bzgl. Restore (Datenrücksicherung)	V/D	
Beschaffung, Bereitstellung, Betrieb, Administration und Wartung der Sicherungsmedien	V/D	

Reporting-Service

V = Verantwortung, **D** = Durchführung, **M** = Mitwirkung, **I** = Information	Servicenehmer	Dienstleister
Erarbeitung, Ausarbeitung und Abstimmung der Reportinhalte	I	V/D
Betrieb, Wartung und Pflege der Tools für die Reporterstellung		V/D
Bereitstellung der elektronischen Reports	I	V/D
Auswertung der Reports	V/D	
Archivierung der Reports	V/D	

Wartung

V = Verantwortung, **D** = Durchführung, **M** = Mitwirkung, **I** = Information	Servicenehmer	Dienstleister
Bereitstellung von Wartungszugängen (z.B.VPN-Einwahlen)	V/D	I
Physikalischer Zugang zu den Systemen	V/D	I
Vorbereitungen der Wartung lt. Change	I	V/D
Durchführung der Wartungsarbeiten	I	V/D
Aufzeichnen und Auswerten der durchgeführten Wartungsarbeiten	I	V/D

Change-Management

V = Verantwortung, **D** = Durchführung, **M** = Mitwirkung, **I** = Information	**Servicenehmer**	**Dienstleister**
Changes können nur bei Vorlage eines durch den Servicenehmer unterzeichneten Change-Formulars durchgeführt werden.	V/D	M
Changes dürfen nur vom Servicenehmer veranlasst werden.	V	M, I
Entgegennahme und/oder Erstellung bzw. Bearbeitung von Change-Anträgen	M	V/D
Management für die Implementierung	M	V/D
Benachrichtigung über alle Changes und Dokumentation der Changes	M/I	V
Benachrichtigung über Systemänderungen	V/D	I

Security

V = Verantwortung, **D** = Durchführung, **M** = Mitwirkung, **I** = Information	**Servicenehmer**	**Dienstleister**
Bereitstellung des Intrusion-Prevention-Systems	V/D	
Installation und Konfiguration von Virenscanner	V/D	I
Update der Virensignaturen	V/D	
Information bei sicherheitsrelevanten Vorfällen	V/D	V/D
Update der Virenscanner	V/D	I
Update der IPS-Angriffssignaturen	V/D	
Untersuchung des IT-Sicherheitsstatus	V/D	
Betrieb der Firewall	V/D	
Planung und Dokumentation des IP-Netzwerks	V/D	
Analyse der Firewall-Logfiles	V/D	
Einspielen von relevanten Firmware-Updates	V/D	
Überwachen der Funktionalität	V/D	
Pflege des Wartungsvertrags	V/D	

3.5.5 Pönalen-Vergleichsliste

Die SLA-Pönale ist eine dem Auftraggeber fest zugesagte finanzielle Ausgleichssumme für den Fall, dass der Auftragnehmer seine vereinbarten Service-Levels nicht erfüllt. Diese Top-10-Liste der IT-Services und deren Malus basiert auf Erfahrungen von Service-Level-Managern sowie vereinbarten Pönalen in SLAs. Diese Liste dient als Richtlinie für die Ermittlung von fairen SLA-Pönalen (s. Tab. 3–40). Die Liste muss wie folgt gelesen werden:

Service	Pönalen-Schritt-weite unter Service-Level	Pönale pro Schritt-weite	Pönale bezogen auf Kennzahl	Vergütungsart	Beschreibung
Applikation	0,25%	3%	Verfügbarkeit	Vergütung pro Monat	Die monatliche Vergütung kann um 3% je 0,25% der Unterschreitung der Verfügbarkeit gekürzt werden.
Ist der Service-Level des Service **Applikation** verletzt, so wird je **0,25%** der Unterschreitung des Service-Level der Kennzahl **Verfügbarkeit** die **Vergütung pro Monat** um **3,0%** gekürzt.					

Tab. 3–40 *Pönalen-Vergleichsliste*

Die folgende Liste stellt eine Zusammenfassung aus mehreren Hundert SLAs unterschiedlicher Unternehmen dar. Dabei wurden die unten stehenden Zahlen (s. Tab. 3–41) über Mittelwerte berechnet.

Top-10-Liste mit Pönalen

Service	Pönalen-Schritt-weite unter Service-Level	Pönale pro Schritt-weite	Pönale bezogen auf Kennzahl	Vergütungsart	Beschreibung
Applikation	0,25%	3%	Verfügbarkeit	Vergütung pro Monat	Die monatliche Vergütung kann um 3% je 0,25% der Unterschreitung der Verfügbarkeit gekürzt werden.
Middle-ware	0,1%	0,75%	Verfügbarkeit	Vergütung pro Monat	Pro 0,1% der Unterschreitung des jeweiligen Service-Levels wird die monatliche Vergütung um jeweils 0,75% gekürzt.
Server-betrieb	0,1%	3,5%	Verfügbarkeit	Vergütung pro Monat	Pro 0,1% der Unterschreitung bzw. Abweichung wird um 3,5% der Vergütung pro Monat gekürzt.
Netze	0,1%	1%	Verfügbarkeit	Vergütung pro Monat	Je 0,1% der Unterschreitung dieser Verfügbarkeit wird um 1% der monatlichen Vergütung gekürzt (LAN-Port, Router etc.).
Geschäfts prozess-daten	1 Tag	100%	Verfügbarkeit	Vergütung pro Tag	Verfügbarkeit von Geschäftsprozessdaten unter dem vereinbarten SL, Einbehaltung der Kosten eines Tagesumsatzes.
Service-Desk	1%	1 – 20%	Inboundrate	Vergütung pro Tag	Sinkt die Inboundrate eines Tags unter den Service-Level erfolgt mit jedem 1%-Punkt darunter eine Kürzung der Tagesrechnung um 1% bis zu maximal 20% der Tagesleistung.

Service	Pönalen-Schrittweite unter Service-Level	Pönale pro Schrittweite	Pönale bezogen auf Kennzahl	Vergütungsart	Beschreibung
Vor-Ort-Service/ PC-Benutzer	1 Monat	1,5%		Vergütung pro Monat	Wird die Anzahl defekt gemeldeter PC-Systeme nicht in der vereinbarten Güte repariert, beträgt die monatliche Vertragsstrafe 1,5% der Vergütung pro Monat.
Kundenerfassung	1 Tag	50%	Kundenerfassungszeit	Kundenmenge pro Tag	Wird die Antragsbearbeitung überschritten, erfolgt für die zu spät bearbeiteten Anträge eine Vergütung von 50%.
Proxy/ Firewall	je Störung	5%	Anzahl der Störungen	Vergütung pro Monat	Bei Überschreitung der maximalen Anzahl der Störungen erfolgt zusätzlich eine Minderung der Vergütung pro Monat um 5% je Störung, die über dem Zielwert liegt.
Implementierung	Je Verzugswoche	10%	Verzugszeit	Gesamtauftragswert	Vertragsstrafe für jede angefangene Woche des Verzugs beträgt 10% des Gesamtauftragswerts.

Tab. 3–41 *Top-10-Liste mit Pönalen*

3.6 Zusammenfassung

SLAs stellen die vertragliche Grundlage dafür dar, dass ein Dienstleister im Auftrag eines Servicenehmers die IT-Systeme für den Anwender seiner Services betreibt. Dabei spielt das Thema Outsourcing von IT-Aufgaben eine ganz entscheidende Rolle [Hegering u.a. 1999]. Als Konsequenz von Mängeln im Bereich von IT-Systemen wie z.B. Performance-Engpässen, Systemausfällen, Wartungsarbeiten und Inkompatibilitäten sind viele Unternehmen dazu übergegangen, ihre internen IT-Einheiten auszulagern. In wesentlich höherem Maße als bei der Gestaltung der Beziehung im Innenverhältnis eines Unternehmens ist es hierbei von Relevanz, dass Anforderungen an die zu erbringenden IT-Services in Form von SLAs exakt identifiziert und definiert werden [Schrey 2003]. SLAs können dennoch für unterschiedliche IT-Services und an unterschiedlichen Schnittstellen der Wertschöpfungskette definiert werden. SLAs werden in der Praxis in unterschiedlichen Ausprägungen vorgefunden. Einerseits werden Umfang und Inhalt der IT-Services, die Definition der Qualitätsstandards und Sanktionen bei Nichterfüllung einbezogen. Andererseits wird der Begriff nur für die Definition der Qualitätsstandards und Sanktionen verwendet, während Umfang und Inhalt der eigentlichen Leistungen an anderer Stelle festgehalten werden [Söbbing 2002]. Die Vertragsgestaltung ist einer der wichtigsten und notwendigsten Punkte bei der Verfassung von SLAs. Der Dienstleister muss seine vertraglichen Leistungen für den Servicenehmer nicht immer zu den gleichen Konditionen erfüllen [Söbbing 2002]. Wichtig ist, dass die Kommunikation zwischen dem Dienstleister und dem Servicenehmer funktioniert. Der Dienstleister muss erkennen, was der Servicenehmer unter einem »guten IT-Service« versteht. Aber auch der Servicenehmer muss wissen, was er vom Dienstleister erwarten kann (z.B. Einschränkung aufgrund der eingesetzten Plattform) [Schrey 2003]. Weitere positive Aspekte für die Nutzung von SLAs sind beispielsweise die Zufriedenheit des Servicenehmers als Schutz vor »schleichendem« Erwartungsdruck, Ressourcenkontrolle etc. [Hegering u.a. 1999]. Um diese positiven Aspekte zu entfalten, müssen SLAs genau definierte und messbare Service-Levels enthalten.

Innerhalb des oben genannten Abschnitts wurde der operative Umgang mit den Service-Levels beschrieben. Konzepte, wie man die Verfügbarkeit steigern kann oder die Antwortzeit verbessert, werden im nächsten Kapitel aufgezeigt. Wie die IT-Services beschrieben werden können, wurde bereits angesprochen. Objekte wie Servicekatalog, Kennzahlensystem und SLA sind für Dienstleister definiert worden [Scholderer 2006c]. Diese wurden um operative Strukturen ergänzt, damit eine Integration beim Dienstleister vorgenommen werden kann.

Durch die Festlegung der Semantik von Begriffen wurde die anschließende Anwendung der Begriffe in der Servicebeschreibung zu einer einfachen Handlung, die klar vollzogen werden kann. Die technischen Restriktionen, die eine genauere Definition erfordern, liefern einen wichtigen Beitrag für die Transparenz der Servicebeschreibung. Die zusätzlichen Service-Levels zeigen, wie man IT-Services parametrisieren kann. Die Service-Levels sind u.a. von zentraler Bedeutung, denn durch sie wird der Dienstleister gesteuert und die Leistung gegenüber dem Servicenehmer entsprechend geregelt – sofern dieser sich auch an die Vereinbarung und Mitwirkungspflichten hält. Ein typisches Praxisbeispiel, wie sich der Servicenehmer bei Änderungen gegenüber dem Dienstleister zu verhalten hat, ist das Ankündigen von neuen Softwarefunktionen, die eine höhere Last auf den Serversystemen erzeugen. Der Dienstleister muss vor dem Einsatz der Softwarefunktionen genügend Vorlaufzeit haben, um rechtzeitig auf diese Laststeigerung reagieren zu können. Hier helfen Service-Levels, wenn das steigende Mengengerüst formalisiert wird.

Die Betrachtung beschränkt sich auf SLAs zwischen Nutzern von IT-Services, einem Servicenehmer und einem Dienstleister. Eine weiterführende Systematisierung der SLAs unter Berücksichtigung des Inhalts des IT-Service bzw. der Rahmenbedingungen der Branche der an der Vereinbarung beteiligten Dienstleister ist an dieser Stelle nicht ausschlaggebend. SLAs können nach dem Tätigkeitsbereich des Servicenehmers wie folgt untergliedert werden [Berger 2005]: Technische SLAs werden zwischen Dienstleistern abgeschlossen, die eher auf spezifische technische Anforderungen bzw. technische Merkmale von Dienstleistungen eingehen möchten, und setzen bei beiden Partnern ein tieferes technisches Verständnis voraus (Beispiel: Betrieb eines Servers, eines Netzwerks sowie der benötigten Endgeräte). Die servicenehmerorientierten SLAs müssen auf die Belange von Endanwendern eingehen, die weniger an technischen Details interessiert sind, sondern vielmehr an dem Nutzen für betriebliche Aufgaben (Beispiel: Betrieb einer Anwendung oder Übernahme eines Geschäftsprozesses).

Praxishinweise

- **SLA-Architektur** (s. Abschnitt 3.4.1):
  Eine logische SLA-Gliederung ist noch kein Garant dafür, dass das SLA mit sich verändernden Umfängen von IT-Services den Anforderungen standhält. Wichtig ist es, die Vertragsbeziehung und den IT-Hintergrund auszuloten, um abschätzen zu können, welcher SLA-Ansatz sich langfristig bewähren kann.
- **Abstimmung** (s. Abschnitt 3.1.4):
  Die exakte Abstimmung zwischen einzelnen Service-Levels, wie im Service-Fact-Sheet aufgezeigt, ist für den Erfolg eines SLA ausschlaggebend.
- **Verantwortlichkeit** (s. Abschnitt 3.5.4):
  Getrennte Kapitel in SLAs mit Konstruktionen wie Prämissen, Voraussetzungen, Mitwirkungspflichten bergen bei der Abstimmung zwischen SLAs, OLAs und UCs ein großes Fehlerpotenzial. Deshalb sollte auf Zuständigkeitsmatrizen zurückgegriffen werden.
- **Verhandlungsführung** (s. Abschnitt 3.4.4):
  Zu Beginn einer SLA-Verhandlung stehen viele Aspekte nicht fest. Deshalb ist eine sukzessive Verhandlungsstrategie sinnvoll.
- **Trennung** (s. Abschnitt 3.1.3):
  Der Service-Level-Manager sollte aber darauf achten, dass er nicht in Textpassagen die Fakten, also die Service-Levels, im Fließtext integriert. Andernfalls hätte das den Nachteil, dass bei einer Überarbeitung Widersprüche zwischen Service-Levels im SLA enthalten sein können, die aber aufgrund der Unübersichtlichkeit möglicherweise übersehen werden.
- **Formalisierung** (s. Abschnitt 3.3.1 und 3.4.2):
  Bei Servicebeschreibungen wird häufig in einen Schreibstil verfallen wie »Der Dienstleister gewährleistet ...«. Dies gilt es zu vermeiden, da Zuständigkeiten im Fließtext versteckt sind und die Schnittstelle zwischen dem Servicenehmer und Dienstleister nicht mehr klar erkennbar ist. Die Zuständigkeitsmatrizen lösen das Problem und formalisieren die Verantwortlichkeiten.

4 Überwachung von Service-Level-Agreements

Bisher wurde die Beschreibung und Festlegung von Service-Levels in SLAs vorgenommen. Insbesondere wurde auf den Leistungsübergabepunkt und die Messbarkeit hingewiesen. Damit diese Messbarkeit auch für Dienstleister von vernetzten IT-Systemen umgesetzt werden kann, ist es erforderlich, sich mit den Prozessen und auch mit dem vernetzten System auseinanderzusetzen. Ziel ist es, ein nach ISO 20000, ITIL und CobiT ausgerichtetes realisier- und betreibbares Mess- und Reporting-Konzept zu entwerfen. Ein Gesamtverständnis existiert dabei nur hinsichtlich der auftretenden Serviceschnittstellen [Scholderer 2001]. Eine durchgängige Qualitätsbewertung, die alle Serviceschnittstellen in die Berechnung einbezieht, lässt sich in der Praxis nur in Ansätzen finden. Dieses Defizit wird in den nachfolgenden Betrachtungen untersucht und es werden Lösungen dafür entworfen. Von Dienstleistern werden weitestgehend zwei Modelle umgesetzt. Einerseits sind es einfache technische Messungen, die zur Bestimmung der Verfügbarkeit verwendet werden, andererseits kommen von Benutzern gemeldete Ausfälle als Berechnungsgrundlage zum Tragen. Für diese Messungen werden jeweils Reports erzeugt. Beide Reports stehen nebeneinander und werden nicht in Verbindung gebracht. Das Mess- und Reporting-Konzept zeigt, wie Kennzahlen adäquat gemessen und ausgewiesen werden können. Hierfür wird das Prinzip der Approximation angewendet, da bei vernetzten Systemen keine absolute Aussage möglich ist. Ein Beispiel soll die Problematik verdeutlichen. Wenn von 20 Benutzern ein Ausfall gemeldet wird, während 380 weitere Benutzer im gleichen Segment eine Ende-zu-Ende-Verfügbarkeit vorfinden, kann man dann von einem Ausfall sprechen oder nicht? Auf Basis dieser Betrachtung wird ein Annäherungsverfahren entwickelt und als Praxislösung vorgestellt [Mitra 2003].

4.1 Monitoring

Es werden nachfolgend die Grundprinzipien des Monitorings aufgezeigt. Ebenso werden auch die in der IT existierenden Monitortypen aufgeführt. Dies dient dazu, dass der Service-Level-Manager ein umfassendes Wissen aufbaut und auch Möglichkeiten erkennt, wie seine SLAs geeignet zu messen sind. In den anschließenden Abschnitten werden die Grundprinzipien des Monitorings und der Leistungsanalyse vertieft.

4.1.1 Grundlagen des Monitorings

Unter einem Messobjekt versteht man die zu überwachende IT-Ressource (Teil eines IT-Systems). Der Messpunkt legt fest, an welcher Stelle die zu messende Kenngröße von einem Monitor aufgenommen werden kann. Messdaten bzw. Messwerte sind die Ergebnisse, die ein Monitor bei der Messung an einem Messpunkt erhält. Der Schwellwert legt einen (meist numerischen) Wert fest, der bei einer Über- bzw. Unterschreitung mit einer Aktion verbunden wird. Meist werden ein oberer und ein unterer Schwellwert definiert, um ganze Bereiche festzulegen. Der Monitor wird ab einer bestimmten Startzeit in einem zwischen Dienstleister und Servicenehmer festgelegten Messintervall gestartet, es bewegt sich z.B. im Bereich von einer Minute. Zusätzlich werden Zeitbereiche vereinbart, die von der Messung ausgeschlossen werden sollen. Die Messwerte werden mit den zugehörigen Einheiten ausgegeben, wie beispielsweise »sec«, »Bytes/sec« oder einfach nur als reine Anzahl ohne Einheit (z.B. die Anzahl der Backups innerhalb der SLA-Laufzeit).

Aufbau eines Monitors

Zur Erfassung der für SLAs relevanten Informationen werden Monitore eingesetzt. Die prinzipielle Arbeitsweise eines Monitors wird in Abbildung 4–1 dargestellt.

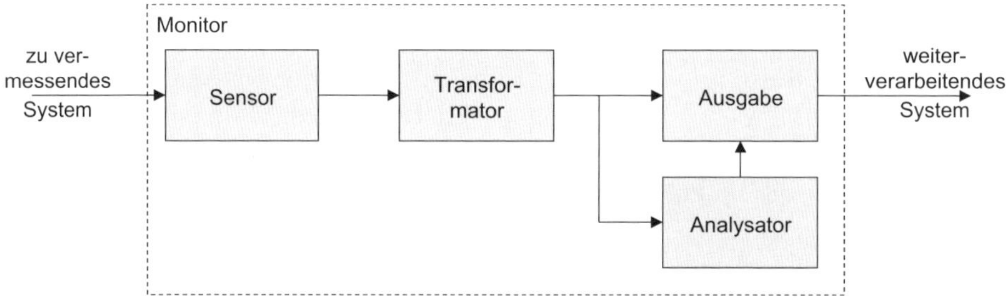

Abb. 4–1 *Aufbau eines Monitors [Scholderer 2001]*

Ein Monitor besteht aus vier Komponenten. Der Sensor stellt die Verbindung zum zu vermessenden IT-System her. Er ist zum einen mit einer Komponente des zu vermessenden IT-Systems verbunden. Dies kann ein Gerät sein, das aktiv an der Kommunikation beteiligt ist, wie z.B. ein Router oder ein Server. Die Realisierung des Sensors (ob in Hard- oder Software) wird in den Abschnitten zur Leistungsanalyse näher erläutert. Zum anderen ist er mit einem Transformator verbunden, der die vom Sensor kommenden Messwerte in ein für die weitere

Verarbeitung notwendiges Format umsetzt und ggf. eine Reduktion der zu verarbeitenden Datenmenge durchführt. Der Transformator muss aufgrund der vorliegenden Parametrisierung entscheiden, ob die vom Sensor kommenden Daten an den Analysator weitergereicht werden sollen. Zusätzliche Funktionen liegen in der Auswertung der Sensordaten. Beispielsweise ist die Klassifikation des vom Sensor gemeldeten Datenpakets zu nennen. Der Analysator wertet die vom Transformator kommenden Daten aus. Im vorliegenden Fall besteht der Analysator aus einer Menge von Zustandsvariablen, die aufgrund der Eingabe vom Transformator aktualisiert werden. Beispiele hierfür sind Zähler für die Anzahl von Timeouts für eine spätere Verfügbarkeitsmessung, die anzeigen, ob eine Leitung momentan genutzt werden kann. Die Ausgabeeinheit stellt die Daten entweder auf einem Display dar, speichert sie ab oder leitet sie an weitere Verarbeitungseinheiten weiter. Die Ausgabeeinheit verwaltet sozusagen die Menge der Variablen des Analysators. Im Rahmen eines SLM-Systems muss sie den Zugriff auf die im Analysator abgespeicherte Information gewähren.

Grundprinzipien der Leistungsanalyse

Ein wichtiger Aspekt beim Betrieb von IT-Services ist die Effektivität, d.h. das korrekte und fehlerfreie Funktionieren bei gleichzeitig hoher Leistungsfähigkeit und Verfügbarkeit. Um die durch die Komplexität schwer zu überblickenden IT-Systeme transparenter und effektiver zu gestalten, ist eine Leistungsanalyse notwendig. Deren Ziel ist die Ermittlung von Abhängigkeiten zwischen Einflussgrößen und Leistungskenngrößen. Unter Einflussgrößen versteht man hierbei Lastkenngrößen (Antwortzeitprofile) und Systemkenngrößen (System-Uptime, System-Healthtime), die die Leistungsfähigkeit eines Systems bestimmen.

Leistungsgrößen können in interne und externe Messgrößen unterschieden werden. Je nach Interessenlage und Sicht auf das Hard- und Softwaresystem werden die Ergebnisse nach zwei Aspekten ausgewertet. Die internen Leistungsgrößen beziehen sich auf Teile eines Systems (z.B. Rechner), wie die Central Processing Unit (CPU), die Netzwerkkarte oder den Massenspeicher. Häufig werden zu diesen Komponenten die Zugriffsgeschwindigkeit (bei Speichersystemen) oder die Ausführungsgeschwindigkeit von Prozessorbefehlen der CPU ermittelt, die dann Tuningmaßnahmen oder auch Architekturverbesserungen dienen. Die externen Leistungsgrößen beziehen sich auf konkret ausgeführte Funktionen des Systems (z.B. Transaktionen). Ermittelt werden zu diesen Funktionen die Antwortzeiten, die Anzahl je Zeiteinheit ausführbarer Funktionen (Durchsatz) oder auch die Skalierbarkeit eines Rechnersystems.

Die Skalierbarkeit zeigt auf, wie ein rechnergestütztes System steigende Anforderungen (z.B. mehr Benutzer oder zusätzliche Funktionen) mit der gleichen Performanz unterstützt. Prinzipiell versteht man also unter einer Leistungsanalyse (s. Abb. 4–2) die Überwachung des Verhaltens einer Anwendung oder eines Service [Haas und Zorn 1995].

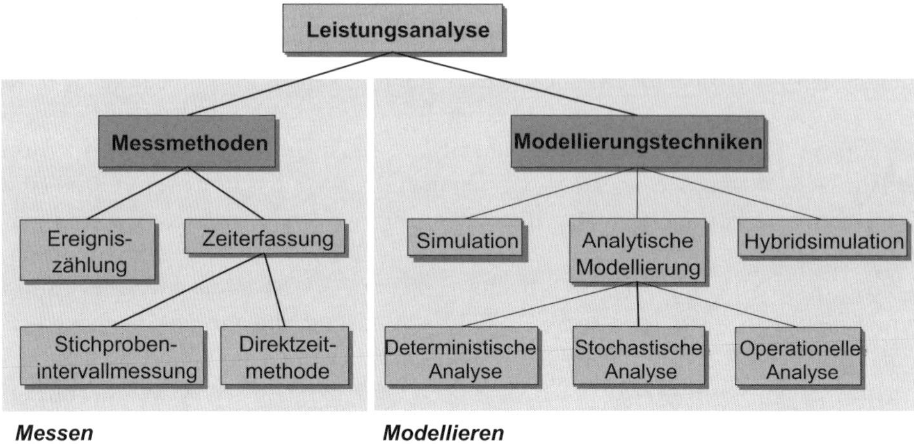

Abb. 4–2 *Leistungsanalyse [Haas und Zorn 1995]*

Methoden der Leistungsanalyse

Die Leistungsfähigkeit heutiger IT-Systeme beruht auf der Zusammenfassung mehrerer funktionaler Einheiten. Diese sind Prozessoren, Speicher, Kommunikationsverbindungen oder ganze Rechnersysteme, die im Verbund arbeiten. Wesentlich beim Entwurf solcher IT-Systeme ist dabei die geordnete Kooperation der Einzelkomponenten, sodass die größtmögliche Leistungsfähigkeit erreicht werden kann. Leistungsanalysen bestehender IT-Systeme helfen, deren Eigenschaften besser zu verstehen und weiterführende Planungen zu unterstützen. Die Analyse und Beurteilung der Leistungsmessung in verteilten IT-Systemen sind gleich entwickelt wie bei monolithischen IT-Systemen. Es liegen jedoch bei verteilten IT-Systemen keine zusammenhängenden Konzepte aufgrund der räumlichen Trennung vor. Die Grundlage bildet die Open-System-Interconnection-(OSI-)Architektur, die nur Überblicke von Teilbereichen gibt, wie beispielsweise das Netzwerk, die Systeme oder die Anwendungen. Um überhaupt Aussagen treffen zu können, muss demnach der Komplexität solcher Analysen durch möglichst gleiche Randbedingungen für Messung und Validierung Rechnung getragen werden. Die Leistungsanalyse gliedert sich in die zwei Bereiche Messen und Modellieren. Messmethoden dienen zur Untersuchung des Leistungsverhaltens realer Systeme. Modellierungstechniken konzentrieren sich dagegen auf die Untersuchung von IT-Systemen mithilfe abstrakter Modelle. Die Ermittlung solcher Modelle kann entweder durch Simulation oder mathematische Methoden unterstützt werden.

Bei Letzteren, der sogenannten analytischen Modellierung, erfolgt die Bestimmung der Kenngrößen entweder deterministisch, d.h. fest vorgegeben oder stochastisch, also durch Zufallsvariablen bestimmt, oder operationell durch messtechnisch verifizierbare Service-Levels. Eine Kombination aus Simulation und analytischer Modellierung stellt die Hybridsimulation dar.

Messmethoden

Ziel von SLA-Messungen ist es, unabhängige Ereignisse in eine zeitliche und inhaltliche Ordnung zu stellen. Als Ergebnis soll eine globale Sicht erreicht werden. Abbildung 4–3 zeigt den prinzipiellen Vorgang beim Messen von Komponenten eines vernetzten Systems hinsichtlich festgelegter SLAs. Der modellierte Vorgang zeigt, wie die Güte von IT-Services festgestellt wird. Zur Ermittlung der Einhaltung dieser SLAs müssen Istwerte kontinuierlich erhoben werden. Zum Einsatz kommen Monitore, die Messungen durchführen und Istwerte zu IT-Services liefern. Anhand von der Vorgaben aus Service-Levels werden Istwerte analysiert. Eine Außensicht auf das funktionale Verhalten des bezogenen IT-Service entsteht (s. Abb. 4–3).

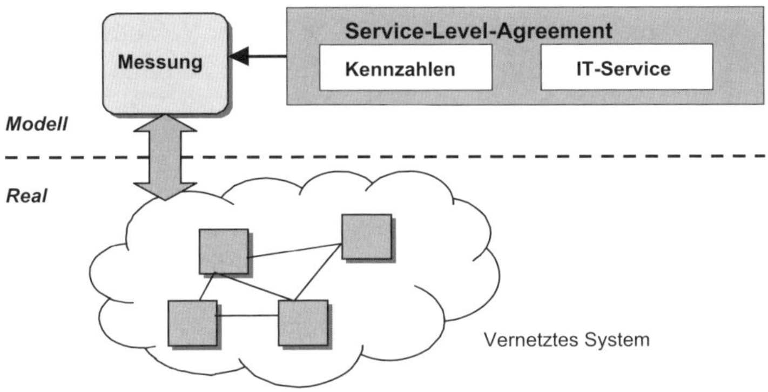

Abb. 4–3 *Die Messung an einem vernetzten System als modellierter Vorgang*

Die wesentlichen Eigenschaften eines kompletten Monitorsystems für die Beobachtung komplexer IT-Systeme sind [Terplan 1995]:

- **Verteiltheit:**
  Ein verteiltes Architekturprinzip (ein Master zur Auswertung von Messdaten und beliebig viele Agenten zur Erhebung der Messdaten für die Messaufgabe) erlaubt es, Messungen in Multiprozessoren und verteilten IT-Systemen beliebiger Architektur vorzunehmen.
- **Skalierbarkeit:**
  Die einer solchen Architektur inhärente Skalierbarkeit (Erweiterbarkeit um Komponenten, die denselben Aufbau haben wie bereits vorhandene) wird genutzt, um IT-Systeme variierender Größe für das Monitoring handhabbar zu machen.
- **Globale Zeit:**
  Aufgrund der verteilten Architektur entstehen zwangsläufig mehrere Messspuren, die es gestatten müssen, das Zusammenwirken verschiedener Prozesse (bzw. Prozessoren) zu analysieren. Um den Ablauf genau zu analysieren, ist

eine global gültige Zeit erforderlich. Somit kann in jedem Messabschnitt immer mit der gleichen Uhrzeit gearbeitet werden. Der Einsatz globaler Zeitstempel unterstützt die Messung und ermöglicht eine höhere Genauigkeit.

- **Adaptierbarkeit:**
  Will man ein Monitorsystem hinsichtlich seiner Adaptierbarkeit günstig auslegen, so muss man möglichst universelle (Software-)Komponenten in die Grundstruktur des Monitors integrieren, damit man sie für alle anfallenden Aufgaben gleichermaßen einsetzen kann. Die endgültige Anpassung an ein bestimmtes System erfolgt dann nur noch durch ein speziell darauf abgestimmtes Interface.

Monitorklassen

Für die Überwachung von vernetzten IT-Systemen existieren unterschiedliche Messwerkzeuge. Je nach Implementierung durch Programme oder durch Hardwarekomponenten unterscheidet man zwischen Software- und Hardwaremonitoren.

Ein Softwaremonitor wird durch ein Programm oder einen Algorithmus realisiert, das bzw. der sich der Hardware des zu analysierenden IT-Systems selbst bedient, um die Zustände des IT-Systems zu untersuchen. Auf diese Weise können die internen Zustände des IT-Systems erfasst und im Fall von instrumentierten Anwendungsprogrammen auch ereignisgesteuerte Analysen durchgeführt werden. Instrumentierung bedeutet dabei, dass der Sourcecode eines Anwendungsprogramms durch Einfügen von Monitorprogrammaufrufen eine spezifische Ereigniserkennung erhält. Dieses Konzept besitzt verschiedene Vorteile. So werden fast alle internen Zustände für Service-Levels erfasst und problemlos protokolliert. Außerdem kann zur Ermittlung von Informationen auch auf bereits existierende Programme und Betriebssystemroutinen zurückgegriffen werden. Sieht man von der Notwendigkeit der in Programmen integrierten Verfahren bei ereignisgesteuerten Messungen ab, ergibt sich ein wesentlicher Nachteil: Da die Analysesoftware dieselben Ressourcen wie zum Beispiel CPU-Zeit, Speicherplatz oder die Kommunikationswege verwendet, die auch das zu untersuchende IT-System benutzt, treten bei den Messungen nicht zu vernachlässigende Beeinflussungen auf – das messende System beeinflusst (»belastet«) das zu messende IT-System, es entsteht in der Regel ein systematischer Messfehler. Gerade bei Multitasking-Anwendungen oder verteilten IT-Systemen ist es jedoch entscheidend, dass man den realen Ablauf der verschiedenen Softwareanwendungen untersuchen kann. Die Beeinflussung durch einen derartigen Softwaremonitor kann sich je nach Anwendung sehr stark unterscheiden.

Ein Hardwaremonitor besteht aus einem physikalisch eigenständigen Messsystem, das die Systemzustände des zu messenden IT-Systems mithilfe von Messaufnehmern an verschiedensten Stellen innerhalb dieses IT-Systems ermittelt. Der direkte, sich daraus ergebende Vorteil besteht in der absoluten Trennung von vermessenem IT-System und Messsystem. Dadurch können die Beeinflussung des vermessenen IT-Systems und die Veränderung des Ablaufs auf diesem IT-System wegfallen (s. Abb. 4–4).

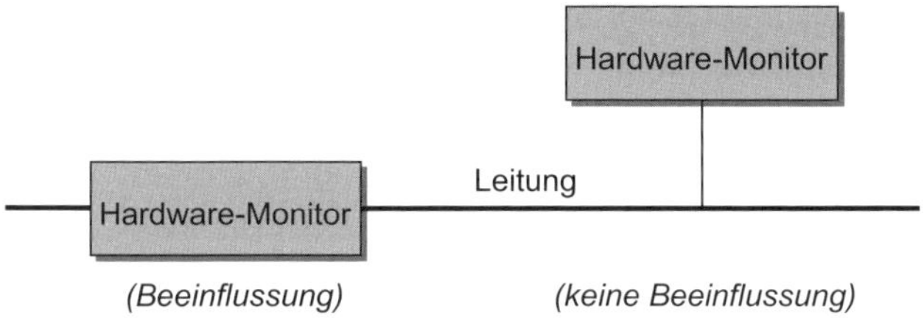

Abb. 4–4 *Beispiel zur Positionierung von Hardwaremonitoren*

Das sich wandelnde Kosten-Nutzen-Verhältnis in der Halbleitertechnologie führt dazu, dass nicht mehr allein auf der Hardwareebene alle wichtigen Informationen über das zu beobachtende System gesammelt/gemessen werden. Vielmehr stellt der Hybridmonitor, eine Kombination aus Hardware- und Softwarebestandteilen, ein weiteres Instrument dar, mit dem eine möglichst tiefe Systemeinsicht bei gleichzeitiger weitgehender Rückwirkungsfreiheit möglich ist. Solche Softwarebestandteile sind dann i.d.R. als Firmware aktualisierbar oder in speziellen integrierten Bauelementen fest implementiert. Meist arbeiten solche Bauelemente verbrauchs- und leistungsoptimiert und sind somit für Messungen gut geeignet.

Tabelle 4–1 bietet einen Überblick über die beiden Monitorklassen mit deren wichtigsten Eigenschaften und Beschränkungen.

Eigenschaft	Hardwaremonitore	Softwaremonitore
Systembeeinflussung	▪ Keine bis geringe Systembeeinflussung	▪ Geringe bis mittlere Systembeeinflussung
Ereigniserfassung	▪ Gleichzeitige Erfassung von mehreren Ereignissen	▪ Sequenzialisierung der erfassten Ereignisse
Messgenauigkeit	▪ Hohe Genauigkeit, da die systemische Beeinflussung gering ist	▪ Sehr hohe Genauigkeit, da systematische Messfehler berechnet und ausgeglichen werden können
Eingabebreite	▪ Limitierte Eingabebreite (wenige Ereignisse können erfasst werden)	▪ Unbegrenzte Eingabebreite (beliebig viele Ereignisse können erfasst werden)
Erforderliches Know-how	▪ Expertenwissen über die verwendete Hardware, teilweise nur beim Hersteller vorhanden	▪ Expertenwissen zur verwendeten Software

Tab. 4–1 *Eigenschaften von Monitorklassen*

Das Messen von SLAs beschränkt sich auf die Betrachtung von Softwaremonitoren für das Messen von vernetzten IT-Systemen. Extern angeschlossene Hardwaremonitore haben grundsätzlich die Möglichkeit, völlig unabhängig von den IT-Systemen Messungen durchzuführen und sind somit vom IT-System trennbar.

Fest installierte Hardwaremonitore sind im System integriert und somit vom System nur logisch trennbar. Dieses gilt zwar auch für Softwaremonitore, da sie mit der Systemsoftware eine Einheit bilden oder zumindest sehr eng zusammenwirken. Allerdings lässt sich die Verteilung und die benötigte Anzahl der Softwaremonitore wesentlich einfacher und flexibler vornehmen. Diese Thematik wird später im Praxiskapitel Auswahlverfahren von Messmethoden aufgegriffen (s. Abschnitt 4.5.1).

Monitoringmethoden

Das beobachtbare Verhalten eines vernetzten IT-Systems kann als Folge von Systemzuständen beschrieben werden. Zu einem festen Zeitpunkt befindet sich das IT-System in einem bestimmten Zustand (z.B. verfügbar oder nicht verfügbar). Zustandsänderungen werden durch bestimmte Ereignisse (z.B. Ankunft eines Pakets im Netz, Erreichen eines eingestellten Zeitintervalls, I/O-Ende-Unterbrechung) ausgelöst, die somit einen Übergang von einem Systemzustand in einen anderen bewirken. Aus diesem Grund werden Monitore auch in ereignisabhängige und ereignisunabhängige Monitore unterteilt. Die ereignisabhängigen Monitore werden nur bei vorher festgelegten Ereignissen gestartet. In der restlichen Zeit sind diese Monitore inaktiv. Die ereignisunabhängigen Monitore werden entweder zufällig, nach festgelegten Regeln oder nach bestimmten Zeitintervallen aktiviert. Grundsätzlich werden also zwei Arten von Monitoringmethoden unterschieden – Ereigniszählung und Zeiterfassung:

1. **Ereigniszählung:**
   Bei dieser Monitoring-Methode werden die zu messenden Ereignisse gezählt. Dadurch erhält man ein Maß für die Häufigkeit einzelner Ereignisse. Beispiele dafür sind die Anzahl der erfolgten Changes oder Backups. Da jedoch nicht jedes Ereignis bei jeder Komponente in einem verteilten IT-System messbar ist, ergeben sich Schwierigkeiten bei der Ereigniszählung. Die Folge ist, dass ein Monitor meistens nur bestimmte Ereignisse messen kann und die restlichen Ereignisse durch logische Verbindungen von verschiedenen Ereignissen gefunden werden müssen.
2. **Zeiterfassung:**
   Beim Monitoring mit der Methode Zeiterfassung wird das Zeitintervall gemessen, in dem eine Komponente eines vernetzten IT-Systems in einem bestimmten Systemzustand verweilt. Die Antwortzeit einer Systemkomponente lässt sich beispielsweise dadurch bestimmen, dass man die Zeitintervalle addiert, in denen die Komponente aktiv ist. Teilt man diese Summe durch die Messdauer, so erhält man z.B. die durchschnittliche Antwortzeit dieser Systemkomponente für das Beobachtungsintervall. Die Zeiterfassung kann auf zwei Arten erfolgen:

- Stichprobenintervallmessung:
  Bei einfachen Zeiterfassungen ist es nicht notwendig, dass über die ganze Zeit gemessen und somit das IT-System zusätzlich belastet werden muss. In diesen Fällen genügt eine Stichprobenintervallmessung. Gemessen wird hier in unabhängigen Zeitintervallen, die zufällig oder periodisch gewählt werden. Die gemessenen Stichproben müssen statistisch ausgewertet werden, indem beispielsweise ein Mittelwert gebildet wird. Diese Monitoring-Methode wird zur Bestimmung der Verfügbarkeit angewendet.
- Direktzeitmethode:
  Bei der Direktzeitmethode starten spezielle Ereignisse Hard- bzw. Softwareuhren, die nach der erfolgten Messung gestoppt werden. Dadurch wird ein Systemvorgang exakt gemessen und eine hohe Genauigkeit beim Monitoring erreicht. Problematisch sind hierbei allerdings auftretende Unterbrechungen, die ein erneutes Messen notwendig machen. Zudem sind Uhren mit hoher Genauigkeit nötig, die leicht und vor allem schnell ansprechbar sein müssen. Über diese Monitoringmethode wird z.B. die Antwortzeit einer Anwendung bestimmt.

Einsatzfelder von Monitortypen im Anwendungs-, Netz- und Systemmanagement

Softwaremonitore erfüllen die Eigenschaften Flexibilität, Adaptierbarkeit und universelle Einsetzbarkeit. Im Folgenden werden nun die allgemeinen Monitortypen beschrieben. Es handelt sich hierbei um Netzwerkmonitore, um Monitore zur Datenbanküberwachung und um Applikations- bzw. Systemmonitore. Zusätzlich werden die jeweiligen wichtigsten Kennzahlen in den einzelnen Bereichen vorgestellt und definiert.

Netzwerkmonitore

Da vernetzte Systeme zunehmend komplexer werden, stellen sich immer mehr Fragen zur Auslastung, Sicherheit und Wegoptimierung. Eine wichtige Voraussetzung für den Einsatz von Monitoren zur Überwachung von vernetzten IT-Systemen ist zunächst deren Verbindung mit jedem Netzwerkknoten.

Obwohl alle Knoten erfasst werden können, kann eine gleichzeitige Messung aller Knoten mit dem Netzwerkmonitor nur selten erfolgen. Der Grund liegt darin, dass die Verbindung aller Knoten mit dem Netzwerkmonitor recht kostspielig und aufwendig ist. Eine vollständige Erhebung kann daher nur kurzzeitig für Vergleichszwecke erfolgen [Terplan 1995].

Für eine Bewertung von vernetzten IT-Systemen sind spezielle Kennzahlen von Interesse, die in Tabelle 4–2 kurz vorgestellt werden [Leinwand und Conroy 1996]. Dabei werden die Kennzahlen für SLAs von Netzwerken eingesetzt.

Kennzahl [Einheit]	Definition
Ankunftsrate [Anzahl/sek]	Durchschnittliche Zahl der pro Zeiteinheit bei einem Betriebsmittel oder IT-System eintreffenden Anforderungen oder Aufträge
Antwortzeit [Millisekunden]	Aufenthaltszeit eines Auftrags im IT-System bis zum Eintreffen des Resultats an einer Ausgabeschnittstelle
Ausführungszeit [Sekunden]	Zeit, die ein Betriebsmittel oder IT-System für die Erledigung einer Anforderung oder eines Auftrags benötigt
Bitübertragungsrate [kbps]	Pro Zeiteinheit maximal auf einem (physikalischen oder logischen) Kanal zu übermittelnde Übertragungsdaten
Durchsatz [kbps]	Gesamtzahl aller Übertragungsdaten pro Zeitintervall
Übertragungsrate [Mbit/s]	Gesamtzahl aller Übertragungsdaten pro Übertragungszeiteinheit; die Übertragungsrate wird auch Datentransferrate, Datenrate oder umgangssprachlich Verbindungsgeschwindigkeit, Übertragungsgeschwindigkeit und in der Praxis nicht ganz zutreffend auch »Kapazität« oder »Bandbreite« genannt.
Verarbeitungsgüte (Fehlerrate) [kbit/s]	Verhältnis der Gesamtzahl aller Fehlerdaten pro Gesamtzahl aller Übertragungsdaten
Verfügbarkeit [%]	Ermittelte Ausfallzeiten auf Basis der Differenz von gemessenen Start- und Endzeitpunkten, an dem der IT-Service nicht mehr reagiert
Verlustrate [%]	Übertragungsdaten in Prozent von nicht korrekt am Ziel angekommenen Datenpaketen
Warteschlangenlänge [Anzahl]	Anzahl der Aufträge bzw. Transaktionen, die auf Ressourcenbesetzung warten
Wiederholungsrate [kbit/s]	Frequenz, mit der unquittierte Nachrichten bei Zeitüberschreitung durch die Quelle wiederholt werden

Tab. 4–2 *Kennzahlen für die Bewertung von Rechnernetzen [Hegering u.a. 1999]*

Datenbankmonitore

Datenbanken stellen als Elemente vernetzter Systeme komplexe Informationssysteme dar. Aufgrund des zunehmenden verteilten Einsatzes von Datenbanken werden auch auf dem Gebiet der Datenbankadministration Monitore zur Überwachung und Leistungsmessung verwendet (s. Tab. 4–3). Um die Monitore wirkungsvoll einsetzen zu können, müssen detaillierte Kenntnisse über das dynamische Verhalten in Abhängigkeit von verschiedenen Lastcharakteristiken, über die Auswirkungen der grundlegenden Entwurfsentscheidungen sowie über die wichtigsten Parameter für das Leistungsverhalten vorhanden sein.

Kennzahl [Einheit]	Definition
Antwortzeit [Millisekunden]	Die Antwortzeit der Datenbank ist die Differenz zwischen dem Senden der SQL-Anfrage an die Datenbank (DB) und dem Senden des Ergebnisses
DB-Auslastung [%]	Auslastung der CPU der DB-Server
DB-Server-Durchsatz [kbps]	Gesamtzahl aller Daten-/SQL-Anfragen, Datenausgabe, Fehlerdaten pro Zeitintervall
Speicherbelegung [GB]	Anzahl der belegten Bytes im Haupt- oder SQL-Speicher
SQL-Anfragen [Zahl]	Anzahl der SQL-Anfragen
Verfügbarkeit [%]	Ermittelte Ausfallzeiten
Speicherauslastung [%]	Anteil des freien Speicherplatzes (Tablespace)
Speicherauslastung Filesystem der Datenbank [GB]	Speicherbelegung der Filesysteme der Datenbankserver

Tab. 4–3 *Datenbankspezifische Kennzahlen [Haas und Zorn 1995]*

Applikations- und Systemmonitore

Da Anwendungen in vernetzten IT-Systemen häufig verteilt laufen, ist es notwendig, den Zustand der Anwendungen überwachen zu können, insbesondere da sie in komplexe Umgebungen integriert werden [Uremovic 1999]. Die Messergebnisse der Applikationsmonitore reichen von einfachen Informationen, z.B. ob eine Anwendung überhaupt läuft oder wie viel Speicher sie benutzt, bis hin zu komplexeren Angaben, die helfen sollen, Laufzeitfehler zu beheben [White 2000] (s. Tab. 4–4).

Kennzahl [Einheit]	Definition
Max. Datenverlust-zeitraum [Zeit]	Die Zeit vom letzten Aufsatzpunkt, an dem eine Datensicherung stattfand, bis zum Zeitpunkt des Systemabsturzes. Dies ist der Zeitraum, in dem die Daten nach dem Systemabsturz nicht wiederhergestellt werden können.
Speicherplatz pro Endbenutzer [GB]	Der über die Anzahl der Anwender gemittelte Wert des allokierten Plattenplatzes und des Installationsplatzes, ohne Speicherplatzbedarf der Servicenehmerdaten
Verfügbarkeit [%]	Verhältnis der tatsächlich erbrachten Betriebsstunden einer Anwendung/des IT-Systems zur Nettoverfügbarkeit
Antwortzeit [ms]	Zeitpunkt der Anfrage an die Anwendung bis zum Zeitpunkt, bis die Anwendung die Anfrage bearbeitet hat.
Durchsatz [kbps]	Anzahl abgearbeiteter Daten innerhalb eines Zeitraums

Tab. 4–4 *Kennzahlen für die Bewertung der Applikationsleistung [Terplan 1995]*

Modellierungstechniken

Im Folgenden werden die oben erwähnten Modellierungstechniken (s. Abb. 4–2) lediglich kurz vorgestellt, da der Fokus des vorliegenden Buchs auf dem Bereich des Messens und nicht der Modellierung liegt. Bei der deterministischen Analyse eines vernetzten Systems verwendet man für die Systemkennzahlen deterministische, d.h. zu jedem Zeitpunkt eindeutig festgelegte Werte. Die Ergebnisse, die man dadurch erhält, sind dementsprechend ebenfalls deterministisch. Die Systemkennzahlen werden daher durch deterministische Prozesse nachgebildet. Da die Zeitpunkte dieser Zustandsänderungen und damit die Dauer der einzelnen Zustände bekannt sind, kann die Folge von Zustandsänderungen exakt vorausberechnet werden. Die stochastische Analyse beschäftigt sich mit der Betrachtung von Trendanalysen. Im Vordergrund stehen dabei mathematisch-analytische Lösungsmethoden unter Zuhilfenahme von Markov-Prozessen, Poisson-Prozessen und der Berechnung von Zustandswahrscheinlichkeiten [Ross 1995]. Die operationelle Analyse basiert auf Beobachtungen des realen IT-Systems. Dabei geht sie von der Annahme aus, dass alle Kenngrößen messbar sind. Die Kenngrößen werden unterschieden nach den Größen, die unmittelbar messbar sind, und nach abgeleiteten Größen, die aus den Messgrößen berechnet werden, wobei die abgeleiteten Größen bei Bedarf wieder messtechnisch erfasst und demzufolge verifiziert werden können. Eine weitere Grundannahme der operationellen Analyse besteht darin, dass die Abläufe »homogen« sein müssen, d.h., die Beziehungen der Komponenten und die Übergänge zwischen den Komponenten sind unabhängig vom Zustand des Systems bzw. von den einzelnen Komponenten. Unter Simulation versteht man eine experimentelle Methode, die mithilfe von Modellen und deren Ablauf in einer kontrollierten Umgebung zu Vorhersagen über das Verhalten eines realen oder erdachten Systems kommt. Dabei werden im Allgemeinen Simulationsprogramme eingesetzt, die Betriebssystemabläufe oder den Verkehrsfluss von Aufträgen zwischen Systemkomponenten ausführen.

4.1.2 Untersuchung der Messmethoden

Für Dienstleister, die ihren IT-Service transparent nachweisen wollen, stehen mehrere Möglichkeiten zur Verfügung, dies umzusetzen. Die Analyse der Ausgangssituation ist erforderlich, um das Thema Messung und die zu erreichende Messqualität bewerten zu können. Die Analyse, aus der das IT-Mess- und Reporting-Konzept abzuleiten ist, startet beim Ausfall von IT-Services. Die (Nicht-)Verfügbarkeit, die aus Ausfällen resultiert, ist die wichtigste Kennzahl, die in Rechenzentren zum Einsatz kommt. Die Schwierigkeit, Messungen exakt zu implementieren, ergibt sich aus zwei Aspekten: Zum einen ist es der fehlende Messpunkt, d.h. die Frage, an welcher Stelle die Messung erfolgt und wie genau die Messung ausgeführt werden kann. Zum anderen ist die Präzision der Messergebnisse entscheidend. Abbildung 4–5 zeigt sowohl tatsächliche Ausfälle als auch wie Ausfälle durch Messungen erfasst werden [Löwer und Picot 2002].

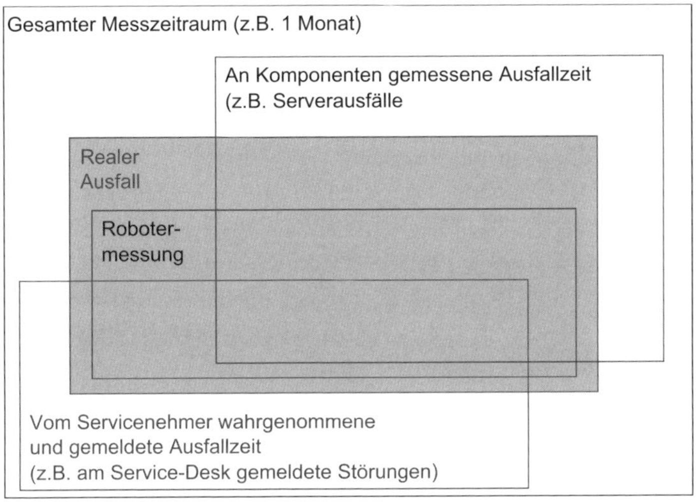

Abb. 4–5 *Analyse der IT-Betriebssituation*

- **Vom Servicenehmer wahrgenomme und gemeldete Ausfallzeit:**
  Ausgehend von der realen Ausfallzeit nimmt der Servicenehmer nicht alle Ausfälle exakt wahr. Der Servicenehmer nimmt Ausfälle dann wahr, wenn er den IT-Service in Anspruch nimmt und ggf. nicht auf eine andere Komponente kurzfristig ausweichen kann. Damit wird die tatsächliche Ausfallzeit auf die Inanspruchnahme aufseiten des Servicenehmers reduziert. Hinzu kommen weitere Ausfälle, die der Servicenehmer wahrnimmt, die jedoch keine Ausfälle sind. Dies trifft besonders dann zu, wenn der Servicenehmer aus vielen einzelnen Benutzern besteht, die unterschiedlich geschult sind [Kuschke und Wölfel 2002]. Beispielsweise sollte bei den Benutzern ein Bewusstsein durch intensive Schulung entstanden sein, dass längere Antwortzeiten bei der Generierung von umfassenden Reports »normal« sind und keinen Ausfall des IT-Service darstellen. Ferner ist die Verantwortung für einen Ausfall oft unklar. Der Servicenehmer nimmt subjektiv wahr, dass ein Ausfall vorliegt. Trotz der Tatsache, dass vom Dienstleister der zu erbringende IT-Service im vereinbarten Umfang bereitgestellt wurde, können vom Servicenehmer potenziell Ausfälle geltend gemacht werden.
- **An Komponenten gemessene Ausfallzeit:**
  Basierend auf der realen Ausfallzeit registriert der Dienstleister einerseits nicht alle Ausfälle, da eine Messung immer nur ein Modell der realen Welt ist, und andererseits zusätzlich Ausfälle, die den IT-Service auf der Servicenehmerseite nicht betreffen. In vernetzten Systemen ist meist nur ein Teil der vie-

len Komponenten bzw. IT-Systeme an der Erbringung eines IT-Service beteiligt. Dies führt dazu, dass man für die Messung Gruppen von IT-Systemen bildet (mehrere Router werden zum IT-Service-Netzwerk zusammengefasst) und deren Verfügbarkeit oder Antwortzeit gemessen. Damit enthält die Statistik auch IT-Systeme, die nicht an der Erbringung des IT-Service beteiligt waren, und verändert das tatsächliche Ergebnis der Verfügbarkeit negativ, da z.B. mehr Ausfälle mit in die Statistik eingehen können. Die Messungen des Dienstleisters können aufgrund von z.B. Messtakt und -standort nicht alle Ausfälle erfassen. Somit misst der Dienstleister weniger Ausfälle, als tatsächlich stattfinden. Die Situation wird u.a. dadurch verstärkt, dass Ausfälle registriert und in das Reporting übernommen werden, obwohl es keinen Ausfall für einen Servicenehmer gab. Ein Beispiel soll dies verdeutlichen: In einem Serververbund fällt ein Server aus. Die anderen Server übernehmen die Last. Im Idealfall wird nur die Antwortzeit schlechter. Treten beim Umschalten der Server Probleme auf, die einigen Benutzern keine Rechte mehr erteilen, so kommt es für eine Teilmenge von Benutzern zum Ausfall [Kossmann 2004]. Im Reporting wird der Server mit einem Ausfall gewertet, obwohl die andere Hälfte der Benutzer arbeiten konnte.

- **Robotermessung:**
  Die Messung mittels nachgestellter Benutzerschritte über sogenannte Roboter, die softwarebasiert alle im realen Betrieb notwendigen Maus- und Tastaturbefehle emulieren, zeigt, dass diese die Ausfälle annähernd genau erfassen können. In Abhängigkeit vom Messtakt lässt sich die Genauigkeit des Ausfalls bestimmen. Im Idealfall bekommt der Roboter die Ausfälle aus der Perspektive eines Benutzers exakt mit und kann die Ausfälle geeignet messen. Somit wird deutlich, dass die Messung aus einem neuen Blickwinkel betrachtet werden muss, damit Servicenehmer und Dienstleister sich auf die Messungen verlassen können. Dabei ist zu beachten, dass auch hier Einschränkungen gelten. Die Robotermessung überwacht nur einen Teil des Gesamtumfangs des IT-Service und kann auftretene Probleme nur dort erkennen, wo der Roboter definiert ist (s. Abschnitt 4.3.1).

Praxishinweis

Insbesondere wenn Minderungsregelungen zum Einsatz kommen, sollte die Qualität der Messergebnisse auf einem hohen technischen Niveau sein. Beide Parteien müssen sich auf ein Verfahren oder eine Kombination aus mehreren Verfahren einigen (s. Abschnitt 4.3.5).

4.2 Anforderungen an das IT-Messkonzept

Die in SLAs vereinbarten IT-Services müssen gemessen werden. Denn häufig entstehen auf der Dienstleister- und der Servicenehmerseite Unklarheiten, wenn es zu ungeklärten Ausfällen kommt. Zu diesem Zweck müssen rückwirkend die Ursachen aufgedeckt werden, um die Verantwortlichkeiten bei Ausfällen ermitteln zu können. Sowohl aus Dienstleister- als auch aus Servicenehmersicht werden daher Anforderungen an ein IT-Messkonzept gestellt. Für beide Parteien ist es von zentraler Bedeutung, eine hohe Messgenauigkeit sicherzustellen. Diese ist ausschlaggebend, um bei der Einhaltung von Service-Levels transparente Aussagen zu erhalten (s. CobiT DS 1.4 Monitoring and Reporting). Die Granularität der Messungen ist entscheidend, denn sie ist eine Voraussetzung für die Nachvollziehbarkeit, dass der IT-Service aus Servicenehmersicht adäquat in Anspruch genommen worden konnte. Für den Servicenehmer ist dies von zentraler Bedeutung, denn durch die Messung wird der in Anspruch genommene IT-Service sichtbar. Die genauen Anforderungen an Messungen und ihre Genauigkeit werden im Folgenden behandelt.

Messgenauigkeit

Bezogen auf die Messgenauigkeit müssen bei komplexen IT-Services zwei Aspekte unterschieden werden: Einerseits ist die technische Messgenauigkeit anzuführen und andererseits ist die Abstimmung von organisatorischen Parametern (z.B. Wartungsfenster) mit einzubeziehen. Denn trotz umfassender Koordination beim Dienstleister kommt es zu Ausfällen, die auf manuelle, nicht übergreifend abgestimmte Eingriffe zurückzuführen sind. Diese Eingriffe sind ggf. sogar vom Servicenehmer erwünscht. Einige Beispiele, die solche Fälle in der Praxis darstellen, sind:

- Ausgleich von Wartungsfenstern, d.h., dass die bestehenden Wartungsfenster nicht in in die Berechnung der Verfügbarkeit als Ausfall mit eingehen.
- Behandlung von »lügenden Probes« (z.B. können von fünf aufgestellten Mess-PCs, die Robotermessungen ausführen und somit Benutzeraktivitäten simulieren, einige nicht wie geplant funktionieren. Diese technischen Phänomene müssen berücksichtigt werden.
- Behandlung von ausgefallenen Messsonden
- Verhalten von Messintervallen (z.B. Veränderung der Verfügbarkeit, bei Änderung des Messtakts kurz vor Tagesende – hier entscheidet der Algorithmus der Korrelation)

Häufig jedoch sind diese Eingriffe nur einzelnen Berechtigten mitgeteilt worden, sodass es bei einer technischen Messung zu einem Ausfall kommt, der den Service-Level beeinflusst, jedoch nicht das Verhältnis zum Servicenehmer stört.

Granularität

Benutzerbezogene Messinformationen werden nicht immer geeignet vorgefunden, d.h., sie liegen meist nur indirekt vor. In diesem Ansatz werden die Reihenfolge von Benutzerklicks, auch Klickstrecken genannt, verwendet, um das Verhalten von Applikationen zu simulieren. Diese Strecken setzen sich aus Teilschritten zusammen und navigieren eigenständig durch Applikationen, um einen Geschäftsprozess ausführen zu können. Zusätzlich dazu können Systemparameter, die an IT-Komponenten vorliegen, erhoben werden. Die Frage, welche Komponenten in einem vernetzten IT-System relevante Messwerte liefern, ist nicht einfach zu beantworten. Die dazu wichtige Identifizierung von Beziehungen zwischen Komponenten, die bei der Informationserbringung vorliegen, ist äußerst komplex und erfordert genaue Kenntnis der dem vernetzten IT-System zugrunde liegenden IT-Infrastruktur. Bei der Suche nach beteiligten Komponenten bleibt auch zu klären, auf welcher Granularitätsebene man bei der Modellierung ansetzt. Diese Granularität ist natürlich zum einen abhängig von dem vereinbarten SLA, zum anderen von den praktisch ermittelbaren Informationen. Die Frage, welche Hard- und/oder Softwarekomponenten im vernetzten IT-System Einfluss auf die Servicequalität haben, ist vor dem Hintergrund z.B. dynamischer Routing-Algorithmen, verteilter Dateisysteme oder verteilter Anwendungen nicht einfach zu beantworten. Bei der Suche nach beteiligten Komponenten bleibt auch zu klären, was der Begriff »Komponenten« bedeutet, d.h., auf welcher Granularitätsebene (z.B. Anwendungs- oder Systemebene) man bei der Lösung für das Problem ansetzt [Scholderer 2001].

Ursachenaufdeckung/-nachforschung

Das Erkennen von Ursachen ist ein zentraler Bestandteil des IT-Betriebs. Anhand von Störungsmeldungen werden Probleme erkannt, klassifiziert und behoben. Die operative Behebung zielt auf die Zuteilung von Problemen und Ursachen bzw. defekten Komponenten zu IT-Services ab. In Outsourcing-Projekten gelten jedoch Mitwirkungspflichten seitens des Servicenehmers. Für ein kontinuierliches SLM müssen auch die Verantwortlichen (s. Abschnitt 3.5.4) herangezogen werden. Wichtig ist die Zuteilung, ob der Dienstleister oder der Servicenehmer sich verantwortlich zeichnet. Dies ist in einem Mess- und Reporting-Konzept zu berücksichtigen.

4.3 Messmethoden

4.3.1 Applikationsrobotergestützte Ende-zu-Ende-Messung

Eine objektive Messung und Bewertung von IT-Services, die in SLAs festgeschrieben sind, benötigt auf Applikationsebene ein Konzept, das einen Anwender simuliert. Von einem Dienstleister erwarten die Servicenehmer, dass er die erbrachten Leistungen transparent nachweist. Der Servicenehmer will genau wissen, wofür er bezahlt. Ein Weg, den Beweis für den erbrachten IT-Service anzutreten, ist das sogenannte »Ende-zu-Ende-Monitoring« (E2E-Monitoring) mit Applikationsrobotern, die das Antwortverhalten von Anwendungen automatisiert messen [Jäckel und Scholderer 2005a]. Der Begriff des Roboters ist der Automobilindustrie entliehen, in der ganze Produktionsabschnitte automatisiert ablaufen. Objektive Messungen bedeuten eine erhebliche Umstellung für Dienstleister. Ohne sie lässt sich die Gunst der Servicenehmer lediglich mit vagem Report zu Qualität und Leistung erhalten, die wenig Rückschlüsse auf die tatsächliche Einhaltung des Service-Level zulassen und rasch in technische und nicht zuletzt rechtliche Grauzonen führen. Damit ein Dienstleister den berechtigten Forderungen nach mehr Transparenz nachkommen kann, muss er rechtlich präzise Verträge mit technischer Detailtiefe abschließen. Ein derartiges Qualitätsversprechen bietet durchaus Vorteile für den Dienstleister: Indem er den gut dokumentierten Forderungen nachkommt, bleibt er konkurrenzfähig. Das unbedachte Einrichten eines Leistungs-Reportings kann sich als problematisch erweisen. Verwenden Dienstleister simple Basisstatistiken, die u.a. grobe Angaben zur Systemverfügbarkeit enthalten, geben sie dem Servicenehmer einen langen Hebel in die Hand. Denn die Berichte geben keine Ende-zu-Ende-Auskunft und der Servicenehmer kann behaupten, dass ihm die versprochene Leistung nicht zur Verfügung stand. Das bringt neben unnötigen Belastungen der Geschäftsbeziehung allzu oft eine Minderung der Zahlung mit sich. Daran lässt sich nichts ändern, wenn der Betrag in den SLAs mit dem Einverständnis beider Parteien definiert ist [Bellwood u.a. 2002]. Dagegen sollte sich ein Dienstleister schützen, indem er vor allem Grauzonen für Diskussionen darüber einengt, welche Servicequalität auf der Servicenehmerseite tatsächlich ankam. Das Prinzip »Ende-zu-Ende« ist auf den ersten Blick einfach: Der Geschäftsprozess des Servicenehmers lässt sich simulieren und in der bestehenden Wirkumgebung messen. Ende-zu-Ende-Monitoring ermöglicht es Unternehmen also, Anwendungen aus derselben Perspektive wie der Endnutzer zu betrachten. Abbildung 4–6 zeigt auf, wie sich ein Applikationsroboter bei der Anwendung Remedy anmeldet, Aufgaben ausführt und sich schließlich abmeldet.

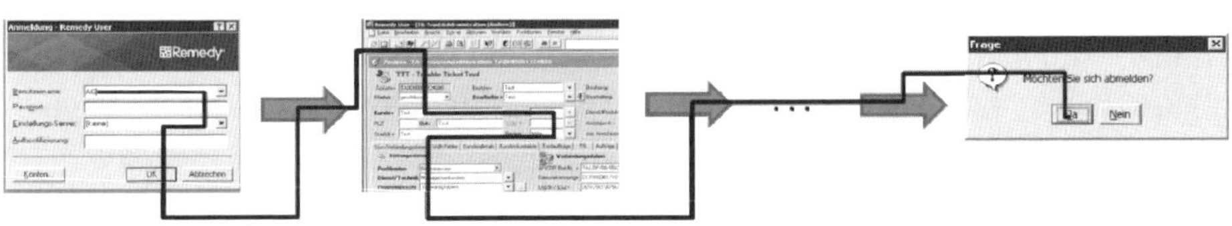

Abb. 4–6 *Applikationsroboter am Beispiel Remedy*

Viele aktive Messmethoden arbeiten im Hintergrund und führen Benutzeraktionen aus, ohne dass der Anwender Einblick in das Geschehen hat. Deshalb steigt der Bedarf an Messungen, die für den Servicenehmer transparent sind. Zum Einsatz kommen dafür insbesondere Applikationsroboter, die weitgehend selbstständig und ohne Benutzerinteraktion arbeiten. Ein anschauliches Beispiel für automatisierte Abläufe in der IT ist Onlinebanking. Der Benutzer navigiert nach einem bestimmten Modell durch eine Applikation. Die Klickfolge kann wie folgt aussehen: Er startet die Bankapplikation, meldet sich an, holt die Liste der aktuellen Buchungen, bearbeitet sie, meldet sich ab und schließt den Vorgang. An dieser Stelle kommt der Applikationsroboter zum Einsatz: Seine Aufgabe ist es, den Ablauf getreu den Vorgaben nachzustellen. Für einen Betrachter sieht es so aus, als werde der PC »von Geisterhand« bedient. Auf dem PC öffnet sich die Applikation auf dem Desktop, es werden Texte getippt und Buttons gedrückt. Mit dieser Methode lassen sich ganze Geschäftsprozesse umsetzen – und zugleich Qualitätsparameter wie Verfügbarkeit und Antwortzeit messen. Bei der Realisierung gilt es jedoch, mehr Details zu beachten, als es für den Beobachter zunächst den Anschein hat. Der Monitoring-Roboter sollte zum Beispiel nicht an die Programmierschnittstellen (Application Programming Interface, API) der jeweiligen Anwendungen andocken, denn das würde reichlich Spezialwissen und passende Programmierkenntnisse erfordern. Die einzige von Anwendungen unabhängige Konstante bietet die API des Desktops. Für ihren Einsatz spricht, dass sich Applikationen und die dazugehörigen Elemente bis auf wenige Ausnahmen direkt auf dem Desktop registrieren. Für eine Steuerung genügt demnach das Wissen über den Umgang mit dem Desktop.

Einsatzfelder der Automatisierung

Ein simples manuelles »Ende-zu-Ende-Monitoring« kann bereits aus der schlichten wie wirksamen Eingabe des Befehls <I>ping<I> auf dem Prompt oder aus dem Senden und Abrufen einer Testmail bestehen. Diese probate Vorgehensweise ist der erste Schritt zu einem automatisierten Ende-zu-Ende-Monitoring. Auf die Dauer ist das manuelle Abfragen unpraktikabel, denn schließlich handelt es sich um einen neuralgischen Punkt im Geschäftsbetrieb. Bietet der Dienstleister einen Komplettservice, indem er seinen Servicenehmern zum Beispiel komplett ausgestattete Arbeitsplätze mit Software zur Verfügung stellt, steht er fortwährend in der Verantwortung, dass die Applikationen richtig konfiguriert sind. Roboter können laufend nachweisen, ob und in welcher Qualität die IT-Services zur Verfügung stehen. Eine weitere Stärke der Applikationsroboter ist die Messung eines gesamten Prozesses mitsamt allen Teilprozessschritten. Welche Anwendungsdienste das SLA auch immer festlegt, ein Roboter kann sie synthetisch nachbilden. Roboter haben die Eigenschaft, dass sie den Desktop betreten und damit Benutzeraktivitäten simulieren können. Die Risiken, die bei der Simulierung eines Anwendungsdiensts entstehen, werden in den folgenden Abschnitten beschrieben.

Stärken und Schwächen

Der Servicenehmer kann die Messungen direkt mitverfolgen und Applikationen über den Applikationsroboter prüfen lassen. Deshalb kommt das Ende-zu-Ende-Monitoring vor allem im Outsourcing zum Einsatz. Die Messung kann sich präzise an den SLAs orientieren. Beide Parteien müssen sich lediglich über eine Klickstrecke einig sein. Bestimmt der Dienstleister innerhalb der Klickstrecke zudem bestimmte Zeiten exakt, sind auch die Messpunkte für den Servicenehmer transparent. Bei der Integration eines Ende-zu-Ende-Monitorings sind aber auch Hindernisse zu überwinden. Besonders die Sicherheitsaspekte gilt es, genauestens zu diskutieren, denn für das Monitoring befindet sich ein ungeschützter Mess-PC im Unternehmen. Wenn Roboter aktiv die Benutzeroberfläche »betreten«, sollte der Rechner nicht gesperrt sein. Der Mess-PC wird zum Sicherheitsrisiko im Unternehmen. Als Schutzmöglichkeit bietet sich der Zutrittsschutz für den Mess-PC an, d.h., der Rechner wird in einem zutrittsgeschützten Raum platziert. Eine andere Variante ist das Abschließen von Hardware-Ports, um keine Tastatur etc. anschließen zu können. Damit der Rechner nicht über die Remote-Konsole angegriffen wird, ist die Beschränkung auf eine dedizierte Umgebung notwendig. Neben den Sicherheitsvorkehrungen liegt das Hauptaugenmerk auf der laufenden Wartung beim Ende-zu-Ende-Monitoring. Wenn Applikationen häufigen Änderungen unterworfen sind, zeigen Roboter Schwächen. Von Robotern, die sich dynamisch anpassen, ist man heute noch weit entfernt. Bei jeder Änderung ist zu prüfen, ob der Roboter seine Wege noch findet oder ob eine Neukonzeption des Roboters notwendig wird. Der Start einer Applikation kann häufig einfach über ein auf der Shell abgesetztes Kommando erfolgen. Kommt eine grafische Oberfläche (Graphical User Interface, GUI) in Betracht, etwa der Windows-Arbeitsplatz, wird es komplizierter: Um den Fokus auf das richtige Fenster einzustellen, muss über die grafische Oberfläche der Name des Fensters ausgelesen werden. Simulierte Tastatureingaben gehören ebenfalls zur Roboter-Grundausstattung, damit er Texte, Namen, Logins und weitere benötigte Eingaben auf die Applikation übertragen kann. Um grafisch zu navigieren, wie dies bei z.B. Citrix-Systemen der Fall ist, müssen bestimmte Bereiche auf dem Desktop markiert und als Bilder gespeichert werden.

Interaktionsaufzeichnung

Das Aufzeichnen einer Interaktion mit der Anwendung ist die zentrale Funktion, die Roboter für ein aussagekräftiges Ende-zu-Ende-Monitoring benötigen. Es muss schnell und präzise erfolgen, denn die Qualität der Aufzeichnung beeinflusst die Wartungskosten. Eine geringe Wartung stellt sich nur ein, wenn das Projekt die Aufzeichnungsfolge eindeutig definiert starten kann. Für eine präzise Aufzeichnung muss entweder eine gute Skriptvorlage oder ein Experte vorhanden sein. Beim Einsatz einer Vorlage ist entscheidend, dass die jeweiligen Abläufe klar nachvollziehbar sind. Notwendig ist die Erstellung einer kompletten Liste der Tastaturanschläge.

Bildbasierte Verarbeitung

Während der Aufzeichnung ist zunächst im Hintergrund die Klickstrecke zu codieren. Der Code sollte zur nachträglichen freien Bearbeitung zur Verfügung stehen. Unterbrechungen im Ablauf sind zu berücksichtigen, damit sich etwa Bedienungsfehler beheben lassen. Es sollte möglich sein, die Aufzeichnung an jeder beliebigen Stelle zu unterbrechen und wieder zu starten. Über die Eingabefunktionen hinaus ist die Verarbeitung der Grafikausgabe von Bedeutung, wenn zum Ablauf die Referenzierung von Bildern gehört. Die Funktion »Image Synchronisation« hilft weiter, wenn zum Beispiel einem für den Ablauf wichtigen Button während der Programmierung (z.B. unter Windows oder Unix) kein Name zugewiesen wurde.

Wartung und Wiederverwendbarkeit

Applikationen sind dem Änderungsmanagement unterworfen, was laufende Anpassungen des Applikationsroboters nach sich zieht. Wenn sich Aufzeichnungen von Abläufen nicht teilweise austauschen und ergänzen lassen oder wenn der ganze Ablauf etwa komplett neu eingespielt werden muss, geht der wesentliche Vorteil der Applikationsroboter, ihre Wiederverwendbarkeit, verloren – und die Projektkosten steigen. Das Arbeiten mit Bildern verschärft die Situation. Beim Ende-zu-Ende-Monitoring sollte man eigentlich das Arbeiten mit Bildern vermeiden, weil dadurch die Wartungskosten stark ansteigen. Schwierigkeiten und Unsicherheiten ergeben sich zum Beispiel, wenn der Roboter auf mehreren IT-Systemen mit unterschiedlichen Bildschirmauflösungen läuft. Schließlich ist eine automatisierte Skalierung von Bildern weitestgehend nicht möglich. Doch geht es nicht ohne Bilder, denn nicht alle Events und Benutzerelemente sind auf dem Desktop registriert. Als Lösung bieten sich derzeit nur zwei konträre Ansätze an: im Code integrierter oder im Code referenzierter Grafikkarteninhalt. Beim integrierten Inhalt wird das Bild von der Grafikkarte gelesen und direkt im laufenden Code eingespielt, was ihn unübersichtlich macht. Dies ist insbesondere beim Verteilen von Robotern auf viele Zielsysteme zu beachten. Eine kompakte Umsetzung garantiert nur die Übertragung einer Datei, die ohne Laufzeitumgebung direkt auf dem Zielsystem starten kann. Referenziert der Code den Grafikkarteninhalt, muss er nur auf Bilder vom Desktop und dessen Elemente verweisen und bleibt dadurch übersichtlich. Beim Rollout sind der Roboter und seine Dateien komplett auf das Zielsystem zu überspielen. Entscheidend ist dabei, die Pfadstruktur identisch abzubilden. Das Ende-zu-Ende-Monitoring ist an der zu messenden Anwendung ausgerichtet, die Änderungszyklen unterworfen ist. Der Nutzer muss sich deshalb auf laufende Weiterentwicklungen und Updates einstellen.

Besonders wichtig ist, der Code in einer von Administratoren beherrschten Skriptsprache geschrieben ist, damit sich manuelle Anpassungen zügig durchführen lassen. Der Experte muss den Code verstehen und im Notfall schnell anpassen können. Eine große Herausforderung beim Monitoring per Applikationsroboter sind das Abstimmen individueller Abläufe und die Behandlung von Fehlern, die im laufenden Betrieb auftreten. Als Beispiel möge ein in der Praxis immer wieder auftretendes Szenario dienen: die Aufzeichnung einer neuen, dem Anwender unbekannten Applikation. Eine erste Anforderung ist der Test der Login-Funktion unterschiedlicher Benutzer unter Zuhilfenahme von Applikationsrobotern. Der Aufzeichner startet die Applikation, führt den Login für einen Testbenutzer durch und schließt die Applikation wieder. Der Nutzer muss den Code erweitern, indem er eine Datei mit den Login-Daten bereitstellt, damit der Roboter bei jedem neuen Start der Applikation einen anderen Benutzer wählt. Es handelt sich jedes Mal um die gleiche Prozedur – und dennoch können unterschiedliche Effekte auftreten. Zum Beispiel ist der Benutzername plötzlich nicht mehr bekannt, das Passwort falsch oder das passende Profil lässt sich einfach nicht mehr laden. Bereits diese Standardaufgabe verdeutlicht, wie komplex die individuelle Prüfung einer Applikation geraten kann, wenn sämtliche Eventualitäten einfließen sollen. Verändert sich außer den Daten auch die Navigation, wie es beispielsweise bei Webseiten oft der Fall ist, die ihren Inhalt je nach Profil ausrichten, steigt die Wartung des Applikationsroboters extrem an. Er benötigt eine aufwendige Wartung und laufende Funktionsüberwachung.

Praxishinweis

Der Service-Level-Manager sollte sich des Aufwands bewusst sein, der durch die Abstimmung einer kompletten Ablaufkette zwischen Servicenehmer und dem Dienstleister entsteht. Beide Seiten müssen dem Roboter zustimmen. Für die Definition des Ablaufs wird von der Fachabteilung beim Servicenehmer häufig eine Bilderserie der Anwendung mittels Screenshots vom Desktop erstellt und kommentiert, sodass ein Entwickler diesen Roboter auf dieser Basis umsetzen kann.

4.3.2 Komponentenbasierte Ende-zu-Ende-Messung

Bei komponentenbasierten Ende-zu-Ende-Messungen sind die jeweiligen Messpunkte und die relevanten Messinformationen zu bestimmen. Der Servicenehmer nutzt an dieser Schnittstelle IT-Services (mit einer in SLAs vereinbarten Qualität). Hierbei werden für den Servicenehmer Servicezugangspunkte freigeschaltet. Je nach aktueller Konfiguration des vernetzten IT-Systems werden unterschiedliche IT-Komponenten (z.B. Kommunikationspfade) verwendet, die einen wesentlichen Anteil der Qualität von IT-Services darstellen [Kunst 1999]. In vernetzten IT-Systemen lässt sich eine Vielzahl von Messpunkten feststellen. Für einen dienstleistungsorientierten Ansatz ist es erforderlich, sich auf die wichtigen zu beschränken. In der Praxis werden die Störungen, die zu zentralen Ausfällen von

IT-Services führen, als Kriterium verwendet. Damit sind z.B. Router, Gateways, Datenbanken oder Schnittstellen von Applikationen, die Daten für viele andere Applikationen bereitstellen, im Fokus.

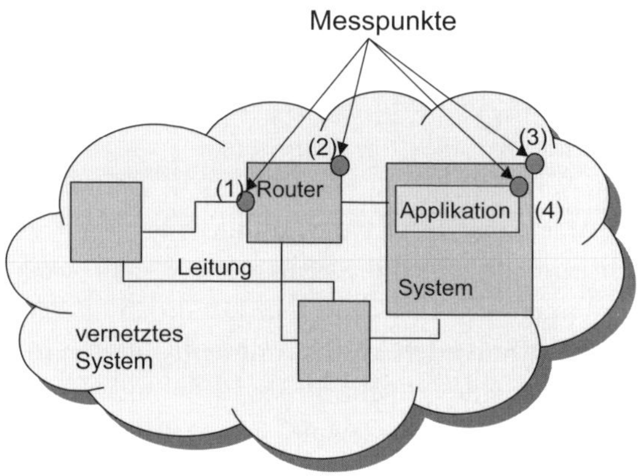

Abb. 4–7 *Messpunkte in vernetzten Systemen*

Die in Abbildung 4–7 aufgezeigten Messpunkte werden hier kurz skizziert. Der Messpunkt (1) betrachtet die ein- und abgehenden Datenströme unterschiedlichster Granularität (z.B. received_byte, received_IP_packets). Die Funktionsfähigkeit des Routers wird am Messpunkt (2) überwacht. Messpunkte (3) und (4) überwachen analog zu (2) die Funktionsfähigkeit des IT-Systems bzw. der Applikation auf einer systemnahen Basis.

Die Ermittlung der netzspezifischen Kennzahlen bildet das technische Fundament für das Mess- und Reporting-Konzept und den gesamten Netzbetrieb (s. Abb. 4–5). Im Folgenden werden nun die netzspezifischen Kennzahlen analysiert, die zum einen ein Teil des Fundaments für SLAs bilden, zum anderen für die interne proaktive Sicht des Betriebs notwendig sind.

Parameter [Einheit]	In die Parameterberechnung eingehende Messinformation
Antwortzeit [Millisekunden]	Jeder Router reduziert den »time to live«-Wert um seine Bearbeitungszeit, wobei angebrochene Sekunden auf die nächste Sekunde aufgerundet werden. Daraus kann z.B. die Antwortzeit abgeleitet werden.
Verfügbarkeit [Prozent]	Die gemessene System-Uptime muss in Relation zur tatsächlich möglichen Laufzeit gestellt werden. Aus diesem Verhältnis wird die Verfügbarkeit in Prozent errechnet.
Verarbeitungsgüte/Fehlerrate [Prozent]	Die Verarbeitungsgüte kann über das Verhältnis »IP Received Packets« zu »IP Received Errors« oder auch über »IP Transmit Packets« zu »IP Transmit Errors« errechnet werden.

Tab. 4–5 *Messinformationen zu Netz- und Systemkomponenten*

Die Anwendungsüberwachung ist der Bereich, der für das Monitoring der vom Dienstleister angebotenen IT-Services zuständig ist.

Für einen zuverlässigen und störungsfreien Betrieb z.B. eines SAP-Systems werden Managementwerkzeuge benötigt, die in zentralen, verteilten, homogenen und heterogenen Umgebungen eingesetzt werden können. In der betriebswirtschaftlichen Standardsoftware SAP R/3 werden diese Werkzeuge im Computing Center Management System (CCMS) zusammengefasst. Es beinhaltet die Funktionsbereiche Systemüberwachung, Systemsteuerung und Managementschnittstellen. In der Systemüberwachung werden relevante Informationen gesammelt, alphabetisch und grafisch dargestellt sowie Alarmmeldungen erzeugt. Die Komponenten der Systemsteuerung regeln die administrativen Abläufe von installierten SAP-Systemen. Falls externe IT-Services angeboten werden, stellt das CCMS offene Schnittstellen zur Verfügung, die insbesondere in großen, heterogenen Umgebungen eingesetzt werden. Die Grundidee des CCMS ist es, die zur Verfügung stehenden Applikationsserver in Gruppen einzuteilen, in denen sie jeweils bestimmte Aufgaben erfüllen oder Anwendungen bereitstellen. Dazu wird eine grafische Bedienoberfläche zur Verfügung gestellt, die helfen soll, den Aufwand zur Verwaltung des Gesamtsystems zu reduzieren. Nachfolgend werden die anwendungsspezifischen Messinformationen aufgeführt, die bei der Überwachung von Applikationen, wie z.B. SAP-Systemen, von Interesse sind [Laprie 1998] (s. Tab. 4–6).

Parameter [Einheit]	In die Parameterberechnung eingehende Messinformation
Durchschnittliche Verfügbarkeit [Prozent]	Wie oben genannt wird auch hier die System-Uptime in die Berechnung einbezogen. Zusätzlich kommen weitere Uptime-Zeiten hinzu. So wird die Applikationsserver-Uptime gemessen. Aus beiden muss dann die tatsächliche Uptime durch einen Abgleich am Zeitstrahl ermittelt werden. Aus dem Ergebnis wird dann in Relation zur tatsächlich möglichen Laufzeit die Verfügbarkeit ermittelt.
Maximale Ausfallzeit [Stunden]	■ Applikationsserver-Ausfallzeit ■ Applikationsserver-Wiederanlaufzeit
Speicherplatz pro Nutzer [Gigabyte]	■ Belegter Speicherplatz

Tab. 4–6 *Anwendungsspezifische Messinformationen*

4.3.3 Messung von gemeldeten Störungen

Innerhalb des Incident- und Problem-Management-Prozesses (s. Abb. 4–8) werden Störungen von außen (z.B. vom Servicenehmer) oder auch interne Störungen technischer Systeme, die über den Service-Desk einfließen, analysiert, distributiert und behoben. Die hierbei verwendete Hilfsstruktur, die über Organisationseinheiten weitergereicht wird, sind sogenannte Trouble-Tickets. Diese Trouble-

Tickets beinhalten weitestgehend die Problembeschreibung und die bisher zur Behebung vorgenommenen Aktivitäten. Ziel innerhalb dieses Prozesses ist es, Trouble-Tickets mit dem Vermerk »Störung behoben« abzuschließen. Ein wichtiger für SLAs erforderlicher Aspekt ist die Bearbeitungszeit vom Eingang der Störung bis hin zur Behebung. In diesem Prozess liefert die Struktur der Trouble-Tickets adäquate Messinformationen für die Kennzahlen [Scholderer 2005].

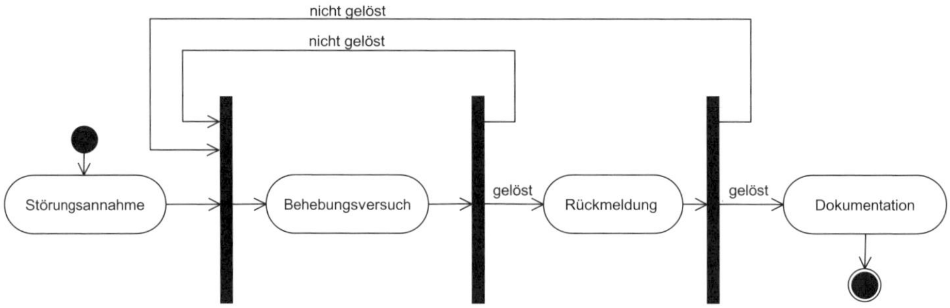

Abb. 4–8 *Störungsbearbeitungsprozess*

Dieser Prozess beginnt üblicherweise mit der Entgegennahme einer Störungsmeldung durch den Service-Desk. Hier wird zunächst ein sogenanntes Rufannahmeformular geöffnet. In diesem werden der Anrufer, die Firma, eventuelle Ansprechpartner, der Anrufszeitpunkt und der Grund eines Anrufs festgehalten. Soweit möglich sollten die Daten dabei automatisch verfügbar sein. Hier bietet sich daher die Integration einer automatischen Rufannahme- und Weiterleitungszentrale an. Dadurch kann der Anrufer automatisch anhand seiner Telefonnummer ermittelt werden oder es wird seine Benutzerkennung während des Telefonats abgefragt [Quantz 2003].

Anschließend wird das Ticket typisiert. Hierbei wird entschieden, ob es sich um eine Störung oder eine Anfrage handelt. Im Falle einer Störung wird aus dem Ticket ein Trouble-Ticket erzeugt, das nun zusätzlich störungsrelevante Daten beinhaltet. Diese Daten werden möglichst problembezogen vom Servicenehmer erfragt, wobei so früh wie möglich eine Einordnung in eine Problemkategorie vorgenommen wird. Je nach Kompetenz der Rufannahme kann hier auch schon eine Problembehebung erfolgen. Dabei werden die Bearbeiter durch Wissensdatenbanken unterstützt, die gelöste Störungen nutzen, um auf die Lösung des aktuellen Problems zu schließen. Kann hiermit die Störung bereits behoben werden, so wird die Lösung dokumentiert, der Lösungszeitpunkt wird festgehalten und das Ticket wird geschlossen, womit die Bearbeitung des Trouble-Tickets abgeschlossen ist. Geschlossene Tickets werden vom jeweiligen Bearbeiter ausgeblendet und nur noch zum späteren Nachweis für Statistiken oder auch für die Wissensdatenbank verwendet. Kann die Störung nicht innerhalb der Rufannahme behoben werden, so wird das Ticket mit einer Priorität versehen. Die Priorität richtet sich dabei nach den Kosten, die durch die Störung entstehen. Das heißt, anhand von technischen und wirtschaftlichen Aspekten wird die Priorität bestimmt. In ITIL wird dies mit dem Begriff Severity beschrieben. Die folgende Aufzählung zeigt ein Beispiel, wie diese Priorität bestimmt werden kann:

- **Priorität 1:**
  Störungen von Geschäftsprozessen, die Auswirkungen auf das Image und den Umsatz haben
- **Priorität 2:**
  Störungen von Geschäftsprozessen, die zusätzliche Kosten für den Auftragnehmer erzeugen
- **Priorität 3:**
  Störungen, bei denen mehr als 20 Benutzer nicht arbeiten können
- **Priorität 4:**
  Störungen von Gruppenfunktionen wie z.B. Drucker
- **Priorität 5:**
  Störungen von unkritischen Funktionen

Das heißt, dass vereinbarte SLAs innerhalb der Störungsbearbeitung berücksichtigt werden. Es muss aber auch beachtet werden, wie schwer eine Störung wiegt, also ob etwa ein zentraler Server oder ein nicht priorisierter Client betroffen ist. Auch die bereits vorhandene Ausfallzeit eines IT-Service im aktuellen Reporting-Intervall kann die Priorität beeinflussen. Diese Größen sollen kostenoptimal berücksichtigt werden, was natürlich ihre Messbarkeit voraussetzt. Aufgrund der Komplexität dieser Problematik kommen hier lediglich einfache Heuristiken zum Einsatz, die teilweise auch nur einige der Faktoren berücksichtigen. In jedem Fall erhält man als Ergebnis eine Priorität, die die Dringlichkeit eines Tickets möglichst SLA-gerecht beschreibt. Aufgrund dieser Priorität muss sich nun eine Bearbeitungsreihenfolge ergeben, etwa indem jeder Priorität eine Zeitspanne, die für die Behebung der Störung einzuhalten ist, zugeordnet wird. Damit ergibt sich für das Ticket eine Frist, die vom Trouble-Ticket-System überwacht werden muss.

Anschließend wird das Ticket zur weiteren Bearbeitung an eine geeignete Supportgruppe weitergeleitet. Die Auswahl dieser Gruppe kann dabei kategorieabhängig festgelegt oder durch die Rufannahme bestimmt werden oder auch individuell durch die einzelnen Supportmitarbeiter in Eigenverantwortung erfolgen. Mit der Bearbeitung einer Störung durch einen Supportmitarbeiter ändert sich der Status des Tickets. Dabei wird der Zeitpunkt des Statuswechsels festgehalten und der neue Bearbeiter vermerkt. So ist es möglich, den Ablauf einer Störungsbearbeitung jederzeit nachzuvollziehen. Der Supportmitarbeiter versucht eine Störungsbearbeitung, wobei er wiederum durch Wissensdatenbanken, aber auch durch IT-Managementsysteme (z.B. Protokollanalysatoren, Logauswertungs- oder Messsysteme) unterstützt wird. Ist die Störung behoben, so wird wieder die Lösung dokumentiert, das Ticket geschlossen und der Servicenehmer von der Lösung benachrichtigt. Ansonsten beginnt ein erneuter Lösungsversuch, wobei eventuell der Bearbeiter wechseln kann. Dabei wird erneut jeder Lösungsversuch vom Trouble-Ticket-System mit Zeitpunkt und Bearbeiter festgehalten. Bei Dienstleistern, die auf die IT-Services von Zulieferern zugreifen, kann das Problem auch im Bereich des Zulieferers liegen. Dann wird dieser über das Problem benachrichtigt und mit der Behebung der Störung beauftragt. Dazu wechselt das Trouble-Ticket des Dienstleisters seinen Status. Der Dienstleister überwacht jetzt lediglich die Störungsbehebung, insbesondere die Einhaltung der SLAs seitens des Zulieferers. Ist schließlich die Störungsbehebung erfolgt, kann auch dieses Ticket abgeschlossen werden. Meldet der Servicenehmer zurück, dass die Störung weiterhin anhält, wird in der Praxis ein neues Ticket angelegt. Für den gesamten Vorgang muss der Prozess kontrollierbar bleiben und eine bestmögliche Einhaltung zeitlicher Rahmenbedingungen gewährt werden. Hierzu muss aus unterschiedlichen Dimensionen einer Störung, etwa vereinbarte Störungsbehebungszeiten, Wichtigkeit des Servicenehmers, Größe des Auftrags, weitere betroffene IT-Services und Servicenehmer, die Dringlichkeit eines Tikkets bestimmt werden. Daraus wird ein Endzeitpunkt, eine Frist, für die Bearbeitung des Tikkets berechnet, die eingehalten werden soll. Die Transparenz des Prozesses wird ablaufseitig durch den Status gewährleistet. Dieser kann werkzeugseitig durch einen Prozessmonitor abgegriffen werden. Die Einhaltung der Frist wird durch die Einführung kritischer Zeitabschnitte realisiert [Pantry und Griffiths 1997].

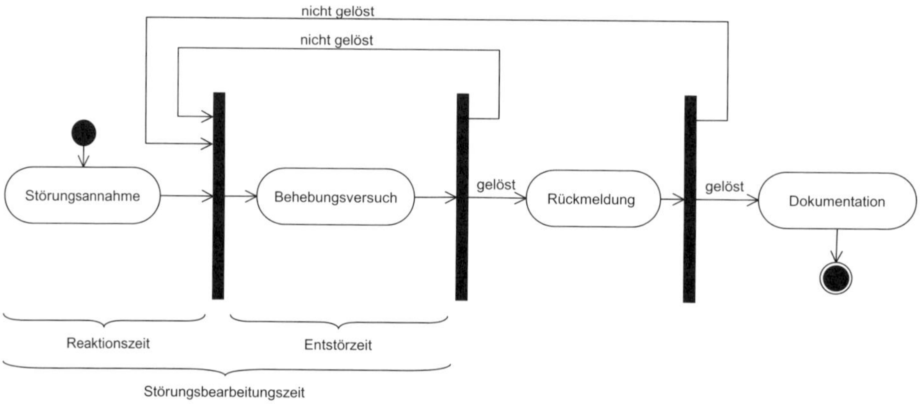

Abb. 4–9 *Service-Levels werden auf Messpunkte abgebildet*

Für jeden Status existiert dabei ein kritischer Zeitpunkt, ab dem die Einhaltung der Frist als gefährdet erachtet wird und damit eine Verletzung von SLAs zu befürchten ist (s. Abb. 4–9). Werden die definierten Zeiten verletzt, so kommt es zu einer Eskalation. Unter Eskalation versteht man dabei das Erhöhen der Dringlichkeit der betroffenen Prozessinstanz. Dies geschieht üblicherweise durch

Benachrichtigung von Prozessbeauftragten. Die Beauftragten leiten ihrerseits Maßnahmen ein, um die Auswirkung von Regelverletzungen so gering wie möglich zu halten, etwa indem sie zusätzliche Mitarbeiter auf die Lösung des betroffenen Problems ansetzen. Der Support-Level ist charakterisiert durch vier Attribute (s. Tabelle 52). Die Supportzeit definiert die Zeitspanne (Tageszeiten, Wochentage sowie nationale Feiertage), während der eine Unterstützung für den angebotenen IT-Service am Leistungsübergabepunkt garantiert ist. Während der Supportzeit wird bei einem Serviceausfall innerhalb der vertraglich vereinbarten Reaktionszeit ein Trouble-Ticket eröffnet und unmittelbar mit der Wiederherstellung des IT-Service begonnen [Tivoli Systems 2004]. Das Attribut Reaktionszeit ist definiert als die Zeitspanne von der Serviceausfallmeldung (durch Servicenehmer oder durch Überwachungssysteme) bis zur ersten Information an den Servicenehmer und der Eröffnung des Trouble-Tickets im System [Tivoli Systems 2004]. Die Entstörzeit gibt an, wie lange die Wiederherstellung eines Systems tatsächlich benötigt hat. Die Störungsbearbeitungszeit liefert die Summe aus der Reaktionszeit und der Entstörzeit (s. Tab. 4–7).

Service-Level-Parameter: ***Support-Level 7× 16 Stunden***	
Attribut:	**Service-Level-Garantie:**
■ Supportzeit ■ Reaktionszeit	■ Montag – Sonntag 06:00 – 22:00 Uhr ■ max. 5 Minuten nach Ausfallmeldung
■ Entstörzeit ■ Störungsbearbeitungszeit	■ 2 Stunden pro Server ■ 2 Stunden und 5 Minuten bei allen aufgetretenen Störungen

Tab. 4–7 *Service-Level-Parameter – Support-Level*

Aus dieser Betrachtung und Untersuchung heraus zeigt sich, dass genaue Informationen vorliegen, wo genaue Messpunkte liegen.

4.3.4 Erhebung der Verfügbarkeit aus Trouble-Tickets

Die Verfügbarkeit ist ein Service-Level, der beschreibt, wie die geforderte und vereinbarte Funktionalität zu einem bestimmten Zeitpunkt oder während einer definierten Periode zu erfüllen ist. Grundsätzlich erfolgt die Berechnung der Verfügbarkeit auf der Basis aller gültigen Trouble-Tickets abzüglich der unten genannten Suspendzeit. Die Definitionen der einzelnen Attribute für die Service-Level-Verfügbarkeit sind nachstehend aufgeführt.

- Suspendzeit:
  Während eines Störungsfalls wird die sogenannte Suspendzeit nicht als Ausfall gewertet, wenn folgende Gründe vorliegen:
  - Der Störungsbearbeitungsprozess kann nicht eingehalten werden, z.B. wegen fehlender Bestätigung vom Servicenehmer, dass ein Fehler existiert.

- Die Störungsmeldung erfolgt außerhalb der vereinbarten Supportzeit.
- Vom Servicenehmer wird eine Fehlerbehebung außerhalb der vereinbarten Supportzeit ausdrücklich verlangt.
- Während der Entstörung wird die Fehlerquelle auf Servicenehmerseite lokalisiert, beispielsweise bei Applikationen, Ausstattungen oder Einrichtungen, die nicht zum Serviceumfang gehören; Fehler vor Ort: z.B. Hausinstallation, Netzwerk, Stromversorgung, Klimaanlage.
- Zutritt vor Ort nicht gewährleistet oder kein Ansprechpartner verfügbar
- Die Störung fällt in die Wartungszeit (inkl. vorangekündigte Serviceunterbrechungen).
- Die Dauer zwischen dem Zeitpunkt »Service wiederhergestellt« und dem definitiven Schließen des Trouble-Tickets.

- **Downtime pro Messperiode (DT):**
  Summe aller gültigen IT-Service-Ausfallzeiten (SAZ) pro Störungsfall ($_S$) in Stunden und Minuten, abzüglich Suspendzeit (s.o.), innerhalb der im Voraus exakt definierten Messperiode, bei der ein IT-Service am entsprechenden Leistungsübergabepunkt während der vereinbarten Supportzeit nicht verfügbar und damit die minimale Funktionalität nicht gewährleistet ist.

  $$\Rightarrow \mathrm{DT} = \sum_{s=1}^{n} SAZ_S$$

- **Anzahl IT-Service-Ausfälle pro Messperiode (n):**
  Anzahl aller gültigen IT-Service-Ausfälle innerhalb der definierten Messperiode, gemessen am entsprechenden Leistungsübergabepunkt während der vereinbarten Supportzeit.

  ⇨ n = Anzahl aller gültigen Serviceausfälle pro Messperiode

- **Vereinbarte minimale Funktionalität:**
  Der IT-Service gilt als verfügbar, wenn die Servicefunktionalität durch die Anwender ohne Einschränkung am Leistungsübergabepunkt genutzt werden kann. Der IT-Service ist verfügbar, wenn die Leistung und Qualität für die vereinbarten Service-Level-Parameter während der Servicezeit und Supportzeit am Leistungsübergabepunkt erbracht sind. Ausnahmen oder eventuelle Einschränkungen müssen in der Leistungsbeschreibung vereinbart sein.

- **Serviceausfallzeit pro Störungsfall (SAZ_S):**
  Ausfallzeit eines IT-Service pro Störungsfall in Stunden und Minuten (abzüglich Suspendzeit, s.o.), bei der ein IT-Service am entsprechenden Leistungsübergabepunkt während der vereinbarten Supportzeit nicht verfügbar und damit die minimale Funktionalität nicht gewährleistet ist.

  ⇨ SAZ_S = maximale Serviceausfallzeit pro Störungsfall abzüglich Suspendzeit

- **Störungsfall (s):**
  Ein Störungsfall wird durch eine IT-Service-Ausfallmeldung (Incident oder Servicecall) geöffnet und mit der Information »Service wiederhergestellt« an den Anwender geschlossen. Der abschließende Transfer der Trouble-Ticket-Daten ins Reporting-System schließt das Trouble-Ticket.
- **Messperiode:**
  Sofern im SLA nichts Gegenteiliges vereinbart ist, beträgt die Messperiode zur Bestimmung der Verfügbarkeit einen Kalendermonat und ist damit unterschiedlich lang. Diese Besonderheit der Monate muss berücksichtigt werden, um keine statistischen Verzerrungen zu erhalten.

Das Referenzschema veranschaulicht die zeitlichen Zusammenhänge und Abhängigkeiten der Service-Level, Servicezeit, Support-Level und Verfügbarkeit (s. Abb. 4–10).

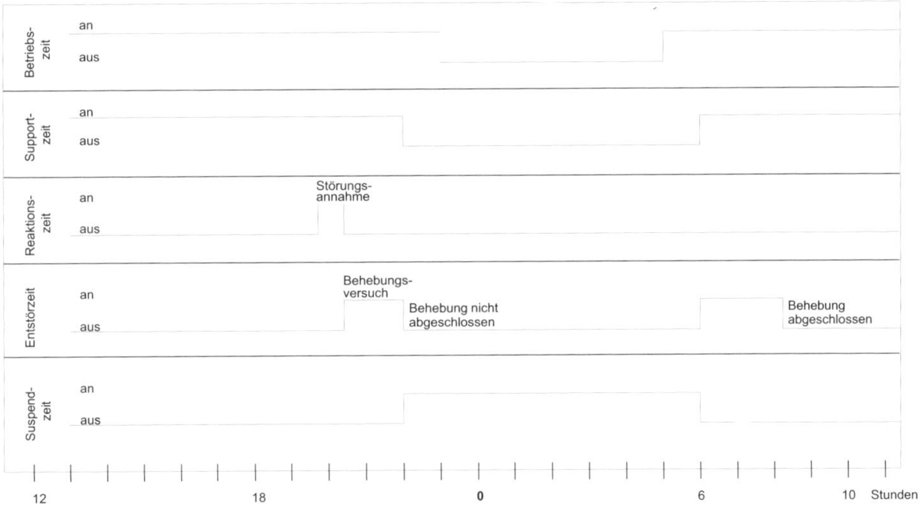

Abb. 4–10 *Ablauf bei einem IT-Service-Ausfall*

Diese gemessenen Ausfälle dienen als Eingabedaten und werden im nächsten Abschnitt im Approximationsverfahren weiterverarbeitet [Verma 2002].

4.3.5 Approximationsverfahren für die Verfügbarkeit

Das IT-Messkonzept konzentriert sich auf die Kennzahl Verfügbarkeit [Kemnitz 2007]. Trotz der einfachen Binärlogik (verfügbar, nicht verfügbar) birgt diese Kennzahl den größten Abstimmungsbedarf. Zu entscheiden ist, ob der Servicenehmer einen IT-Service als verfügbar anerkennt bzw. wann alle beteiligten IT-Systeme wieder einen funktionsfähigen IT-Service erbringen. Wenn diese Kennzahl beherrschbar ist, so lässt sich dies auch auf andere Kennzahlen übertragen.

IT-Messkonzept auf Basis eines Approximationsverfahrens

Ziel ist es, aus Messungen, die oben untersucht wurden, höherwertige Aussagen für Kennzahlen zu gewinnen. Dabei wird die Entscheidung, welche Messmethode auszuwählen ist, neu untersucht. Das Approximationsverfahren nimmt alle oben dargestellten Messungen und stellt sie geeignet in Bezug. Somit werden alle Messmethoden berücksichtigt [White 2000]. Beispielsweise werden von Benutzern gemeldete und am Service-Desk aufgenommene Ausfälle mit den Ausfällen, die an den Systemen gemessen wurden, verglichen. Ebenso werden die gemeldeten Ausfälle mit den Zeiten, in denen das System ausfallen kann und darf, wie in geplanten Wartungsfenstern, verglichen. Diese und weitere Schritte müssen erfolgen, um eine realistische Auswertung zu tatsächlichen Ausfällen zu erhalten. Das hier entwickelte Approximationsverfahren verläuft in sechs Schritten. Aus Rohdaten werden sukzessive durch eine Weiterverarbeitung höherwertige Aussagen zu den Kennzahlen gewonnen. Abbildung 4–11 zeigt, wie dieses Verfahren aufgebaut ist.

Die Bestimmung der Verfügbarkeit muss als Prozess verstanden werden.

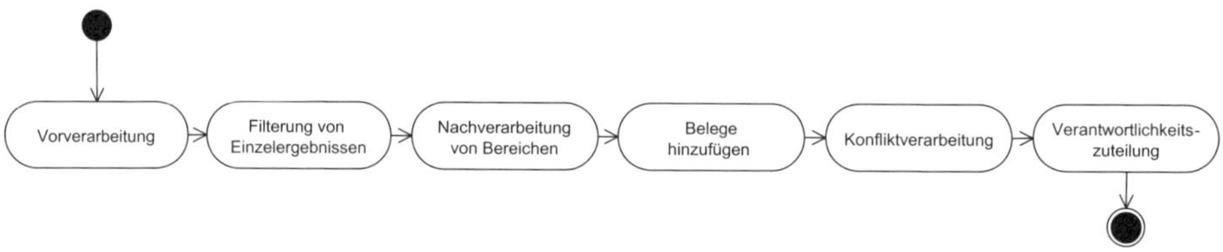

Abb. 4–11 *Approximationsverfahren [Scholderer 2009]*

Beispiel zur Verdeutlichung der Approximation

Bevor der Einstieg in die Approximation erfolgt, soll das Verfahren beispielhaft nachvollzogen werden (s. Tab. 4–8). Von einem IT-Service werden für einen Tag die Verfügbarkeitsdaten ausgewertet. Folgendes Szenario liegt vor:

Aspekt	Zeiträume	Erläuterung
Realer Ausfall durch den Dienstleister verursacht	12:00 – 15:00 Uhr	Der reale Ausfall beträgt 3 Stunden und betrifft mehrere Benutzer. Es handelt sich um eine Störung mit der höchsten Priorität.
Wartung	15:00 – 17:00 Uhr	Für die Zeit von 15:00 bis 17:00 Uhr wurde im Vorfeld eine Wartung angekündigt, bei der die Systeme heruntergefahren werden müssen.
Robotermessung	12:00 – 17:00 Uhr	Der Roboter misst 5 Stunden als Ausfall.

→

Aspekt	Zeiträume	Erläuterung
Systemmessung	12:00 – 13:00 Uhr und 15:00 – 17:00 Uhr	Die Systemmessung misst um von 12:00 bis 13:00 Uhr einen Ausfall von 1 Stunde, danach ist der Server wiederhergestellt. Bei der Systemmessung bleibt unklar, ob die darauf laufenden Anwendungen auch betriebsbereit sind. In der Zeit der Wartung wird ein Ausfall von 15:00 bis 17:00 Uhr gemessen. Aber ob nach der Wartung der IT-Service wieder von Ende zu Ende verfügbar ist, erkennt diese Messung nicht.
Tickets	12:00 – 18:00 Uhr	Am Service-Desk gingen in der Zeit von 12:00 bis 18:00 Uhr Störungsmeldungen der Priorität 1 von Benutzern ein, die wegen des Ausfalls und der Wartung nicht arbeiten konnten.
Realer Ausfall durch den Servicenehmer verursacht	17:00 – 18:00 Uhr	Der Servicenehmer hat in der Zeit von 17:00 bis 18:00 Uhr nicht alle Ports am Proxy wieder freigeschaltet, sodass nur einige Benutzer, u. a. der Roboter, den Service ausführen konnten.

Tab. 4–8 *Beispielszenario zur Verdeutlichung der Approximation*

Die konkreten Verarbeitungsschritte, die das Approximationsverfahren durchläuft, und deren Umfang werden im Folgenden anhand dieses Beispiels beschrieben:

Approximationsschritt 1: Vorverarbeitung

Beispielszenario zur Verdeutlichung der Approximation

In diesem Schritt werden aus Tabelle 4–8 die Roboter- und Systemmessdaten konsolidiert.

- Robotermessung: 12:00 – 17:00 Uhr
- Systemmessung: 12:00 – 13:00 Uhr und 15:00 – 17:00 Uhr

Ergebnis:

Die Werte der Systemmessung sind mit der Robotermessung gegengeprüft, somit sind die Zeiten 12:00 – 13:00 Uhr und 15:00 – 17:00 Uhr als Ausfälle vorläufig anerkannt.

Der Approximationsschritt Vorverarbeitung muss zunächst definiert werden. Die aus Messungen gewonnenen Daten liefern eine aus technischer Sicht korrekte Messwertaussage (z.B. IT-Service war verfügbar). Da sie nicht an organisatorische Abläufe oder Rahmenbedingungen geknüpft sind, wird deutlich, dass sie nur eine Vorverarbeitung darstellen. Ein Beispiel soll dies erläutern. Zur Prüfung der Verfügbarkeit müssten sich der Dienstleister und der Servicenehmer im vereinbarten Messtakt (z.B. 1 Minute) verständigen, ob der IT-Service noch funktioniert. Dies ist jedoch nicht umsetzbar. Somit müssen sich beide auf eine Messmethode einigen, die eine derartige Prüfung automatisch übernimmt. Es werden später nur die besonderen Auffälligkeiten begutachtet. Die automatische Messung ist trotz

Auswahl der Verfügbarkeitsmessung jedoch kein Garant, ob der IT-Service tatsächlich funktioniert hat [White 2000]. Einen weiteren entscheidenden Faktor bei der automatisierten Messung spielt die eingesetzte Messmethode. Wird die Messmethode so ausgewählt, dass dem IT-Service entsprechend hochwertige Vorverarbeitungen geliefert werden, so werden die weiteren Approximationsschritte in geringerem Umfang zum Einsatz kommen. Dies ist deshalb wichtig, da in den höheren Approximationsschritten ein manueller Aufwand hinzukommen kann. Für das genannte Beispiel Verfügbarkeit eignen sich Applikationsroboter für eine Messung. Sie geben die Möglichkeit, den IT-Service direkt auf einem Mess-PC auszuführen, sodass für den Dienstleister und für den Servicenehmer die Verfügbarkeit transparent nachvollzogen werden kann.

Approximationsschritt 2: Filterung von Einzelereignissen

Beispielszenario zur Verdeutlichung der Approximation

In diesem Schritt werden aus Tabelle 4–8 die Roboter- und Systemmessdaten auf falsche oder doppelte Messergebnisse hin untersucht.

- Robotermessung: 12:00 – 17:00 Uhr
- Systemmessung: 12:00 – 13:00 Uhr und 15:00 – 17:00 Uhr

Ergebnis:

Doppelte Messergebnisse sind gegengeprüft, die Zeiten 12:00 – 13:00 Uhr und 15:00 – 17:00 Uhr bleiben als Ausfälle vorläufig anerkannt.

In diesem Approximationsschritt werden bestimmte Einzelereignisse herausgefiltert und eliminiert. Die Einzelereignisse werden wie folgt definiert. Kommt es innerhalb der Messtaktfrequenz (z.B. 1 Minute) neben vielen positiven Messergebnissen (z.B. alles ist verfügbar) zu vereinzelten Ereignissen (Ausfall oder ggf. auch stark erhöhte Antwortzeit), so müssen diese als nicht relevant gedeutet werden. Hinter dieser Annahme steht die Kontinuität von IT-Systemen. Ein Systemneustart dauert häufig länger als 1–5 Minuten. Wird innerhalb einer Messreihe ein IT-System bis auf einen Einzelausfall permanent verfügbar gemeldet, so muss davon ausgegangen werden, dass die Messung durch einen Timeout gestoppt wurde. Das Ergebnis ist somit falsch und auszusortieren. Die Ursache für diese Timeouts wird bei der Bewertung von Ausfällen für diese Zeiträume, die als Einzelfall auftreten, nicht weiter verfolgt. Die Entscheidung, wie viele zusammenhängende Ausfälle eliminiert werden, obliegt einer Systemuntersuchung [Terplan und Huntington-Lee 1995]. Sind diese Einzelereignisse eliminiert, wird in diesem Zusammenhang das Ereignis z.B. von nicht verfügbar auf verfügbar umgestellt. Die Folge ist, dass die Messreihe nach logischen Gesichtspunkten approximiert wird und sich somit der Verfügbarkeitswert wie in diesem Fall verbessert. Dies erfolgt auch umgekehrt, wenn bei größeren Ausfällen, bei denen die Messsysteme doch spontan einen Zugriff bekommen, diese Einzelereignisse dann in einen zusammenhängenden Ausfall überführt werden. Anschließend kann der nächste Approximationsschritt gestartet werden.

Approximationsschritt 3: Nachverarbeitung von Bereichen

Beispielszenario zur Verdeutlichung der Approximation

In diesem Schritt werden aus Tabelle 4–8 die Wartungsfenster mit den Robotermessdaten verglichen. Die Robotermessdaten mit Ausfällen im Zeitraum des Wartungsfensters werden eliminiert.

- Wartung: 15:00 – 17:00 Uhr
- Robotermessung: 12:00 – 17:00 Uhr

Ergebnis:

Die Werte der Wartung sind mit der Robotermessung gegengeprüft. Es bleiben die Zeiten 12:00 – 13:00 Uhr als vorläufiger Ausfall anerkannt. Die Zeiten 15:00 – 17:00 Uhr werden als Wartung gewertet und sind nun keine Ausfälle mehr.

Nachdem die Rohdaten geeignet aufbereitet sind, müssen die betrieblichen Gegebenheiten hinzugefügt werden. Dies ist u.a. sehr komplex, da der Dienstleister und der Servicenehmer ihre gemeinsamen Vorfälle einbringen müssen. Der Servicenehmer ist deshalb involviert, weil er Mitwirkungspflichten hat und auch auf IT-Systeme einwirkt. Folgende Punkte müssen beiderseits abgestimmt sein, um eine nächste Aufbereitungsstufe zu erreichen:

- Geplante Wartungsfenster
- Ungeplante Wartungsfenster
- Systemänderungen
- Releases auf den Servicenehmerservice
- Releases auf der Messsoftware

Für alle Punkte gilt, dass sie in diesem Approximationsschritt entweder aktiv oder reaktiv gepflegt werden. Die einzelnen Aspekte können von beiden Seiten im Voraus geplant werden oder auch im Nachgang. Die Praxis zeigt, dass einige IT-Dienstleister eine hohe Dynamik in der Verbesserung von Anwendungen haben, weil Änderungen zur Problembehebung sowie Funktionserweiterungen sehr schnell eingespielt werden müssen. Somit ist eine Vorausplanung von zyklisch definierten Wartungsfenstern nicht möglich. Aus diesem Grund wird im Approximationsverfahren auf das Nachtragen von bereits stattgefundenen Wartungsfenstern hingewiesen. Die genannten Vorfälle werden anschließend über die Messwerte gelegt und ebenfalls mit einer Semantik versehen. Semantik bedeutet in diesem Zusammenhang, dass im Beispiel Verfügbarkeit die Wartungsfenster entweder aus der zeitlichen Gesamtverfügbarkeit ausgeklammert oder als verfügbar gewertet werden. Beide Varianten sind möglich, haben aber unterschiedliche Auswirkungen auf die Verfügbarkeitsaussage.

Approximationsschritt 4: Belege hinzufügen

> **Beispielszenario zur Verdeutlichung der Approximation**
> In diesem Schritt werden aus Tabelle 4–8 die Robotermessdaten mit den Tickets, die von Benutzern gemeldete Ausfälle enthalten, und den Systemmessdaten verglichen. Übereinstimmende Messdaten werden in die Verfügbarkeitsberechnung aufgenommen.
>
> - Tickets: 12:00 – 18:00 Uhr
> - Robotermessung: 12:00 – 17:00 Uhr
>
> **Ergebnis:**
> Die Werte der Tickets sind mit der Robotermessung gegengeprüft. Es wird zum Zeitraum 12:00 – 13:00 Uhr der Zeitraum 13:00 – 15:00 Uhr als Ausfall hinzugefügt. Die Zeiten 15:00 – 17:00 Uhr gelten weiterhin als Wartung. Zusätzlich wird 17:00– 18:00 Uhr als vorläufig als Ausfall gewertet.

Bis zu diesem Zeitpunkt waren nur Applikationsroboter und deren erhobene Messungen ausschlaggebend. In diesem Approximationsschritt kommen weitere Messungen hinzu. Die Werte aus Trouble-Ticket-Systemen, also die von Benutzern gemeldeten Ereignisse, und die aus komponentenbasierten IT-Systemen erhobenen Werte müssen hier in die Auswertung aufgenommen werden. Diese Messwerte dienen dazu, bestimmte Ereignisse zu belegen. Nachdem die Rohdaten verarbeitet sind und alle betrieblichen Ereignisse festgestellt wurden, müssen die offenen Punkte geklärt werden. Dies soll am Beispiel Verfügbarkeit verdeutlicht werden. Wenn in diesem Approximationsschritt noch Ausfälle vorhanden sind, so müssen diese auf deren Ursache hin untersucht werden. Aus der Sicht des SLM ist die Transparenz des Dienstleisters ein zentraler Punkt. Also müssen die Ausfälle und deren Ursachen oder Hintergründe belegbar sein. Aus diesem Grund werden weitere Messwerte als Beleg verstanden und hinzugefügt.

Approximationsschritt 5: Konfliktverarbeitung

> **Beispielszenario zur Verdeutlichung der Approximation**
> In diesem Schritt werden aus Tabelle 4–8 in die Verfügbarkeitsberechnung aufgenommene Ausfälle gewichtet, also festgelegt, wie stark der Ausfall den Servicenehmer beeinträchtigt hat.
>
> - Realer Ausfall durch den Dienstleister verursacht: 12:00 – 15:00 Uhr
>
> **Ergebnis:**
> Die Gewichtung ist durchgeführt durchgeführt, somit sind die Zeiten 12:00 – 15:00 Uhr als Ausfall anerkannt, da es sich um Priorität 1 Tickets handelte.

Nach dem vierten Approximationsschritt sind bestimmte Ereignisse, die nicht eindeutig mit den gemessenen Werten in Übereinstimmung gebracht werden, zu lösen. Dabei spielt eine Kombination aus technischen und organisatorischen Aspekten eine Rolle. Das Beispiel Verfügbarkeit verdeutlicht dies. Werden z.B. von 1000 Arbeitsplatzsystemen, die einen IT-Service nutzen, 200 Arbeitsplatzsysteme als nicht verfügbar gemeldet, so ist zu klären, ob dies ein Ausfall ist oder als verfügbar zählt. Ebenfalls ist die Zeit ein wichtiger Faktor. Wenn das gerade genannte Szenario nur in einem Zeitraum von 15 Minuten auftritt, so kann dies ggf. als verfügbar gewertet werden, während dies bei 30 Minuten als Ausfall ausgewiesen wird. Die Lösung bietet ein Störungsindex. Dieser Störungsindex bewertet, wie stark ein Ausfall in die Berechnung der Verfügbarkeit eingeht, denn wenn nur ein Benutzer betroffen ist, sollte dies anders bewertet werden als bei einer Massenstörung. Über diesen Störungsindex kann ein definiertes Rahmenwerk die Ausfälle von nicht vollständigen Ereignissen regeln.

Approximationsschritt 6: Verantwortlichkeitszuteilung

Beispielszenario zur Verdeutlichung der Approximation

In diesem Schritt werden aus Tabelle 4–8 die verbleibenden Tickets konsolidiert. In der Zeit von 17:00 – 18:00 Uhr liegt ein Ausfall vor, der aber von keinem Messsystem erfasst wurde. In Tabelle 4–8 wurde der Verursacher – der Servicenehmer – genannt. In der Praxis wird in diesem Schritt nach dem Verursacher gesucht und der Ausfall für den Dienstleister nicht gewertet.

- Realer Ausfall durch den Servicenehmer verursacht: 17:00 – 18:00 Uhr

Ergebnis:

Nachdem eine Ursachenforschung durchgeführt ist, gilt dass der Zeitraum 17:00 – 18:00 Uhr ein Ausfall ist, dieser aber durch den Servicenehmer verursacht wurde und nicht negativ in die Verfügbarkeitsbewertung mit eingeht, somit als verfügbar gewertet wird, da der Dienstleister seinen IT-Service erbracht hat.

Im letzten Approximationsschritt müssen die Verantwortlichkeiten geklärt werden. Da in den vorhergehenden Schritten die Ereignisse immer stärker aufbereitet wurden, verbleiben nur noch ungeklärte Ereignisse. Für diese müssen die Verursacher festgelegt werden. In die Verantwortung kommen der Dienstleister, der Servicenehmer und ggf. auch der Hersteller des Messsystems.

Über das Beispiel Verfügbarkeit wird diese Verantwortlichkeitszuteilung aufgezeigt. Die im vierten und fünften Approximationsschritt genannten Ausfälle müssen nach dem Verursacherprinzip geklärt werden. Eindeutige Belege zeigen, welche Rolle hier die Verantwortung hat. Beispielsweise werden Ausfälle, die der Servicenehmer verursacht, auf der Seite des Dienstleisters als Verfügbarkeit gewertet. Die Zuteilung kann über klare Regeln zu den Belegen erfolgen oder in persönlichen Servicegesprächen vorgenommen werden.

Fazit

Das Approximationsverfahren liefert erstmals die Möglichkeit, eine korrekte Verarbeitung von Messdaten darzustellen. Die Transparenz sowie die Belegbarkeit des Ergebnisses zeigen ein servicenehmerorientiertes Handeln und somit ein klares SLM auf. Weiterhin sind alle Messungen einheitlich integriert.

4.4 Service-Level-Agreement-Reports

Ziel ist es, die inhaltlichen Anforderungen für das SLA-Reporting zu definieren. Die für das SLA-Reporting relevanten Informationen werden in den folgenden Abschnitten dargestellt. Die Service-Levels der einmaligen und wiederkehrenden IT-Services werden überwacht und gegenüber den Servicenehmern durch SLA-Reports ausgewiesen.

4.4.1 Dimensionierung des Reportings

Wenn in SLAs viele Service-Levels bzw. Kennzahlen vereinbart wurden, deren Einhaltung auch zu messen ist, dann bedeutet das für den Service-Level-Manager eine große Herausforderung.

Allein die einfache Berechnung, wie viele Reports benötigt werden, um ein einfaches Szenario mit zehn IT-Services beherrschen zu können, zeigt die Problematik auf. Es müssen mehrere Dimensionen beim Reporting betrachtet werden. Abbildung 4–12 greift für neun Kennzahlen und jeweils für Tages-, Monats- und Jahresberichte die Herausforderung auf.

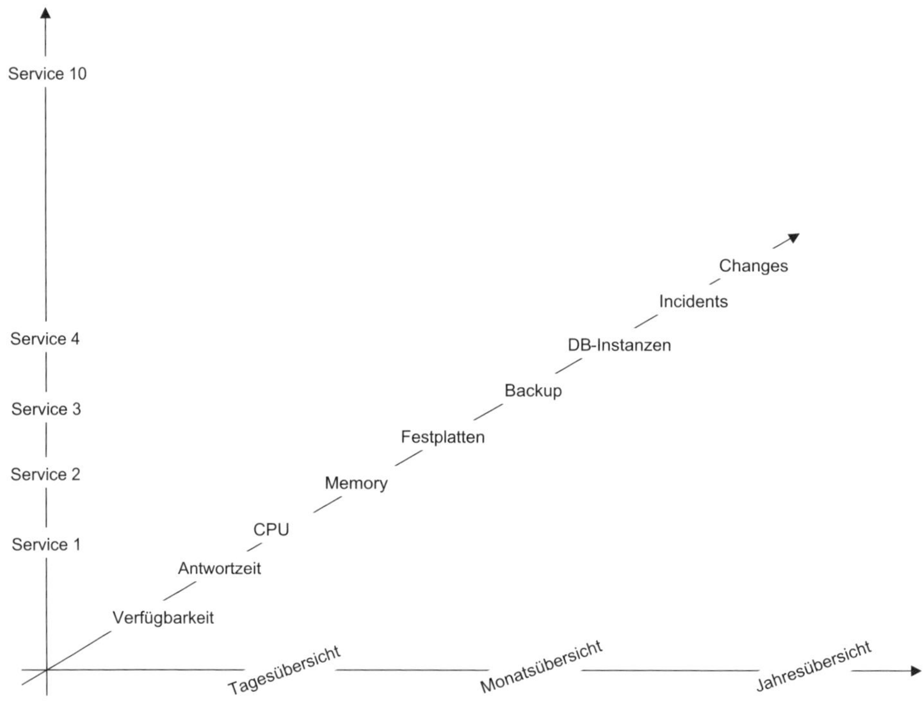

Abb. 4–12 *Reporting-Dimensionen*

In Summe entstehen 270 Ist-Reports pro Monat (10 IT-Services × 9 Kennzahlen × 3 Reporttypen). Diese Menge muss der Service-Level-Manager auf Korrektheit überprüfen. Würde jeder Tagesreport zusätzlich geprüft werden, wäre die Zahl noch einmal deutlich höher. Werden von den 270 Reports 10 Stück pro Tag geprüft, ergeben sich 27 Arbeitstage (270/10 = 27). Der Service-Level-Manager muss dies neben dem laufenden Tagesgeschäft erledigen. Damit wird der Prüfende bis zum Monatsende nicht fertig (Wochenendarbeit wäre die Folge). Es zeigt sich, dass dies ein Hinweis darauf ist, dass das Reporting entweder zu groß dimensioniert ist oder dass zwar viel gemessen wird, der Service-Level-Manager aber die Einhaltung nicht kontinuierlich überprüfen kann. Die Situation würde weiterhin dramatisch ansteigen, wenn für jeden IT-Service eine eigene Entwicklungs-, Test- und Produktionsumgebung bereitgestellt wird. Dann würden aus 270 Reports über den Faktor 3 über 800 Reports zur Prüfung generiert.

Dieses einfache Beispiel zeigt, dass beim Thema Reporting eine natürliche Grenze gesetzt ist. Der Service-Level-Manager kann sich an den oben im »Würfel« genannten Dimensionen des Reportings orientieren. Anschließend erkennt er, ob er zwar ein Reporting hat, es aber nicht mehr umfassend prüfen kann. Die folgenden IT-Service-Reports zeigen, welche Informationen im Report aufgenommen werden können. Insbesondere welche Reporting-Arten es gibt.

4.4.2 Reporting-Inhalte für einmalige IT-Services

Dieser IT-Service-Report dient IT-Services, die einmalig installiert werden (s. Tab. 4–9). Der Servicenehmer wird nach vollendeter Ausführung eines einmalig zu erbringenden IT-Service über die Durchführung der Abnahme und den Abschluss der Arbeiten durch eine Notiz informiert.

IT-Service-Reports – einmalige IT-Services	
IT-Service-Report	**Leistung**
Neuer Leistungsübergabepunkt, Verschiebung eines Leistungsübergabepunkts und funktionelle Anpassung am Leistungsübergabepunkt – Major Change	
Reportinhalt	▪ Lieferdatum, Abnahmedatum, beteiligte Personen, durchgeführte Tests und deren Resultate, Mängelliste, Unterschriften
Reportperiode	▪ Einmalig
Reporting	▪ Papierform (Standard) ▪ Zusätzlich elektronisch, auf einem unternehmensinternen bzw. Intranet-Portal bereitgestellt (Option)
Verbindlichkeit	▪ Servicenehmer und Dienstleister bestätigen mit Unterschrift die Abnahme und die erfolgte Übergabe des IT-Service. Damit treten die Vereinbarungen gemäß SLA in Kraft.
Sprache	▪ Deutsch (Standard) ▪ Englisch (Option)
Archivierung	▪ Während der Vertragsdauer

→

IT-Service-Reports – einmalige IT-Services	
IT-Service-Report	**Leistung**
Funktionelle Anpassung am Leistungsübergabepunkt – Minor Change	
Reportinhalt	▪ Datum der Anpassung, beteiligte Personen, durchgeführter Kurztest und Resultat
Reportperiode	▪ Einmalig oder nachgeführt in monatlichem Statusreport
Reporting	▪ Elektronisch per E-Mail (Standard) ▪ Zusätzlich elektronisch auf einer im unternehmensinternen bzw. Intranet-Portal bereitgestellten Statusliste (Option)
Verbindlichkeit	▪ Ohne Gegenbericht des Servicenehmers innerhalb von 5 Arbeitstagen, ab Bestätigung (E-Mail) der Ausführung durch Dienstleister, gilt die funktionelle Anpassung als angenommen und vertragsrelevant.
Sprache	▪ Deutsch (Standard) ▪ Englisch (Option)
Archivierung	▪ Während der Vertragsdauer
Aufhebung eines Leistungsübergabepunkts und Unterstützung außerhalb der vereinbarten Supportzeit	
Reportinhalt	▪ Ausführungsrapport
Reportperiode	▪ Einmalig
Reporting	▪ Elektronisch per E-Mail (Standard)
Verbindlichkeit	▪ Für Aufhebung eines Leistungsübergabepunkts: Ohne Gegenbericht des Servicenehmers innerhalb von 5 Arbeitstagen, ab Bestätigung (E-Mail) des Datums für die Aufhebung durch den Dienstleister, gilt die Aufhebung als angenommen und vertragsrelevant. ▪ Support außerhalb Supportzeit: Der Servicenehmer und Dienstleister bestätigen mit gegenseitiger Unterschrift die Ausführung der Arbeiten.
Sprache	▪ Deutsch (Standard) ▪ Englisch (Option)
Archivierung	▪ Ein (1) Monat

Tab. 4–9 *IT-Service-Reports – einmalige IT-Services*

Für die vom IT-Betrieb angebotenen widerkehrenden IT-Services mit Service-Level-Garantien werden standardmäßig IT-Service-Level-Reports erstellt (s. Abschnitt 4.5.3). Die Leistungswerte der Service-Levels werden am Leistungsübergabepunkt für den entsprechenden IT-Service gemessen und sind für das Reporting verfügbar. Bei wiederkehrenden IT-Services ändern sich gegenüber den einmaligen Leistungen nur die letzten 6 Punkte, deshalb sind in Tabelle 4–10 nur die Änderungen gegenüber Tabelle 4–9 mit den einmaligen IT-Services aufgenommen.

Service-Level-Report – wiederkehrende IT-Services	
Service-Level-Report	**Leistung**
Reportinhalt	▪ Auflistung aller Serviceausfälle während der vergangenen Messperiode mit Zeitstempel, Grund für die Nichteinhaltung der vertraglich vereinbarten Service-Levels pro Leistungsübergabepunkt
Reportperiode	▪ Pro Messperiode gemäß SLA
Reporting	▪ Elektronisch auf dem unternehmensinternen bzw. Intranet-Portal bereitgestellt ▪ Elektronisch oder per Mail zugestellt ▪ Papierform (Option)
Verbindlichkeit	▪ Gemäß SLA
Sprache	▪ Standard: Deutsch ▪ Option: Englisch
Archivierung	▪ 12 Monate

Tab. 4–10 *Service-Level-Report – wiederkehrende IT-Services*

Es handelt sich dabei hauptsächlich um den Service-Level »Verfügbarkeit«, die im Trouble-Ticket-System erfasst und am Ende der Messperiode im Service-Level-Report dokumentiert und dem Servicenehmer übergeben wird.

4.4.3 Reporting-Inhalte für wiederkehrende IT-Services

Der Performance-Report ist in Verbindung mit dem Service-Level »Performance« zu betrachten. Es gelten die dort beschriebenen Einschränkungen (s. Tab. 4–11). Der Performance-Report ist als Erweiterung zum Service-Level-Report als Option verfügbar.

Performance-Report – wiederkehrende IT-Services	
Performance-Report	**Leistung**
Reportinhalt	▪ Die definierten Reportparameter gemäß SLA
Reportperiode	▪ Pro Messperiode gemäß SLA
Reporting	▪ Elektronisch im Web, per Mail oder auf CD bereitgestellt ▪ Papierform
Verbindlichkeit	▪ Gemäß der Vereinbarung im SLA
Sprache	▪ Standard: Deutsch ▪ Option: Englisch
Archivierung	▪ 12 Monate

Tab. 4–11 *Performance-Report – wiederkehrende IT-Services*

Mit dem Servicenehmer müssen die Report-Parameter (z.B. Antwortzeiten, Durchsatzrate, vereinbarte Menge, Wachstum) sowie die Referenzpunkte (Anzahl, an welchem Ort) festgelegt werden.

4.5 Praxislösungen für Monitoring und Reporting

4.5.1 Auswahlverfahren von Messmethoden

Die oben untersuchten Messmethoden zeigen, dass das Einsatzspektrum abhängig vom Objekt der Messung ist. Konkret bedeutet dies, dass die Messmethoden, die für die Überwachung von SLAs verwendet werden, nur einen bestimmten Geltungsbereich haben (s. CobiT DS 1.4 Monitoring and Reporting). Wird dieser Geltungsbereich überschritten, kann kein geeignetes Reporting mehr erstellt werden, da die Transparenz zum Servicenehmer nicht mehr gegeben ist. Wird beispielsweise ein IT-Service von einem dedizierten Server auf eine verteilte IT-Plattform migriert, so ist die bisherige einfache Ein-Komponenten-Messung nicht mehr ausreichend. Ein anderes Beispiel zeigt, dass nach Umstellung einer bisher dateibasierten Anwendung auf eine Datenbank die bisherige Messung, die nur die Anwendung im Fokus hatte, nicht mehr ausreicht. Die Hinzunahme einer Datenbankmessung würde notwendig werden.

Welche Messmethode zum Einsatz kommt, entscheiden Service-Level-Manager im jeweiligen Projekt. Die Auswahl kann über folgende Regeln erfolgen (s. Abb. 4–13):

M = Art der Messung (s. Abschnitt 4.3)
p = Messung
n = Anzahl der IT-Komponenten
Limit = festgelegte handhabbare Menge von IT-Komponenten

$$M(p) = \begin{cases} \text{Komponenten}, \; p = \textit{System und } 1 \le n \le \textit{Limit} \\ \text{Trouble-Ticket}, \; p = \textit{Applikation und } n = 1 \\ \text{Applikationsroboter}, \; p = \textit{Applikation und } 1 \le n \le \textit{Limit} \\ \text{Approximationsverfahren}, \; p = \textit{Geschäftsprozess und } 1 \le n \le \textit{Limit} \end{cases}$$

Abb. 4–13 *Auswahlfunktion*

Die Beziehung M(p) basiert auf Erfahrungen aus der Praxis. Sie ist keine Funktion im mathematischen Sinne, vielmehr soll sie den Zusammenhang zwischen dem verwendeten Messverfahren, den Messobjekten und der Anzahl IT-Komponenten qualitativ verdeutlichen. Es handelt sich um die allgemeine Feststellung, dass bei zunehmender Zahl von IT-Komponenten geeignete Messverfahren angewandt werden sollen. Steigt die Anzahl IT-Komponenten, steigt automatisch auch die Komplexität.

Abbildung 4–14 stellt die Beziehung M(p) grafisch dar. Ziel ist es, durch den Einsatz geeigneter Messsverfahren die Servicenehmersicht und damit Kundentransparenz zu gewährleisten bzw. zu erhöhen. Je detaillierter die Messung und je zahlreicher die Messobjekte, desto transparenter ist das Ergebnis aus Servicenehmersicht.

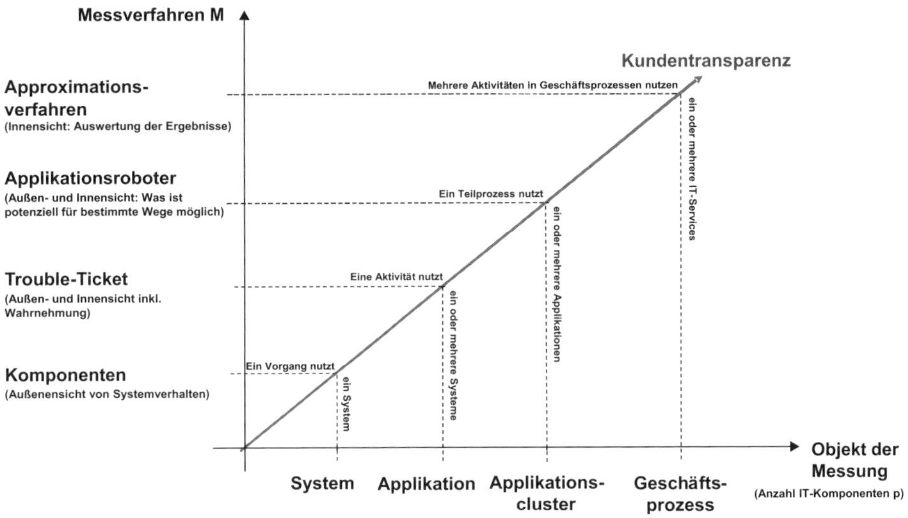

Abb. 4–14 *Auswahl und Bewertung von Messmethoden*

Der Service-Level-Manager kann Komponentenmessungen einsetzen, wenn es sich um eine festgelegte Menge von IT-Komponenten handelt. Er misst dann punktbasiert, und somit ist die Komponentenmessung für die Überwachung der Einhaltung von SLAs geeignet. Dies ändert sich, wenn eine Applikation zu messen ist. Wenn es sich um Applikationen handelt, dann ist eine Messung über Trouble-Tickets eine wirtschaftliche Methode. Hiermit kann für viele Servicenehmer über dieses Messverfahren reaktiv die Verfügbarkeit ermittelt werden. Wenn mehrere Anwendungen zu einem Applikationscluster zusammengeschlossen sind, dann sind Applikationsroboter, die mehrere Anwendungen in Kombinationen vermessen können, eine geeignete Methode. Bei Geschäftsprozessen sind Approximationsverfahren geeignet. Denn eine höhere Präzision und ein andere Granularität sind für den Erfolg entscheidend. Die Datenquellen lassen sich auch auf Logdaten von realen Performance-Werten von IT-Systemen bis zu anonymisierten Geschäftsvorfällen erweitern.

4.5.2 Vorlagen für Reports

Je mehr Reports der Service-Level-Manager von externen Dienstleistern bezieht, umso deutlicher wird, dass er diese normieren sollte (s. ISO 20000 Service Reporting). Hierfür enthält dieser Abschnitt Vorlagen, die vom Service-Level-Manager als Vorgaben gegenüber neuen bzw. zukünftigen Dienstleistern verwendet werden können. Mithilfe klar definierter Vorlagen kann er die Leistungen leichter vergleichen und benötigt weniger Spezialwissen darüber, wie die verschiedenen Reports eines jeden Dienstleisters aufgebaut und zu interpretieren sind. Anhand von Praxislösungen soll der Aufbau von Reports aufgezeigt werden.

Verfügbarkeit-Jahresübersicht

Die Verfügbarkeit aller Services über ein Jahr kann durch eine tabellarische Aufstellung pro Service und pro Monat erfolgen (s. Abb. 4–15).

Verfügbarkeit (SOLL/IST) Jahresübersicht

Jahr: JJJJ

Services	Januar	Februar	März	April	Mai	Juni
Applikation 1 (99%)	100,00	100,00	100,00	100,00	100,00	100,00
Applikation 2 (99%)	100,00	100,00	100,00	100,00	100,00	100,00
Applikation 3 (99%)	100,00	100,00	100,00	100,00	96,30	100,00
Applikation 4 (99%)	100,00	100,00	100,00	100,00	100,00	100,00
Applikation 5 (98,5%)	100,00	100,00	100,00	100,00	100,00	100,00

Services	Juli	August	September	Oktober	November	Dezember
Applikation 1 (99%)	100,00	100,00	100,00	100,00	100,00	100,00
Applikation 2 (99%)	100,00	100,00	100,00	100,00	100,00	100,00
Applikation 3 (99%)	100,00	100,00	100,00	100,00	100,00	100,00
Applikation 4 (99%)	100,00	100,00	100,00	100,00	100,00	100,00
Applikation 5 (98,5%)	100,00	100,00	100,00	100,00	100,00	100,00

Abb. 4–15 *Verfügbarkeit-Jahresübersicht*

Verfügbarkeit-Monatsübersicht

Der Monatsreport verfolgt die Strategie, dass die Sollwerte in den SLAs übernommen werden, damit der Service-Level-Manager nicht zwangsweise auf sein Service-Fact-Sheet zurückgreifen muss. Außerdem wird ein Balkendiagramm eingesetzt, das für jeden Tag die Verfügbarkeit ausweist (s. Abb. 4–16).

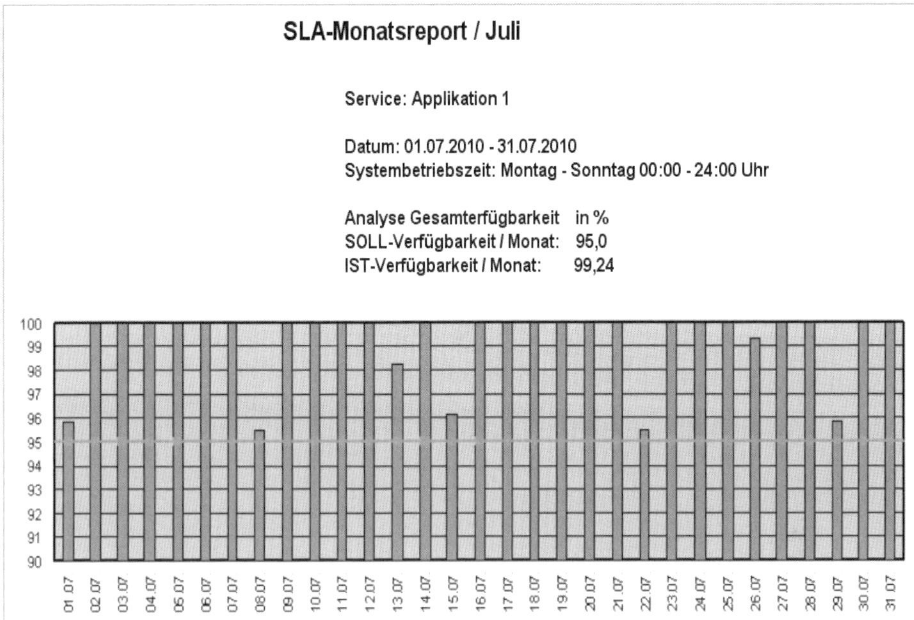

Abb. 4–16 *Verfügbarkeit-Monatsübersicht*

Hierbei ist zu beachten, dass die y-Achse (Verfügbarkeit) nicht alle Werte von 0 bis 100 % für die Verfügbarkeit umfasst, sondern für eine differenzierte Darstellung erst mit Verfügbarkeiten ab 90 % beginnt.

Jahresübersicht der Changes/Incidents

Für Changes und Incidents gibt es jeweils einen Report wie unten dargestellt. Mit diesem Report lässt sich erkennen, wie sich die Changes oder Incidents über das Jahr hinweg verhalten haben (s. Abb. 4–17).

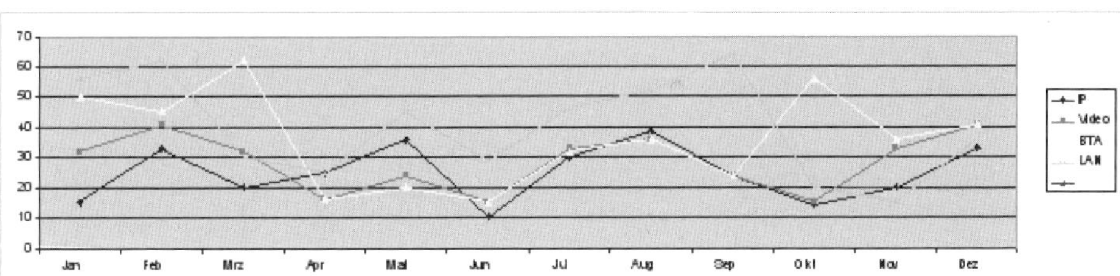

Abb. 4–17 *Change/Incident-Jahresübersicht*

Mit diesem Report sind ansteigende, mit Extrakosten verbundene Changes erkennbar, und daraus können im Servicegespräch Maßnahmen zur Verbesserung eingeleitet werden.

Monatsübersicht der Changes/Incidents

In der Monatsübersicht kann der Service-Level-Manager erkennen, ob die Incidents den jeweiligen Kategorien zugeordnet wurden und ob die Wiederherstellungszeit eingehalten wurde (s. Abb. 4–18).

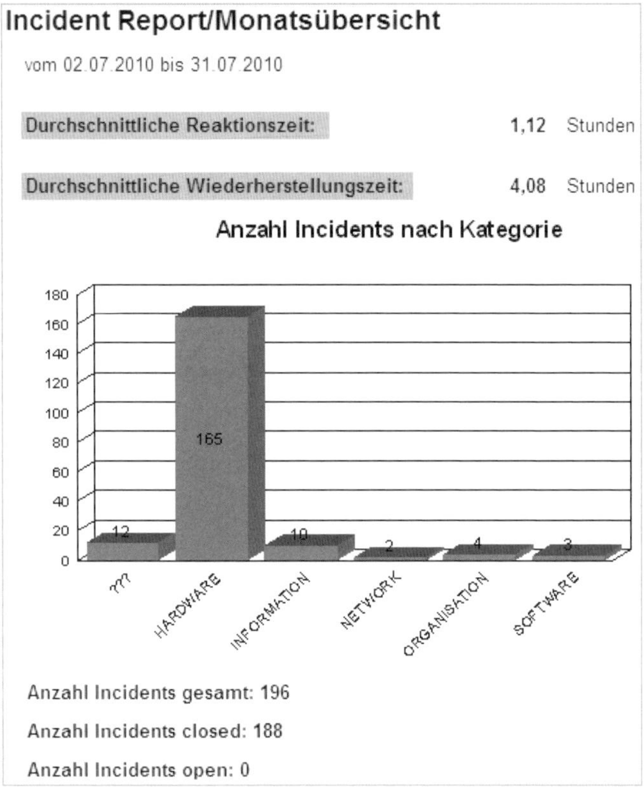

Abb. 4–18 *Change/Incident-Monatsübersicht*

Jahresübersicht Backup-Mengen

Die Backup-Mengen lassen sich ebenfalls über Balkendiagramme darstellen. In der Jahresübersicht ist dann leicht erkennenbar, ob es bestimmte Zyklen gibt und wie sich der Betrieb strukturiert. Im folgenden Report lässt sich ablesen, dass pro Quartal nicht mehr verwendete Daten aus dem Backup ausgenommen werden. Dies ist ersichtlich an der Backup-Menge, die in den ersten drei Monaten steigt und im vierten Monat weit unter den Anfangswert sinkt (s. Abb. 4–19).

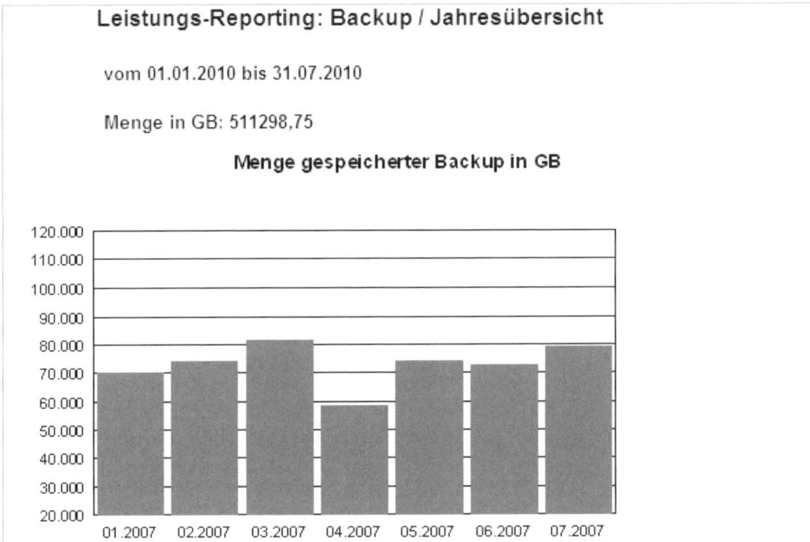

Januar	Februar	März	April	Mai	Juni	Juli
8.196,55	7.982,82	9.267,55	9.152,18	9.927,47	9.100,14	10.072,20
8.196,55	**7.982,82**	**9.267,55**	**9.152,18**	**9.927,47**	**9.100,14**	**10.072,20**

Abb. 4–19 *Backup-Jahresübersicht*

Monatsübersicht Backup-Mengen

In der Monatsübersicht wird ein Kreisdiagramm verwendet. Der Service-Level-Manager soll aus diesem Diagramm rasch erkennen können, ob die Datenmengen auf die richtigen Medien abgespeichert wurden. Auf diesem Weg kann er für die Verrechnung feststellen, welche Backup-Daten auf welchen Medien auf der Rechnung ausgewiesen sein müssen (s. Abb. 4–20).

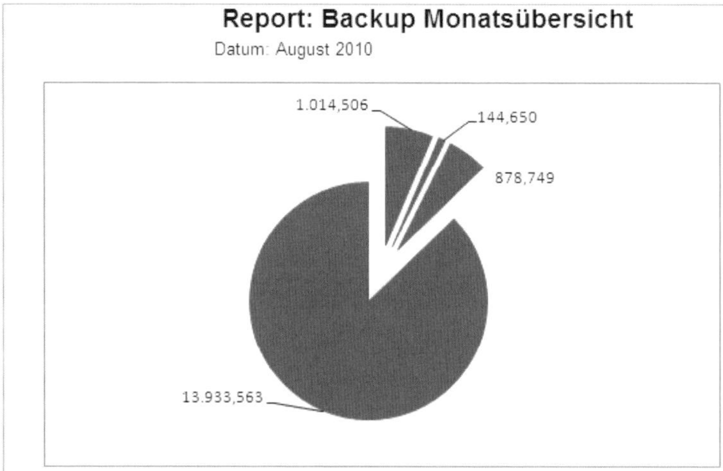

Auswertung/Menge:

GB-Mon.	1.014,506
GB-Mon.	144,650
GB-Mon.	878,749
GB-Mon. Kassette	13.933,563
Gesamt in GB:	15.971,468

Abb. 4–20 *Backup-Monatsübersicht*

4.5.3 Vorgaben an Messdaten und Reports

Vorgabe für Ereignisse und Messdaten mit Intervallen für die Reporting-Aufbereitung	
Ereignisse und Daten	**Häufigkeit/Zeit/Zeitintervall**
Legende: J = Jedes Ereignis/zu jeder Zeit; S = Stunde; T = Tag; M = Monat; Leer = nicht relevant	
Aufbereitetes Gesamt-Reporting jeweils zum 5. Arbeitstag des Folgemonats (Soll/Ist)	M
Erfassung von Ereignissen und Daten	J
Ausnahmereports bei schwerwiegenden Ereignissen wie Systemausfall und bei Nichteinhaltung von Service-Levels	J/innerhalb von 24 Stunden
Änderungen an Hardwarekomponenten in der Systemlandschaft des Servicenehmers?	J
Soll- und Istverfügbarkeit in Stunden	T, M
Service-Level-Verletzungen in Minuten	T, M
Ausfallzeiten in Minuten/Stunden	T, M
Zusammenfassung der Logfiles mit Problembericht Problembericht mit folgendem Inhalt: ▪ Problem-ID ▪ Bearbeitungsbeginn ▪ Bearbeitungsende ▪ Beschreibung ▪ Auswirkung ▪ Priorität ▪ Ursache	M
Mengenbericht mit folgenden Infos: ▪ Changes (durchgeführte und anstehende) ▪ Administrationstätigkeiten ▪ Incidents (geschlossene und offene) ▪ Sicherheitsrelevante Ereignisse ▪ Plattenplatz/Datenbankwachstum ▪ Konfigurationsbericht (HW und SW)	M
Anzahl der implementierten Änderungen über Changes (Periode/total/Service)	M
Anzahl Emergency Changes	M
Anzahl und % erfolgreiche Änderungen durch Changes	M
Anzahl und % nicht durchgeführter/abgebrochener Änderungen durch Changes (inkl. Grund)	M
Anzahl unautorisierter Changes	M
Anzahl Incidents resultierend aus durchgeführten Changes (inkl. Grund)	M
Datenbankauslastung nach Dialog	S, T
Zusatzaufwand außerhalb des überwachten Betriebs	M
Anzahl der Incidents nach Kategorien	M

→

Vorgabe für Ereignisse und Messdaten mit Intervallen für die Reporting-Aufbereitung	
Ereignisse und Daten	**Häufigkeit/Zeit/Zeitintervall**
Legende: J = Jedes Ereignis/zu jeder Zeit; S = Stunde; T = Tag; M = Monat; Leer = nicht relevant	
Dauer der Incidents	M
Anzahl der Incidents nach Komponenten	M
Anzahl der Incidents nach Umgebungen	M
Störungsursachen	M
Maßnahmen	M
Anzahl Incidents resultierend aus Maßnahmen zur Incident-Behebung (inkl. Grund)	M
Anzahl wiederverwendbarer Lösungen zur Behebung von Incidents	M
Varianz der durchschnittlichen Störungsbehebungszeit	M
Gesamtzahl der Probleme im Betrachtungszeitraum	M
Anzahl erneut aufgetretener Probleme nach einem durchgeführten Change	M
Verhältnis der Gesamtzahl Probleme zu Known Errors	M
Erneute Bearbeitung bei der Ursachenanalyse oder Nachanalyse	M
Problemhäufigkeit pro Klassifizierung (Klassifizierung wird durch die Problemmanager des AN und AG geliefert)	M
Benötigte Zeit zur Ursachenanalyse	M

4.6 Zusammenfassung

Das IT-Mess- und Reporting-Konzept zeigt, wie getrennt erfasste Messwerte zu einem Gesamtkonzept zusammengefügt werden. Das IT-Mess- und Reporting-Konzept verwendet drei Messverfahren. Einzelne Komponentenmessungen liefern keine Aussage, ob der IT-Service von Ende zu Ende ausführbar ist. Diese Messungen dienen dem SLM jedoch zur Ursachenrecherche oder Beweisführung. Client-Server-basierte Applikationen beispielsweise tauschen Datenpakete aus. Diese Datenpakete verwenden unterschiedliche Routen, um an ihr Ziel zu gelangen. Bei Ausfall melden die Benutzer als menschliche »Messinstrumente«, dass sie den IT-Service nicht ausführen können, ohne den Hintergrund zu kennen. Im Approximationsverfahren wurde dieser Umstand nun berücksichtigt. Falschmeldungen von Benutzern über vermeintliche Ausfälle von IT-Services werden mit weiteren Messergebnissen abgeglichen. Denn bei Mess-PCs, die mit Applikationsrobotern ausgestattet sind, wird in der Praxis oftmals nur eine dedizierte Route implementiert. Dazu wird eine bestimmte, im Voraus exakt definierte Datenroute permanent geprüft. Es lässt sich also der Hintergrund des – vermeintlichen – Ausfalls exakter ermitteln. Denn nur bei unvorhergesehenen Ereignissen (z.B. Notfallwartung oder einer echten Störung der Anwendung selbst) reagiert der Applikationsroboter mit Ausfall.

Die Komplexität, die über das Approximationsverfahren beherrschbar wird, ist von zentraler Bedeutung, da die rein technische Verfügbarkeit keine vollständige Wahrheit liefern kann, denn der Dienstleister unterliegt grundsätzlich immer spezifischen Rahmenbedingungen. Zum Aufgabengebiet des Dienstleisters zählen u.a. Releasewechsel, Änderungen an den IT-Systemen und Wartungen aller Komponenten und Anlagen, die über die IT-Systeme hinaus gehen wie z.B. die Gebäudetechnik von Rechenzentren. Demzufolge kommt es zu Ausfällen, die einerseits geplant stattfinden, andererseits durch systembedingte Wechselwirkungen plötzlich auftreten können. Dieser Problematik, die eine rein technisch gemessene Verfügbarkeit stört, wird mit dem IT-Mess- und Reporting-Konzept entgegengewirkt. Die entstehenden Messtoleranzen können mehrere Ausfallstunden umfassen. Dies wird mit dem IT-Messkonzept kompensiert. Außerdem wird durch die Nachkalkulation ein transparenter Blick auf den Dienstleister möglich. Dies ist für den Dienstleister intern wichtig, um seinen eigenen Betrieb zu verbessern. Für den Servicenehmer entsteht ein klares Bild der Leistungen, die im Hintergrund für ihn verborgen, erbracht werden. Dieses heterogene Messumfeld bringt das IT-Mess- und Reporting-Konzept über ein Approximationsverfahren zusammen, sodass ein ganzheitliches Bild entsteht. Auf Basis von geeigneten Messungen lassen sich somit glaubwürdige und abgestimmte Reports erstellen.

Praxishinweise:

- **Korrektheit** (s. Abschnitt 4.1):
  Eine Messung stellt immer ein Modell dar, um ein Verhalten eines IT-Service nachweisen zu können. Da es sich um ein Modell handelt, steht fest, dass eine Messung nie die vollständige Realität abbildet. Der Einsatz eines Messsystems muss sozusagen an der Verhältnismäßigkeit des Szenarios ausgerichtet sein.
- **Reporting** (s. Abschnitt 4.4):
  Wer ein ungenügendes oder inkorrektes Reporting auf- und ausweist, hebt die gesamte Kette des SLM-Prozesses auf. Ein Reporting, dem der Servicenehmer nicht mehr vertraut, führt zum Kommunikationsbruch zwischen Dienstleister und Servicenehmer. Dieser Bruch kann auch durch präzise SLAs nicht ausgeglichen werden.
- **Umfang** (s. Abschnitt 4.5):
  Dienstleister benötigen neben Reports mit Charts für z.B. Verfügbarkeit oder Antwortzeit auch detaillierte Betriebsinformationen, wie Changes, Incidents etc., um bei etwaigen Fragen vom Servicenehmer vorbereitet zu sein und die Vertrauensbasis ausbauen zu können.

5 Werkbank für Service-Level-Manager: Arbeitskonzepte und Werkzeuge

Damit der Service-Level-Manager seine Arbeit kontinuierlich im Sinne von nachhaltig ausführen kann, muss er in der Lage versetzt werden, SLAs zu erstellen, SLAs miteinander zu vergleichen und die Einhaltung von SLAs zu überprüfen. Hierfür werden ihm zur konkreten Umsetzung Konzepte aufgezeigt, mit denen er effizient arbeiten und das SLM auf- und ausbauen und auch umsetzen kann. Mit Unterstützung geeigneter Werkzeuge wird dabei eine größtmögliche Automatisierung erreicht.

5.1 Arbeitskonzepte für Service-Level-Manager

Für Service-Level-Manager, die nicht auf eine vorbereitete Infrastruktur zurückgreifen können, werden zunächst in den folgenden Abschnitten Arbeitskonzepte aufgezeigt, die überall und ohne technische Hilfsmittel einsetzbar sind.

5.1.1 Service-Level-Überprüfung

Die Überprüfung von Service-Levels ist für Service-Level-Manager eine Standardsituation und in CobiT im Prozess DS1: Define and manage Service Levels adressiert.

Diese Prüfung strukturiert vorzunehmen, kann ein Einsparungspotenzial aufzeigen. Wer hier schnell ist, kann sich auf andere Aspekte wie z.B. Pönalenregelung oder Zuständigkeiten im SLA konzentrieren. Ähnliches gilt nicht nur für eigene SLAs, sondern auch für unbekannte SLAs, die der Service-Level-Manager zur Prüfung vorgelegt bekommt. Auch hier ist ein strukturiertes Arbeiten ein Muss.

Voraussetzung

Das Service-Fact-Sheet ist, wie in Abschnitt 3.1.4 beschrieben, eine Tabelle mit statischen und dynamischen Kennzahlen und kommt hier zur Anwendung. Bei der Systematisierung der SLAs ist das Denken in Lösungen, die viele Service-

Levels auf eine Seite komprimiert darstellen, sinnvoll. Diese Arbeitstechnik hat den Vorteil, dass sie alle Kennzahlen auf einer Seite zusammenfasst und die Überprüfung der Service-Levels untereinander ermöglicht.

Schritt 1: Vom Fließtext zum Service-Fact-Sheet

Der Service-Level-Manager löst die Service-Levels aus dem unübersichtlichen Fließtext heraus und stellt diese tabellarisch zusammen. Beim Durcharbeiten der SLAs sollte der Service-Level-Manager daran denken, dass er Service-Levels übersehen kann. Die Erfahrung zeigt, dass entweder ein mehrmaliges Durcharbeiten der SLAs oder auch die Unterstützung eines zweiten Service-Level-Managers noch einmal die Quote senkt, dass ein Service-Level übersehen wird. Damit sind alle und vor allem konkurrierende Service-Levels direkt ersichtlich und es können durch die Überprüfung die Unterschiede aufgezeigt werden. Bei unbekannten SLAs wird das Verfahren analog angewendet. Wie in einer Art Scanprozess werden die Service-Levels aus dem SLA erhoben und zusammengestellt. Damit erhält der Service-Level-Manager einen direkten Einblick in das unbekannte SLA. Bei mehreren SLAs, die er überprüfen muss, kann er die Service-Fact-Sheets nebeneinander legen und die Vereinbarungen vergleichen.

Beispiel

An einem Beispiel soll aufgezeigt werden, wie die zusammengestellten Service-Levels konkrete Problemsituationen aufzeigen können. Werden Betriebszeiten definiert, müssen verschiedene Zeiten in einen Bezug gestellt sein. Bei den Betriebszeiten sind die aktuellen Zeiten des bedienten Betriebs im Fokus. Die Wartungszeiten bzw. -fenster werden entweder regelmäßig eingeplant oder nach Absprache mit dem Servicenehmer durchgeführt. Die Backup-Zeiten definieren, in welchen Zeiträumen die Sicherung der Daten von IT-Systemen vorgenommen wird. Die Batchlaufzeiten zeigen, wann für die IT relevante Daten von einem IT-System außerhalb der Benutzerarbeitszeit verarbeitet oder zwischen IT-Systemen verschoben werden müssen. Aus Abbildung 5–1 wird ersichtlich, wie für einen IT-Service für einen Beispielmonat Konflikte bei den oben genannten Zeiten bestehen.

Um als Service-Level-Manager einen besseren Überblick über die Zeiten zu behalten, empfiehlt es sich, einen Kalender mit wichtigen Zeiten zu erstellen. Dies ist gerade in Verhandlungen eine große Hilfe, da der Service-Level-Manager sofort Konflikte mit anderen IT-Systemen erkennen kann. Abbildung 5–2 mit dem grafischen Wartungskalender zeigt, an welchen Tagen Wartungen fest eingeplant sind. Jede Farbe steht für einen Dienstleister. Mit diesen Farben (hier in Graustufen dargestellt) wird ersichtlich, zu welchen Zeiten ein Dienstleister wie im SLA vereinbart eine Wartung vornehmen kann.

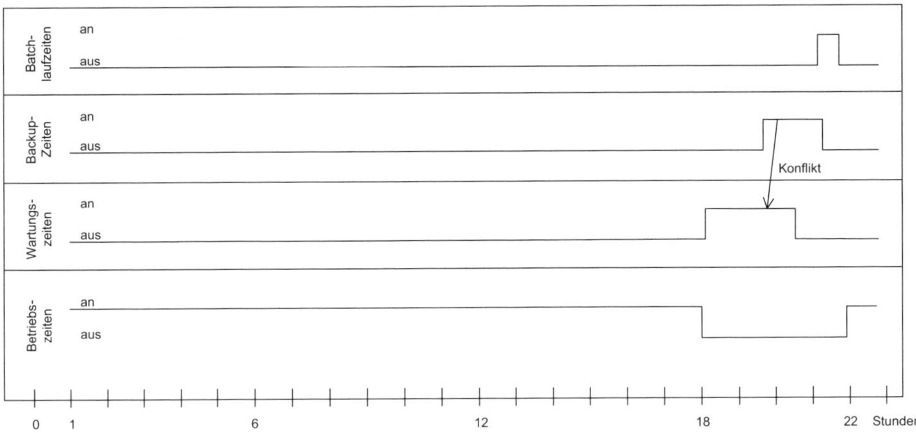

Abb. 5–1 Konfliktauswertung

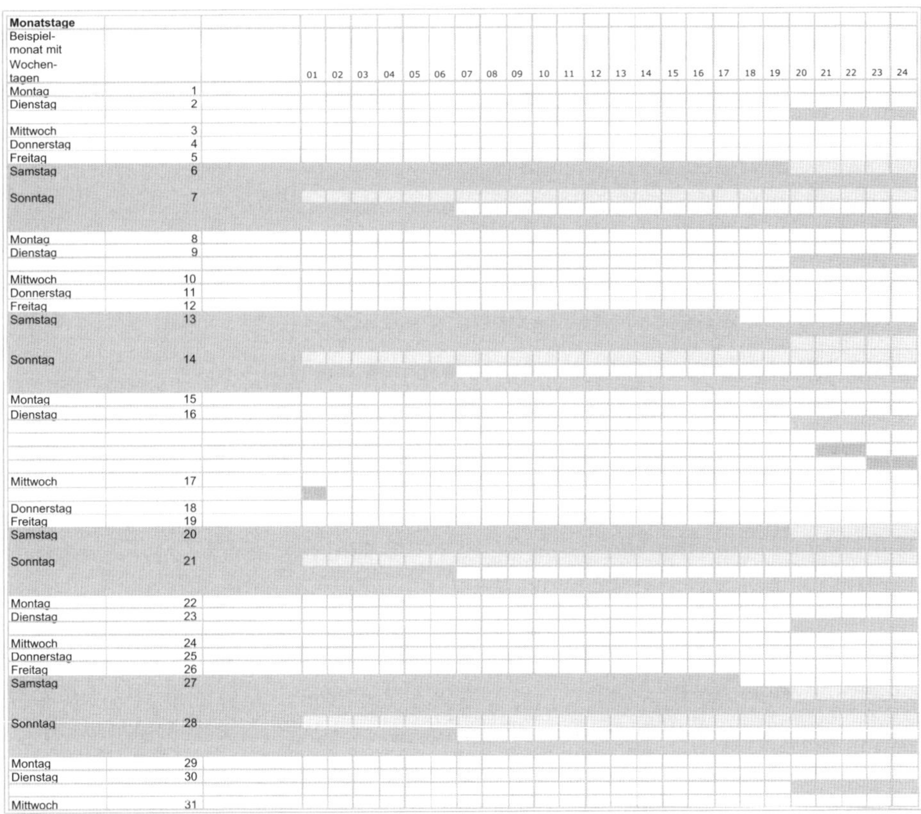

Abb. 5–2 Grafischer Wartungskalender

Die Bedeutung der Zeiten ist deshalb so wichtig, da überlappende Wartungen unterschiedlicher Dienstleister im Realfall zu Problemen führen können. Beispielsweise haben Arbeiten am Netzwerk Auswirkungen auf gewünschte Remote-Wartungen an bestimmten Servern oder Applikationen. Aus diesem Grund müssen die Wartungsfenster soweit wie möglich bei IT-Services, die mehrere IT-Systeme betreffen, überdeckungsfrei abgestimmt werden.

Schritt 2: Service-Levels konkretisieren

Es empfiehlt sich, ins Service-Fact-Sheet nur konkrete Werte aufzunehmen. Das Verständnis über konkrete Werte ist in der Praxis unterschiedlich ausgeprägt. Das nachfolgende reale Beispiel in Tabelle 5–1 zeigt, wie der Service-Level »Wartungsfenster« mit einer Regelung vermischt definiert wurde.

Service-Levels	Beschreibung
Wartungsfenster	Außerhalb der Betriebszeiten von Montag bis Freitag 08:00 – 18:00 Uhr können durch den Dienstleister Wartungsarbeiten durchgeführt werden. Diese Arbeiten werden vorrangig an Wochenenden ab Samstag 16:30 Uhr vorgenommen. Abweichungen hiervon sind in Ausnahmefällen möglich, müssen jedoch mindestens 15 Arbeitstage im Voraus mit dem zuständigen Change-Manager abgestimmt und schriftlich mitgeteilt werden.

Tab. 5–1 *Gegenbeispiel eines Service-Fact-Sheets*

Der Service-Level-Manager müsste in zwei Schritten vorgehen, um den Service-Level »Wartungsfenster« korrekt zu definieren:

Schritt 2.1: Herauslösung der Service-Levels ohne Regelungen

Es werden die Fakten herausgenommen. Die Betriebzeiten sind, wenn auch etwas unglücklich in der Formulierung, von Montag bis Freitag 08:00 – 18:00 Uhr. Die Wartung soll an Wochenendtagen erfolgen. Der Startzeitpunkt der Wartung ist mit Samstag 16:30 Uhr klar definiert. Der Endzeitpunkt am Sonntag ist jedoch nicht explizit festgelegt und kann deshalb bis Sonntag 23:59 Uhr interpretiert werden. Ob dem so ist, sollte in der Praxis abgestimmt werden.

Der Ausnahmefall, dass eine Wartung nicht am Wochenende stattfindet, muss 15 Arbeitstage vorher angekündigt werden. Das »mindestens« in der Formulierung kann gestrichen werden, wenn der Service-Level anders formuliert wird – »Ankündigungsfrist von ungeplanten Wartungsfenstern im Voraus«. Anschließend kann der Wert 15 Arbeitstage eingesetzt werden (s. Tab. 5–2).

Service-Levels	Werte
Betriebszeiten	Montag bis Freitag 08:00 – 18:00 Uhr
Regelmäßige Wartungsfenster	Samstag 16:30 – Sonntag 23:59 Uhr
Ankündigungsfrist von unregelmäßigen Wartungsfenstern im Voraus	15 Arbeitstage

Tab. 5–2 *Auflösung des Gegenbeispiels*

Jetzt enthält das Service-Fact-Sheet zwei konkrete Service-Levels, die nachprüfbar sind. Der verbleibende Text aus Tabelle 5–1 mit dem Gegenbeispiel wird in das SLA übernommen.

Schritt 2.2: Übernahme der Regelungen

Die Formulierung kann bis auf die Sätze mit den konkreten Werten in das SLA übernommen werden. Die unten stehende Formulierung zeigt, an welchen Stellen der Service-Level-Manager Texte streichen sollte, um diese Formulierung im SLA aufzunehmen.

Im SLA: Paragraph »Wartung«

Außerhalb der Betriebszeiten können durch den Dienstleister Wartungsarbeiten durchgeführt werden. ~~Diese Arbeiten werden vorrangig an Wochenenden ab Samstag 16:30 Uhr vorgenommen~~.

~~Abweichungen hiervon~~ Wartungsarbeiten innerhalb der Betriebszeiten sind in Ausnahmefällen möglich, müssen ~~jedoch mindestens 15 Arbeitstage~~ jedoch im Voraus mit dem zuständigen Change-Manager abgestimmt und schriftlich mitgeteilt werden.

Schritt 3: Übernahme des Service-Fact-Sheets ins SLA

Wenn der Service-Level-Manager sich entschließt, das Service-Fact-Sheet direkt in die SLAs zu übernehmen, sollte er Folgendes beachten:

Wird das Service-Fact-Sheet zum ersten Mal in SLAs eingesetzt bzw. wird es als neues Element eingefügt, stößt der Service-Level-Manager ggf. auf Widerstände. Denn er muss die Frage klären, was unter einem Service-Fact-Sheet verstanden wird (s. Abschnitte 3.1.4, 3.3.2 und 3.3.3). Da der Umfang des Service-Fact-Sheets frei wählbar ist, muss sich der Service-Level-Manager ein gewisses Maß an Erfahrung aneignen, um den Umfang zu begrenzen. Er muss darauf achten, dass Kennzahlen nicht doppelt im Service-Fact-Sheet und im SLA vorkommen, um zu vermeiden, dass sie anders definiert sind. Das Service-Fact-Sheet sollte zwei Seiten nicht überschreiten.

Das Service-Fact-Sheet ist in der Geltungsreihenfolge im SLA mit zu berücksichtigen und sollte in allen Verträgen/SLAs einen ähnlichen Aufbau haben. Die Werte müssen die Servicenehmersicht repräsentieren. Die Service-Levels sind allgemein verständlich aufzubauen und zu beschreiben und sollten keinen Interpretationspielraum ermöglichen. Das Service-Fact-Sheet sollte weitestgehend losgelöst vom SLA-Text aufgebaut sein. Die bereits in Abschnitt 3.1.4 genannte mächtige Sonderstellung von Service-Fact-Sheets wird hier für den Service-Level-Manager noch einmal für seine tägliche Arbeit deutlich.

5.1.2 Konsistenzprüfung von Prozessübergängen

Ein zentrales Thema, dem sich der Service-Level-Manager widmet, sind abgestimmte SLAs. Er muss für die Stimmigkeit von Abläufen in seinen eigenen SLAs bürgen. Andererseits muss er seine SLAs mit anderen SLAs, OLAs und UCs abstimmen. Das erfordert ein hohes Fach- und IT-Hintergrundwissen. In sich stimmige SLA bedeuten nicht nur widerspruchsfreie Service-Levels, sondern vor allem geregelte Prozessübergänge. Hier werden die in ITIL V3 definierten Prozesse und das Verständnis, wie diese Prozess zusammenwirken, verwendet.

Die Herausforderung besteht darin, dass in SLAs sehr viele Regelungen enthalten sein können, die teilweise ineinandergreifen. Damit besteht die Gefahr, dass man entweder überlappende oder doppelte Regelungen schafft. Manchmal entstehen auch Lücken, sodass die Regelungen nebeneinander stehen und keinen Bezug zueinander haben. Für die Abstimmung von einfachen Regelungen bietet sich der visuelle SLA-Vergleich an. Dieser SLA-Vergleich arbeitet mit einem Ablaufprinzip.

Voraussetzung

Angenommen wird, dass die Regelung (in Abb. 5–3 als Rechteck dargestellt) in sich stimmig und klar ist. Wie die Regelung dann zu anderen steht bzw. eingeordnet werden muss, geben die Verbindungen (Pfeile) an. Hier ist mit den Pfeilen dargestellt, wie der Übergang von einem ITIL-Prozess zu einem anderen stattfindet.

Schritt 1: Erstellung einer grafischen Repräsentation des SLA

Das nachfolgende Beispiel dient zur Veranschaulichung, wie in einer Zusammenstellung aus ITIL-Prozessen/-Inhalten wie

- Service-Desk
- Incident-Management
- Problem-Management
- Change-Management
- Backup/Restore (Teil des Prozesses Continuity-Management)
- Notfallwartung (Teil des Prozesses Incident-Management)
- Reporting (Teil des Prozesses Availability-Management)

und SLA-Inhalten die Zuordnungen vorgenommen werden.

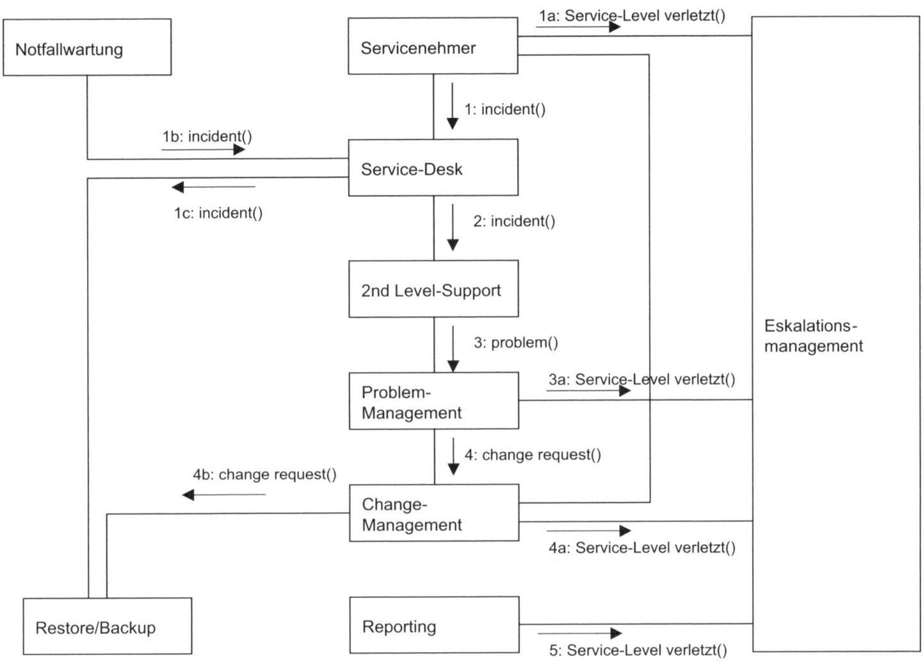

Abb. 5–3 *SLA-Vergleich*

Die Rechtecke enthalten folgende Inhalte (s. Tab. 5–3):

Prozesse/ betriebliche Punkte	Beschreibung
Service-Desk	Zugriff des Servicenehmers auf den Support
Problem-Management	Behandlung von Störungen
Incident-Management	Übergabe von Störungen an das Incident-Management und deren Handhabung
Problem-Management	Übergabe von Störungen an das Problem-Management und deren Handhabung
Change-Management	Übergabe von Problemen an das Change-Management und deren Handhabung
Notfallwartung	Unterscheidung von Wartungstypen und deren Initialisierung und Ankündigung
Backup/Restore	Aufbau, Initialisierung und Handhabung von Backup/Restore
Eskalationsmanagement	Eskalationsstufen und Regeln, wann eine Eskalation erfolgen kann
Reporting	Zentraler Punkt ist die Formel zur Berechnung der Verfügbarkeit

Tab. 5–3 *SLA-Vergleich*

Aus der Grafik lässt sich herauslesen, dass der Hauptstrang (Servicenehmer, Service-Desk, Incident-, Problem- und Change-Management über die Objekte Incident, Problem und Change-Request angesprochen werden können. Zu sehen ist auch, dass Notfallwartungen über den Service-Desk an, ebenso Restore und Backup. Das Eskalationsmanagement wird auch aus unterschiedlichen Ebenen heraus angesprochen.

Schritt 2: Eigene SLA-Graphen auf Korrektheit überprüfen

Diese visuelle Darstellung ermöglicht eine Korrekturprüfung, ob das SLA in sich stimmig ist. Der Service-Level-Manager kann anhand der Vollständigkeit der eingetragenen Pfeile erkennen, ob das SLA Lücken oder Alternativen enthält. Fehlende Wege kann der Service-Level-Manager ergänzen, indem er seine Fragen an den operativen Betrieb stellt und sich mit den Verantwortlichen abstimmt.

Schritt 3: Vergleichs-SLA visualisieren

Der Service-Level-Manager kann über diesen SLA-Vergleich nicht nur seine eigenen SLAs in sich stimmig machen (s. ISO 20000 Standardisierung), sondern er kann den oben genannten Mechanismus auch auf den Vergleich mit anderen SLAs, OLAs und UCs anwenden. In diesem Fall muss der Service-Level-Manager die Voraussetzung erfüllen, dass er sein SLA mit dem SLA-Vergleich visualisiert. Wenn der Service-Level-Manager sein SLA visualisiert hat, kann er sich dem abzustimmenden SLA zuwenden. Dabei erstellt er analog wie bei seinem Ausgangs-SLA dem SLA-Vergleich entsprechend ein visualisiertes SLA des zu prüfenden SLA.

Schritt 4: Beide SLA-Graphen vergleichen

Wenn der Service-Level-Manager beide Abbildungen manuell erstellt hat, kann er die Unterschiede in den Abläufen erkennen. Die beiden Graphen werden übereinandergelegt und die Unterschiede anhand fehlender Pfeile oder Rechtecke manuell markiert (s. Abb. 5–4).

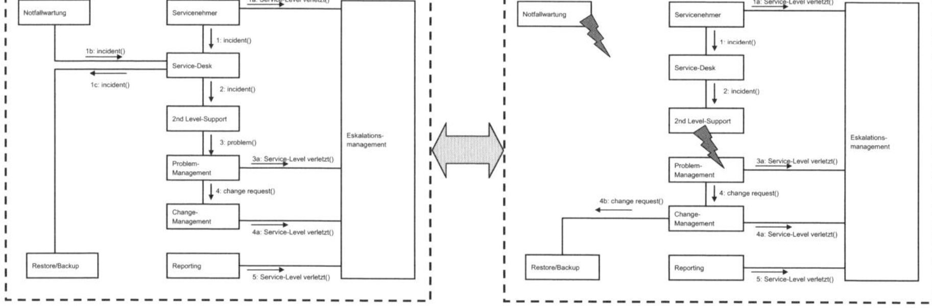

Abb. 5–4 *SLA-Graphen vergleichen*

Wenn Verbindungspfeile oder Rechtecke fehlen, kann dies im SLA behoben werden, indem sich der Service-Level-Manager mit der anderen Vertragspartei abstimmt und die Ergebnisse anhand von Formulierungen im SLA nachträgt. Der SLA-Vergleich ist ebenfalls für die Diskussion mit Experten und Administratoren hilfreich. Alle Beteiligten können verfolgen, ob die Kommunikation auch tatsächlich so wie vorgesehen abläuft, denn der SLA-Vergleich vereinfacht den Abgleich der von Drittdienstleistern bezogenen IT-Services mit den an Servicenehmer angebotenen IT-Services. Ersichtlich werden die Abweichungen der Service-Levels und die Unterschiede bei den Prozessen (z.B. andere Verantwortlichkeiten zur Freigabe von Changes) zwischen dem Dienstleister und dem Drittdienstleister.

Schritt 4: Unterschiede in den Graphen dokumentieren

Die Unterschiede können anschließend in eine Review-Vergleichsliste, wie in Tab. 5–4 gezeigt, übertragen werden.

Anmerkungen	SLA	Vergleichs-SLA
Vertrags-architektur	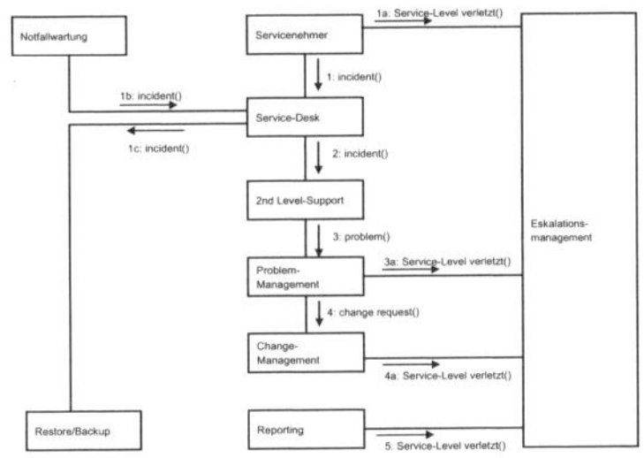	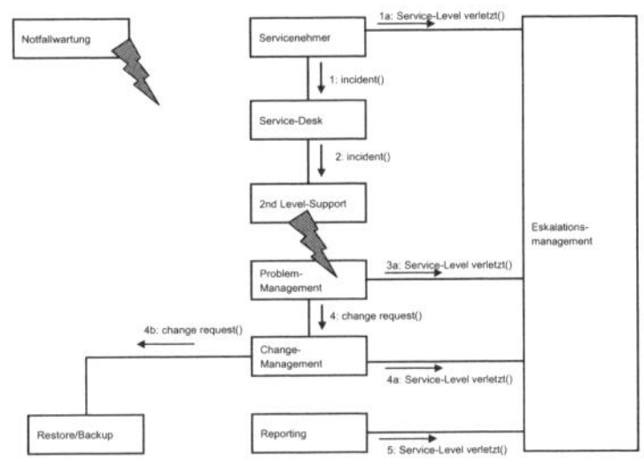
Incident-Management		Der Übergang vom Incident-Management zum Problem-Management ist nicht beschrieben.
Notfallwartung	Die Notfallwartung wird am Service-Desk gemeldet.	Die Notfallwartung ist beschrieben, aber es fehlt, wie eine Notfallwartung initiiert werden kann.
Backup/ Restore	Ein Restore wird über einen Incident über den Service-Desk beauftragt.	Ein Restore wird mittels eines Change-Request herbeigeführt.

Tab. 5–4 *Review-Vergleichsliste*

Diese Review-Vergleichsliste ist entlang der Inhalte des SLA aufgebaut. Sie dient dazu, die SLAs, OLAs und UCs zu normieren. In der Review-Vergleichsliste werden unterschiedliche Aspekte in grafischer Form dargestellt, um die Unterschiede zwischen SLA und UC deutlich abgrenzen zu können. Über die Review-Vergleichsliste werden die Unterschiede zwischen den SLAs ersichtlich. In der konkreten SLA-Verhandlungsphase werden diese Unterschiede z.B. mit den Drittdienstleistern geklärt und soweit wie möglich angepasst. Der Service-Level-Manager prüft, ob die Lösungen im SLA eingeflossen sind und hakt die Anmerkung als erledigt ab. Eine Ergänzung des Graphen des Vergleichs-SLA ist nicht weiter erforderlich, da die Anmerkung bereits als erledigt gekennzeichnet ist.

5.1.3 Inhaltlicher Überblick über die Service-Level-Agreements

Zur Steuerung seiner bestehenden SLAs, OLAs und UCs benötigt der Service-Level-Manager einen Überblick (s. SLA-Verwaltung, Abschnitte 2.4.4 und 5.3.1).

Schritt 1: Analyse der Anforderungen

Um einen guten Überblick über den SLM-Prozess zu bekommen, ist eine Analyse notwendig. Der Bedarf lässt sich aus dem Tagesgeschäft ableiten. Denn häufig werden Anfragen gestellt, die zugleich auch Fragen sind, die für den Prozessüberblick übernommen werden können. Typische Fragen sind:

- Haben wir eine Liste aller Wiederherstellungszeiten, Verfügbarkeiten, ...?
- Welche Service-Levels haben wir in SLAs vereinbart?
- Welche SLAs stehen zur Kündigung oder Verlängerung an?
- Welche Service-Levels werden am häufigsten verletzt?
- Wie viele SLAs, OLAs oder UCs existieren?
- Für wie viele Servicenehmer existieren abweichend von den Standard-IT-Services gesonderte Vereinbarungen?

Schritt 2: Überblicksdarstellungen vorbereiten

Der Service-Level-Manager entnimmt den SLAs relevante Informationen, um seinen SLM-Prozess zu steuern. In Form von Listen pflegt er diese Informationen aus den SLAs und verschafft sich und seinen Kollegen einen Überblick. Tabelle 5–5 zeigt, worauf für eine Steuerung des SLM-Prozesses zu achten ist.

Aspekte	Beschreibung
Haben wir eine Liste aller Wiederherstellungszeiten, Verfügbarkeiten, ...?	Diese Informationen erhält der Service-Level-Manager aus allen Service-Fact-Sheets. Hierfür muss er aus jedem Service-Fact-Sheet der SLAs den jeweiligen Eintrag entnehmen und in eine Liste überführen.
Welche Service-Levels haben wir in SLAs vereinbart?	Alle Service-Fact-Sheets werden durchsucht, alle angegebenen Service-Levels herausgesucht und doppelte Service-Levels aus der Liste gelöscht. Anschließend liegen alle inhaltlich definierten Service-Levels vor.
Welche SLAs stehen zur Kündigung oder Verlängerung an?	Die Vertragslaufzeit wird pro SLA aufgenommen. Zusätzlich hierzu wird die Frist bis zur Kündigung angegeben. Der Service-Level-Manager muss die Kündigungsregelungen im SLA suchen und genau verstehen, um immer wieder neue Kündigungsarten zu erkennen.

→

Aspekte	Beschreibung
Welche Service-Levels werden am häufigsten verletzt?	Diese Informationen extrahiert der Service-Level-Manager aus den Reports. Er stellt bei seiner monatlichen Prüfung der Reports eine Liste der verletzten Service-Levels zusammen und notiert sich die Häufigkeit der Verletzung pro Service-Level.
Wie viele SLAs, OLAs oder UCs existieren?	Da auf nahezu allen Vereinbarungen der Begriff »SLA« steht, muss der Service-Level-Manager eine Unterscheidung treffen. Diese Unterscheidung zeigt, welches SLA ein SLA, welches ein OLA ist und welches als UC angesehen wird.
Für wie viele Servicenehmer existieren abweichend von den Standard-IT-Services gesonderte Vereinbarungen?	Die von Standard-IT-Services abweichenden Vereinbarungen kann der Service-Level-Manager direkt bei der Verhandlung sehen und sich diese Information nach Abschluss des SLA in einer Liste ablegen.

Tab. 5–5 *SLM-Prozesssteuerungsinformationen*

Dieser einfache Überblick über die SLAs unterstützt den Aufbau, die Optimierung und die Anpassung von SLAs und ermöglicht die Erstellung von umfangreichen Berichten. Der SLA-Überblick ist eine Lösung, die in allen Phasen des SLM-Prozesses greift: von der Erstellung der SLAs bis hin zur begleitenden Beratung. Der nötige Überblick ist für die Rolle Service-Level-Manager auch in komplexen Dienstleister- und Servicenehmerbeziehungen transparent (s. CobiT DS2: Manage Third-Party Services).

5.1.4 Grafischer Überblick über alle vereinbarten Service-Level-Agreements

Die Aufgabe des SLM ist es, die SLAs zwischen den Organisationen abzustimmen. Für einen grafischen Überblick, welche IT-Services in bestimmte SLAs integriert sind, dient die SLA-Map. Basierend auf der Forderung von CobiT DS2: Manage Third-Party Services muss sie die Darstellung von Organisationsbeziehungen zwischen IT-Abteilungen des Dienstleisters und ggf. noch von Drittdienstleistern ermöglichen und automatisiert Organisationsstrukturen aufzeigen und diese in grafischer Form darstellen (s. Abschnitt 7.2). Abbildung 5–5 zeigt die IT-Service- und Organisationsbeziehungen auf.

Für die SLA-Map werden folgende Punkte definiert:

- **Organisationen:**
  Die in der Leistungsbeziehung beteiligten Organisationen werden grafisch dargestellt.
- **SLAs/OLAs/UCs:**
  In der Grafik ist die Leistungsbeziehung gezeigt. Beispielsweise sind die IT-Services eines Applikations- und eines Hosting-SLA ein Bestandteil für das zusammengesetzte SLA 2, das wiederum Teil des Ende-zu-Ende-SLA ist.

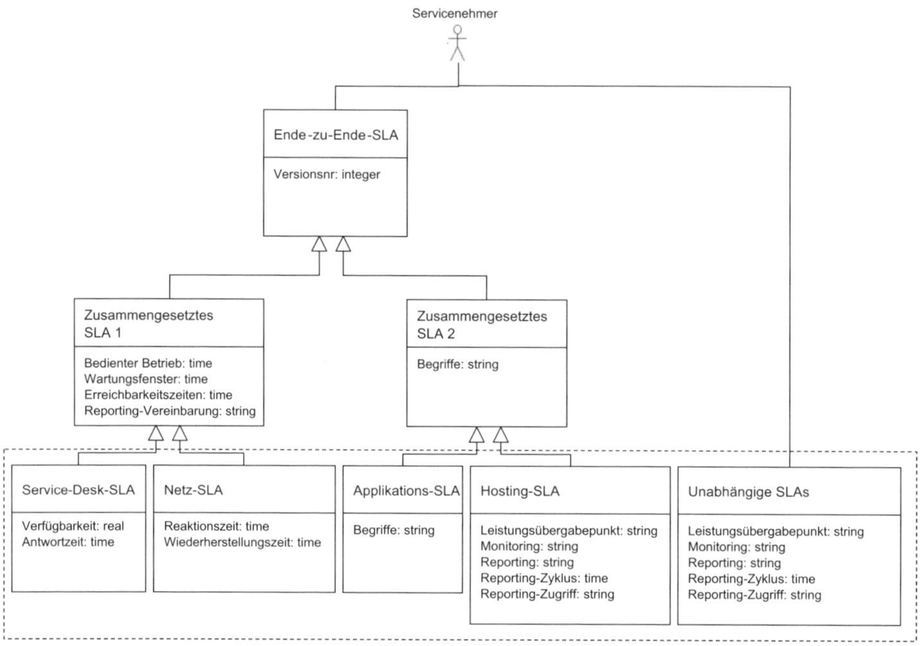

Abb. 5–5 *SLA-Map*

- **Richtung der Leistungsbeziehung:**
  Die Beziehungen zeigen den Verlauf der Leistungs-»weiter«-verrechnung auf. Dabei müssen die Prozesse sowie die Service-Level-Parameter innerhalb der gekennzeichneten Beziehungen aufeinander abgestimmt sein.

Der Service-Level-Manager muss sich bewusst sein, dass er bei der SLA-Map nicht immer eine hierarchische Abfolge ableiten kann. In einigen Unternehmen sind Querverrechnungen und somit quer erbrachte IT-Services üblich. Genau hierfür kann die SLA-Map bestens eingesetzt werden. Der Einfachheit halber wird im Folgenden ein Beispiel aufgebaut, das ohne die Modellierung in UML auskommt und lediglich einen Sachverhalt visualisiert. Das Beispiel verwendet für Vertragsparteien Rechtecke und für SLAs Ovale. Der Leistungsfluss ist mit der Pfeilrichtung gekennzeichnet.

Beispiel

Kunde 1 bezieht Anwendungen vom Rechenzentrum/Kunde 2 kauft Serverhousing von Provider A ein/Rechenzentrum bezieht Serverhosting und -housing von Kunde 1/ Provider A liefert Callcenterleistungen an Kunde 1/Provider A erhält vom Rechenzentrum Serverhousing/Rechenzentrum stellt Serverhosting an Kunde 2 bereit.

Die zu diesem Beispiel dargestellten Beziehungen können visuell gut dargestellt werden. Das Lösungsbild zeigt nun die einzelnen Leistungsflüsse deutlich auf.

Der Service-Level-Manager kann nachvollziehen, wie bestimmte SLAs, OLAs und UCs zusammenhängen (s. Abb. 5–6). Werden IT-Services hinzugefügt oder ausgeklammert, so kann der Service-Level-Manager einfach entscheiden oder beratend mitwirken, welche SLAs zusätzlich betroffen sind. Er erhält auch Hinweise darauf, welche Vertragspartner zur Abstimmung hinzugenommen werden müssen.

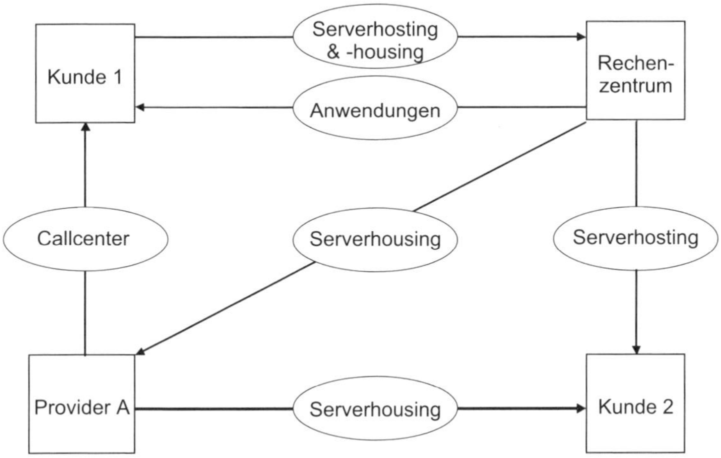

Abb. 5–6 *Handskizze einer SLA-Map*

Mit der SLA-Map können auch sehr komplexe Leistungsbeziehungen einfach dargestellt werden, sodass das SLM einen gesamten Überblick über alle Leistungsbeziehungen in grafischer Form erhält.

5.1.5 Kalkulation der möglichen Verfügbarkeit

Im SLM sollte man über Kalkulatoren zur Prüfung von Kennzahlen verfügen: Für die Topkennzahl »Verfügbarkeit« gibt es folgende vier Prüfmethoden, die zum Einsatz kommen können: Berechnet werden müssen Ende-zu-Ende-Verfügbarkeiten, Wiederherstellungszeiten, Wartungsfenster und Ausfallzeiten.

- **End-to-End-Verfügbarkeit:**
  Zu berechnen ist bei komplexen SLA-Konstellationen die potenzielle Ende-zu-Ende-Verfügbarkeit für Servicenehmer. Grundlage ist die Verfügbarkeit aus den SLAs von Zulieferern (Beispiele: Server, Firewall etc.). Die Formel lautet E2E-Verfügbarkeit = Serververfügbarkeit × Firewallverfügbarkeit × WAN-Verfügbarkeit × Middlewareverfügbarkeit × Applikationsverfügbarkeit:

Beispiel
einer E2E-Verfügbarkeit von 97,03% = 99% × 99,5% × 99,5% × 99,5% × 99,5%

- **Verfügbarkeit-Wiederherstellungszeit:**
  Die vereinbarte Verfügbarkeit und die garantierte Wiederherstellungszeit von Applikationen müssen im richtigen Verhältnis stehen. Die Verfügbarkeit wird von Prozent umgerechnet auf die Ausfallzeit. Anschließend wird diese mit der zugehörigen Wiederherstellungszeit verglichen. Dazu wird die Stundenbasis pro Monat benötigt.

> **Beispiel**
> 24 Stunden pro Tag × 30 Tage = 720 Stunden im Monat
> 99,5% von 720 Stunden = 716,4 Stunden.
> Wiederherstellungszeit muss somit kleiner gleich 3 Stunden 36 Minuten sein.

- **Verfügbarkeit-Messintervall:**
  Der Messtakt entscheidet darüber, ob Ausfälle entdeckt werden. Ausgehend von einer zusammenhängenden Ausfallzeit von z.B. 18 Minuten kann man die erkannte Verfügbarkeit berechnen (s. Tab. 5–6).

Messtakt	Verfügbarkeit
1 Minute	98,75%
5 Minuten	98,61%
19 Minuten	100%

Tab. 5–6 *Messintervall*

- **Verfügbarkeit-Wartung:**
  Der Service-Level-Manager muss sich ein Bild machen, wie sich das Ein- oder Ausschließen von Wartungen oder geplanten Änderungen am IT-System auf die Verfügbarkeit auswirken (s. Tab. 5–7). Hierfür ergänzt er die Verfügbarkeitsformel:

Verfügbarkeit ohne Wartung	Verfügbarkeit mit Wartung
$V = \frac{(T_{Monat} - T_{Wartungsfenster}) - T_{Nichtverfügbarkeit}}{(T_{Monat} - T_{Wartungsfenster})} \times 100$	$V = \frac{(T_{Monat}) - T_{Nichtverfügbarkeit}}{(T_{Monat})} \times 100$
Der Zeitraum der Wartung wird aus dem gesamten Zeitraum, in dem der IT-Service erbracht wird, ausgenommen, d.h., dass das Jahr nicht mehr 365 Tage, sondern weniger hat (s. Abschnitt 3.3.4).	Der Zeitraum der Wartung wird in der Verfügbarkeitsberechnung nicht aufgenommen. Implizit bedeutet das, dass jede Wartung so gewertet wird, als ob die Verfügbarkeit des IT-Service gegeben ist.

Tab. 5–7 *Gegenüberstellung der Verfügbarkeitsformeln*

T_{Monat} **[Minuten]**: Der Zeitraum der Auswertung der Verfügbarkeit eines IT-Service pro Monat bezieht sich auf den Monat.

$T_{Wartungsfenster}$ **[Minuten]**: Zeitraum oder Zeiträume, in denen der IT-Service durch geplante und abgestimmte Wartungsarbeiten nicht bereitgestellt wird.

$T_{Nichtverfügbarkeit}$ [Minuten]: Zeitraum oder Zeiträume, in denen der IT-Service ungeplant nicht zur Verfügung steht. Die Gesamtausfallzeit berechnet sich aus der Summe der einzelnen Ausfälle.

Auf dieser Kalkulationsbasis wird berechnet, wie sich die Verfügbarkeit in der einen oder anderen Variante verändert.

Beispiel

Bei einer Ausfallzeit von 10 Stunden und einer Wartung von 20 Stunden ergeben sich folgende Unterschiede auf einen Monat, gerechnet mit 30 Tagen × 24 Stunden = 720 Stunden.

Verfügbarkeit pro Monat ohne Wartung	Verfügbarkeit pro Monat mit Wartung
98,57%	98,61%

Tab. 5–8 Gegenüberstellung der Verfügbarkeitswerte

Mit diesen vier Prüfungen kann die Kennzahl Verfügbarkeit direkt auf die Gegebenheiten der spezifischen Sollwerte im SLA abgestimmt werden. Im Vordergrund steht dabei die Unterstützung des Service-Level-Managers beim täglichen Umgang mit den unterschiedlichsten Vereinbarungen. Eigene Konsistenzprüfungen helfen, den Überblick auch in komplexen Regelwerken hinter den Service-Levels zu behalten.

5.1.6 Auswertung von Reports

Die Auswertung von Reports, wie in ISO 20000 Service Reporting gefordert, kann je nach Umfang und Menge von Reports viel Aufwand bedeuten. Es bietet sich an, nach einer entsprechenden Vorbereitung schrittweise sich von den Überblicksreports zu den detaillierten Betriebsreports vorzuarbeiten und abschließend Stichproben an verschiedenen Reports durchzuführen. Anschließend werden die Reports freigegeben.

Das in vielen SLM-Werkzeugen zum Nachweis für die Einhaltung von SLAs implementierte hierarchische Navigationskonzept, um zu den Reports zu gelangen, lässt sich auch für Service-Level-Manager für die Prüfung übernehmen. Hierarchische Navigation bedeutet, dass die Reports hierarchisch strukturiert und die Informationen am Einstiegspunkt stark verdichtet sind. Ein Beispiel soll dies verdeutlichen.

- oberste Ebene: Jahresbericht für alle IT-Services mit Service-Levels
- mittlere Ebene: Monatsberichte
- unterste Ebene: Tages- und/oder Stundenberichte

Mit diesem hierarchischen Verständnis startet der Service-Level-Manager und beginnt mit der Prüfung der Service-Levels und anschließend mit dem Betriebsreport.

Vorbereitung

Die Vorbereitung für den Service-Level-Manager beginnt damit, dass er sich die relevanten Service-Fact-Sheets bereitlegt, um die Sollwerte aus den SLAs vorliegen zu haben. Oft fehlen in Reports die in SLAs vereinbarten Service-Levels. Der Grund dafür sind die SLM-Werkzeuge, die für Sollwerte, die an den Oberflächen angezeigt werden sollen, keine Möglichkeit vorsehen. Aber selbst wenn diese Möglichkeit der Anzeige von Sollwerten vorgesehen ist, kann der Service-Level-Manager nicht immer davon ausgehen, dass auch die aktuellen Service-Levels in den SLM-Werkzeugen eingetragen wurden. Wenn der SLM-Prozess vom tatsächlichen Betrieb der SLA-Tools abgekoppelt ist, kann der Service-Level-Manager nicht sicherstellen, dass die Service-Levels in den SLAs synchron mit den Service-Levels in den SLM-Werkzeugen sind. Um während der Prüfung nicht die Suche nach den Service-Levels beginnen zu müssen, muss der Service-Level-Manager sich die Sollwerte ausdrucken bzw. zur Prüfung bereitlegen. Anschließend werden die Reports der IT-Services, die zur monatlichen Prüfung anstehen, zusammengestellt. Nach dieser Vorbereitung beginnt die Arbeit für den Service-Level-Manager.

Schritt 1: Überblicksreports prüfen

Der Service-Level-Manager startet mit einem Service-Fact-Sheet des zu überprüfenden SLA und kontrolliert, ob bestimmte Service-Levels unterschritten sind. Wenn dies in Berichten nicht farblich gekennzeichnet ist (s. Abschnitt 4.5.2), kann die Prüfung sehr zeitaufwendig sein. Deshalb sollten die Reports immer farbliche Kennzeichnungen tragen. Der Service-Level-Manager folgt nach Durchsicht des Jahresberichts dann lediglich denjenigen Reports, in denen die Service-Levels entweder verletzt sind oder sich für ihn kritisch darstellen. Anschließend werden aus den Monatsberichten nur die kritischen Tage ausgewählt. Bei der Prüfung des Reports sind je nach Service-Level unterschiedliche Aspekte zu beachten.

Schritt 1.1: Qualitative Service-Levels:

Bei Service-Levels wie Verfügbarkeit, Antwortzeit oder Fehlerrate werden die im SLA gesetzten Schwellwerte oder Sollwerte auf Unter- oder Überschreitung geprüft.

Schritt 1.2: Quantitative Service-Levels:

Bei der Prüfung von Mengen, wie z.B. belegter CPU oder Backup-Menge, liegt der Schwerpunkt der Prüfung auf anderen Aspekten. Der Service-Level-Manager muss die Mengen einerseits in Bezug stellen und andererseits auch die dahinterliegenden IT-Systeme oder Technologien kennen. Anhand von Beispielen soll dies erläutert werden: Ursache für eine sprunghaft angestiegene Backup-Menge gegenüber dem Vormonat kann beispielsweise eine zweimalige Ausführung des Backup sein oder daran liegen, dass der Servicenehmer einen expliziten Backup-

Lauf gestartet hat oder das Reporting-System bei der Berechnung versagt hat. Ein weiteres Beispiel soll zeigen, ob die Reports korrekt sind. Liegen an einem Tag keine CPU-Werte vor, muss der Service-Level-Manager diesen Zeitraum mit einem Verfügbarkeitsreport an diesem Tag vergleichen. Zeigt der Verfügbarkeitsreport, dass der IT-Service verfügbar war, so muss er Folgendes prüfen:

- War der IT-Service an diesem Tag wirklich verfügbar? Er wird hierzu die Benutzer befragen bzw. das Trouble-Ticket-System analysieren.
- Wurden an diesem Tag keine CPU-Werte aus den Messsystemen geliefert? Der Service-Level-Manager wird hierzu die Logdaten nach Auffälligkeiten wie z.B. einer abgebrochenen Datenübertragung untersuchen.

Schritt 2: Betriebsreports überprüfen:

Nachdem die Service-Levels auf ihre Korrektheit geprüft sind, stehen nun die Betriebsreports im Fokus. Diese Reports, die Informationen über Changes und Incidents liefern, verhalten sich wie ein Betriebsbarometer und bilden die Organisation des Betriebs ab. Hier achtet der Service-Level-Manager beispielsweise bei der Anzahl von Changes darauf, wie viele stattgefunden haben und wie viele davon in Rechnung gestellt werden. Ebenso werden die Changes daraufhin überprüft, ob sie außerhalb der geplanten Wartungsfenster vorgenommen wurden. Bei den Incidents wird meist die Anzahl der geschlossenen mit den geöffneten Incidents verglichen. Ebenso lassen sich aus den bei der Klassifikation der Incidents vergebenen Kategorien Rückschlüsse auf den Service-Desk ziehen, ob für alle Incidents auch immer eine Klassifikation vorgenommen wurde, um im Reporting eine transparente Auswertung zu erhalten. Über diese Betriebsreports erhält der Service-Level-Manager also einen Einblick in den Betrieb des Dienstleisters, kann an neuralgischen Punkten ansetzen und wie im vorliegenden Beispiel im Servicegespräch aufzeigen, dass die fehlende Klassifikation ein Verstoß gegen die Vereinbarung ist, dass diese Klassifikation immer auszufüllen ist.

Schritt 3: Stichproben durchführen:

Lediglich die Überblicksreports zu prüfen, reicht nicht aus, um im SLM Ungereimtheiten bei Dienstleistern erfassen zu können. Mit Stichproben in Rohdaten schafft sich der Service-Level-Manager ein genaues Bild von der Datenbasis und deren Qualität, indem er manuell die Rohdaten aggregiert. Der Service-Level-Manager kann erkennen, dass die Korrelation zwischen den Rohdaten und den aggregierten Werten in z.B. von Reporting-Systemen erzeugten Diagrammen nicht stimmig ist. Die Prüfung der Rohdaten zielt auf folgende Aspekte ab:

- **Toleranzen bei Messreihen:**
  Bei Messreihen wird Ausschau nach Toleranzen gehalten. Beispiel: Viele Messsysteme sind so konzipiert, dass im Messstakt, z.B. jede Minute, regel-

mäßig eine Messung ausgeführt wird. Dauert die Messung zu lange, tritt der Timeout in Kraft und die Messung wird z.B. als Downtime gewertet. Da aber Messtakt und Timeout individuell einstellbar sind, passiert es, dass der Timeout weiter gesteckt werden kann, um z.B. nicht so häufige Timeouts zu erhalten. Wenn die Messung z.B. 2 Minuten dauert, der Messtakt auf 1 Minute eingestellt ist, dann verschiebt sich der Messtakt, denn die nächste Messung startet erst, wenn die erste zu Ende ist. Am Ende eines Tags wurden weniger Messungen (im Beispiel nur noch halb so viel) ausgeführt und bewertet. Ziel ist es, dass diese Abweichungen bei Messsystemen frühzeitig erkannt werden, um eine Neujustierung initiieren zu können.

- **Lückenfreie Messreihen:**
  Bei größeren Lücken in den Messreihen, also fehlenden Messdaten, wird der Service-Level-Manager aufmerksam, um die Lücke bzw. den Zeitraum, für den es keine Messung gibt, mit den Wartungsfenstern, Changes oder Incidents abzustimmen und entsprechend diese Lücken zu bewerten und zu kommentieren. Fehlen Messwerte von Montag 6:00 – 7:00 Uhr und es gibt einen Eintrag im Change-Report, dann weiß der Service-Level-Manager, dass der Zeitraum belegt werden kann. Ist dies nicht der Fall, so ist die Frage, warum es keine Werte zu bestimmten Zeiten gibt, Anlass zur Diskussion, ob das Messsystem stabil genug läuft oder ob ein Manipulierungsversuch seitens des Dienstleisters vorliegt, um einen Ausfall zu verschleiern.
- **Reihenfolge der Attribute von Logdaten:**
  Rohdaten haben immer wieder die Eigenschaft, sich in ihrer Struktur zu verändern. Da Logdaten ASCII-basiert sind, können somit Änderungen in der Reihefolge der Attribute dramatische Auswirkungen haben. Üblicherweise werden Logdaten ohne eine explizite Attributsbeschreibung mitprotokolliert. Das nachstehende Beispiel soll dies kurz aufzeigen:

  ```
  [2011/03/11 13:23:25, 3] service.c:close (192.168.220.101) closed connection
  ```

  Nach Umstellung von Datum und Uhrzeit:

  ```
  [13:23:25, 3, 2011/03/11] service.c:close (192.168.220.101) closed connection
  ```

  Wird diese Umstellung durchgeführt, ohne dass dies bekannt wird, können SLM-Werkzeuge dies nicht mehr interpretieren, da sie von einer definierten Reihenfolge ausgehen und die Auswertung ist fehlerhaft.

Schritt 4: Freigabe von geprüften Reports:

Bevor Reports freigegeben werden, sind zwei Aspekte zu beachten, die Abweichungen von Messdaten betreffen und eine manuelle Korrektur erforderlich machen. Entsprechend dem oben vorgestellten IT-Mess- und Reporting-Konzept (s. Kap. 4) werden die Punkte aus Approximationsschritt 3 (Nachverarbeitung von Bereichen) und Approximationsschritt 6 (Verantwortlichkeitszuteilung) aus dem Approximationsverfahren (s. Abschnitt 4.3.5) hier aufgegriffen. Die Korrektur kann rückwirkend eine Notfallwartung ergänzen, indem der Service-Level-Manager die Bereiche z.B. in der Datenbank über eine grafische Oberfläche markiert und entweder als auszuklammernden Bereich für die Verfügbarkeitskalkulation kennzeichnet oder den Ausfall von »nicht verfügbar« auf »verfügbar« setzt. Die Verfügbarkeit wird somit wieder auf den korrekten Wert justiert. Ist der Report final abgestimmt und beide Vertragsparteien haben ihre stattgefundenen Ausfälle eingebracht, gibt der Service-Level-Manager den Report dem Servicenehmer frei.

5.2 Service-Level-Management-Werkzeugskizzen

Die SLM-Werkzeugskizzen beschreiben, was der Service-Level-Manager im Wesentlichen an Werkzeugen benötigt, um seinen Prozess zu automatisieren. Diese Skizzen können dabei lediglich einen Rahmen geben, die Ausgestaltung kann erst in konkreten Projekten vorgenommen werden. Da dies sehr viel Anpassungs- und Abstimmungsarbeiten erfordert, liefern die nachstehenden Abschnitte Ideen, wie diese unterstützenden werkzeugnahen Module zusammenhängend aufgebaut werden können.

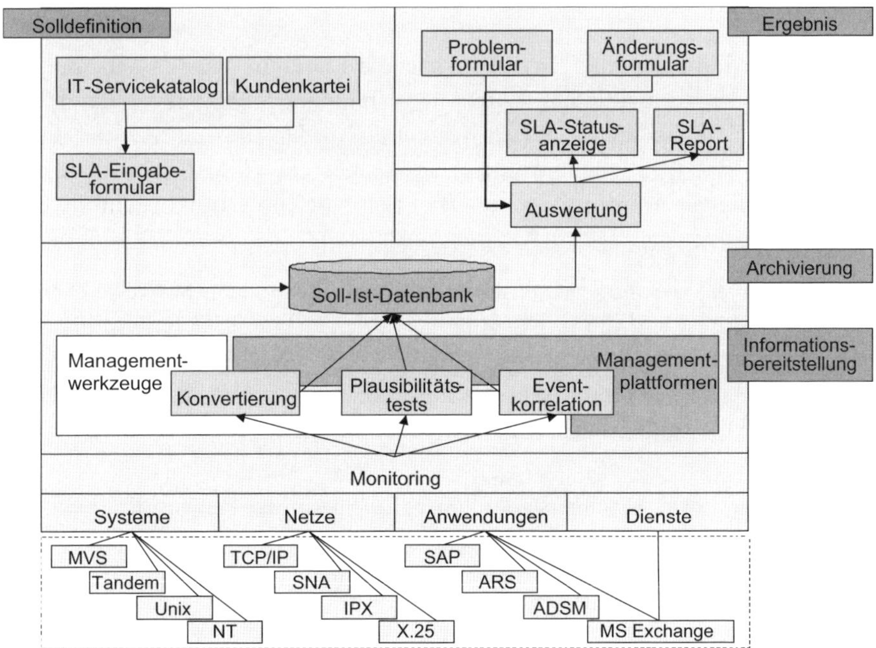

Abb. 5–7 *SLM-Gesamtarchitektur [Scholderer 2001]*

Eine SLM-Gesamtarchitektur (s. Abb. 5–7) gliedert sich in die vier Bereiche Solldefinition, Informationsbereitstellung, Archivierung und Ergebnis. Der Bereich

Solldefinition soll den Dienstleister im Wesentlichen bei der Aufstellung von SLAs und deren Einrichtung für das SLM unterstützen. Die Bereitstellung auswertungsrelevanter Informationen aus dem Betrieb des vernetzten IT-Systems wird über Managementwerkzeuge und -plattformen realisiert. Darüber hinaus besteht auch für einen Bediener die Möglichkeit, Messinformationen dem Bewertungssystem über eine Benutzerschnittstelle »manuell« hinzuzufügen. Der Bereich Ergebnis wird maßgeblich von der Auswertung bzw. Bewertung der Messinformationen geprägt. Die Ergebnispräsentation wird je nach Zielsetzung von einer Konsole oder von Reporting-Werkzeugen übernommen. Alle Bereiche »kommunizieren« über eine Datenablage miteinander, der Soll-Ist-Datenbank.

Im folgenden Abschnitt wird die Funktionalität der einzelnen Bausteine genauer beschrieben.

5.2.1 IT-Servicekatalog und Service-Level-Agreement-Eingabeformular

In diesem Abschnitt werden die beiden Werkzeuge IT-Servicekatalog und SLA-Eingabeformular vorgestellt. Mit diesen Werkzeugen wird die Forderung von ISO 20000 nach Einheitlichkeit von SLAs, Servicekatalog und Kennzahlen erfüllt.

IT-Servicekatalog

Die Rolle des Service-Level-Managers sieht die Erstellung von IT-Servicekatalogen vor. Dies ist mit größerem Aufwand verbunden, insbesondere dann, wenn viele unterschiedliche Service-Levels verwaltet werden müssen. Ziel ist es, dass Service-Level-Manager schnell und zielgruppengerecht IT-Servicekataloge erstellen können. Hierfür müssen die zwei Aspekte Inhalt und Optik beachtet werden:

- Inhalt:
  Es werden die Inhalte, wie Beschreibung der IT-Servicer, Service-Levels und Werte, entsprechend der Zielgruppe gewählt. Mithilfe der Beschreibung von IT-Services entstehen mehr Möglichkeiten, den Servicekatalog für mehrere Zielgruppen vorzubereiten, da die Zusammenstellung und auch Menge der Service-Levels an die Zielgruppe angepasst und gesteuert werden kann.
- Optik:
  Der Service-Level-Manager erstellt pro Zielgruppe eine gestaltete Vorlage, wie die IT-Services dargestellt und angeboten werden sollen. Jede Vorlage übernimmt dann die Daten aller zugewiesenen IT-Services aus der Soll-Ist-Datenbank in den IT-Servicekatalog.

Das Ergebnis ist ein zielgruppengerechter IT-Servicekatalog, der auf einer einheitlichen Basis von IT-Services, Service-Levels und deren Werteausprägung aufsetzt und somit für jede Zielgruppe ein konsistentes Dokument liefert.

SLA-Eingabeformular

Mithilfe des SLA-Eingabeformulars wird ein für das SLM adäquates Hilfsmittel bereitgestellt, das eine Aufnahme von SLAs in auswertungsgerechte Strukturen ermöglicht. Dabei sollten hierarchische Strukturen, wie dies in Abbildung 5–8 dargestellt ist, unterstützt werden.

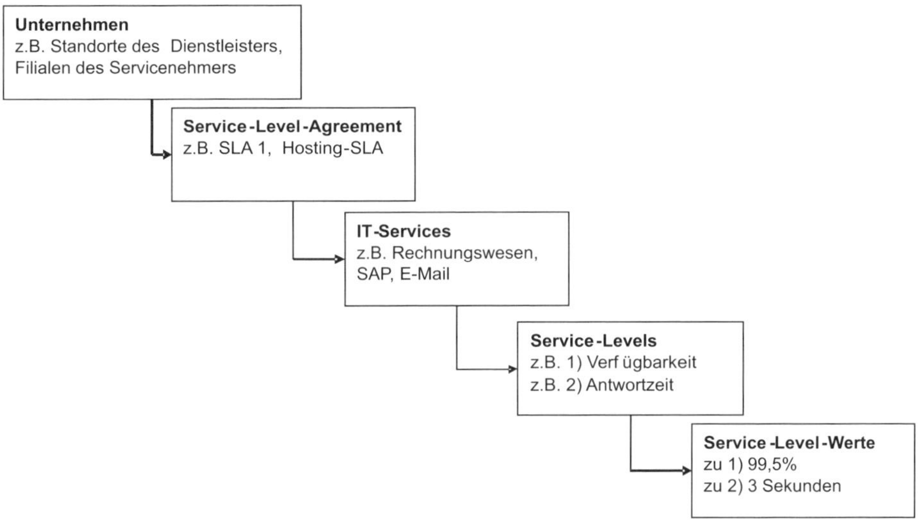

Abb. 5–8 *SLA-Eingabeformular*

Insbesondere sind hierfür Funktionen (z.B. das Kopieren oder Versetzen einer Hierarchieebene mit allen Unterknoten und Blättern unter eine andere Hierarchieebene) zu implementieren, die eine Eingabe für den Benutzer vereinfacht. Die Eingabe von IT-Services wird durch den Bereich Servicenehmer und dessen Attribute erweitert. Dabei müssen ähnliche hierarchische Strukturen durch das Eingabeformular unterstützt werden. Ebenso ist eine flexible Strukturierung zu unterstützen, da Servicenehmer ihre Filialen/Betriebe nach unterschiedlichen Gesichtspunkten aufbauen und auf Basis der Organisation Dienstleistungen in Anspruch nehmen. Typische Beispiele für strukturelle Kategorien sind Standorte, Aufbauorganisation, Abteilungen, Gebäude und Niederlassungen. Ein weiterer wesentlicher Baustein des Eingabeformulars sind die Berichte, die dem Servicenehmer als Leistungsnachweis übergeben werden. Wichtig in dem Zusammenhang sind dabei Informationen wie zeitliche Fristen für die Übergabe von Berichten, Art der Übergabe und Ablage des Reports.

5.2.2 Monitoring

Das Monitoring wird in die drei Teilbereiche IT-Systeme, Anwendungen und Geschäftsprozesse aufgeteilt, um für den Dienstbezug geeignet Strukturen zu schaffen (s. CobiT DS 2.8 Monitoring).

Überwachen der IT-Systeme (s. Abschnitt 4.3.2)

Alle für die Erbringung der IT-Services relevanten IT-Systeme verschiedenster Hardware- und Softwarehersteller auf unterschiedlichsten technischen Plattformen werden auf ihre korrekte Funktionsweise hin überwacht. Folgende Funktionen sind für die SLAs anzuwenden:

- Definieren von Schwellwerten für grundlegende Systemfunktionen und für spezifische Aspekte, die im Kontext mit anderen Bereichen sinnvoll sind, wie z.B. verfügbarer Plattenplatz oder Antwortzeitüberschreitung.
- Versenden der in IT-Komponenten generierten Meldungen zu Systemzuständen (z.B. Server will be rebootet in 10 sec.) an eine zentrale Instanz, die die Zustandsänderung bewertet.
- Verfügbarkeit für alle vom Dienstleister eingesetzten (oder für die wesentlichen) Plattformen
- Leichte Installierbarkeit von Monitoren, z.B. von einem zentralen Überwachungssystem aus
- Anpassung der Schwellwerte sollte an einer zentralen Stelle erfolgen und an die betroffenen Messstationen gesendet werden.
- Zusammenfassen von gleichartigen IT-Systemen (gleichartig im Sinne der Überwachung) in Gruppen (z.B. IT-Service SAP, Geschäftsprozess Rechnungswesen, Standorte des Servicenehmers, Windows-Server). Im Systemmanagement ist es oft erforderlich, mehrere IT-Systeme gleich zu behandeln, d.h., die Auswahl der Monitore und die Festlegung der Schwellwerte für diese IT-Systeme wie auch die Aktionen, die beim Überschreiten ausgelöst werden, sind identisch.
- Flexible Form der Darstellung von Zustandsänderungen, d.h., die in der Managementplattform eintreffenden Schwellwertüberschreitungen, wenn z.B. beim vermessenen IT-System der Plattenplatz zu gering wird und neuer Plattenplatz eingebaut werden muss, werden in Listenform (aufsteigend nach Aktualität) angezeigt und entsprechend ihrer Priorität eingefärbt. Eine andere Variante ist die Verwendung von Icons als Indikator für eine Schwellwertüberschreitung. Dabei signalisiert entweder eine Farbveränderung (z.B. von Grün nach Rot) oder der Wechsel des Icons (z.B. Wechsel von grünem »OK« zu rotem »!«) die Zustandsänderung.
- Speichern und Archivieren der Überwachungsinformationen für spätere Auswertungen.

Überwachen der Anwendungen (s. Abschnitt 4.3.1)

Das Überwachen der Anwendungen beinhaltet die Definition von anwendungsspezifischen Schwellwerten (z. B. ab welchem Füllstandsgrad eine Mail-Queue als voll zu betrachten ist) und ihre Überwachung durch Monitore:

- Schwellwertdefinition für bestimmte Anwendungsmodule
- Überwachen der Anwendungen auf die Verfügbarkeit und die Einhaltung wesentlicher Parameter wie z. B. Antwortzeit.

Überwachen der Geschäftsprozesse (s. Abschnitt 4.5.1)

Qualitativ ist dieser Bereich sehr nahe an der Überwachung der Anwendungen. Zentrale Frage ist im SLM die Einhaltung der vorher festgelegten Service-Levels. Die Hauptfunktionalität, die hier benötigt wird, ist die Visualisierung von Zusammenhängen zwischen den einzelnen Applikationselementen, die am Geschäftsprozess beteiligt sind. Die Messungen sind u. a. eine Kombination aus anonymisierten Logdatenauswertungen und aktivem Monitoring.

Wie in Kapitel 4 ausgeführt, lässt sich die Einhaltung von SLAs nur aufgrund stichhaltiger Fakten, d. h. aufgrund von Messergebnissen, nachweisen. Dies bedeutet, dass das zielorientierte Überwachen der Ressourcen wesentlich für das frühzeitige Erkennen von SLA-Verletzungen ist.

5.2.3 Managementplattformen und -werkzeuge

Um die Vielzahl der in einer Managementplattform gesammelten Informationen zusammenzuführen und im Kontext eines IT-Service zu betrachten, ist es erforderlich, diese Informationen zu korrelieren. Das Modul, das Messwerte aggregiert, erkennt aufgrund der Anwendung von Verdichtungsregeln (z. B. Folgefehler in der Überwachung) Zusammenhänge zwischen den Informationen und bereitet die aggregierten Messinformationen z. B. grafisch in Diagrammen auf (s. CobiT DS 2.8 Monitoring). Ein wichtiger Punkt ist dabei das Regelwerk, das die Korrelation der eingehenden systeminternen Messwerte beschreibt:

- Zusammenfassen von Messwerten verschiedener Komponenten im Kontext der Anwendungsüberwachung oder der IT-Service-Überwachung. Als Beispiel dienen Komponenten wie Router, Bridges, Gateways und Switches, die im Kontext Netzwerk stehen.
- Skalierbarkeit des Systems, das die Aggregation von Messwerten vornimmt (es sollte auch für eine hohe Zahl von systeminternen Messwerten, d. h. mehr als eine systeminterne Messinformation pro Sekunde, noch in der Lage sein, zeitnah Zustandsänderungen zu erkennen und zu melden). Würde die Aggregation der Messwerte sequenziell von z. B. Routern vorgenommen werden, d. h., die Messwerte werden in eine Warteschlange gestellt, so würde die War-

teschlange bei zu vielen Messwerten immer länger werden. Bei einem hohen Datenaufkommen würde ein wichtiger Messwert wie z.B. »Router eines wichtigen IT-Service ist ausgefallen« länger warten, bis er verarbeitet wird. Durch die Skalierbarkeit können die Messwerte parallel ablaufen, und sehr wichtige Messwerte werden sofort in der Managementplattform angezeigt.
- Verwendung einer offenen, standardisierten Datenbank als Archiv
- Beschreibung von kausalen Zusammenhängen wie z.B.: »Wenn eine Datenbank ausfällt und der Wechsel zur Backup-Datenbank nicht erfolgen kann, dann ist der IT-Service ausgefallen« oder »Wenn der Router korrekte Datenpakete empfängt, aber nur fehlerhafte weitergibt, dann ist der Router defekt«.
- Priorisierung von systeminternen Messwerten, auch in Abhängigkeit ihres Eintreffens und dem Vorhandensein weiterer Zustandsinformationen

Als weitere Funktionalitäten sind Plausibilitätstests (z.B. falsche Events, doppelte systeminterne Messwerte) bereitzustellen. Ebenso sind flexible Adapter gefordert, die Messinformationen von proprietären Managementwerkzeugen strukturieren und ggf. auch konvertieren.

5.2.4 Soll-Ist-Datenbank

Kern der Werkbank stellt eine zentrale Datenbank dar, in der sämtliche für die Qualitätsbewertung relevanten Informationen und Daten des IT-Betriebs gespeichert werden.Abbildung 5–9 erlaubt durch eine grobe logische Strukturierung einen Überblick über die vielfältigen und heterogenen Daten, die für einen qualitätsgesicherten Betrieb von verteilten IT-Systemen benötigt werden. Die einzelnen Hauptkomponenten bestehen jeweils aus mehreren Tabellen einer relationalen Datenbank, deren einzelne Felder untereinander in Beziehung stehen [Fowler und Scott 1998].

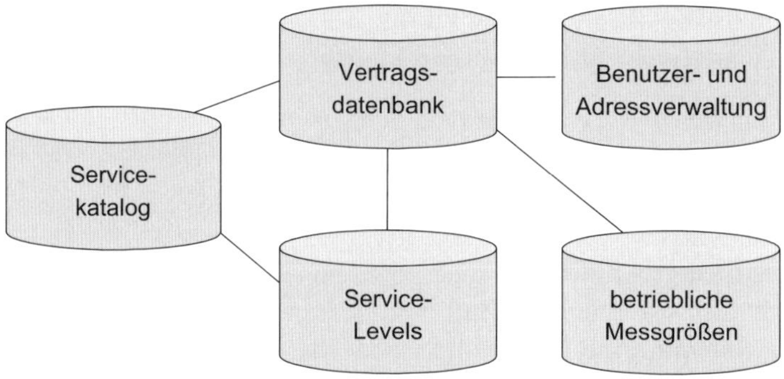

Abb. 5–9 *Hauptkomponenten der zentralen Datenbank*

Der folgende Datenbankentwurf sollte als Beispiel für eine Instrumentalisierung der zentralen Datenbank verstanden werden. Zum Einsatz alternativer oder zusätzlicher Werkzeuge können die Strukturen der einzelnen Hauptkomponenten entsprechend angepasst oder erweitert werden, wesentlich für ein umfassendes SLM sind lediglich die Inhalte der zentralen Datenbank, die durch die Hauptkomponenten aus Abbildung 5–9 grob skizziert sind:

- In der Vertragsdatenbank sind die SLAs abgelegt, die aus mehreren IT-Services des Servicekatalogs bestehen, wobei die Servicegüte pro Servicenehmer individuell durch Service-Levels festgelegt werden kann. Weiterhin sind in der Vertragsdatenbank die Datenstrukturen zur Herstellung des Bezugs zwischen IT-Services, Service-Levels und Messinformationen zu modellieren.
- Zur Ablage der Informationen über Servicenehmer, Dienstleister bzw. Fachbereiche und Mitarbeiter dient die Benutzer- und Adressverwaltung, die auch durch eine eigenständige Datenbank realisiert werden könnte.
- Die IT-Services finden sich auf einer generischen Ebene auch im Servicekatalog wieder, dort spezifizierte Service-Levels können beim Abschluss neuer SLAs den Servicewünschen entsprechend angepasst werden.
- Im Modul Service-Levels sind die einzelnen Service-Levels abgelegt. Auf Verknüpfungen zwischen den Service-Levels wird im Datenmodell verzichtet, hier werden nur die Soll- und die Istwerte abgelegt. Die Zusammenhänge der Service-Levels untereinander kann in darauf aufbauende Auswertungsalgorithmen integriert werden.
- Messinformationen, wie sie im Betrieb anfallen, werden im Modul betriebliche Messgrößen abgelegt. Es beinhaltet die Historie von einer Vielzahl von Qualitätsinformationen aus dem Betrieb (s. CobiT DS 1.4 Monitoring und Reporting).

Das Datenmodell enthält keine Inventardatenbank zur Verwaltung der Netzwerkumgebung. Eine solche strukturierte Ablage der Ressourcen des vernetzten Systems könnte als Erweiterung in Form eines zusätzlichen Moduls in die zentrale Datenbank aufgenommen werden. Die Pflege einer solchen Inventardatenbank wäre unabdingbar und vor allem mit hohem organisatorischem Aufwand verbunden, aber nicht Aufgabe des SLM, sondern vielmehr eines separaten Konfigurationsmanagements. Für das SLM wären diese Bestandsinformationen hilfreich beim Modellieren der Abbildungsstrukturen der IT-Services.

5.2.5 Service-Level-Agreement-Statusanzeige/-Report

In der Regel werden die Messergebnisse einer solchen Überwachung in einer Datenbank abgelegt und anschließend zur Erstellung der Reports ausgelesen und geeignet zusammengestellt und aufbereitet (s. CobiT DS 1.4 Monitoring and Reporting). Die generierten Reports müssen konsistent sein, ungeachtet der Herkunft der Daten, auf denen sie basieren. Trotz der verschiedenen Herkunft der Daten müssen diese gemeinsam analysiert und interpretiert werden, um eine konsistent synchronisierte Sicht auf die erbrachten IT-Services liefern zu können. Außerdem müssen die Reports die geografischen und organisatorischen Gegebenheiten des benutzten IT-Service widerspiegeln. Die Reports müssen daher weitestgehend auf den Servicenehmer und den ihm erbrachten IT-Service abgebildet werden können [NMF97].

Da Reports an Servicenehmer weitergegeben werden, beeinflusst die Form der Übergabe den Funktionsumfang. Wichtig ist, dass die Reports abgestimmt an die Servicenehmer übergeben werden. Nur so können Dienstleister sicherstellen, dass die mühevollen Vorarbeiten mit servicenehmergerechten SLAs sich nicht zum Schluss durch fehlerhafte Reports rückwirkend wieder aufheben.

5.2.6 Einfluss von Werkzeugen auf den Service-Level-Management-Prozess

Die Erfahrung zeigt, dass bei der Installation von Werkzeugen der SLM-Prozess eine starke Beeinflussung erfährt. Denn die Werkzeuge bringen ihrerseits Strukturen und Kalkulationen mit, die ggf. auf das bestehende SLM nicht passen. Typische Probleme mit SLM-Werkzeugen sind:

- Service-Level-Definition:
  Einige Hersteller haben eigene Sprachen entwickelt, um Service-Levels sehr präzise auszudrücken. Hier muss geprüft werden, ob dies immer noch die Sprache der Servicenehmer trifft. Wenn der Servicenehmer die Service-Levels und deren Aufbau nicht mehr versteht, hat das Werkzeug keine Chance, und das Projekt für die Werkzeugeinführung ist gefährdet.
- SLA-Ablage:
  Unterschreiben die Verantwortlichen die SLAs immer per Hand, also nicht digital, ist der nächste Schritt, dass die SLAs gescannt und in einem Dokumentenmanagementsystem abgelegt werden. Unterstützt das SLM-Werkzeug aber keine Ablage, die Service-Levels parallel zu den SLAs mitführt, dann trennen sich die Sollwerte im gescannten SLA von den Service-Levels, die im SLM-Werkzeug eingetragen sind. Der Service-Level-Manager muss darauf achten, dass jede Änderung von Service-Levels im Papier-SLA auch in die Werkzeuge des SLM synchron übernommen wird. Da viele Dienstleister dazu übergegangen sind, Änderungen über Change-Requests nachvollziehbar zu machen, sollte der Service-Level-Manager Kenntnis davon haben, ob sein Szenario ein sehr dynamisches ist, bei dem sehr häufig Änderungen an Service-Levels entstehen. Ist dies der Fall, sollte er das einzusetzende System dahingehend auswählen, dass es eine Verbindung mit Change-Management-Systemen unterstützt.
- Zuordnung:
  Die Zuordnung zwischen IT-Systemen, Geschäftsprozessen und den SLAs erfordert viel Flexibilität von den SLM-Werkzeugen. Seitens des Service-

Level-Managers werden aufgrund unterschiedlicher Rahmenanforderungen die verschiedensten SLAs, OLAs und UCs in einem SLM-Werkzeug zusammengestellt. Die Strukturierungsmöglichkeiten müssen nach den eigenen Anforderungen ausgelotet werden.

- **Service-Level-Kalkulation:**
  Häufig liegen in den SLM-Werkzeugen vorgefertigte Algorithmen zur Auswertung von Service-Levels vor. Diese lassen nicht immer andere Einflüsse oder Änderungen zu. Werden z.B. bei der Verfügbarkeit bestimmte Zeiten ausgeschlossen, so leisten einige Werkzeuge dies nicht. Dies ist explizit zu prüfen, denn ansonsten wird das ausgewählte SLM-Werkzeug nur zur Durchreichung von Messdaten verwendet und kann seinem eigenen Zweck als Unterstützung des SLM-Prozesses nicht gerecht werden. Hier ist zu prüfen, ob der Mehrwert des neuen SLM-Werkzeugs auch zum Tragen kommen kann.

Zur Beherrschung all dieser Probleme muss der Service-Level-Manager Anpassungen entweder an den Werkzeugen oder an seinen Konzepten vornehmen. Mit den oben genannten Punkten soll der Service-Level-Manager sensibilisiert werden, welche Probleme in der Praxis im SLM am häufigsten vorkommen.

5.3 Praxislösungen für die Service-Level-Management-Werkbank

5.3.1 Werkzeugstudie – SLM-Cockpit

Die für den Service-Level-Manager hilfreiche Werkzeugunterstützung des gesamten SLM-Prozesses versucht eine Antwort auf die Frage nach dem SLM-Prozessüberblick. Das im Folgenden vorgestellte Werkzeug »SLM-Cockpit« realisiert wesentliche Anforderungen aus den vorausgegangenen Abschnitten, da es dem SLM eine Gesamtsicht auf seinen Prozess liefert [Jäckel und Scholderer 2006a].

Funktionen des SLM-Cockpits

Zur operativen Unterstützung des Service-Level-Managers muss ein Werkzeug implementiert werden, das viele vormals manuelle Arbeitsschritte automatisiert. Die Werte und Daten und dargestellten Sichten sind veränderbar und somit auf die individuellen Wünsche des Service-Level-Managers konfigurierbar. Dadurch ist das SLM-Cockpit ein flexibles und prozessorientiertes Framework [Jäckel und Scholderer 2006d]. Die wesentlichen Funktionen sind:

- Automatisierte Generierung von SLAs und OLAs nach individueller Vorgabe
- ITIL-konforme Datenstrukturierung
- Grafische Visualisierung aller Servicezeiten wie zum Beispiel: Wartungsfenster, Betriebszeiten, Backup-Zeiten

- SLA-Ablage
- Automatisierter Download, Bewertung und Ablage der monatlichen Reports
- Automatische Aktualisierung aller Sichten bei SLA-Änderungen
- Formularbasierte Eingabe aller Daten
- Automatische Service-Fact-Sheet-Generierung

Die genannten Funktionalitäten lassen sich in der Programmiersprache Visual Basic for Applications (VBA) in MS-Excel umsetzen. Alle im Folgenden gezeigten Screenshots des SLM-Cockpits beziehen sich auf eine Werkzeugstudie aus dem Jahr 2010 (*http//:www.g-ne.de*).

Navigation

Wie in Abbildung 5–10 zu erkennen ist, sind sämtliche Excel-spezifischen Navigations- und Formatierungselemente deaktiviert, um dem Nutzer die alltägliche Arbeit mit dem Werkzeug zu erleichtern und das Erscheinungsbild nicht mit Schaltflächen zu »überfrachten«. Lediglich eine programmierte Navigationsleiste ist vorhanden, um zu den oben genannten Sichten zu gelangen.

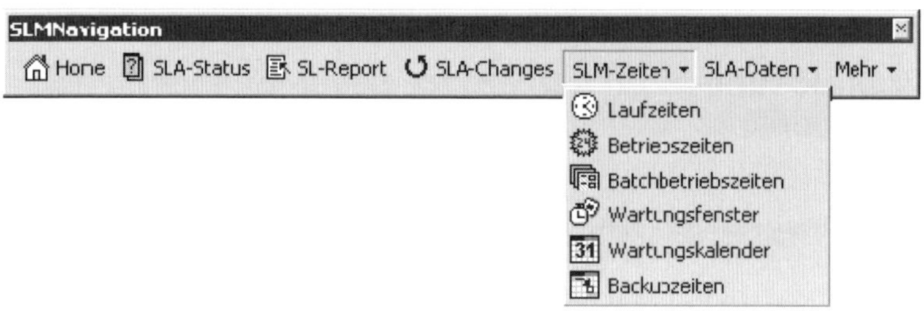

Abb. 5–10 *Navigation von SLM-Cockpit*

Prozessüberblick

Abbildung 5–11 zeigt die Überblicksseite auf den SLM-Prozess. Hier sind alle servicenehmer- und SLA-relevanten Informationen zusammengestellt, um ein kontinuierliches SLM zu ermöglichen.

Dabei sind die für den genannten Servicenehmer relevantesten Informationen bzgl. der verwalteten SLAs dargestellt:

- Überblick über die Anzahl der verwalteten SLAs nach Kategorien
- Die aktuelle Auslastung des SLM
- SLAs mit Priorität 1
- SLAs mit Kündigung in 6 Monaten
- Neu startende SLAs
- SLAs mit Sonderregelungen vom Servicenehmer
- SLAs in Review

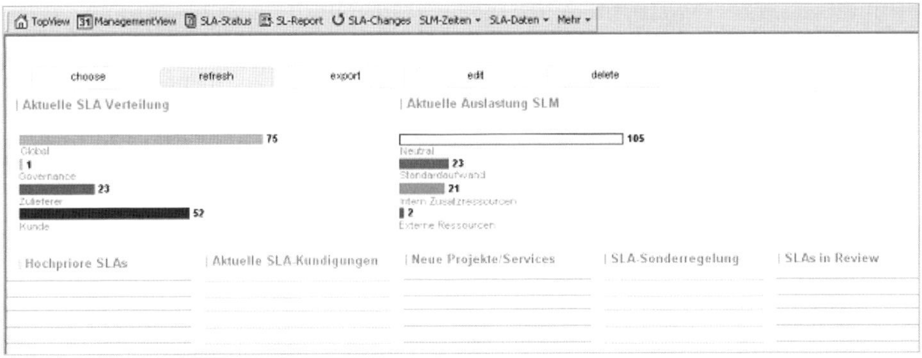

Abb. 5–11 *Startseite von SLM-Cockpit*

Die Einträge mit den jeweiligen IT-Services werden automatisch aus der als Datenbank verwendeten Tabelle extrahiert und abgebildet. Für den Service-Level-Manager wird somit schnell deutlich, welche SLAs zu bearbeiten sind bzw. welche SLAs eine höhere Priorität bei der Überwachung erfordern.

ITIL-konforme Datenbank

Der De-facto-Standard ITIL liefert für die als Datenbank verwendete Tabelle einen zentralen Baustein. Die vorgegebene Terminologie wird übernommen, um eine ITIL-konforme Eingabemaske mittels VBA in Excel für die SLA-relevanten Werte aufzubauen. Mit dieser ITIL-konformen Datenbank können die relevanten Kennzahlen den Betriebsprozessen klar zugeordnet werden. Abbildung 5–12 zeigt, wie der Eingabedialog aufgebaut wird.

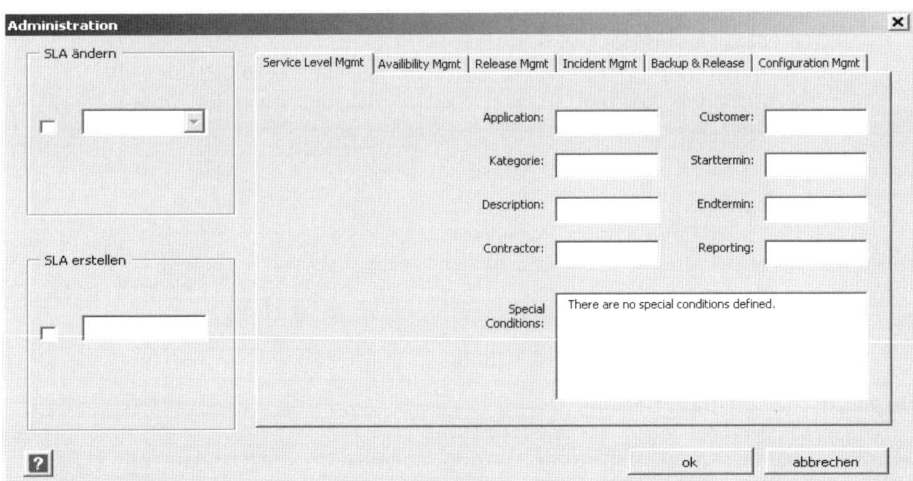

Abb. 5–12 *Formular SLA-Eintrag*

Mithilfe dieses Menüs ist es möglich, neue SLAs in die Tabelle zu schreiben, oder, wie hier gezeigt, die Daten eines Bestands-SLA zu editieren. Die Benutzerschnittstelle ist mittels Registerschaltflächen gegliedert, um die Übersichtlichkeit zu gewährleisten. Die Kategorisierung der Schaltflächen orientiert sich an den ITIL-Prozessen:

- **Service Level Management:**
  SLM-bezogene Daten wie Applikationsname, Start-/Endtermin, Servicenehmer und Sondervereinbarungen
- **Availability Management:**
  Verfügbarkeitswerte, Betriebszeiten, Service Access Point (Dienstübergabepunkt)
- **Release Management:**
  Zeiten der Wartungsfenster
- **Incident Management:**
  Betriebs- und Reaktionszeiten des Service-Desks
- **Backup & Release:**
  Backup-Zeiten von System und Datenbank (Full, Incremental Backup) ...
- **Configuration Management:**
  Auftragsnummer, Systemidentität, Applikationsidentität

Der Datenaufbau wird ITIL-konform mittels XML spezifiziert. Der logische Aufbau wird dabei wie folgt vorgenommen:

```
<Service-Fact-Sheet>
   <ITILProzess name="SLM">
      ...
   </ITILProzess>
   <ITILProzess name="Incident Management">
      <element typ="string" pflicht="false">Support Level 1</element>
      <element typ="string" pflicht="false">Support Level 2</element>
      <element typ="string" pflicht="false">Support Level 3</element>
      ...

   </ITILProzess>
   <ITILProzess name="Change Management">
      ...
   </ITILProzess>

</Service-Fact-Sheet>
```

Automatische SLA-Generierung

Bei der automatischen SLA-Generierung wurde eine Differenzierung zwischen OLAs und SLAs vorgenommen, da sich die Service-Fact-Sheets je nach Vertragsart in ihrem Umfang unterscheiden können. Diese Unterscheidung zeigt Abbildung 5–13 bei der Generierung einer Extension:

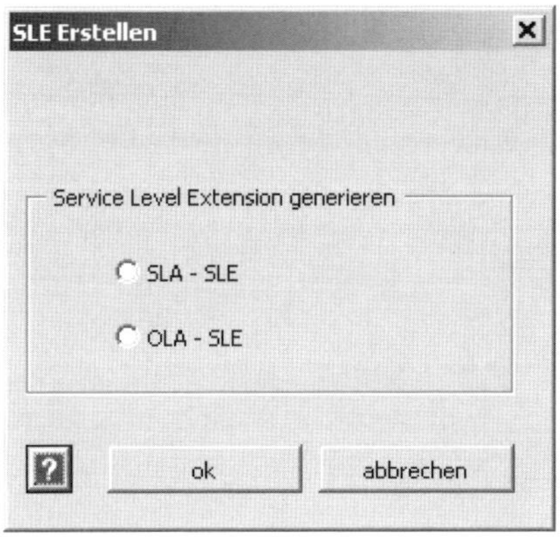

Abb. 5–13 *Service-Fact-Sheet erstellen*

Für Service-Level-Manager ist es somit möglich, die Daten konsistent an Servicenehmer zur Unterschrift auszuliefern.

Sichten im SLM-Cockpit

Die im Folgenden erläuterten Sichten werden dynamisch aus der beschriebenen Datentabelle befüllt. Sie dienen dazu, dem Service-Level-Manager einen Überblick über die einzelnen SLA-Parameter wie zum Beispiel Betriebszeiten, Bearbeitungsstatus oder Reports zu ermöglichen bzw. diese zu verändern.

Abbildung 5–14 zeigt die Seite »SLA-Status«. Hier kann der Service-Level-Manager jedem SLA die momentan aktuellen Verwaltungsparameter zuordnen bzw. diese verändern. Mittels Selektion der zu editierenden Zeile und anschließendem Klick auf die jeweilige Spalte in der Titelzeile (grauer Hintergrund) lassen sich die gewünschten Schnittstellen aufrufen. Das hier gezeigte »bearbeitet von«-Formular bietet dem Nutzer die Möglichkeit, die aktuelle Bearbeitungsinstanz eines jeden SLA zu selektieren. Weitere Benutzerschnittstellen sind:

- **Status:**
  Vergabe des momentanen SLA/Bearbeitungsstatus (s. Abschnitt 2.4.4)
- **Priorität:**
  zur Vergabe von Prioritäten pro SLA
  (Priorität 1– hochprior bis Priorität 3 – niederprior)
- **Umfang:**
  komplexes SLA, Standard-SLA
- **Auslastung** des SLM für jedes SLA (rot, gelb, grün) mit Begründung

Die Sicht »SLA-Changes« ermöglicht es dem Service-Level-Manager, jedem SLA durchzuführende Changes zuzuordnen und somit immer einen schnellen und direkten Überblick über diese zu erhalten. Der gezeigte Kalender unterstützt dabei die Eingabe und stellt die Normierung der Daten sicher.

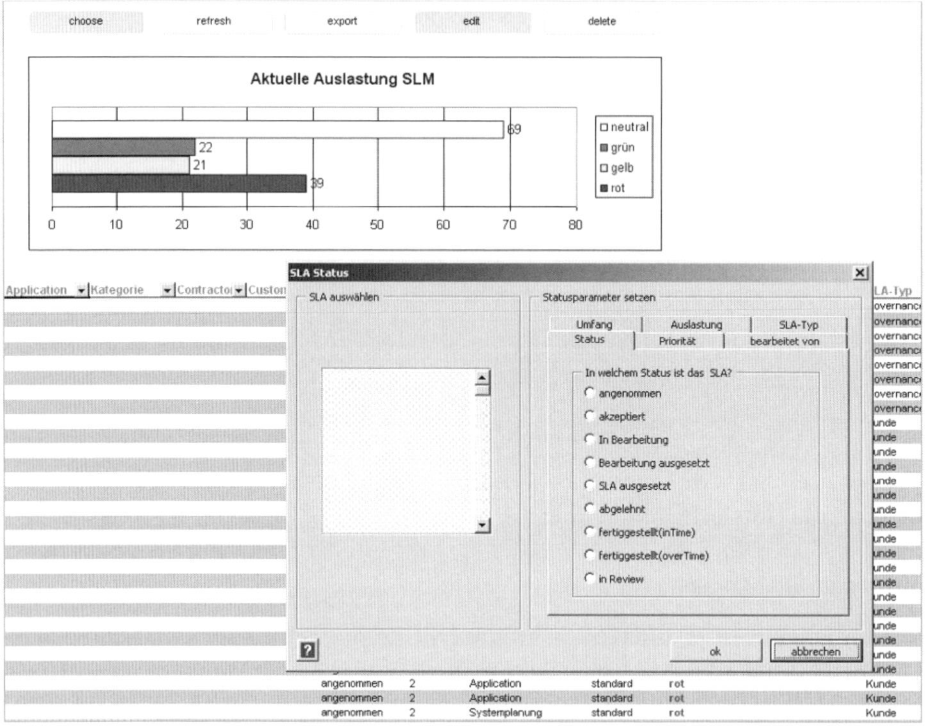

Abb. 5–14 SLA-Status

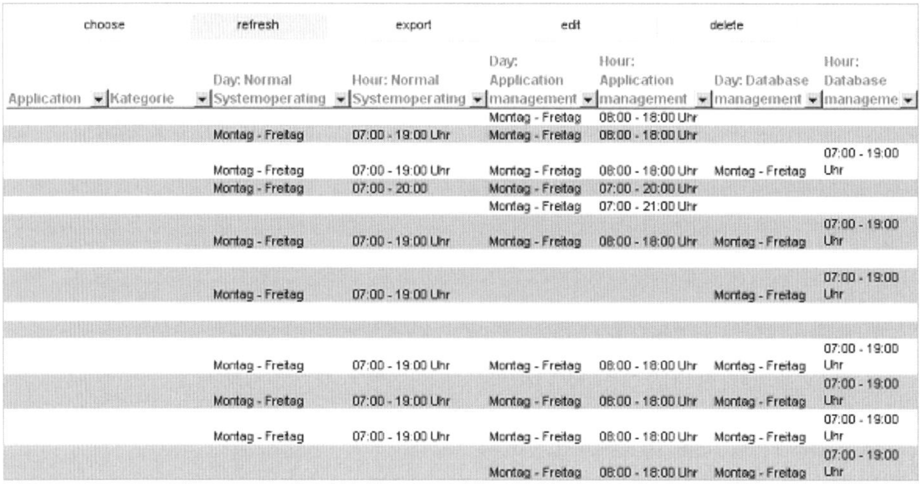

choose refresh export edit delete

Application	Kategorie	Day: Normal Systemoperating	Hour: Normal Systemoperating	Day: Application management	Hour: Application management	Day: Database management	Hour: Database manageme
				Montag - Freitag	08:00 - 18:00 Uhr		
		Montag - Freitag	07:00 - 19:00 Uhr	Montag - Freitag	08:00 - 18:00 Uhr		
		Montag - Freitag	07:00 - 19:00 Uhr	Montag - Freitag	08:00 - 18:00 Uhr	Montag - Freitag	07:00 - 19:00 Uhr
		Montag - Freitag	07:00 - 20:00	Montag - Freitag	07:00 - 20:00 Uhr		
				Montag - Freitag	07:00 - 21:00 Uhr		
		Montag - Freitag	07:00 - 19:00 Uhr	Montag - Freitag	08:00 - 18:00 Uhr	Montag - Freitag	07:00 - 19:00 Uhr
		Montag - Freitag	07:00 - 19:00 Uhr			Montag - Freitag	07:00 - 19:00 Uhr
		Montag - Freitag	07:00 - 19:00 Uhr	Montag - Freitag	08:00 - 18:00 Uhr	Montag - Freitag	07:00 - 19:00 Uhr
		Montag - Freitag	07:00 - 19:00 Uhr	Montag - Freitag	08:00 - 18:00 Uhr	Montag - Freitag	07:00 - 19:00 Uhr
		Montag - Freitag	07:00 - 19:00 Uhr	Montag - Freitag	08:00 - 18:00 Uhr	Montag - Freitag	07:00 - 19:00 Uhr
				Montag - Freitag	08:00 - 18:00 Uhr	Montag - Freitag	07:00 - 19:00 Uhr

Abb. 5–15 Betriebszeiten

Abbildung 5–15 zeigt die »Betriebszeiten« aller verwalteten SLAs. Das dargestellte Bild steht exemplarisch für die Sichten:

- **»Laufzeiten«:**
  Überblick über das Start- und Enddatum der SLAs
- **»Batchbetriebszeiten«:**
  Batchbetrieb von Applikationen
- **»Wartungsfenster«:**
  Wartungszeiten der Applikationen
- **»Backup-Zeiten«:**
  Backup-Zeiten der Applikationen

Ein zentrales Werkzeug innerhalb des SLM-Cockpits ist der in Abbildung 5–16 dargestellte Wartungsfensterkalender.

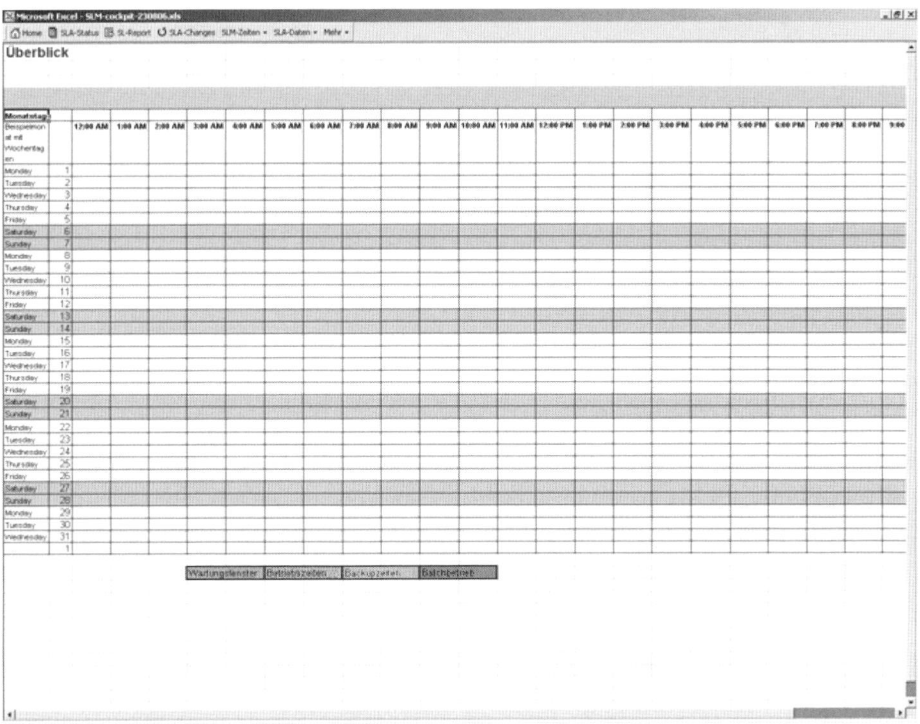

Abb. 5–16 *Wartungsfensterkalender*

Mit diesem ist es dem Service-Level-Manager möglich, eventuelle Zeitüberlappungen einzelner IT-Services festzustellen und damit kritische Abweichungen der Verfügbarkeit durch beispielsweise Wartungsüberschneidungen zu erkennen. Die x-Achse des Kalenders steht für die Zeit (t) von 0 bis 24 Stunden. Die y-Achse besteht aus 31 Werten, exemplarisch für einen Beispielmonat. Soll der Kalender mit Zeiten aufgebaut werden, so dient das folgende Formular der Auswahl der Parameter:

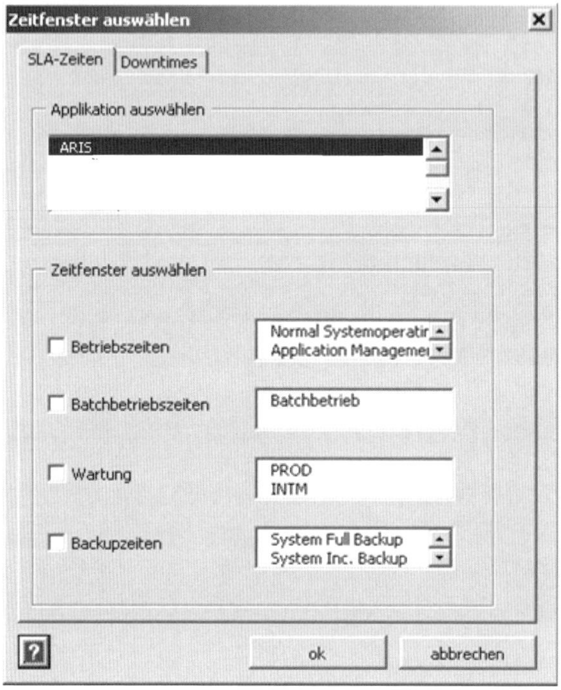

Abb. 5–17 *Formular Betriebskalender*

Mittels des Feldes »Applikation auswählen« können über die gleichzeitig gedrückt gehaltene STRG-Taste n Applikationen selektiert werden, um einen direkten Vergleich zwischen einzelnen Anwendungen zu ermöglichen. Dies trifft auch für die folgenden Formularfelder zu. Hier können die einzelnen Zeiten ausgewählt werden. Im Fall einer kompletten Selektion aller dargestellten Zeiten und Applikationen lässt sich also eine n:m-Relation zwischen Applikationen und Zeiten abbilden. Abbildung 5–18 zeigt die durch eine Auswahl erzeugte Balkensicht.

Hier sind nun die im Formular ausgewählten Zeiten für die Applikation »ARIS« grafisch dargestellt. Dadurch ist klar zu erkennen, dass sich beispielsweise die wöchentlichen Wartungen mit dem normalen Systembetrieb überschneiden.

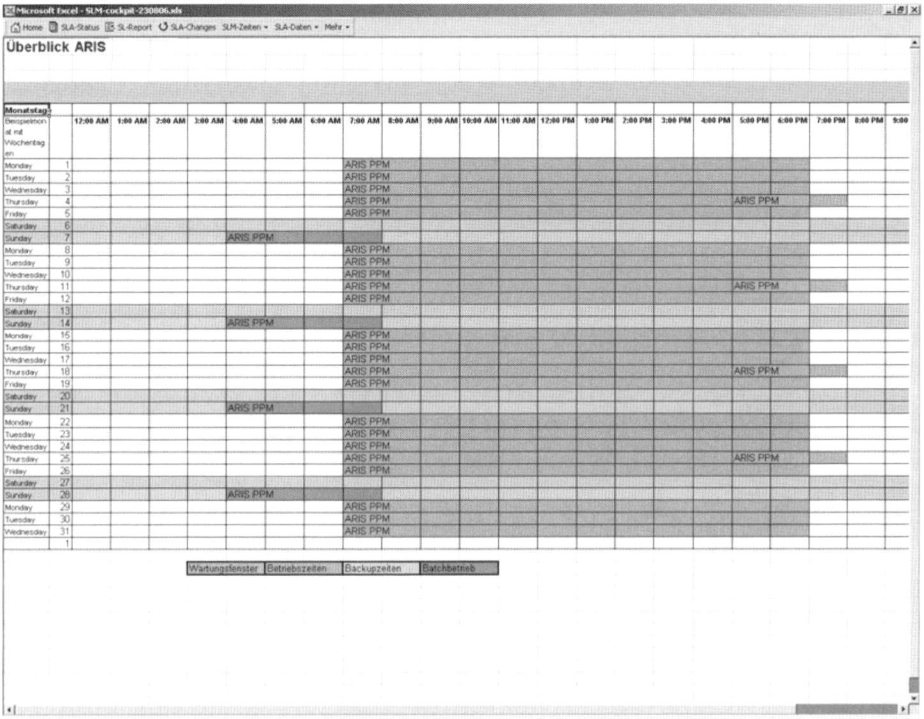

Abb. 5–18 *Wartungsfensterkalender mit Werten*

Der Service-Fact-Sheet-Generator stellt dem Service-Level-Manager ein Werkzeug zur automatisierten Erzeugung dieses Dokuments zur Verfügung. Mit dem folgenden Formular wird eine Applikation selektiert:

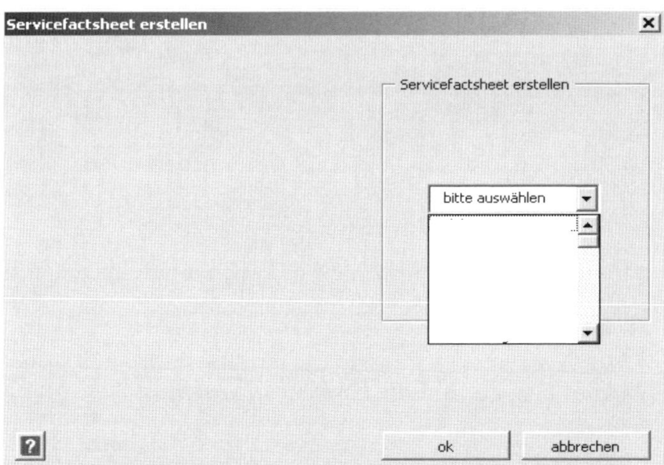

Abb. 5–19 *Formular Service-Fact-Sheet-Generator*

Die Parameter der gewählten Anwendung werden aus der Datentabelle gelesen und in die Service-Fact-Sheet-Tabelle eingetragen (s. Abb. 5–19).

Gemäß ITIL ist es notwendig, Rollen und Verantwortlichkeiten der einzelnen Prozesse zu definieren. Um dem gerecht zu werden, wurde die Sicht »Roleholder« in das SLM-Cockpit integriert (s. Abb. 5–20).

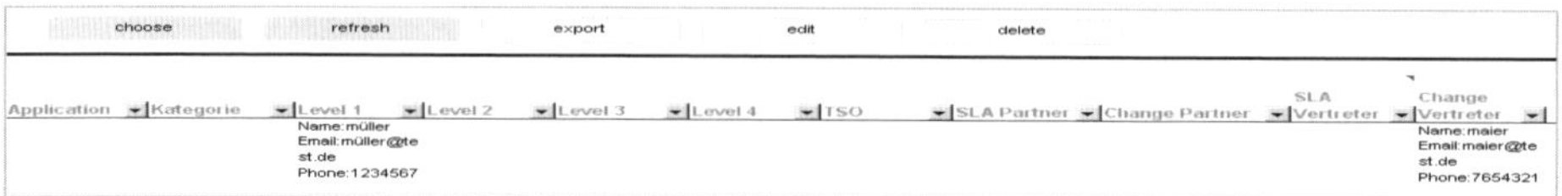

Abb. 5–20 *Roleholder*

Mittels eines Formulars (s. Abb. 5–21) kann jeder Applikation die definierte Rolle zugewiesen werden.

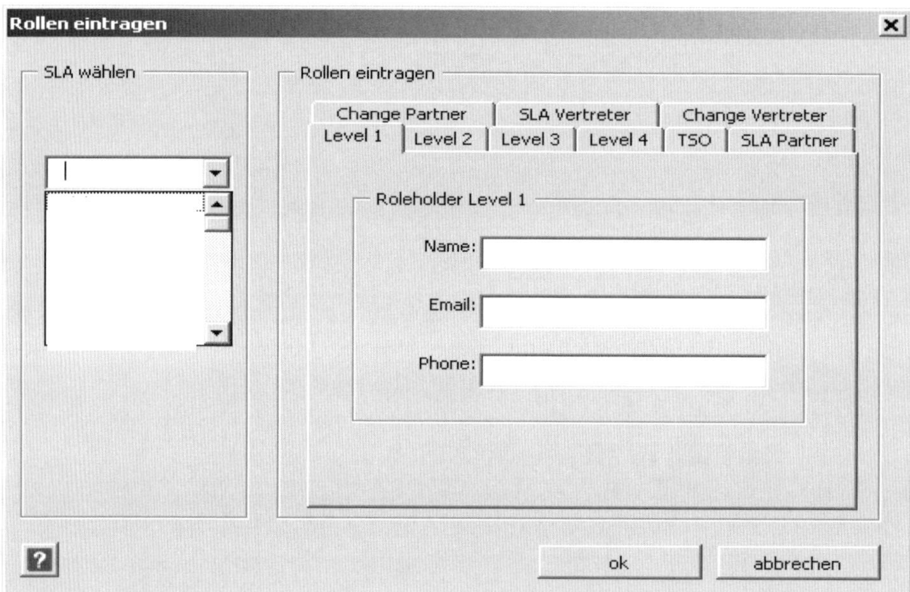

Abb. 5–21 *Formular Roleholder*

Die Benutzerschnittstelle wurde nach den in ITIL vorgeschlagenen Rollenverteilungen unterteilt:

- Level 1 bis 4:
  Ansprechpartner bezogen auf die Eskalationsstufen
- TSO:
  Technischer Systemorganisator

- **SLA Partner/Vertreter:**
  Ansprechpartner im SLM
- **Change-Partner/Vertreter:**
  Ansprechpartner im Change-Management

Die in dieser Werkzeugstudie verwendete Entwicklungsumgebung ist die in Excel mitgelieferte Oberfläche, um VBA programmieren zu können. Alternativ kann diese Werkzeugstudie auch in anderen Programmiersprachen wie Java oder PHP entwickelt werden.

5.3.2 Auswahlfragebogen zur Selektion von Monitoring-Werkzeugen

Wenn SLM-Monitoring-Werkzeuge ausgewählt werden sollen, muss im Rahmen des regulären Anforderungsmanagements überprüft werden, ob sie die gewünschte Funktionalität bereitstellen. Die folgenden Fragen stellen die wesentlichen Punkte für eine solche Prüfung zusammen.

Technische Voraussetzungen

Innerhalb der technischen Voraussetzungen wird geklärt, wie das SLM-System aufgebaut ist, wie viel Performance das System für die Korrelation von Rohdaten zur Berechnung von Kennzahlen (z.B. Verfügbarkeit, Antwortzeit) erfordert und ob es sich gegenüber anderen Werkzeugen integrieren lässt.

- Wie sieht die Architektur der Lösung aus?
- Welche speziellen Methoden bzw. Techniken setzen Sie für ein Ende-zu-Ende-Monitoring ein?
- Welche Infrastruktur benötigt die Lösung?
- Welche Plattform benötigt die Lösung?
- Welche Kapazität benötigt die Lösung?
- Wie werden die Daten vorgehalten (Datenbank)?
- Wie kann auf die gewonnenen Daten zugegriffen werden?
- Gibt es irgendwelche Einschränkungen beim Zugriff auf die Daten?
- Welches Berechtigungskonzept bietet die Lösung?
- Wie wirkt sich die Lösung auf die Performance der zu überwachenden Infrastruktur aus (DB, Server, Systeme, Netzwerk, Applikation)?
- Welche Ressourcen werden von der Lösung in Anspruch genommen?
- Welche Erfahrungen liegen Ihnen von ähnlichen Anwendungen vor?
- Gibt es Benchmarks über die Lösung im Vergleich zu anderen Lösungsanbietern, um einen Vergleich besser durchführen zu können?
- Verfügt die Lösung über Schnittstellen zu bestimmten Herstellern?
- Lassen sich eigene Messfühler entwickeln (SDK)? Wenn ja, wie?
- Bietet die Lösung eine zentrale Konfiguration der Messfühler?
- Welche Messmethoden beinhaltet die Lösung (Stichprobe oder kontinuierliches Messen)?
- Ist bei Trendbetrachtung die Normalisierung von Einzelereignissen möglich?
- Wie erfolgt die Schwellwertanpassung?
- Wie werden Servicezeiten, Schwellwerte etc. abgebildet (Stufenkonzept, ein Messfühler, mehrere Schwellwerte mit unterschiedlichen Events)?
- Ist die Lösung integrierbar in das Change- und Configuration-Management?
- Ermöglicht die Lösung eine laufende Protokollierung (Audit-Trail)?
- Gibt es für die Produkte eine Roadmap für geplante Weiterentwicklungen?

→

FachlicheEbene Bei einem SLM-Monitoring-Werkzeug geht es nicht nur um das reine Monitoring, auch die Einordnung der Messwerte in den Gesamtkontext, also insbesondere den fachlichen Kontext, ist erforderlich.
■ Wie erfolgt das Mapping der IT-Services mit der fachlichen Ebene? ■ Wie müssen die Geschäftsprozesse für die Lösung abgebildet sein?
Serviceebene Die Messwerte müssen den IT-Services zugeordnet werden können.
■ Wie erfolgt das Mapping der IT-Services auf die IT-Komponenten? ■ Wie wird ein KPI-Modell (Durchsatz, Performance, Verfügbarkeit, Kapazität) abgebildet? ■ Messung von Ende-zu-Ende-Performance, Durchsatz und Availability? Welche Methode/Verfahren wendet das SLM-System dafür an? ■ Wie misst das SLM-System IT-Services, die Load-Balancer- und/oder Cluster-basiert sind? ■ Wie erfolgt eine Mehrfachzuordnung von IT-Services, beispielsweise die Zuordnung einer Applikation auf mehrere IT-Services? ■ Wie erfolgt hier die Differenzierung? ■ Wie erkennt das System einen Ausstieg/Abbruch bei einer Funktion/Transaktion, z.B. weil der Nutzer nicht mehr weitermachen will oder kann? ■ Welche Messmethodiken bieten eine Lösung? ■ Wie werden dynamische Messintervalle vom System verwaltet bzw. ausgeprägt? • Anpassung von Messintervallen? • Dynamisierung der Schwellwerte? ■ Wie wird die IT-Service-Verfügbarkeit ermittelt und dargestellt? ■ Gibt es bei der Lösung einen zentralen »IT-Service-Leitstand«?
Applikationsebene Auf der Applikationsebene steht der Intergrationsaspekt stark im Vordergrund. Vor allem ist wichtig, wie mit dem ausgewählten SLM-Monitoring-Werkzeug auf veränderte Releasestände eingebundener IT-Systeme anderer Hersteller reagiert werden kann.
■ Welche Integrationsmöglichkeiten zu Standardapplikationen gibt es? ■ Welche Standardapplikationen werden von der Lösung unterstützt (Datenbanken, Middleware)? ■ Gibt es einen Parameterkatalog für die Standardapplikationen? ■ Wie schnell wird bei einer Standardapplikation auf die Releasestände reagiert? ■ Wie werden die Servicenehmer über die Verfügbarkeit der neuesten Releases informiert? ■ Welche Werkzeuge bietet das SLM-System zur Anbindung von Nicht-Standardapplikationen? ■ Wie können Drittanbieter integriert werden (z.B. Tivoli, Patrol oder CitrixWorks)? ■ Wie sieht das Interface zur zentralen CMDB aus?
Roboter Wie im Mess- und Reporting-Konzept angesprochen, sind Roboter häufig interessant, da sie eine hohe Flexibilität aufweisen und Geschäftsprozesse messen können.
■ Kann ein einzelner Screen im Hintergrund protokolliert werden oder laufen Transaktionen sichtbar am Bildschirm ab? ■ Gibt es geschützte Kundenlogins zur Erfolgskontrolle? ■ Wie wird ein Makro erstellt? ■ Was passiert bei Screenänderungen, muss das Makro neu aufgesetzt werden? ■ Wie sieht die Administration der Clients aus, Deployment von neuen Makros? ■ Welche Protokolle werden unterstützt (z.B. lokale Programme, Metaframe, Web)? ■ Wird eine feste IP-Adresse benötigt? ■ Welche Voraussetzungen muss die Applikationsstruktur gewährleisten?

→

IP- Messung

Jedes SLM-Monitoring-Werkzeug bietet ein Set an Standardmessungen an. Wie umfangreich dieses Set ist, muss abgeprüft werden.

- Welche Protokolle werden unterstützt (z.B. lokale Programme, Metaframe)?
- Welche Webserver werden unterstützt?

Sicherheit

Wie bei anderen Werkzeugen auch, sind die Sicherheitsmechanismen zu prüfen. Wichtig ist z.B., dass keine Messdaten unverschlüsselt übertragen werden.

- Sind Filter einschränkbar und werden die Änderungen von Filtern und deren Einstellungen archiviert?
- Wie werden Datenhistorien verwaltet?
- Ist eine Mitarbeiterüberwachung a) möglich und b) kann diese aus personalrechtlichen Gründen unterbunden werden?
- Wie können Workflows überwacht werden?
- Sind externe Zugriffe (Intrusion) ausgeschlossen (z.B. Setup/Updates via Internet oder Fernwartung)?
- Welche Verschlüsselungs-/Komprimierungstechniken verwendet das SLM-System?

Informationsmanagement

Neben dem Monitoring gilt es, auch das Reporting zu analysieren. Denn das Reporting ist oft ausschlaggebend für die Akzeptanz auf der Servicenehmerseite. Wer gut misst, aber es nicht klar darstellt, der hat auf der Servicenehmerseite keinen Vorteil.

- Beinhaltet das Werkzeug ein integriertes Analyse- und Berichtssystem?
- Wird für Analysen und Berichtsgenerierung eine OLAP-Datenbank verwendet?
- Welche Standardberichte werden angeboten?
  - Tendenzprofil?
  - Verlaufsstatistik?
  - Simulation?
  - Forecast?
- Lassen sich verschiedene Reports generieren, wie Management- und Operations-Report?
- Wie erfolgt die Berichtsdistribution?
- Welche Reportformate werden unterstützt (z.B. XML, PDF, HTML)?
- Gibt es ein Management-Cockpit, z.B. ein personalisiertes Dashboard und Scorecards?
- Kann die Präsentationsumgebung (Frontend) angepasst werden (Corporate Identity etc.)?
- Gibt es eine Standardschnittstelle zu anderen Berichtssystemen (z.B. Hyperion)?
- Welche Präsentationsumgebung bietet die Lösung an?

Betriebsführung/Teststellung

- Gibt es einen Standard-Betriebsführungsleitfaden?
- Wie hoch ist der Administrationsaufwand pro Applikation bzw. IT-Service?
- Wie hoch ist der Pflegeaufwand im Rahmen von Releases von Applikationen und Betriebssystemen?
- Gibt es Referenzkunden in der entsprechenden Branche?
- Welche Referenzkunden stehen mit Ansprechpartnern zur Verfügung?
- Wer steht bei der Lösung als Implementierungspartner zur Verfügung?
  - Softwarehersteller ist gleich Implementierungspartner?
  - Partnerkonzept für die Implementierung (z.B. vom Hersteller zertifiziert)?
- Gibt es für die Implementierung eine Roadmap vom Hersteller?
- Stehen Templates oder Best-Practice-Lösungen zur Verfügung?
- Wie hoch ist der Aufwand für eine Teststellung?
- Wie hoch ist der Aufwand für eine Pilotanwendung?

→

Betriebsführung/Teststellung (Fortsetzung)
▪ Welche Unterstützung bietet der Softwareanbieter bei der Teststellung? ▪ Welche Voraussetzungen müssen für eine Teststellung geschaffen werden? • Hardware? • Berechtigungen? ▪ Welche internen Ressourcen müssen für die Teststellung bereitgestellt werden?
Support/Wartung Um sich vor unbekannten Kosten zu schützen, wird das Support- und Wartungsmodell abgefragt.
▪ Wie sieht das Supportkonzept aus? ▪ Wer würde für den Auftraggeber zuständig sein? ▪ Wie erfolgt die Information über neue Upgrades?
Schulungs-/Trainingsaufwand Häufig wird die Notwendigkeit von Schulungen unterschätzt. Denn nicht jedes SLM-System ist leicht verständlich und auch die Administration ist oftmals komplex.
▪ Wo erfolgen die Schulungen? ▪ Gibt es eine Schulungsempfehlung? ▪ Wie viele Tage müssen für die Schulung im Durchschnitt aufgewendet werden?
Lizenzmodell Die entstehenden Kosten für das System werden standardmäßig geprüft.
▪ Welche Lizenzierungsmodelle bieten sich an?

5.3.3 Herstellerverzeichnis von A-Z

Tabelle 5–9 listet 87 Hersteller und teilweise Reseller auf, die mit SLA, SLM und Servicekatalogen für ihre Lösungen werben. In der Herstellerliste wird zwischen Open Source und kommerziellen Lösungen nicht unterschieden. Für Leser, die nur nach Open-Source-Lösungen suchen, seien die drei Hersteller Nagios, OTRS und TripleTwenty genannt.

Hersteller von A – L	Hersteller von M – Z
1. Acterna	43. Managed Objects
2. Ad Hocc SMT	44. Marval
3. ADLEX	45. Materna
4. Adtran	46. Matrix 42
5. Amasol	47. Mercury Interactive
6. Amberpoint	48. Micromuse
7. Amdahl	49. MIT Solutions
8. ApparentNetworks	50. Monitor24-7
9. AppSense	51. Mproof
10. Aprisma	52. Nagios
11. Arago AG	53. Netcor
12. Asdis	54. NetIQ
13. Atos Orign	55. Nimsoft
14. Auditec	56. Oblicore
15. Axios Systems	57. Omninet
16. BMC Remedy	58. Omnitracker
17. Brix Networks	59. Opticom
18. CA Unicenter	60. Qtobe
19. Candle	61. OTRS
20. Cisco	62. Quallaby
21. Compuware	63. Peregrine Systems
22. Concord	64. Perfman (IST)
23. Continuare	65. Proxima
24. Datawatch	66. PS Soft
25. Digital Fuel	67. Realtech
26. Echolon	68. SAS
27. Econet	69. Servicetrace
28. EMC²	70. Sheer Networks
29. Flamenc	71. Soa Software
30. FNT	72. Softed
31. Frontrange	73. Softek
32. Helpmatics	74. Solve Direct
33. Heroix	75. Step Ahead
34. HP Open View	76. Synetics
35. IBM Tivoli	77. Tevron
36. IBS AG	78. TripleTwenty
37. IET Solutions	79. Thinkware
38. InfoVista	80. Topdesk
39. Infra	81. Touchpaper
40. JalaaM	82. UGS
41. JDSU	83. Unisys
42. Lucent	84. Update4U
	85. USU
	86. Wendia
	87. Whitestone Technology

Tab. 5–9 *SLM-Herstellerverzeichnis (Stand 31.01.2011)*

Diese Herstellerliste kann natürlich nicht vollständig, sondern lediglich eine Augenblicksbetrachtung sein. Hersteller, die ebenfalls mit SLA/SLM werben und hier nicht genannt sind, mögen das bitte nachsehen. Eine aktuelle Liste von Herstellern für SLM-Werkzeuge gibt es nicht. Dies muss manuell über die Suchmaschine gefiltert werden. Als möglicher Einstieg bietet sich die Seite der Fa. Serview an (*http://www.serview.de* – Klick auf CertifiedTool). Hier sind einige Hersteller genannt, die ihre Werkzeuge nach ITIL ausrichten.

Generell ist wichtig, darauf hinzuweisen, dass die Ausrichtung der jeweiligen Hersteller sehr unterschiedlich ist. Der Leser muss diese Liste bei anstehenden Ausschreibungen oder Werkzeugauswahl für sich dahingehend sortieren.

5.3.4 Faustregeln

Damit Service-Level-Manager ihre Arbeit mit SLAs stärker standardisieren können, werden zum Schluss des Kapitels SLA-Faustregeln aufgestellt. Diese sind für Service-Level-Manager so ausgelegt, dass sie damit lernen, SLAs schnell überblicken zu können.

- **Faustregel 1: Jedes SLA hat ein Service-Fact-Sheet**
  Die Service-Levels sollten in **einer** Tabelle zusammengefasst sein. Eine Streuung über das SLA-Dokument, ggf. noch in Texten integriert, ist schwer überschaubar und auch schwer wartbar.
- **Faustregel 2: Jedes SLA enthält RACI-Matrizen**
  Die relevanten Aktivitäten und deren Zuständigkeiten werden mittels RACI-Matrizen geregelt.
- **Faustregel 3: Verfügbarkeit = Pönale**
  Die Definition von Verfügbarkeit sollte eindeutig und verständlich sein und an die Pönale gekoppelt werden.
- **Faustregel 4: Unten muss es besser sein als oben**
  Unten bedeutet: »Von Drittdienstleistern wird eine höhere Verfügbarkeit gefordert, als zum Servicenehmer weitergegeben wird.« Dies gilt auch für SLA-Reports, sie sollten z.B. am 5. Arbeitstag von unten und nach einer Prüfung und redaktionellen Überarbeitung oder Ergänzung zum 10. Arbeitstag an die relevanten Servicenehmer weitergeleitet werden.
- **Faustregel 5: Trenne Prosa und Fakten**
  In den SLAs sollten die Servicebeschreibung, Service-Levels und Zuständigkeiten voneinander getrennt werden.
- **Faustregel 6: Servicenehmersicht**
  Der SLA-Ansatz sollte die betrieblichen Standards abgestimmt vorhalten und zusätzlich Möglichkeiten eröffnen, die Servicenehmerwünsche flexibel zu integrieren.

Generell gilt, dass der Service-Level-Manager in einer komplexen und sich schnell ändernden SLA-Verhandlung ggf. nicht auf alle Aspekte achten kann. Wenn die SLA-Inhalte gewissen Standards genügen, wird er eine Vielzahl von SLAs effizient handhaben können. Hierfür wurden die SLA-Faustregeln definiert, die bei Beachtung bereits ein sehr stabiles SLA entstehen lassen.

5.4 Zusammenfassung

Für Service-Level-Manager ist die gesteuerte Handhabung von Word und Mailprogrammen mit Monitoring- und SLM-Verwaltungswerkzeugen ein wichtiger Garant, wenn die vollständige Harmonie aus Prozess und Werkzeuge gelingen soll. Die entworfene SLM-Werkbank umfasst Arbeitskonzepte, die mit Standard-Office-Werkzeugen umgesetzt werden können. Die Arbeitskonzepte sind fokussiert auf den Umgang mit den SLAs. Es werden für die tägliche Arbeit des Service-Level-Managers u.a. folgende Fragen geklärt:

- Wie wird ein SLA in sich konsistent und wie werden SLAs miteinander abgestimmt?
- Wie können Service-Levels geprüft und wie unbekannte SLAs erschlossen/verstanden werden?
- Wie können alle SLAs überblickt werden?
- Wie kann die Verfügbarkeit geprüft und kalkuliert werden?
- Wie können SLA-Reports effizient ausgewertet werden?
- Wie kann ein Servicekatalog automatisiert werden?
- Wie wird ein SLM-Prozess gesteuert?

Es werden darüber hinaus weitere Werkzeuge zur Unterstützung aufgezeigt, die den Service-Level-Manager handlungsfähig(er) machen. Die Kombination aus SLM-Prozess, der nachhaltigen Form der Prüfung von SLAs und den Monitoring-Werkzeugen ergibt für den Service-Level-Manager eine vollständige Umgebung. Erst in dieser Ausprägung kann er seine Rolle umfassend wahrnehmen.

Praxishinweise

- **Arbeitsvorbereitung**:
  Unabhängig von der Komplexität, in der Service-Level-Manager ihre Tätigkeit erbringen, ist die Arbeitsvorbereitung unerlässlich. Die vorgestellten Arbeitskonzepte liefern bereits Strukturen für den Service-Level-Manager.
- **Werkzeugeinsatz**:
  Der Service-Level-Manager benötigt zu Beginn des Aufbaus eines SLM ein inhaltlich und strukturell flexibles Konzept, das auf Restriktionen durch SLM-Werkzeuge reagieren kann. Der andere Weg eines verfrühten Einsatzes von SLM-Werkzeugen führt zu Festlegungen, von denen der Service-Level-Manager später nicht mehr abweichen kann und wodurch er sein Konzept stärker auf das SLM-Werkzeug aufbauen muss.

- **Steuerung**:
  Wie viele in ITIL, ISO 20000 und CobiT definierte Prozesse, so benötigt auch das SLM eine Steuerung des Prozesses. Die Werkzeugstudie (s. Abschnitt 5.3.1) mit dem SLM-Cockpit zeigt, welche Punkte im SLM gesteuert werden müssen, wenn mehrere SLAs zu verwalten und zu organisieren sind.

6 Stolpersteine bei Service-Level-Agreements

Die folgenden Abschnitte skizzieren Projekte und zeigen, welche Stolpersteine darin versteckt waren. Anhand dieser Beispiele sollen Service-Level-Manager sensibilisiert werden, wenn es darum geht, in Projekten die neuralgischen Punkte zu erkennen und zu vermeiden.

6.1 Formale Hürden und Definitionsprobleme

6.1.1 Anwendung von Vorlagen

In einem Projekt, in dem es um das Outsourcing von IT-Komponenten ging, wurden mehrere Abteilungen zusammengeschaltet. Beteiligt waren die IT-Planung, der Dienstleistungsbetrieb und der Vertrieb. Die Menge der IT-Komponenten einschließlich der Dimension des Szenarios erforderte die Zusammenführung eines beträchtlichen Know-hows. Experten stellten die jeweiligen Dokumentationen zusammen (s. Abb. 6–1).

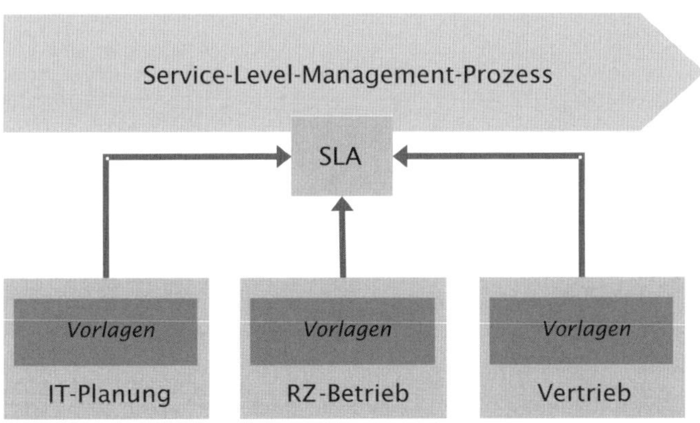

Abb. 6–1 *Templates*

Jede Abteilung verwendete ihre Templates, um das Projekt standardisiert und zügig abwickeln zu können. Die große Herausforderung lag darin, ausgewählte und angepasste Templates unterschiedlicher Ersteller in ein Gesamtkonzept zu überführen.

Anhand eines konkreten Beispiels soll nun gezeigt werden, welche Hürde für den Service-Level-Manager entstand. Das Beispiel soll stellvertretend für mehrere unterschiedliche Textbausteine zum Thema Service-Desk und Incident-Management stehen.

Der nachstehende Beispieltext beschreibt, welchen Umfang der Service-Desk hat.

> Als »Single Point of Contact« für die Anwender dient der Service-Desk. Störungen können hier telefonisch, per Fax oder per E-Mail gemeldet werden. Der Service-Desk versucht die gemeldete Störung direkt zu beheben. Ist er dazu nicht in der Lage, wird ein Trouble-Ticket im Problem-Tracking-Tool generiert und weitergeleitet. Das heißt, unter einem Incident wird hier ein nicht direkt gelöster Call verstanden. Um den Tagesbetrieb aufrechtzuerhalten, hat der Service-Desk die Aufgabe, möglichst schnell und pragmatisch einen Lösungsweg für Incidents aufzuzeigen.

Neben den begrifflichen Unschärfen stellt sich u.a. die Frage, wo der Übergang vom Service-Desk zum Incident-Management definiert ist. Bei näherer Betrachtung der Gesamtdokumentation wurde deutlich, dass es in der Gliederung des Dokuments anders dargestellt wurde, als es aus der Beschreibung hervorging. Der Sachverhalt wurde zusätzlich verschärft, als bei der Prüfung von anderen Schriftstücken, wie einem mitgeltenden Dokument und einem beigefügten Organigramm, nochmals andere Versionen gefunden wurden. Abbildung 6–2 zeigt, wie sich die Darstellungen unterschieden.

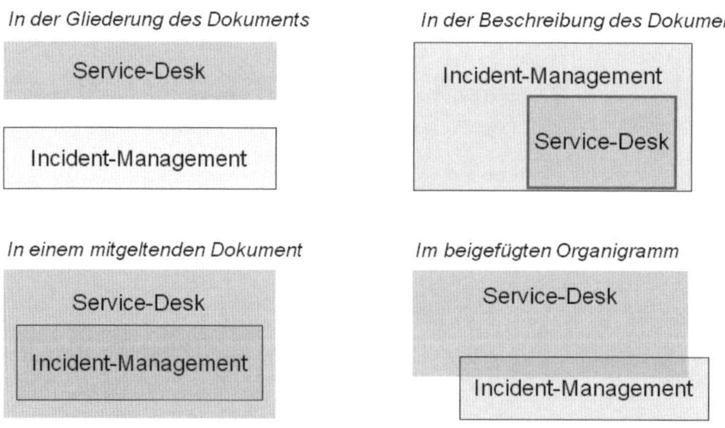

Abb. 6–2 *Beispiel mit abweichenden Templates*

Bei genauer Betrachtung der Situation empfiehlt es sich, den Service-Level-Manager als inhaltlich übergreifenden »Schlussredakteur« zu benennen. Seine Kenntnis über die SLA, IT-Services und die Geschäftsstrukturen führen zu einer deutlichen Qualitätssteigerung.

Praxishinweis
Dem Service-Level-Manager sei empfohlen, zum Erkennen unterschiedlicher Strukturen das Visualisieren von Textabschnitten oder Gegenüberstellungen zu verwenden. Dies erleichtert es, komplexe Sachverhalte übersichtlich zu verifizieren.

6.1.2 Sicherstellung der Konsistenz und Vollständigkeit komplexer Vertragswerke

Dieses Szenario betrachtet ein 2.000-Seiten-SLA für sehr viele komplexe Warenwirtschaftsleistungen. Dieses SLA setzte sich aus mehreren Dokumenten zusammen, die in sich aufeinander verwiesen. Somit entstand ein Gesamtwerk von Dokumentationen mit unterschiedlichen Strukturen und Ausrichtungen. Beide Vertragsparteien wollten im Nachgang das SLA auf dessen Konsistenz und Vollständigkeit prüfen. Dies war bis zum Zeitpunkt des Abschlusses aufgrund des Projektdrucks nicht möglich. Also vereinbarten beide Seiten, dass nach dem Abschluss ein SLA-Review erfolgen sollte, das eine deutliche Reduktion des Seitenumfangs zur Folge haben sollte. In Abbildung 6–3 ist ein Ausschnitt der Zusammenstellung zu erkennen.

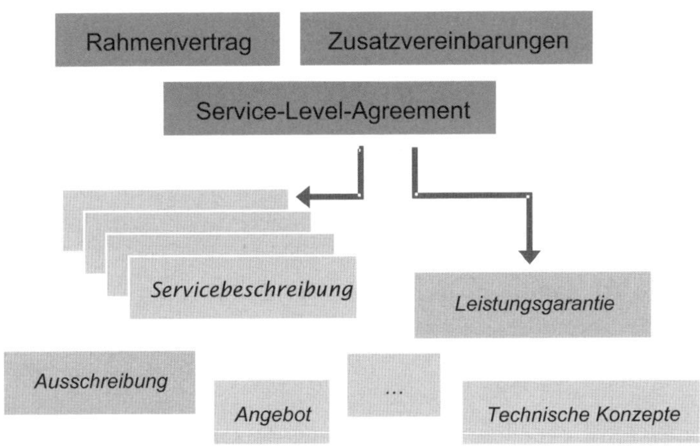

Abb. 6–3 *Vertragswerke*

Der Service-Level-Manager musste sich nun diesem Ziel der Reduktion nähern. In diesem Fall lag das Hauptaugenmerk zuallererst auf folgenden Fragen:

- Welche Leistung wird beschrieben?
- Welche Service-Levels wurden vereinbart?
- Sind die Verfügbarkeit und die Pönale richtig geregelt?

Zur Beantwortung der ersten Frage wurde eine Übersicht erstellt, welche IT-Services in den Dokumenten genannt wurden. Dies führte für alle deutlich sichtbar zu neuen Erkenntnissen. Denn in den jeweiligen Konzepten wurde der IT-Service immer in einer anderen Form beschrieben. Abbildung 6–4 gibt einen Überblick, wie das Ergebnis aussah.

Gliederung	Leistungsübersicht	Kostenstellen	Leistungsbeschreibung
Application Runtime	Application Runtime	JAVA	Application Runtime
Fehlt	Fehlt	Fehlt	Database
Identity	Identity & Access	ALMS	Identity & Access
Integration	Integration	CIA, CIA Service	Integration (AIA)
Release Mgmt	Fehlt	Fehlt	Fehlt
Test Management	Fehlt	Fehlt	Fehlt
Portal Support	Support Consultant	Dedizierter Berater	Consulting, optional
LASDEV	LASDEV	DEV & Dev. Image	Fehlt
Service Desk	Fehlt	Fehlt	Service Desk
Service LifeCycle M	Fehlt	Fehlt	Fehlt
PROD Mgmt	Fehlt	Fehlt	Fehlt

Abb. 6–4 *Servicevergleich*

Nach der Abstimmung, welches Dokument führend für die Leistungsbeschreibung sei, entfielen sehr viele Kapitel, die redundante und falsche Informationen enthielten.

Die nächste Aufgabe lag darin, die Service-Levels zusammenzustellen. Es mussten alle relevanten Service-Levels aus dem Vertragswerk extrahiert werden. In Abbildung 6–5 ist dargestellt, wie alle im Vertragswerk gelisteten IT-Services inkl. deren Service-Levels gegenübergestellt sind.

Anhand dieser Gegenüberstellung wurde ersichtlich, dass z.B. das Backup über fünf Tage hinweg sechsmal ausgeführt werden sollte. Dies war jedoch nicht logisch, denn an jedem Tagesende wurde genau eine Sicherung durchgeführt. Auf die gleiche Weise konnten überlange Betriebszeiten entdeckt und ausgeschaltet werden.

Bedienter Betrieb	Bedienter Betrieb (außer bundesges. Feiertage)	Passive Rufbereitschaft	System-betriebs-zeit	Sicherungs-häufigkeit/ Woche	Initiale GB	Gebäude-trennung	SAPS	Verfüg-barkeit	Wartungs-zeit max.
7:00 – 20:00 Mo. – Fr.	x		24×7	5	200	nein	2000	95,0%	2×6 h = 1,67%
7:00 – 20:00 Mo. – Fr.	x		24×7	1	400	nein	4000	95,0%	2×6 h
7:00 – 20:00 Mo. – Fr. 08.00 – 16.00 Sa	x		24×7	6	400	ja	4000	99,5%	2×6 h
7:00 – 20:00 Mo. – Fr.	x		24×7	5	200	nein	1000	95,0%	2×6 h
7:00 – 20:00 Mo. – Fr.	x		24×7	1	1000	nein	3000	95,0%	2×6 h
7:00 – 20:00 Mo. – Fr.	x		24×7	6	1000	ja	6000	99,5%	2×6 h
7:00 – 20:00 Mo. – Fr.	x		24×7	5	500	nein	5000	95,0%	2×6 h
7:00 – 20:00 Mo. – Fr.	x		24×7	1	1000	nein	30000	95,0%	2×6 h
7:00 – 20:00 Mo. – Fr.	x		24×7	5	1000	ja	30000	98,5%	2×6 h

Abb. 6–5 *Service-Level-Vergleich*

Bei der Beantwortung der dritten Frage war es zielführend, Verweisen zu folgen. Nach dem Auffinden der Pönalenregelung musste lediglich den zugehörigen Verweisen gefolgt werden. In diesem Fall stand im SLA:

Service-Level-Agreement

[…] bei Nichteinhaltung der Service-Levels kann der Auftraggeber, wie in Anhang 3.x beschrieben, […] die Pönale geltend machen.

Da diese Formulierung nicht ausreichte, wurde dem Verweis auf Anhang 3.x gefolgt.

Anhang 3.x (Servicebeschreibung)

Keine definierte Verfügbarkeit und keine Pönalenregelung

Nachdem der Anhang 3.x keine weitere Regelung enthielt, wurden alle anderen Dokumente durchsucht. Erfolg versprechend war der Anhang 11 mit einer Leistungsgarantie.

Anhang 11 (Leistungsgarantie)

Bei Verstößen gegen die Leistungsgarantie beträgt die Pönale bis maximal 25% der jeweiligen monatlichen Vergütung.

Am Schluss dieser Untersuchung war deutlich, dass das Thema Verfügbarkeit und Pönale neu verhandelt und beschrieben werden musste.

Praxishinweis

Service-Level-Manager sollten immer explizit die Pönalenregelung recherchieren und auch die zugehörige Verfügbarkeitsbeschreibung und -definition prüfen.

6.1.3 Definition lückenloser Kennzahlen

Im hier herausgegriffenen Projekt sollten Desktop-Dienste wie Arbeitsplätze, Drucker und einige unternehmenskritische Anwendungen in einer Ausschreibung formuliert werden. Ziel war es, eine einheitliche und nicht interpretierbare Ausschreibung aufzusetzen, die für alle potenziellen Anbieter eine klare Kalkulationsbasis darstellen sollte (s. Abb. 6–6).

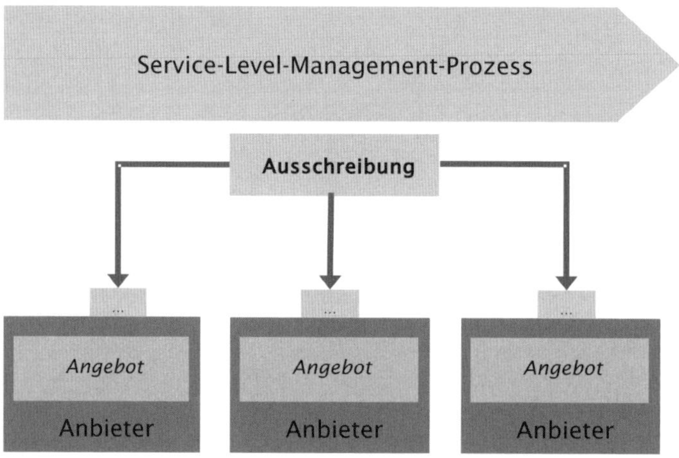

Abb. 6–6 *Wertebereiche*

Von besonderer Bedeutung waren die Service-Levels. Deren Definition sollte präzise ausgelegt sein. Also wurden die Wertebereiche sehr genau abgesteckt.

Im Folgenden sind Wertebereiche ausgewählt, die auf ihre Lücken hin untersucht wurden (s. Abb. 6–7).

Verfügbarkeit des IT-Service: 99,8% pro Monat	
Verfügbarkeit	**Pönale**
99,8% > Verfügbarkeit ≥ 99,4%	5%
99,4% > Verfügbarkeit ≥ 98-9%	10%
98-9% > Verfügbarkeit ≥ 97-7%	15%

Abb. 6–7 *Verfügbarkeitswertebereiche*

Da nur Größer-Zeichen verwendet werden und kein Gleichheitszeichen, entsteht bei exakt dem Verfügbarkeitswert eine Lücke und es ist nicht entscheidbar, welche Pönale, die höhere oder die niedrigere, angewendet werden darf. Hierfür mussten Gleichheitszeichen eingesetzt werden. Weiterhin existiert eine Definitionslücke beim Wert 97,7%. Denn der Wertebereich unter 97,7% ist nicht definiert. Dies wurde korrigiert, indem der Wert 97,7% gelöscht und ab einer Verfügbarkeitsabsenkung unter 98,9% eine Pönale von 15% erhoben wurde. Die

Untersuchung weiterer Service-Levels zeigte ebenfalls Definitionslücken. Abbildung 6–8 beispielsweise definiert Ausfallklassen.

	Ausfallklasse 1	Ausfallklasse 2
Definition	betriebsverhindernde Fehler (sehr hohe Priorität)	erheblich betriebsverhindernde Fehler (hohe Priorität)
Reaktionszeit	innerhalb von 24 Std.	angemessene Frist
Verfügbarkeit	99,95%	99,7%

Abb. 6–8 *Unpassend kombinierte Werte*

Zum einen sind die Ausfallklassen in ihrer Beschreibung falsch, denn erheblich betriebsverhindernde Fehler sind niedriger priorisiert als betriebsverhindernde Fehler. Dieser Sachverhalt wird u.a. durch die Reaktionszeit weiter verzerrt. Zu vollkommener Unverständlichkeit wurde an die Ausfallklassen die Verfügbarkeit gekoppelt (s. Abb. 6–9). Dieser Fehler war irreparabel, und die Verfügbarkeit musste von den Ausfallklassen entkoppelt beschrieben werden. Einen weiteren Grund zur Anmerkung lieferte die Wiederherstellungszeit.

Wiederherstellzeit	< 2 Stunden	Akzeptierte Einschränkung während Wiederherstellung: ▪ 50% höhere Antwortzeit ▪ Betrieb ohne Redundanz

Abb. 6–9 *Unzureichende Zusätze für Wertebereiche*

Die Wiederherstellungszeit ist zwar korrekt definiert, aber die akzeptierte Einschränkung ist verwirrend. Denn wenn das IT-System ausfällt, sind keine Einschränkungen sinnvoll. Es handelt sich bereits um einen Totalausfall.

Anders war die Servicezeit definiert. Sie wurde pauschalisiert als Rund-um-die-Uhr-Betrieb. Somit sind beispielsweise Wartungszeiten nicht vorgesehen. Entscheidend war eine buchbare Rufbereitschaft (s. Abb. 6–10).

Servicezeit	7×24 Std.	Rufbereitschaft außerhalb der Servicezeit

Abb. 6–10 *Widersprüchliche Zusätze für Wertebereiche*

Ein Rund-um-die-Uhr-Betrieb macht eine Option wie »Rufbereitschaft außerhalb der Servicezeit« überflüssig.

6.1.4 Wiederherstellungszeit

Bei diesem Projekt war die Wiederherstellung eines IT-Service entscheidend. Dieser kritische Punkt war durch Definitionen beschrieben worden. Abbildung 6–11 zeigt den Incident-(und Change-)Management-Prozess zur Störungsbearbeitung. Aus diesem sollte die Wiederherstellungszeit abgeleitet werden.

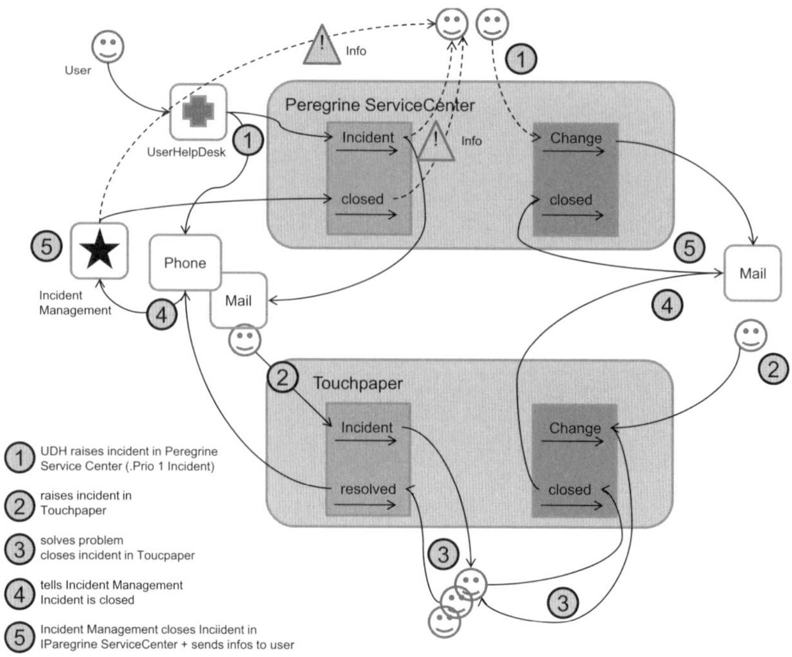

Abb. 6–11 *Wiederherstellungszeit*

Bereits aus der Grafik lässt sich schließen, dass es keine definierten Messpunkte gibt. Im weiteren Verlauf der Analyse zeigte sich, dass es zu der Prozessbeschreibung Definitionen gab, aus denen sich die Wiederherstellungszeit zusammensetzt. Diese Kennzahlendefinitionen waren über mehrere Anlagen verteilt und mussten harmonisiert werden.

In Abbildung 6–12 sind die Kennzahlendefinitionen visualisiert. Die Kennzahlen sind am unteren Ende der Abbildung aufgetragen. Jede Zeile für Reaktionszeit und z.B. Lösungszeit stellt das Set aus einem Dokument dar. Im oberen Teil der Abbildung sind die in den Definitionen genannten Messpunkte aufgetragen.

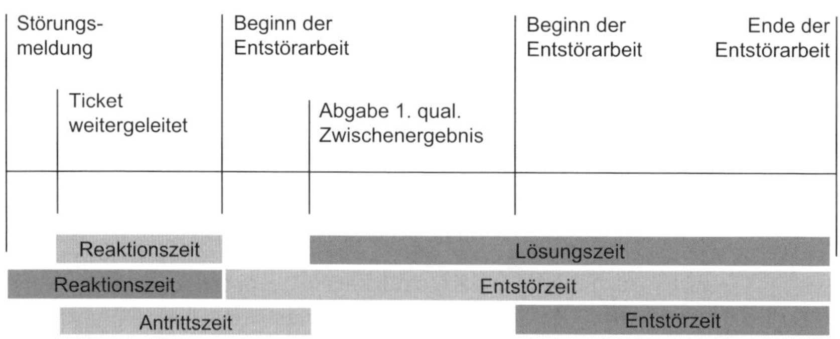

Abb. 6–12 *Unterschiedliche Definitionen*

Was war passiert? In jedem Fachbereich existierten unterschiedliche Definitionen für Störungskennzahlen. Die Unterschiede lagen in den Messpunkten und Begriffen.

Die Visualisierung der Kennzahlendefinitionen zeigte deren Zusammenhänge und Widersprüche auf. Somit war es möglich, die überdeckenden und lückenhaften Definitionen zu erfassen und an deren Korrektur zu arbeiten.

6.2 Betrieb

6.2.1 Dauerhafte Leistungsabweichung

In diesem Szenario stand die Digitalisierung von Dokumenten im Mittelpunkt. Dabei wurde der unternehmenskritische Geschäftsprozess teilweise ausgelagert. Entstandene Verträge mit Endverbrauchern wurden in allen Filialen zusammengetragen und zu einem Dienstleister gebracht, der diese Dokumente einscannte, prüfte und an einem Übergabepunkt an den Servicenehmer bereitstellte (s. Abb. 6–13).

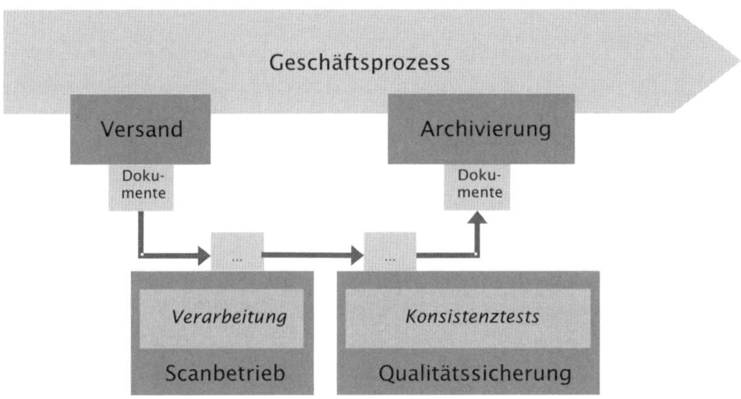

Abb. 6–13 *Leistungsabweichung*

Die Herausforderung lag in der Festlegung der Pönale an haltbaren Punkten im Prozess. Es wurden die eingescannten Dokumente als 100 % angenommen und eine Art Verfügbarkeit von 98 % definiert. Nachdem für potenzielle Qualitätseinbußen im laufenden Betrieb Messkriterien festgelegt waren, wurden die Pönale formuliert.

Die Pönalenregelung lautete:

- Nach x schadhaften eingescannten Dokumenten erfolgt eine Abmahnung.
- Nach 2 Abmahnungen erfolgt die Pönale pro Tag.

Nachdem diese Pönalenregelung ausformuliert war, lag die Aufgabe des Service-Level-Managers darin, die laufende Kontrolle bei Verletzungen durchzuführen, um rechtzeitig die Abmahnungen versenden zu können. Insbesondere musste er sich für den jeweiligen Monat merken, wie viele Abmahnungen erteilt wurden. Im Projektverlauf wurde in einem Monat eine erhöhte Ausfallquote gezählt (s. Abb. 6–14). Der unten stehende Kalender zeigt, an welchen Tagen es zu einem Ausfall kam und wie gravierend dieser war.

Tag	Avail
So	
Mo	96,7
Di	100
Mi	100
Do	100
Fr	61,7
Sa	

Tag	Avail
So	
Mo	100
Di	100
Mi	100
Do	100
Fr	39,9
Sa	

Tag	Avail
So	
Mo	49,4
Di	52,4
Mi	55,5
Do	59,3
Fr	52,3
Sa	

Tag	Avail
So	100
Mo	46,2
Di	46,8
Mi	43,8
Do	100
Fr	82,5
Sa	

Abb. 6–14 *Ausfälle pro Monat*

Die bestehende Pönalenregelung war zu schwach, um häufig aufeinander folgende Ausfälle mit den Auswirkungen auf das Geschäft in Übereinstimmung zu bringen. Trotz eines fast zweiwöchigen Unterschreitens der Service-Levels konnten nur drei Pönale geltend gemacht werden.

Die neue Pönalenregelung lautete:

- Nach x schadhaften Dokumenten wird ohne Abmahnung eine Pönale pro Tag gefordert.

Die Erkenntnis aus diesem Szenario war, dass bei Pönalenregelungen keine Abläufe eingebaut werden sollten, da sich dies im laufenden Betrieb häufig als zu aufwendig erweist oder sich bei Sonderfällen als nicht haltbar herausstellt.

6.2.2 Klare Regelung der Zuständigkeiten

Nach der Übernahme eines Unternehmens durch einen Konzern wurden die Prozesse abgestimmt. Beide Unternehmen arbeiteten die besten Prozesse heraus. Dabei wurde ersichtlich, dass die SLAs aus Deutschland geeigneter erschienen als die bestehenden SLAs aus dem englischsprachigen Raum. Daher fiel die Entscheidung für eine Übersetzung von deutschen SLAs in englische SLAs. Im Projekt wurde dies operativ durch die fachlichen Mitarbeiter eingeleitet (s. Abb. 6–15). Das Fachpersonal übernahm die Übersetzung und reichte anschließend die jeweiligen SLAs an das Übersetzungsbüro für den Feinschliff ein.

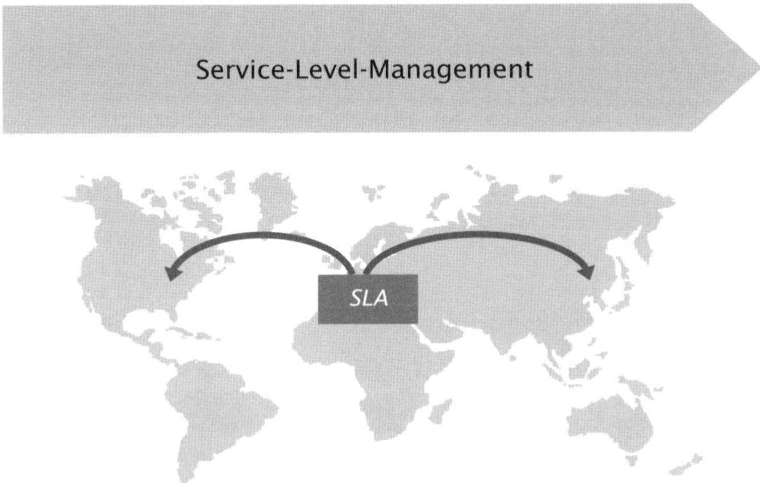

Abb. 6–15 *Zuständigkeiten*

Dabei wurde die in ITIL V3 definierte RACI-Matrix bei der Übersetzung ins Englische verwendet. Die vorliegenden deutschen Zuständigkeitsmatrizen definierten die Punkte:

- E=Entscheidung
- D=Durchführung
- M=Mitwirkung
- I=Information

Abbildung 6–16 zeigt, wie die Übersetzung vorgenommen wurde.

Zuständigkeitsmatrix **E = Entscheidung, D = Durchführung, M = Mitwirkung, I = Information**	**AG**	**AN**
Root-Cause Analysis	I, M	E, D
Server-Reboot	E	D

Responsibilities **R = Responsible, A = Accountable, C = Cooperation, I = Information**	**Customer**	**Contractor**
Root-Cause Analysis	I, C	R, A
Server-Reboot	R	A

Abb. 6–16 *Übersetzungsfehler*

Nachdem die SLAs im Übersetzungsbüro ankamen, waren die Zuständigkeiten bereits nach RACI transformiert. Da das Übersetzungsbüro auf Juristen-Englisch spezialisiert war, nicht jedoch über ITIL-Kenntnisse verfügte, wurden die Textpassagen verbessert, so auch die Stichwörter aus den Matrizen. Die Zuständigkeiten blieben unverändert.

Bei der Übersetzung wurde das 1:1-Prinzip verwendet. Aus »Entscheidung« wurde »responsible« und alle folgenden Zuständigkeiten wurden nach diesem Ersetzungsmuster transformiert (s. Abb. 6–17).

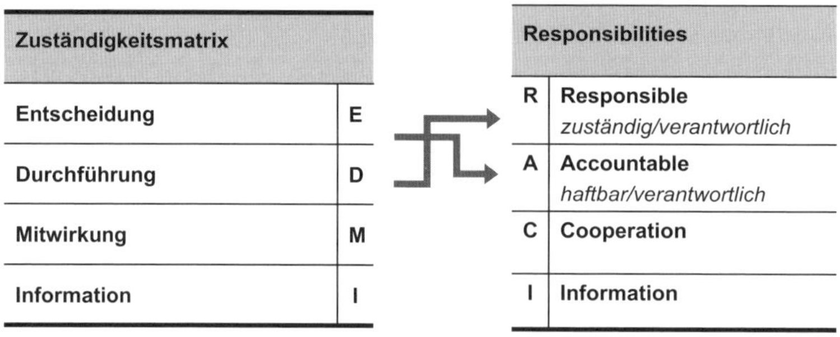

Abb. 6–17 *Vertauschte Verantwortlichkeiten*

Da sich die Systematik der Zuständigkeitsmatrizen von der RACI-Matrix unterscheidet, kam es zur entscheidenden Verwechslung im Englischen. Da »responsible« und »accountable« im Deutschen synonym »verantwortlich« bedeuten, »responsible« aber in der Übersetzung den Mitarbeitern geläufiger ist, kam es zur Vertauschung der Zuständigkeiten und damit auch der Serviceerbringung. Dies ist bei RACI-Matrizen deutlich zu unterscheiden. Hier muss die Bedeutung der Begriffe eindeutig geklärt sein, um Missverständnisse zu vermeiden. Darüber hinaus wurden nach dieser Erkenntnis auch in den deutschen SLAs Änderungen vorgenommen. Denn die Entscheidungsberechtigung ist oft nicht ausreichend, deshalb sind E, D, M, I zu schwach. Das Modell V, D, M, I ist stärker (V = Verantwortung, Rest analog). Die juristische Unsicherheit ergibt sich im Schadensfall. Bei Weisungsübertretungen seitens des Dienstleisters existiert keine Handhabe, wenn die Verantwortung nicht aus der Zuständigkeitsmatrix hervorgeht. Entscheiden können prinzipiell viele Beteiligte. Verantwortlich gemacht werden können nur dedizierte Einheiten. Darauf ist im Speziellen zu achten.

6.2.3 Abstimmung des Service-Level-Agreement-Ansatzes auf den Service-Level-Management-Prozess

In diesem Projekt wurde bei der Ersteinführung von SLAs der Wartbarkeit von SLAs eine eher geringe Bedeutung beigemessen. Da es Wechselwirkungen zwischen dem SLM-Prozess und seinen SLAs gibt und diese viel stärker sind, als von den Projektleitern angenommen, musste im Projekt optimiert werden. Bei den einzelnen SLAs wurde deutlich, dass einige SLAs nicht zum bestehenden Ablaufverständnis des SLM-Prozesses passten. Damit wurde ersichtlich, dass das Erstellen von SLAs ohne Betrachtung des Prozesses später zu deutlichen Einschränkungen führt. Die SLAs waren als Module aufgebaut. Zu einem Hauptdokument, das nur sehr rudimentäre Aspekte beschrieb, waren sechs eigenständige Module definiert. Ähnlich wie im modularen SLA-Ansatz hatten die Module viele SLA-Werte mehrfach definiert. Abbildung 6–18 veranschaulicht dies.

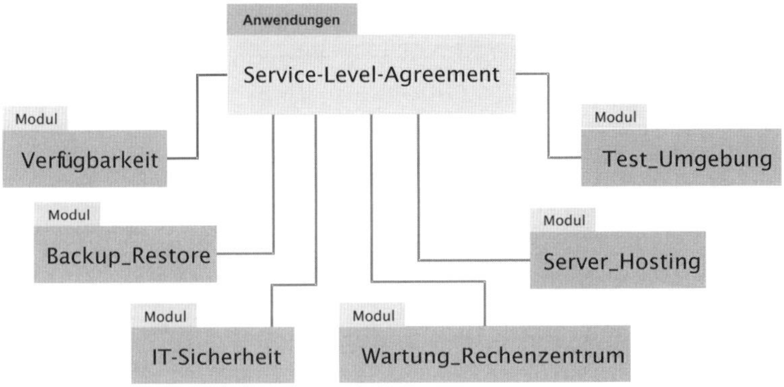

Abb. 6–18 *SLA-Ansatz*

Die Herausforderung lag darin, dass das SLM an dem definierten SLM-Prozess entlang die SLAs mit dem Servicenehmer abstimmte. Dieser Prozess hatte im Kern einen Engpass. Der SLM-Prozess war so konzipiert, dass er für alle Module alle Beteiligten einbezog (s. Abb. 6–19).

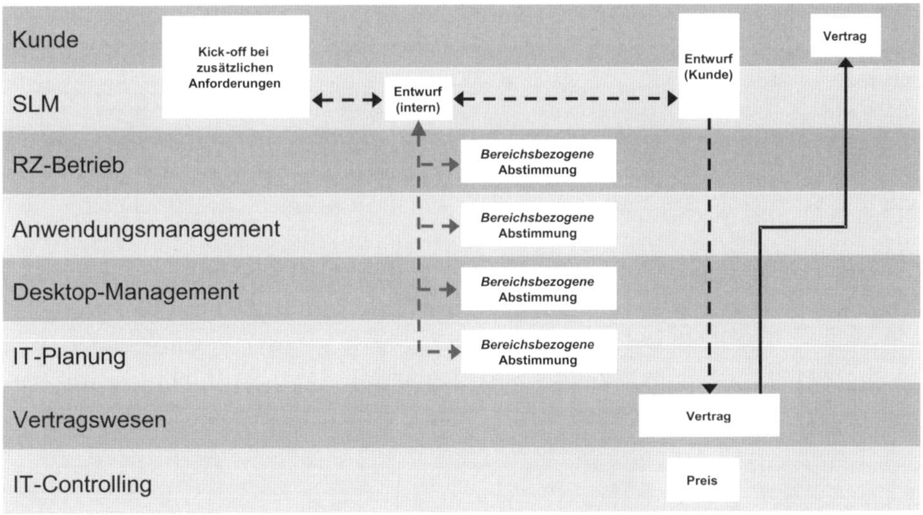

Abb. 6–19 *SLM-Prozess*

Der reale Ablauf sah so aus, dass der Service-Level-Manager nach den Anforderungen des Servicenehmers die SLA-Dokumente anpasste und anschließend zur Abstimmung an alle internen Kollegen per E-Mail versandte. Dieses Vorgehen hatte zur Folge, dass jeder Beteiligte alles lesen und bewerten musste. Somit bekam der Service-Level-Manager seine Antwort sehr verspätet oder nur unter Ausübung hohen Drucks. Insbesondere hervorzuheben ist, dass die Kollegen auch juristische Formulierungen mit bewertet hatten und es dabei zu Kompetenzüberschneidungen kam bzw. die Kollegen sich nicht für zuständig hielten. Zur Lösung dieses Problems wurde der SLA-Ansatz an den Prozess angepasst (s. Abb. 6–20). Dabei wurde der Master-SLA-Ansatz gewählt und die abzustimmenden Inhalte auf die Entscheidergruppe hin zugeschnitten.

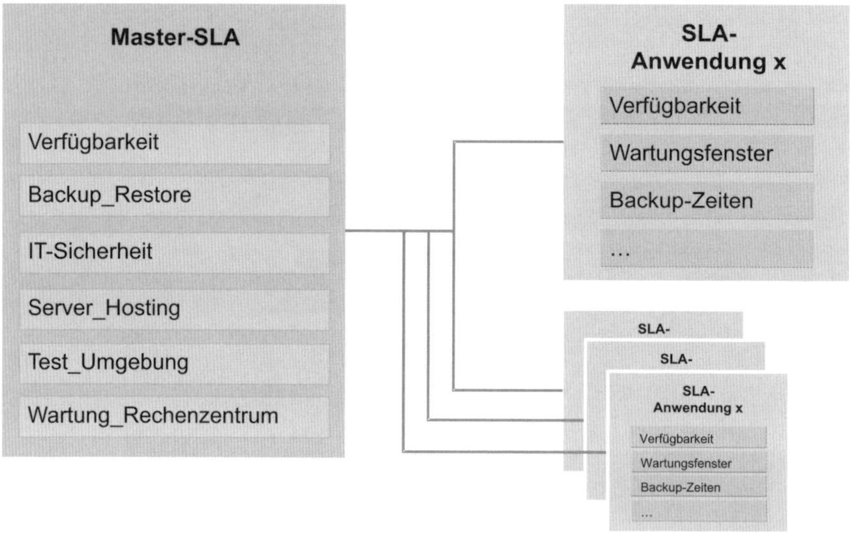

Abb. 6–20 *Neuer SLA-Ansatz*

Erst die Trennung von Regelungen und Werten konnte den erwünschten Effekt herstellen, dass sich die Kollegen über das SLA, das nur noch prinzipielle Abläufe wie z. B. Change-Management enthielt, einmal abstimmen. Anschließend galten diese Abläufe als festgelegt und wurden in einem jährlichen Zyklus angepasst. Die spezifischen Service-Levels wurden in den Service-Fact-Sheets geregelt. Hier waren die Kollegen auf »vertrautem Gebiet« und konnten kompetent entscheiden, welche Werte für welchen IT-Service realistisch waren. Als Ergebnis wurde ein bislang angewandter 2- bis 3-Monatszyklus zur Abstimmung auf ein 30-minütiges Interview optimiert.

6.3 Zusammenfassung

Die genannten Stolpersteine sollen dem Service-Level-Manager zeigen, dass die meisten Probleme durch die Zusammenarbeit mit anderen Abteilungen entstehen. Immer dann, wenn der Service-Level-Manager Informationen zugeliefert bekommt, sollte er äußerste Vorsicht walten lassen. Denn die Fehlerwahrscheinlichkeit steigt, wenn mehrere Textbausteine zusammengesetzt werden. Dann kommen schnell Unstimmigkeiten zustande, die, wenn es sich um gewichtige Projekte handelt, so schnell nicht mehr herauszufinden sind. Der Service-Level-Manager ist hier aufgefordert, eine leitende Rolle zu übernehmen, um sein Unternehmen und damit auch sich geschlossen und strukturiert gegenüber dem Servicenehmer präsentieren zu können. Denn die Fehler, die der Servicenehmer wahrnimmt, werden nach innen, also in die innere Organisation des Dienstleisters, übertragen. Dies führt häufig dazu, dass ein konstruktives Miteinander schnell in ein »von oben herab«-Verhältnis wechselt. Der Service-Level-Manager kann anschließend auch bei der Schadensbegrenzung nur bedingt dem entgegenwirken. Je nach Fehlermenge werden die Servicenehmer bei jedem weiteren Satz nachfragen, ob dieser auch so richtig ist. Im schlimmsten Fall wendet der Servicenehmer die Formulierungen konsequent gegen den Dienstleister an. Die Aufgabe des Service-Level-Managers ist es, derartige Situationen zu vermeiden.

Praxishinweise

- **Prüfungen**:
  Einfache Prüfungen sind im SLM von zentraler Bedeutung, denn gerade fehlerhafte Details wie z.B. nicht übereinstimmende Service-Levels können große Auswirkungen haben.
- **Arbeitskette**:
  Speziell im Rahmen der Erstellung von SLAs, bei denen mehrere Autoren tätig sind, sollte der Service-Level-Manager eine eigene Endredaktion am SLA vornehmen, um sich über dessen Korrektheit sicher zu sein.
- **Auslagerungsbeginn**:
  Operative Rollen, die zu Beginn das SLA als nicht wichtig einschätzen, sind im späteren operativen Geschäft oft diejenigen, die auf Vereinbarungen besonderen Wert legen. Deshalb ist immer ein belastbares SLA unter Einbindung gerade dieser Personengruppen zu erstellen.

7 Interviews und Fallbeispiel

In diesem Abschnitt werden Interviews mit Service-Level-Managern vorgestellt. Sie wurden dazu befragt, wie sie die Zukunft des SLM und der SLAs sehen und deren Weiterentwicklung einschätzen. Den Schluss des Kapitels bildet ein Fallbeispiel. Darin sind die gestellten Anforderungen und die erreichten Ziele sowie die Umsetzung mithilfe des SOUSIS-Modells beschrieben.

7.1 Interviews mit Service-Level-Managern über die Zukunft

In einer Befragung von Service-Level-Managern und leitenden Angestellten aus Konzernen äußerten die Interviewpartner ihre Meinungen über die Zukunft des Service-Level-Managements.

7.1.1 American Express

Frau Kathrin Herbst, Service-Level-Managerin

Kathrin Herbst ist Service-Level-Managerin in einem internationalen Team. Sie steuert und leitet Projekte im Bereich SLM für die Company Nordics/Germany von American Express. Sie hat seit 10 Jahren Erfahrung mit IT-Projekten und ist seit 5 Jahren auf SLM spezialisiert.

Was ist Ihr prägendes Erlebnis im SLM?

Herbst: Theorie und Praxis sind oft weit voneinander entfernt. Was in der Theorie logisch erscheint, kann in der Praxis oftmals nicht umgesetzt werden. Ferner sind die wechselseitigen Erwartungen von Management, Betriebsrat und SLM schwer in Übereinstimmung zu bringen. Vorgenanntes gilt insbesondere bei Implementierung neuer Funktionalitäten.

Welchen SLA-Stil präferieren Sie bei SLAs?

Herbst: Alle Betroffenen (Kundeneinkauf, Kundenmitarbeiter und Callcenter) sollten frühzeitig in die Erstellung eingebunden werden, um Erwartungen realistisch zu halten.

Worin sehen Sie zukünftig die inhaltliche Weiterentwicklung im SLM?

Herbst: Steuerung und Optimierung der gesamten Prozesskette von Forecasting bis Reporting. Standortübergreifendes Management durch technische Tools (z.B. Videoüberwachung, Remote-Monitoring).

Worin sehen Sie den Bedarf von Funktionen in SLM-Werkzeugen für die Zukunft?

Herbst: Bevor neue Features eingeführt werden, sollte erst mal die 100%ige Interaktion von Telefonanlage und Managementsoftware sichergestellt werden.

Welche Rolle sollte der Service-Level-Manager zukünftig einnehmen?

Herbst: Der Service-Level-Manager sollte für die Verzahnung der oftmals noch getrennten Funktionsbereiche IT, Telefonie und Callcenterführung (HR) verantwortlich sein und insofern über Beratungs- und Kontrollaufgaben hinaus auch echte Weisungsrechte haben. Dies beinhaltet insbesondere die Führungsrolle bei allen SDN-Projekten.

Welche Trends im SLM/SLA-Umfeld sehen Sie?

Herbst: Die Trends zu globaler Virtualisierung sowie zu Gate- und Skill-Consolidation.

7.1.2 Coca Cola

Frau Blanka Liebmann, Service-Level-Managerin

Frau Blanka Liebmann ist seit 2004 im Bereich Business Solutions bei Coca-Cola tätig. Als zertifizierte Service-Managerin und ITIL Expert trägt sie die Verantwortung für das Service-Level-Management bei Coca-Cola in Deutschland.

Was ist Ihr prägendes Erlebnis im SLM?

Liebmann: Gerade in den Anfängen bei der Einführung des Prozesses ist mir aufgefallen, wie schwierig es eigentlich ist, als prozessdenkender Mensch anderen Menschen eine prozessorientierte Sichtweise zu präsentieren bzw. die Menschen den Service nicht als ein System oder eine Applikation sehen zu lassen. Wenn man dies erst geschafft hat, stellen die Optimierung und Weiterentwicklung des Prozesses kein Problem mehr da.

Aber es ist immer wieder spannend, die Sichtweisen der Servicenehmer und der IT zusammenzubringen, ein einheitliches Verständnis zu schaffen und damit am Ende ein ausgewogenes Verhältnis aus Effizienz und Effektivität zu haben. Es ist eine Kür, die man zu erbringen hat, die aus vielfältigen »Lektionen« besteht.

Welchen SLA-Stil präferieren Sie bei SLAs?

Liebmann: Wichtig ist eine klare und pragmatische Strukturierung, die für beide Seiten, den Servicenehmer und den Dienstleistern, transparent ist. Es ist darauf zu achten, dass man schnell die wesentlichen Inhalte erkennt bzw. findet. Zu den wesentlichen Inhalten zähle ich eine Kurzbeschreibung des Service, die Zuständigkeiten und Mitwirkungspflichten, die Service-Levels und eine Eskalationsmatrix. Eine ausführliche Beschreibung des Service sollte man in den Anhang legen, um das Dokument nicht zu sehr aufzublähen.

Worin sehen Sie zukünftig die inhaltliche Weiterentwicklung im SLM?

Liebmann: Aufgrund der Schnittstelle zwischen Business und IT ist man jetzt schon in vielen Punkten der erste Ansprechpartner, wie z.B. bei der Optimierung von Support- und Betriebsprozessen. Auch dürfen hier die Aspekte hin zum Supplier-Management nicht außer Acht gelassen werden. Aus meiner Sicht ist eine Trennung dieser beiden Prozesse (SLM und Supplier-Management) weiterhin wenig praktikabel, da externe Supplier teilweise oder ganz die Support- und Betriebsprozesse übernehmen.

Aus diesen Gründen erlebe ich eine Entwicklung des SLM hin zum Service-Management. Diese Position bzw. Rolle sollte daher im Unternehmen weiter gestärkt und ausgebaut werden.

Worin sehen Sie den Bedarf von Funktionen in SLM-Werkzeugen für die Zukunft?

Liebmann: Eine wirkliche Erleichterung wäre die Abbildung der Services inkl. ihrer Service-Levels, ihrer Schnittstellen und Abhängigkeiten. Eine übersichtliche Darstellung der unterschiedlichen Vertragsarten (SLA/OLA/UC) und ihrer Abhängigkeiten auf einen Service gesehen konnte bisher nicht gelöst werden. Sprich, es sollte erkennbar sein, ob bei Änderung der Service-Levels (Serviceziele) im SLA, das OLA oder der UC angepasst werden muss.

Welche Rolle sollte der Service-Level-Manager zukünftig einnehmen?

Liebmann: Diesen Punkt kann ich nur mit Punkt 3 stark in Verbindung bringen. Das heißt, die Funktionen Service-Level-Manager und Service-Manager verschmelzen. Denn der Service-Level-Manager hat aufgrund seiner vorliegenden Informationen einen sehr guten Überblick über die Services. Aus dieser Situation heraus entstanden bereits einige Coaching-Ansätze anderer Kollegen und Prozessmanager. Dies wird sich auch in der Zukunft weiter fort- und durchsetzen.

Welche Trends im SLM/SLA-Umfeld sehen Sie?

Liebmann: Auch im Umfeld SLM sehe ich Dinge wie Automatisierung und Standardisierung mit großen Schritten auf uns zukommen. Ein wichtiges Augenmerk lege ich dabei auf das standardisierte und automatisierte Messen und Reporten von Prozessen und Services.

7.1.3 Continental

Herr Oliver Lindner, Leiter RZ und Service-Level-Manager

Nach der mittlerweile vierten Implementierung eines Servicekatalogs im Umfeld eines global Players (SiemensVDO, Siemens Servicenehmer, Continental Servicenehmer), den dazugehörigen Verträgen (SLA/OLA/UC), Anbindung externer Firmen (Supplier-Management) und dem verbundenen Finance-Management (Accounting, Charging, Budgeting) ist Herr Lindner mittlerweile seit fast neun Jahren im IT-Service-Management tätig. Über die Prozesse wie SLM oder Service-Catalogue-Management hat er auch viele Erfahrungen bei der Auswahl von ITSM-Werkzeugen gesammelt (BMC, HP BTO) und die Organisation über Jahre bei den Veränderungen, die ein solch prozessorientierter Weg mit sich bringt, begleitet.

Was ist Ihr prägendes Erlebnis im SLM?

Lindner: Die immer wiederkehrende Erfahrung ist, das dieses Thema häufig aus reiner Kostensicht getrieben wird und vom Aufwand und Umfang unterschätzt wird. Das ist schade, weil oft viele Potenziale ungenutzt bleiben. Auch der anschließende Betrieb stellt sich häufig als Herausforderung dar, wenn man zum einen nach dem richtigen Service-Level-Manager sucht (Sozial-, Verhandlungs- und Verkaufskompetenz echt größer als ITIL-Wissen) und zum anderen nach seinen Servicenehmern bzw. Servicenehmervertretern, die oft Mangelware sind.

Welchen SLA-Stil präferieren Sie bei SLAs?

Lindner: KISS – Keep it simple & stupid. Ein faktenbasierendes SLA, das in Kundensprache ein Kommunikationspapier darstellt (bei einer IT im Innenverhältnis) und die Rechte, Pflichten und Kommunikationswege für Servicenehmer und Dienstleister klärt, damit jede Partei weiß, was sie von der anderen zu erwarten hat und was nicht. Ich bin für SLAs, die so kurz wie möglich sind, da meine Erfahrungen mit Dokumenten größer 50 Seiten eher schlechter Natur sind und zur Überbürokratisierung führen. Je besser das Business-Partner-Verhältnis (Vertrauen, Konfliktfähigkeit, Streitkultur, Respekt), desto weniger Seiten benötigt ein SLA.

Worin sehen Sie zukünftig die inhaltliche Weiterentwicklung im SLM?

Lindner: Die Themen Vertrieb und Marketing müssen in Zukunft mehr Bedeutung bekommen (siehe auch CRM).

Worin sehen Sie den Bedarf von Funktionen in SLM-Werkzeugen für die Zukunft?

Lindner: Eine BI (Business Intelligence)-Integration für einen Servicekatalog ist aus meiner Sicht mit den nötigen Formaten zum Export unumgänglich für die Zukunft. Eine Versionierung (Baselines) sowie eine Archivierung mit den nötigen Schnittstellen in existierenden ITSM-Suites ist ein Muss (e.g. Change-Management).

Welche Rolle sollte der Service-Level-Manager zukünftig einnehmen?

Lindner: Ich sehe eine engere Verbindung von Demand-, Service-Level- und Supplier-Manager. Diese drei Rollen sollte aus meiner Sicht eine Person wahrnehmen, da diese Prozesse sehr eng zusammenliegen und durch eine Trennung ein erhöhter Abstimmungsbedarf mit den damit verbundenen Gefahren besteht.

Darüber hinaus sehe ich völlig neue Ausbildungswege in diese Richtung, um auch den Vertrieb und das Marketing der IT in diese Rollen zu geben und somit die Außenwahrnehmung zu stärken. Heute nehmen aus meiner Sicht zu viele »ITler, ITIL-Experten und Techniker« diese Rolle ein, was oft der Sache aufgrund von Silodenken, fehlendem Business-Verständnis und nicht existierender systemischer Sicht wenig zuträglich ist.

Welche Trends im SLM/SLA-Umfeld sehen Sie?

Lindner: Ich sehe den Trend, dass im SLM-Umfeld das Ende-zu-Ende-Monitoring immer mehr Einzug hält, was die tatsächliche Bewertung der Services in Realtime zulässt. Auch die Einbeziehung der Configuration-Items, die zum jeweiligen Service gehören, bzw. deren Qualität (System-Monitoring) wird immer mehr berücksichtigt im Kontext des SLM, als Teilaspekt von Availability-Management. Was SLAs angeht, so entwickelt sich der Servicekatalog zu einem BI-System. Je Zielgruppe (Finance-Management, Customer, Operation, Service-Desk, Service-Level-Manager, Demand-Manager, Topmanagement, CSI etc.) müssen die jeweiligen Informationen zusammengestellt werden, ähnlich einer Zeitung nach dem Vorbild von my Amazon.

7.1.4 Otto Group

Herr Roy Wismann, Leiter RZ und Service-Level-Manager

Als Verantwortlicher für die Einführung von IT-Service-Management-Prozessen in eine IT-Organisation von ca. 600 IT-Mitarbeitern konnte Herr Wismann umfangreiche Erfahrungen zum SLM sammeln. Als besonders spannend stellten sich die Reaktionen der Organisation auf die Herausforderungen des SLM heraus.

Was ist Ihr prägendes Erlebnis im SLM?

Wismann: Die Organisation muss eine gewisse Reife im Bewusstsein gegenüber den IT- Service-Management-Prozessen erreicht haben, bevor ein Verständnis und aktive Mitarbeit im SLM erwartet werden kann. Die Bedenken und Vorbehalte, in einem SLA Verpflichtungen gegenüber einem Servicenehmer einzugehen, sind anfänglich enorm. Dies ist umso erstaunlicher, da ein sauber formuliertes SLA und die Messung der vereinbarten Service-Levels zu einem definierten und gemeinsamen Verständnis über den zu erbringenden Service führen. Bisher war ich der Meinung, dass vor dem SLM erst die zugrunde liegenden Supportprozesse (wie primär das Incident-, Asset- und Config- sowie das Change-Management) etabliert sein sollten. Diese Überzeugung hat sich jedoch gewandelt. Ich bin überzeugt, dass die Einführung des SLM mit entsprechender Unterstützung des IT-Managements erst das Bewusstsein für die Notwendigkeit gut funktionierender Supportprozesse initiiert und prägt.

Welchen SLA-Stil präferieren Sie bei SLAs?

Wismann: An dieser Stelle möchte auf den Umfang eines SLA bzw. des in ihm beschriebenen Service eingehen. Die Mindestgröße eines IT-Service ergibt sich aus dem Nutzen, den der Servicenehmer als Ganzes wahrnimmt. IT-Services, die allein keinen Nutzen für Servicenehmer bzw. Konsumenten ergeben, müssen zu nutzbringenden Einheiten zusammengefasst werden. Dies kann dazu führen, dass der Nachweis der Serviceerbringung auf Basis der Service-Level-Messung verschiedener Systeme erfolgt. Dementsprechend kann eine Aufteilung des IT-Service in entsprechende Bestandteile für die SLA-Inhalte, die Leistungskennzahlen und das Berichtswesen notwendig sein.

Worin sehen Sie zukünftig die inhaltliche Weiterentwicklung im SLM?

Wismann: Die Abbildung des SLM in Kombination mit dem Service-Catalogue-Management in der Service-Design-Phase der ITIL V3 stellt für mich die maximale Ausbaustufe dar.

Es wird für die komplexen Strukturen der IT-Organisationen und des SLM eine entsprechende theoretische Basis benötigt. Diese darf jedoch nicht zu akademisch ausfallen und muss für die IT-Organisation möglichst schlank und praktikabel bleiben.

Aus diesem Grund erwarte ich keine weitere Aufgliederung der Prozesse, Prozessrollen und Kataloge.

Worin sehen Sie den Bedarf von Funktionen in SLM-Werkzeugen für die Zukunft?

Wismann: Es genügt nicht, die Implementierung des SLM in einem Tool durch den Verweis auf extern abgelegte Verträge zu realisieren und einzelne Parameter abzubilden (z.B. Support-Level: Gold, Silber, Bronze; Kosten als einzelnes Feld). SLM-Werkzeuge müssen die Bestandteile eines Servicebaums (an der Serviceerbringung beteiligte Komponenten) sowie vorhandene IT-interne Vereinbarungen (OLA, UC) mit entsprechender Vererbung von Service-Levels abbilden können. Die Anbindungen bzw. Integration des SLA-Reportings sowie das reibungslose Zusammenspiel mit den »normalen« Office-Komponenten sind weitere wichtige Kriterien. Es werden sich webbasierte, schlanke, performante und leicht anzupassende SLM-Werkzeuge mit kleinen Lücken gegenüber den hochkomplexen, unübersichtlichen Fat-Client-Systemen durchsetzen.

Welche Rolle sollte der Service-Level-Manager zukünftig einnehmen?

Wismann: Ich sehe zwei mögliche Entwicklungen für die Rolle des Service-Level-Managers:

- Einerseits erwarte ich, dass die Rolle des Service-Level-Managers und der Key-Account-Manager sich weiter annähern und in einer gemeinsamen Rolle aufgehen werden. Hier liegt die Schnittstelle zwischen Servicenehmer und Dienstleister, hier können die Bedürfnisse des Servicenehmers am besten aufgenommen werden. Als Schnittstelle mit Know-how beider Seiten liegt hier die Verantwortung zur Sicherstellung einer hohen Servicenehmerzufriedenheit. In großen Organisationen sind durchaus mehrere Service-Level-Manager notwendig, die in enger Abstimmung zusammenarbeiten müssen, um zwischen Servicenehmern und Dienstleistern einheitliche Services zu etablieren.
- Andererseits wird dort, wo der Service-Level-Manager nicht die Verantwortung für die Serviceerbringung erhält, es also weiterhin Service-Manager oder Key-Account-Manager neben dem Service-Level-Manager gibt, dessen Einfluss in dem Maße schwinden, in dem die in der Verantwortung stehenden Rollen die SLM-Themen übernehmen. Je selbstverständlicher die Vereinbarung von SLAs wird, desto geringer ist der Bedarf eines Service-Level-Managers.

Welche Trends im SLM/SLA-Umfeld sehen Sie?

Wismann: Als Triebfeder für die Definition von Services und die Vereinbarung von SLAs entwickelt sich besonders bei internen Dienstleistern zunehmend das IT-Controlling durch die damit einhergehende Kostentransparenz und das auf diese Weise manifestierte Verhältnis zwischen Servicenehmer und Dienstleister. Die auch zur Steigerung der Kostentransparenz abzubildenden Teilservices werden als Modellierungsgrundlage für Services weiter ausgebaut. Durch eine Tool-Unterstützung wird die Modellierung von Services in einem gesamten Servicebaum ermöglicht. Woraus sich einfachere Kostenermittlungs- und Verrechnungsmöglichkeiten ergeben.

7.1.5 Vodafone

Herr Roland Schaubeck, Expert-Service-Level-Manager

Roland Schaubeck ist Expert-Service-Level-Manager bei Vodafone Deutschland. Bereits seit 2002 befasst sich Herr Schaubeck mit dem Thema Service-Level-Management und ist seitdem Ansprechpartner für alle Fragen rund um das Thema IT-Service-Management des Bereichs IT-Operation. Seine Erfahrungen reichen u.a. vom Design über die Implementierung des Service-Level-Management-Prozesses bis zur Vereinbarung und Überwachung von SLAs, Initiierung und Durchführung von Service-Review-Meetings, der Konzeption und Umset-

zung eines IT-Performance- und Verfügbarkeitsmessverfahrens aus End-to-End-Sicht sowie der Leitung übergreifender Projekte und Taskforces zur Verbesserung der IT-Services gegenüber internen und externen Servicenehmern. Auch die Organisation und Leitung von Workshops, Präsentation von Fachvorträgen zum Thema IT-Service-Management und die erfolgreiche Begleitung von Kollegen durch Schulungsmaßnahmen (Zertifizierungen) gehören in seinen Verantwortungsbereich.

Was ist Ihr prägendes Erlebnis im SLM?

Schaubeck: Durch die Einführung eines Service-Level-Managements und die damit einhergehende Etablierung einer »Servicekultur« gelingt es, die Verfügbarkeiten signifikant zu erhöhen. Eine wichtige Voraussetzung dazu ist die frühzeitige Einbindung des Topmanagements. Ohne eine klare Unterstützung/Sponsoring des Managements inkl. einer effektiven Kommunikation mit dem Ziel, die notwendige Aufmerksamkeit und Akzeptanz zu schaffen, entstehen die positiven Effekte des SLM nicht. Alle Beteiligten sind im Vorfeld ausreichend zu informieren, um rechtzeitig ein unternehmensweites positives Klima der gegenseitigen Wertschätzung und Vertrauen zu etablieren.

Welchen SLA-Stil präferieren Sie bei SLAs?

Schaubeck: Im dynamischen und serviceunspezifischen IT- und Business-Umfeld wird keine Präferenz auf einen expliziten SLA-Stil gelegt, da das SLA von der Komplexität der Services (einzelner Service oder Serviceportfolio) und der Servicenehmerstruktur abhängt. Das SLA muss in der Sprache des Servicenehmers verfasst werden, um für diesen nachvollziehbar zu sein. Dies gilt insbesondere auch für die in den SLAs festgelegten Messmethoden und den daraus resultierenden Reports (Performance- und Verfügbarkeitsreports). Allgemein ist darauf zu achten, dass die SLAs übersichtlich und strukturiert sind, um möglichst wenig Aufwand bei Aktualisierungen zu generieren und Doppelungen zu vermeiden.

Worin sehen Sie zukünftig die inhaltliche Weiterentwicklung im SLM?

Schaubeck: Insgesamt sehe ich die inhaltliche Weiterentwicklung für das Service-Level-Management in einem immer wichtiger werdenden Risikomanagement, das sehr effizient erfolgen muss. Der Service-Level-Manager muss für die Risikobewertung bei Änderungen von Services (einschließlich Aufnahme neuer Services oder deren Stilllegung) frühzeitig mit einbezogen werden. Dies ist derzeit in der Rolle noch nicht deutlich genug ausgeprägt und sollte zukünftig stärker berücksichtigt werden.

Worin sehen Sie den Bedarf von Funktionen in SLM-Werkzeugen für die Zukunft?

Schaubeck: Ein wichtiger Bestandteil ist die Integrierbarkeit von bereits vorhandenen Teillösungen. Ein anderer besteht aus der Standardisierung der Messverfahren durch die Übereinanderlegung von Incident-Daten aus Tickets, End-to-End-Messungen und Systemmonitoren. Erreicht werden muss eine Approximation und Normalisierung von Kennzahlen. Ein weiteres Ziel ist das Erkennen von Zusammenhängen/Abhängigkeiten zwischen verschiedenen Service-Level-Agreements.

Weiteres Verbesserungspotenzial für SLM-Werkzeuge sehe ich in den folgenden benötigten Funktionalitäten:

- Abbildung aller Parameter eines Vertrags
- Schnellere Entwicklung von Verträgen bzw. Ableitung aus Servicekatalogen
- Integration eines automatisierten Verfügbarkeitsreports auf Basis der SLAs (inkl. Wartungskalender, Servicezeiten, Störungszeiten, Changes)
- Vollständige Integration der CMDB, um die Auswirkungen von Changes auf die SLAs aufzuzeigen

Eine Unterstützung beim Design der Services wäre ein weiteres starkes Instrument im SLM-Werkzeug. Die schnellere Entwicklung von Services als Ableitung aus der Business-Sicht/-Anforderung nach dem Motto: »Oben Business-Anforderungen einkippen, unten fallen die notwendigen Services bzw. Servicebausteine raus.«

Welche Rolle sollte der Service-Level-Manager zukünftig einnehmen?

Schaubeck: Die Rolle sollte entsprechend mit dem notwendigen Empowerment ausgestattet werden, wie es in ITIL V3 gefordert bzw. definiert wird; nicht mehr und nicht weniger. Insgesamt sehe ich den zukünftigen Service-Level-Manager noch stärker in einer zentralen Rolle, da er die Kontaktstelle zwischen dem Servicenehmer/Business und der IT darstellt.

Welche Trends im SLM/SLA-Umfeld sehen Sie?

Schaubeck: Die Ausrichtung des IT-Service-Managements muss businessorientiert sein. Das Service-Management ist der strategische Partner des Business. Dieses bedarf in der Regel die Etablierung einer neuen Servicekultur. Das Service-Level-Management steht ständig vor der Herausforderung, sich den neuen Anforderungen und Veränderungen schneller anzupassen als der Wettbewerb. Die Prozesse müssen deshalb einfach und flexibel sein, um diesem gerecht zu werden. Es wird entscheidend sein, Veränderungen des Business zu antizipieren, um die Prozesse und Organisationsstruktur darauf vorzubereiten. Das SLM steuert für den Erfolg des Unternehmens einen effizienten und messbaren Wertbeitrag bei. Ein entscheidender Faktor ist dabei die Geschwindigkeit, mit der ein Service in der geforderten Qualität bereitgestellt wird.

7.1.6 OTRS

Herr Oliver Marson, Service-Level-Manager

Als Service-Manager, Key-Account-Manager und heute Senior-Service-Manger verfügt Oliver Marson seit mehr als zehn Jahren über fundierte Erfahrungen im Bereich SLM sowohl aus Dienstleister- als auch aus Servicenehmersicht.

Was ist Ihr prägendes Erlebnis im SLM?

Marson: In der Realität wird der SLM-Prozess vorwiegend auf die Erstellung und das Management von SLAs reduziert. Diese SLAs dienen dann hauptsächlich der Bemessung vertraglicher Vereinbarungen, weniger den laufenden Verbesserungen der erbrachten Services. Zunehmend wächst das Verständnis für den Mehrwert eines umfassenden Servicekatalogs und für innerbetriebliche Vereinbarungen (OLAs), deren Umsetzung oft an fehlenden »Druckmitteln« scheitert. Servicenehmerzufriedenheit bleibt das Stiefkind. Die Abstimmung mit den Bedarfen des Business ist kaum möglich, ja sogar selten erwünscht.

Welchen SLA-Stil präferieren Sie bei SLAs?

Marson: Um zu verhindern, dass SLAs ausschließlich zur Absicherung vertraglicher Vereinbarungen verstanden werden, hat sich das Herauslösen von SLAs aus dem Vertrag zwischen Dienstleister und Servicenehmer bewährt. Best Practices aus dem Projektmanagement aufgreifend, bevorzuge ich eine Definition der SLAs nach SMART-Kriterien (Specific, Measurable, Achievable, Realistic, Timely), wobei ich Timely als Gültigkeitszeitraum annehme. Vereinbart man verhältnismäßig kurze Gültigkeiten, erhöht man die Wahrscheinlichkeit, dass beide Parteien die SLAs regelmäßig auf Sinnhaftigkeit prüfen und neu vereinbaren.

Worin sehen Sie zukünftig die inhaltliche Weiterentwicklung im SLM?

Marson: Persönlich sehe ich eine Rückführung der Vereinbarungen mit externen Service-Providern (UCs) in den Prozess SLM. Schnittstellen zu etablieren, wo Prozesse fließend ineinander übergreifen, erscheint kaum zielführend. Die Rolle des Dolmetschers zwischen Business und IT sollte deutlicher ausgearbeitet werden.

Worin sehen Sie den Bedarf von Funktionen in SLM-Werkzeugen für die Zukunft?

Marson: Essenziell ist die Integration in ein CMS. Nur so können alle Abhängigkeiten bewertet und valide Ableitungen für den kontinuierlichen Verbesserungsprozess getroffen werden. Die Automatisierung von Auswertungen und das Bereitstellen aussagekräftiger Reports sollten dabei selbstverständlich sein.

Welche Rolle sollte der Service-Level-Manager zukünftig einnehmen?

Marson: Die Rolle des Service-Level-Managers sollte, um der Rolle des Dolmetschers UND Mediators gerecht zu werden, aus der Linienorganisation herausgelöst werden und ggf. als Stabsstelle etabliert werden – unabhängige SLM-(Beratungs-)Unternehmen werden eine mögliche Ausprägung.

Welche Trends im SLM/SLA-Umfeld sehen Sie?

Marson: Aufgaben des SLM-Prozesses werden beginnend mit den SLAs zunehmend vereinheitlicht und automatisiert. Die Unterstützung durch Tools wird dabei zur Pflicht – Benchmarking zur Kür. Der Weg von der Personen- zur Unternehmenszertifizierung ist durch die ISO 20000 bereits geöffnet. Eine Spezialisierung vom generalistischen Service-Manager zum Service-Level-Manager erscheint dabei unabdingbar.

7.2 Fallbeispiel: Neustrukturierung bei einem Dienstleister eines Finanzinstituts

Das hier beschriebene Fallbeispiel soll die Anwendung der vorgestellten Konzepte praxisnah aufzeigen. Im Rahmen einer Neuorganisation eines Rechenzentrums sind viele Teilbereiche ausgelagert worden. Eine vollständige Auslagerung erfahren Serversysteme, eine teilweise Auslagerung von Applikationen wird laufend vorgenommen und zyklisch immer wieder neu ausgeschrieben. Zusätzliche IT-Services wie Service-Desk-Betrieb und Netze werden von externen Zulieferern bezogen, für deren Leistungen jährlich Reviews oder Ausschreibungen stattfinden. Das Gesamtszenario ist in Abbildung 7–1 dargestellt.

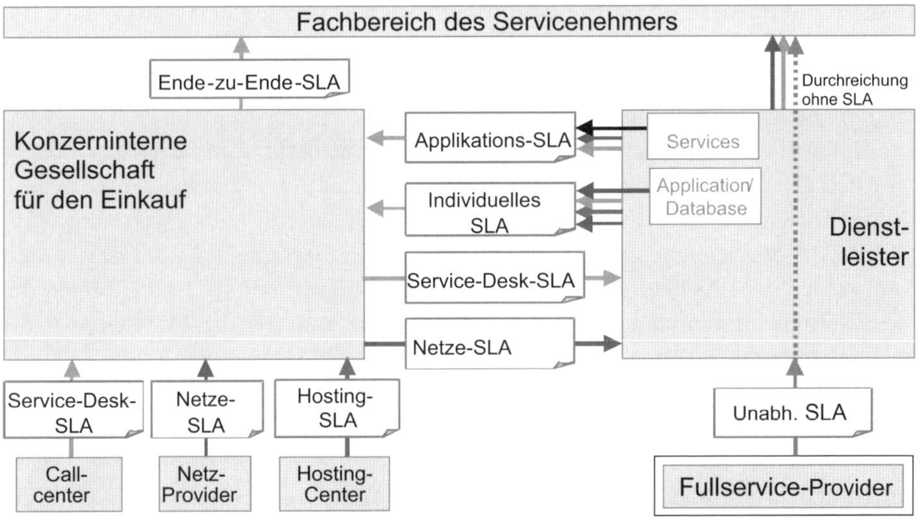

Abb. 7–1 *Existierendes SLA-Vertragsszenario*

Eine konzerninterne Gesellschaft dient als Ein- und Verkäufer für IT-Services. Für die Bereiche Service-Desk und Hosting werden diese IT-Services unveredelt an den Kunden weitergegeben. Das Netz-SLA wird um Sicherheitsleistungen angereichert und via Serviceaufträge an den Dienstleister weiterverkauft. Der Dienstleister bezieht von der konzerninternen Gesellschaft Leistungen, veredelt diese und stellt sie über die konzerninterne Gesellschaft den Fachbereichen des Servicenehmers bereit. Dennoch werden für diese IT-Services zwei SLAs (z.B. Applikations-SLA, Ende-zu-Ende-SLA) abgeschlossen. Weiterhin werden vom Dienstleister Leistungen externer Full-Service-Provider eingekauft und an die Fachbereiche weiterverkauft, ohne dass weitere SLAs existieren. Auf dieses Szenario sind die oben entstandenen Konzepte angewendet. Erforderlich wurde eine grundlegende Analyse der SLAs und der Service-Levels. Die Formalisierung der SLA-Dokumente ermöglichte eine Systematisierung des existierenden Vertragsszenarios. Das Vorgehen zeigte, dass ein planbares SLM durch die systematische Implementierung von Prozessen und Konzepten entsteht. Der Abbildung auf Werkzeuge wird hier ebenfalls Rechnung getragen.

In der Analysephase wird das Szenario untersucht, um die neuralgischen Punkte herauszustellen. Die Serviceaufträge sind nicht aufeinander angepasst. Die daraus resultierenden Divergenzen erschweren bei der Vertragsgestaltung, -abstimmung und -kontrolle die Kommunikation zwischen allen Akteuren. Vor allem die Vertragskontrolle erweist sich als relevant, da bei einem Vertragsbruch ein Sanktionssystem angewendet werden kann. Auch die Abrechnung der IT-Services ist an Vertragskontrollen gebunden, vor allem dann, wenn die Verrechnung der IT-Services von Zielerreichungswerten (Performance) abhängt. Eine weitere Herausforderung besteht beim Vergleichen unterschiedlich konzipierter Service-Levels. Da der Vertragsinhalt zwischen den verschiedenen Vertragsparteien auf keiner standardisierten Systematik aufbaut und die einzelnen IT-Services nicht einheitlich definiert sind, ist eine Gegenüberstellung zwischen einzelnen Unternehmensbereichen und mit externen Partnern nur bedingt möglich. Abbildung 7–2 zeigt die neuralgischen Punkte ganzheitlich auf.

Das Auffinden, Gestalten und Abstimmen von nicht standardisierten SLAs erfordert für die Servicenehmer und die Dienstleister einen großen Zeitaufwand. Da der Entwurf neuer SLAs durch keine einheitlichen Templates unterstützt wird, müssen die Servicenehmer ihre übertragenen oder bezogenen IT-Services durch Kennzahlen in SLAs genau definieren und sich mit einzelnen Fachabteilungen des Dienstleisters abstimmen. Auf der anderen Seite müssen die Dienstleister die Richtigkeit und die Integrierbarkeit der geforderten SLAs prüfen. Mit anderen Worten bedeutet dies, dass die Gestaltung, Steuerung und Kontrolle vorhandener bzw. neuer Kernleistungen nicht zentral geregelt sind und der SLA-Entwurf der Verantwortung einzelner Fachabteilungen des Servicenehmers obliegt. Des Weiteren ist ersichtlich, dass in den Betriebshandbüchern im Bereich »Service-Level« auf den Bereich »technische Konzepte« der jeweiligen Serviceaufträge verwiesen

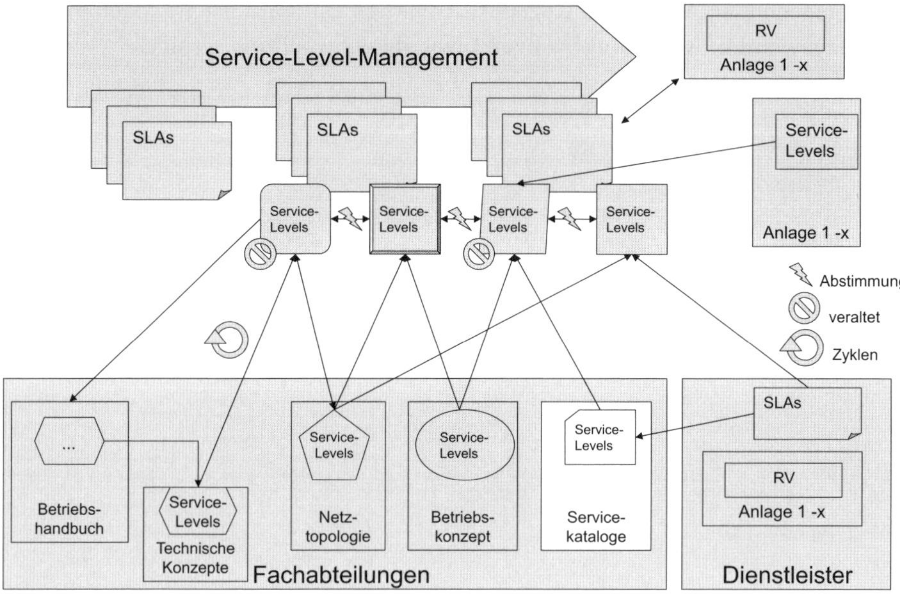

Abb. 7–2 *Szenario*

wird. Doch die einzelnen Service-Levels in den Serviceaufträgen verweisen wiederum auf die Betriebshandbücher. Der dadurch entstandene Zyklus erschwert das SLM vor allem dann, wenn IT-Services nicht eindeutig zugeordnet sind und für den Entwurf neuer Kernleistungen keine Maßstäbe existieren.

Die Problematik, die aus der bisherigen Betrachtung entsteht, ist die statische Vorgehensweise des SLM. Die SLM-Prozesse werden nicht durch ein dynamisches SLM unterstützt. Die nachfolgende Zusammenfassung der Untersuchungsergebnisse soll einen Überblick über alle kritischen Merkmale eines statischen SLM verschaffen.

Untersuchungsergebnisse

Die Serviceaufträge sind bedingt aufeinander angepasst. Bei Vertragsgestaltung, -abstimmung und -kontrolle wird die Kommunikation zwischen allen Akteuren erschwert. Die Verrechnung der IT-Services ist begrenzt durchführbar, da die Zielerreichungswerte (Performance) in den Vertragsvereinbarungen nicht adäquat bestimmt und definiert sind (erschwerte Vertragskontrollen). Eine Gegenüberstellung unterschiedlich konzipierter SLAs wird erschwert (zwischen einzelnen Unternehmensbereichen und mit externen Partnern). Das Auffinden und Abstimmen nicht standardisierter SLAs, wie in ISO 20000 vorgeschlagen, erfordert sowohl für die Servicenehmer als auch für die Dienstleister einen großen Zeitaufwand. Für das Entwerfen neuer IT-Services existieren keine Maßstäbe. Das SLM wird bei der Strukturierung von IT-Services durch nicht eindeutig zuordenbare IT-Services erschwert.

Nach eingehender Analyse des Szenarios werden die vorher entwickelten Konzepte angewendet. Abbildung 7–3 zeigt, wie die Anwendung erfolgt.

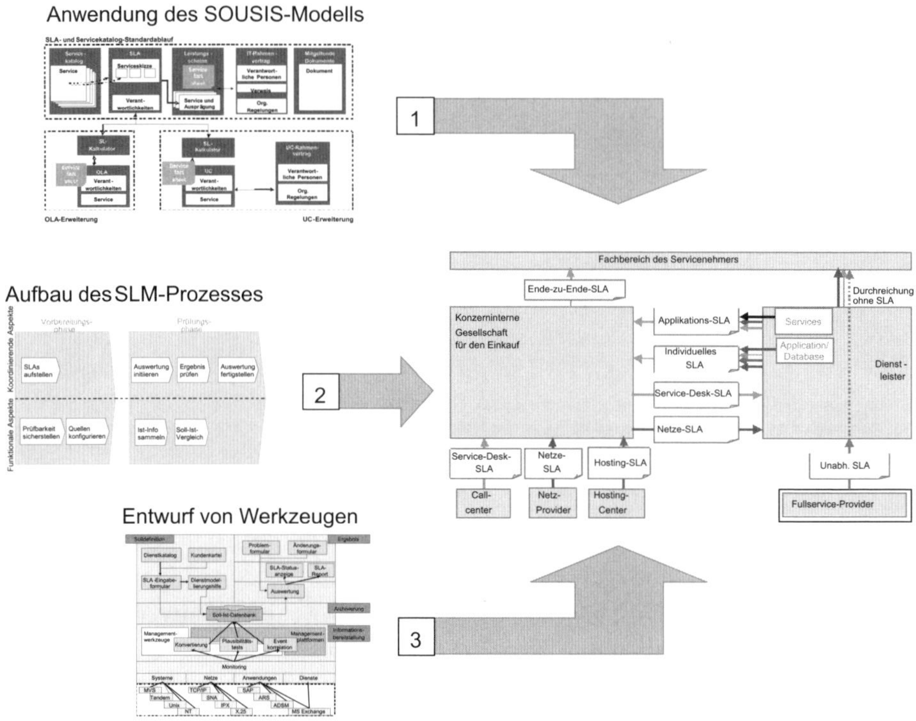

Abb. 7–3 *Anwendung der Konzepte*

- **Zu 1. Anwendung des SOUSIS-Modells** (s. Abschnitt 3.1)
  Bezogen auf das Szenario werden zwei Aspekte stark forciert: 1. Für das vorliegende Szenario wird eine Umstellung bestehender SLAs gemäß dem SOUSIS-Modell vorgenommen. Dabei werden die vorliegenden heterogen aufgebauten SLAs, die von unterschiedlichen Dienstleistern erstellt wurden, in das standardisierte Schema überführt. 2. Zukünftig werden für Vereinbarungen alle Festlegungen in einem Master-SLA-Dokument und die einzelnen IT-Services ausschließlich über Kennzahlen beschrieben, die in Form eines Service-Fact-Sheets und nicht mehr in Serviceaufträgen aufbereitet werden. Zur Anwendung kommt das UML-Modell zur Beschreibung von SLAs. Das Ergebnis wird in einer SLA-Map, wie im Werkzeugansatz vorgeschlagen, dargestellt. Auf diese Weise wird eine Formalisierung und Restrukturierung der bisherigen Leistungsbeziehungen vorgenommen (s. ISO 20000 SLA-Template).
- **Zu 2. Aufbau des SLM-Prozesses** (s. Abschnitt 2.4)
  Die Prozesse entstehen durch die Anwendung des Top-down-Ansatzes. Für dieses Szenario entstehen erstmalig konkrete Arbeitsabläufe und -anweisungen, die speziell auf das SLM ausgerichtet sind (s. ITIL V3).

- **Zu 3. Entwurf von Werkzeugen** (s. Abschnitt 5.2)
  In diesem Szenario ist die Vertragsverwaltung besonders wichtig. Aus der SLM-Werkbank heraus wird die SLM-Prozesssteuerung favorisiert. Mittels eines Werkzeugs (SLM-Cockpit) ist die SLM-Prozesssteuerung zur internen SLA-Verwaltung umgesetzt (s. CobiT). Auf eine unabhängige Prüfinstanz werden die Bereiche Monitoring und Reporting ausgelagert. Es wird die Einhaltung von SLAs durch eine unabhängige Prüfinstanz vorgenommen.

Systematisierung der SLAs und Leistungen

Zur Systematisierung der SLAs wurde ein Master-SLA (s. Abschnitt 3.4.1) entworfen, das sich in seiner Ausprägung an das entwickelte SOUSIS-Modell hält. Dieses Dokument ist in Abbildung 7–4 in der Mitte dargestellt. Des Weiteren wurden formatierte Service-Fact-Sheets mit statischen und Service-Fact-Sheets mit dynamischen Kennzahlen eingeführt. Dadurch konnten allgemeingültige Service-Levels beschrieben und speziell den jeweiligen IT-Services zugeordnet werden. Flankierend zu den formalisierten Service-Fact-Sheets kommen detaillierte Leistungsbeschreibungen hinzu. Diese enthalten unterschiedliche Punkte, die einen IT-Service beschreibend darstellen. Hierfür werden Systembilder verwendet oder auch Anwenderszenarien ausgeführt. Letztlich wurde neben der Normierung auch für die servicenehmerspezifischen Anforderungen eine Möglichkeit geschaffen, diese umzusetzen.

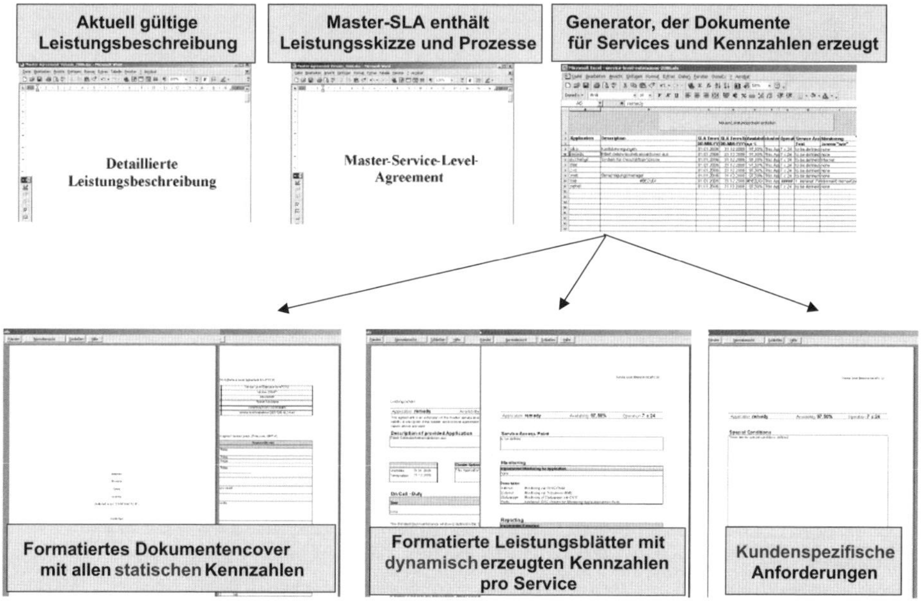

Abb. 7–4 *SLA-Konzept*

Das in der Abbildung 7–4 dargestellte SLA-Konzept stellt nun eine Umsetzung des SOUSIS-Modells dar. Die Umsetzung im Rahmen eines Outsourcing-Projekts hatte eine hohe Akzeptanz bei den Anwendern zur Folge. Es wurden dabei 120 IT-Services nach diesem Konzept aufgenommen und zu einem SLA hinzugefügt. Weitere 200 IT-Services befinden sich aktuell (im Jahr 2010) in der Bestandsaufnahme und werden künftig wie oben dargestellt dokumentiert.

Normierung des SLA-Vertragsszenarios

Nach der Analyse erfolgte der Entwurf einer SLA-Map, die das bestehende Szenario restrukturiert. Dies geschah unter Berücksichtigung wirtschaftlicher und rechtlicher Rahmenbedingungen. Die normierten Verträge ließen sich in ein ganzheitliches, neues Bild überführen. Abbildung 7–5 zeigt, dass die IT-Services nun konsequent hierarchisch aufeinander aufbauen und keine Vor- und Zurückverrechnung stattfindet. Somit können die Service-Levels konsequent aufgerechnet werden, sodass ein einheitliches Monitoring und Reporting möglich ist. Im Zuge der Restrukturierung wurden Leistungen unterschiedlicher Dienstleister umgruppiert, wodurch eine transparente IT-Servicebeziehung ersichtlich wurde.

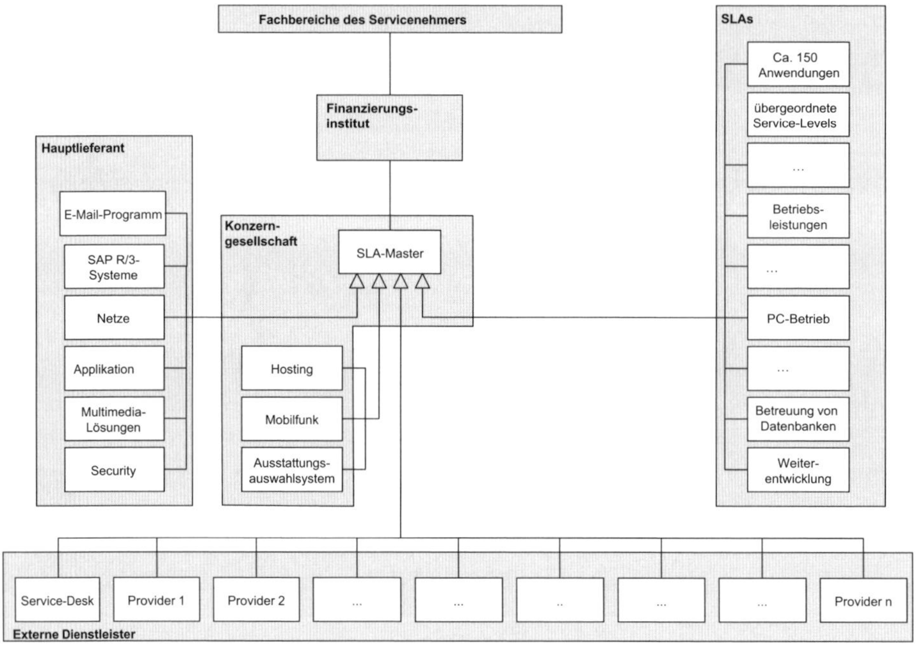

Abb. 7–5 *Normiertes SLA-Vertragsszenario eines Finanzinstituts*

Das zentrale Dokument ist das Master-SLA, das über allen anderen SLAs und IT-Services steht (s. ISO 20000 SLA-Template). Es integriert sämtliche Punkte und ermöglicht die Darstellung einer Ende-zu-Ende-Leistung für die Fachbereiche des

Servicenehmers. Das normierte SLA-Vertragsszenario wurde in der Organisation der Dienstleister aufgenommen. SLAs wurden in zeitnahen Abständen vorzeitig gekündigt, in der neuen Struktur vereinbart und unterschrieben.

Auslagerung der Ende-zu-Ende-Messung auf eine unabhängige Prüfinstanz

Das Monitoring der Applikationen etc. ist ebenfalls ausgelagert auf eine unabhängige Prüfinstanz, also ein unabhängiges Unternehmen, das diese Aufgabe übernimmt. So stellte der Dienstleister sicher, dass seine Servicenehmer sowie seine Drittdienstleister eine objektive Sicht auf Messdaten und Reports erhalten.

Das Spektrum der zu erbringenden Dienstleistungen der unabhängigen Prüfinstanz musste drei Punkte erfüllen:

- Beschreibung von IT-Services (s. Kap. 3),
- IT-Mess- und Reporting-Konzept (s. Kap. 4) und
- ein geeignetes Prüfinstrument (s. Abschnitt 5.2.2).

Abbildung 7–6 zeigt auf, wie diese Konstellation in der Praxis umgesetzt wurde.

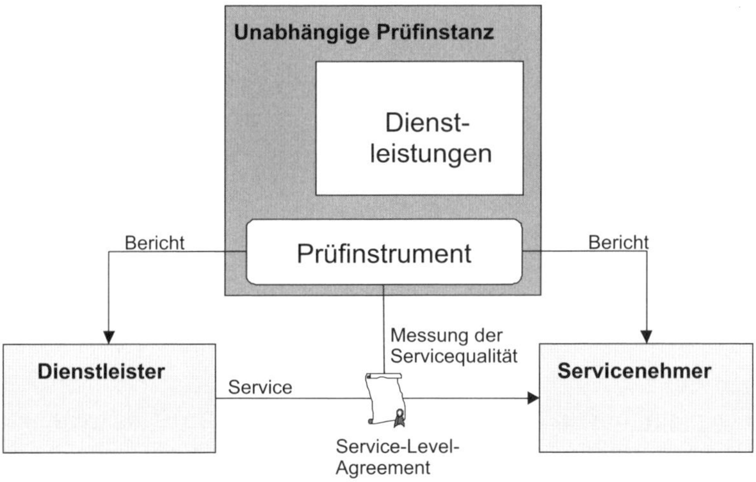

Abb. 7–6 *Unabhängige Prüfinstanz*

Die größte Herausforderung war es, die Unabhängigkeit der Prüfinstanz zu gewährleisten, denn sie wurde vom Dienstleister vorgeschlagen. Aus der daraus resultierenden Beauftragungssituation wurde klar, dass die Unabhängigkeit per se nicht gegeben sein kann. Die erste Idee, dass der Dienstleister die unabhängige Prüfinstanz beauftragt und die Kosten zu 50 % an den Servicenehmer weiterleitet, wurde bereits zu Beginn verworfen, da dies laut Meinung aller Beteiligten zwar die Kosten gleichmäßig aufteilt, aber die Abhängigkeit zwischen dem Dienstleister und der Prüfinstanz nicht auflöst. Die zweite Variante, dass die unabhängige

Prüfinstanz vom Servicenehmer zu jeweils zur Hälfte zwischen den beiden Parteien aufgeteilten Kosten beauftragt wird, ist nicht realisiert worden, da der Dienstleister durch gleichgelagerte Fragen bei allen seinen Servicenehmern prinzipiell deutlich mehr Prüfungen in Auftrag geben und damit Rabatte bzw. Kostenvorteile erzielen kann.

Ein direktes Gespräch zwischen allen drei Beteiligten war erforderlich. Hierin wurde die Situation diskutiert und die erste Idee wieder aufgegriffen, um eine aufwendige Bürokratie zu vermeiden. Anschließend wurde der unabhängigen Prüfinstanz zugestimmt unter der Auflage, dass entdeckte Manipulationen am Prüfinstrument eine signifikant hohe Pönale für die Prüfinstanz zur Folge haben. Die Auflage im Wortlaut:

> *»Der Dienstleister und der Servicenehmer setzen zur Überwachung der vom Dienstleister erbrachten IT-Services eine unabhängige Prüfinstanz ein. Die Kosten werden von beiden Vertragsparteien getragen. Die unabhängige Prüfinstanz wird vom Dienstleister beauftragt, unter der Auflage, dass das SLA zwischen dem Dienstleister und der unabhängigen Prüfinstanz eine Pönale im Wert von 30% des Gesamtauftragswerts enthält. Die Pönale wird über alle Dienstleistungen der unabhängigen Prüfinstanz ausgesprochen, wenn Manipulationen durch die unabhängige Prüfinstanz zugunsten des Dienstleisters oder des Servicenehmers nachgewiesen werden können.«*

Diese Formulierung wurde im SLA zwischen dem Dienstleister und Servicenehmer aufgenommen.

Fazit

Es haben sich die Strukturen Master-SLA und Service-Fact-Sheet bewährt. Im Master-SLA sind allgemein beschreibende Aspekte, im Service-Fact-Sheet spezifische Parameter behandelt. Im IT-Betrieb wurde somit ein spezifischer Betriebsstandard geprägt, um die Erstellung und Verwaltung von SLAs weiter zu vereinfachen. Die Strukturen wurden auf 150 Service-Fact-Sheets angewandt, ferner wurden heterogene SLAs weiterer 10 Zulieferbetriebe restrukturiert. Aktuell werden beim Dienstleister weitere 200 IT-Services von Servicenehmern nach diesem Verfahren inventarisiert. Im SLM-Cockpit sind bereits 120 IT-Services integriert und werden laufend von fünf Fachabteilungen verwaltet und geprüft. Das bisherige Arbeitsaufkommen mit den Serviceaufträgen hat sich um ca. 80% reduziert und erzeugt Arbeit für ca. 1 – 2 Personentage pro Monat, um diesen Umfang kontinuierlich nachhalten zu können.

7.3 Praxislösungen zum Benchmark

Der SLM-Benchmark dient dem Service-Level-Manager als Grundlage zur Überprüfung, inwieweit SLAs und der SLM-Prozess an marktübliche Standards ausgerichtet sind. Kein SLA gleicht dem anderen, da sich die Rahmenbedingungen von SLA zu SLA immer anders gestalten. Deshalb orientiert sich der Benchmark nicht an diesen Punkten. Vielmehr werden die neuralgischen Punkte (Verweise, Auslegung von Definitionen, Formeln, Einheiten, Abhängigkeiten, Zuständigkeiten und Geltungsreihenfolge) für SLAs herausgearbeitet, um sie miteinander vergleichen zu können. Es gilt grundsätzlich, dass Prozesse schwer vergleichbar sind, denn jedes Unternehmen handelt anders. Auch die Fähigkeiten des Service-Level-Managers entscheiden über die Ausprägung des Prozesses. Um Prozesse daher vergleichbar machen zu können, müssen auch hier die für einen sinnvollen Vergleich wesentlichen Punkte (Aktualität von Service-Levels, Vergleichbarkeit von Mitwirkungspflichten zwischen SLAs, Leistungsüberblick über vereinbarte Services, Abstimmung zwischen SLM und beteiligten ITIL-Prozessen) ausgearbeitet werden. Dabei ist anhand von Aspekten wie beispielsweise der Abstimmung zwischen den Prozessen leicht zu sehen, worauf der Benchmark abzielt, nämlich auf einen reibungslosen Ablauf zwischen den Beteiligten.

Die folgenden Fragen stehen dem Service-Level-Manager zur Beurteilung der Gesamtsituation zur Verfügung.

7.3.1 Benchmarks zu Service-Level-Agreements

Im Folgenden werden die Benchmark-Punkte zu SLAs aufgezeigt:

(I) Verweisezyklen
Wie kann kontrolliert auf Kennzahlen verwiesen werden?
Beispiel: Sind in einem SLA die Service-Levels nicht eindeutig festgelegt, sondern nur verwiesen, so ist besondere Vorsicht geboten. Denn wenn dies in mehreren Dokumenten so gehandhabt wird, kann es zu Zyklen kommen, sodass das SLA auf ein Dokument verweist, das diese Service-Levels beschreibt, dieses Dokument wiederum auf ein anderes Dokument verweist und schließlich der Verweis auf das SLA einen Ringschluss darstellt. Letztlich kann kein Service-Level festgelegt und somit geltend gemacht werden. In großen SLA-Strukturen kann dies auftreten, wenn sehr viele Dokumente zusammengestellt werden.
Bewertung ■ Kennzahlen sind zentralisiert und Hoheit der Kennzahlenführung besteht ■ Kennzahlen sind nicht zentralisiert und Hoheit der Kennzahlenführung besteht ■ Kennzahlen sind nicht zentralisiert und Hoheit der Kennzahlenführung besteht nicht ■ Kennzahlen sind zentralisiert und Hoheit der Kennzahlenführung besteht nicht

(II) Auslegung
Wie ist ein Schutz vor abweichender Auslegung von Kennzahlen möglich?
Beispiel: Jeder Ersteller oder Leser eines SLA versteht hinter bestimmten Begriffen wie z.B. Wiederanlaufzeit und Wiederherstellungszeit etwas Ähnliches, hat jedoch im Detail abweichende Vorstellungen. Häufig werden dann ähnliche Begriffe synonym verwendet und zum falschen Zeitpunkt als gleichwertig ausgelegt. Das genannte Beispiel verdeutlicht es sehr anschaulich. Bei der Wiederherstellungszeit ist häufig das IT-System gemeint, d.h., ein IT-System wird nach dem Ausfall neu gestartet und betriebsbereit gemeldet. Die Wiederanlaufzeit umfasst neben der Wiederherstellungszeit aber auch das Starten der auf dem IT-System laufenden Anwendungen, was bei der Wiedereinspielung von Daten in eine Datenbank zu signifikanten zeitlichen Abweichungen führen kann.
Bewertung ■ Normierte Definitionen liegen vor ■ Erste Definitionen liegen vor ■ Nicht definiert

(III) Formeln
Wie lässt sich eine exakte Verfügbarkeitsformel definieren?
Die Gesamtverfügbarkeit V wird pro Monat ermittelt und berechnet sich nach der Formel: $V = \frac{(T_{Monat} - T_{Wartungsfenster}) - T_{Nichtverfügbarkeit}}{(T_{Monat} - T_{Wartungsfenster})} \times 100$ ■ **T_{Monat} [Minuten]**: Der Zeitraum der Auswertung der Verfügbarkeit eines IT-Service pro Monat bezieht sich auf den Monat. ■ **$T_{Wartungsfenster}$ [Minuten]**: Zeitraum oder Zeiträume, in denen der IT-Service durch geplante und abgestimmte Wartungsarbeiten nicht bereitgestellt wird. ■ **$T_{Nichtverfügbarkeit}$ [Minuten]**: Zeitraum oder Zeiträume, in denen der IT-Service ungeplant nicht zur Verfügung steht. Die Gesamtausfallzeit berechnet sich aus der Summe der einzelnen Ausfälle. Folgende Ausfallzeiten sind *nicht* Gegenstand der Betrachtung: Wenn es sich um Ausfallzeiten aufgrund höherer Gewalt oder um nicht durch den Dienstleister zu vertretende Ausfallzeiten handelt, die von Fremdapplikationen, Firmware oder Hardware verursacht werden. Der Dienstleister muss hier nachweisen, dass auch das Ausbleiben einer Alternativmöglichkeit (Workaround) nicht von ihm zu vertreten ist.
Bewertung ■ Formel mit Ausfall-Eventualitäten und Wertungen definiert ■ Formel ohne weitere Spezifikationen definiert ■ Formel nicht explizit definiert

(IV) Einheiten
Welche Einheit ist die richtige zur Beschreibung einer Abweichung?
Erläuterung: Bei der Definition von Service-Levels kommt es immer wieder vor, dass Einheiten nicht vollständig genannt oder exakt definiert werden. Ein prominentes Beispiel ist die Verfügbarkeit von 99,5% ohne zeitlichen Zusatz. Es fehlt also der Bezugszeitraum. Ob er sich auf einen Monat, Quartal oder ein Jahr bezieht, ist unklar. Das macht jedoch einen signifikanten Unterschied. Denn während bei 99,5% pro Monat die Ausfallzeit bei ca. 3 Stunden und 20 Minuten liegt, beträgt die Jahres-Nichtverfügbarkeit ca. 40 Stunden. Werden solche Zusätze vergessen, kann es im Schadensfall zu willkürlichen Auslegungen kommen. Das zeigt sich dann, wenn beispielsweise immer ein Monatsreport geliefert wird, der Vertrag jedoch eigentlich auf Jahresverfügbarkeit hin ausgelegt wurde. Der Servicenehmer könnte nun subjektiv davon ausgehen, dass es sich um eine monatliche Verfügbarkeit handeln müsste. Ähnliches gilt auch für Wiederherstellungszeiten. Diese sind auf Stunden von Tagen oder Arbeitstagen hin einzugrenzen, damit keine Missverständnisse auftreten.
Bewertung ■ Alle Kennzahlen haben Bezugsgrößen ■ Einige Kennzahlen haben Bezugsgrößen ■ Uneinheitlich ausgeprägte Bezugsgrößen

(V) Abhängigkeiten
Wie lässt sich verhindern, dass Kennzahlen sich gegenseitig beeinflussen?
Erläuterung: Ein weiteres wichtiges Thema ist die wechselseitige Beeinflussung von Kennzahlen. Beispiel: Eine unendliche Antwortzeit bedeutet Nichtverfügbarkeit. Aber wie grenzt man dies ab? Ein weiteres Beispiel: Die Wiederherstellungszeit ist größer als der maximale Ausfall lt. definierter Verfügbarkeit. Hier gilt für das Benchmarking, dass eine Abstimmung erfolgt sein muss. Ähnliches gilt auch für die Servicezeiten, denn diese müssen mit den Wartungsfenstern oder anderen Betriebszeiten schlüssig abgestimmt und präzise formuliert sein.
Bewertung ■ Konkurrierende Service-Levels sind aufeinander abgestimmt ■ Konkurrierende Service-Levels sind nicht aufeinander abgestimmt ■ Konkurrierende Service-Levels existieren nicht

(VI) Zuständigkeiten
Wie lassen sich ungeregelte Zuständigkeiten erkennen?
Erläuterung: Da der Servicenehmer oft ebenfalls über ein stark ausgeprägtes IT-Know-how verfügt, entsteht eine kooperative Zusammenarbeit. Daraus resultiert, dass sich beide Seiten genau überlegen müssen, wie die Zuständigkeiten bei Betrieb, Security etc. geregelt sein müssen. Der Service-Level-Manager benötigt ein klares Bild, um sich den Leistungsübergabepunkt zu verdeutlichen. Über grafische oder tabellarische Elemente lässt sich dies aufbereiten (s. Modul »Leistungsbeschreibung«, Abschnitt 3.4.2). Für das Verständnis ist dabei oftmals der grafische Ansatz besser geeignet, für ein SLA dagegen der tabellarische Ansatz, da er leichter änderbar ist und mehr Möglichkeiten bzw. Flexibilität bei Erweiterungen und sonstigen Änderungen bietet.
Bewertung ■ Zuständigkeiten sind via VDMI oder RACI festgelegt ■ Zuständigkeiten sind in Texten formuliert

(VII) Geltungsreihenfolge
Wie wird gesteuert, dass bestimmte Aspekte vor anderen gelten?
Erläuterung: Je größer das Outsourcing-Projekt, desto umfangreicher sind die zu beschreibenden IT-Services und desto mehr Personen mit unterschiedlichen Ansichten wirken am Gesamtkonstrukt mit. Am Ende der SLA-Erstellung ist der Service-Level-Manager derjenige, der als Schlussredakteur agieren muss. Er muss die Widersprüche zwischen den Dokumenten erkennen und ihre Aufhebung bzw. Auflösung (oder Akzeptanz) steuern. Das Mittel der Wahl ist dabei die Geltungsreihenfolge. Sie ermöglicht es, dass die zusammengestellten Dokumente mit einer anderen Wertigkeit versehen werden und somit vor anderen Dokumenten gelten. Dabei ist darauf zu achten, dass durch die Geltungsreihenfolge die Widersprüche aufzulösen sind, ohne dass die Geltungsreihenfolge zu komplex wird.
Bewertung ■ Es gibt eine Geltungsreihenfolge ■ Es gibt keine Geltungsreihenfolge, ist jedoch notwendig ■ Keine Geltungsreihenfolge notwendig

(VIII) Pönalen
Existiert eine Pönalenregelung?
Erläuterung: Ein SLA ohne eine Pönalenregelung hat keine hinreichenden Konsequenzen, wenn der IT-Service nicht wie vereinbart erbracht wird. Letztlich würde dem Servicenehmer nur die Kündigung als letzter Ausweg möglich sein. Genau an diesem Punkt setzt die Pönalenregelung an und erlaubt eine weitere Zusammenarbeit in der Grauzone des nicht wie vereinbart geleisteten IT-Service.
Bewertung ■ Es gibt Pönalen ■ Es gibt keine Pönalen, ist jedoch notwendig ■ Pönalen sind nicht notwendig

Der Service-Level-Manager kann anhand der vorliegenden Situation des Unternehmens erkennen, ob er zu einem der acht Punkte einen Handlungsbedarf sieht. Ziel des Benchmarks ist es, den Service-Level-Manager auf die neuralgischen Punkte hinzuweisen und seinen Bedarf für das SLM abschätzen zu können.

7.3.2 Benchmark zum Service-Level-Management

Im Folgenden werden alle Benchmarks zum SLM-Prozess aufgezeigt:

(I) Aktualität
Wie kann die Aktualität von Kennzahlen gewährleistet werden?
Erläuterung: Ein guter SLM-Prozess hat die Kennzahlen konzentriert, sodass er deren Aktualität uneingeschränkt garantieren kann. Unternehmen, die nicht über dieses Instrument verfügen, sind schnell in der Situation, dass in unterschiedlichen IT-Abteilungen Service-Levels definiert, gepflegt und gewartet werden. Dies hat zur Folge, dass Servicenehmer unterschiedlich aktuelle Werte von Service-Levels vom Dienstleister erhalten können. Diese Situation muss der Dienstleister unterbinden, da sonst Irritationen beim Servicenehmer entstehen. Der Dienstleister muss die Aktualität der Service-Levels lückenlos gewährleisten.
Bewertung ■ Kennzahlen sind in nur einem Prozess/Dokument konzentriert ■ Kennzahlen sind nicht in einem Prozess/Dokument konzentriert ■ Konzentration der Kennzahlen ist noch in Arbeit

(II) Mitwirkungspflichten
Wie werden Mitwirkungspflichten berücksichtigt?
Erläuterung: Ein organisierter SLM-Prozess zeichnet sich dadurch aus, dass er einen Überblick über die Mitwirkungspflichten aus anderen SLAs bietet.
Bewertung ■ Mitwirkungspflichten sind normiert und überschaubar ■ Mitwirkungspflichten sind nicht normiert

(III) Leistungsüberblick
Welche IT-Services sind in welchem Vertrag enthalten?
Erläuterung: Für einen einwandfreien SLM-Prozess spricht eine Übersicht über die Inhalte aller SLAs. Damit kann der Service-Level-Manager jederzeit sehen, ob IT-Services mehrfach bezogen werden oder ob Lücken in der Lieferkette bestehen. Über eine gut kartografierte SLA-Landschaft und deren enthaltene IT-Services definiert sich auch der Reifegrad des SLM-Prozesses.
Bewertung ■ Es gibt eine SLA-Landkarte auf Papier ■ Es gibt eine SLA-Landkarte im Kopf ■ Es gibt keine SLA-Landkarte

(IV) Prozessabstimmung
Wie lassen sich Prozesse mit Kollegen abstimmen?
Erläuterung: Der SLM-Prozess steht im Mittelpunkt von Abstimmungen für SLAs. Erst mit diesem Reifegrad ist der SLM-Prozess im Unternehmen vollständig integriert. Der Service-Level-Manager nimmt alle für das SLA relevanten Service-Levels für zusammengehörende IT-Services auf. Vermieden werden sollen Lücken bei der Abstimmung mit dem Servicenehmer. Über Service-Levels (z.B. Preise aus dem IT-Controlling oder Change-Vorlaufzeiten aus dem Change-Management) kann der Service-Level-Manager die Werte der Service-Levels für den Servicenehmer mit Kollegen aus anderen Prozessen abstimmen.
Bewertung ▪ Ein Verfahren zur Abstimmung aller Service-Levels der IT-Services liegt vor ▪ Ein Verfahren zur Abstimmung aller Service-Levels der IT-Services liegt nicht vor

Die beiden genannten Benchmarks zu SLAs und zum SLM zielen darauf ab, dass der Service-Level-Manager ähnliche Vorgehensweisen prüft und hierauf eine inhaltliche Bewertung daran knüpft.

8 Schlussbemerkungen

In Kapitel 7 wurde die Umsetzung der entworfenen Konzepte konsequent auf ein Fallbeispiel angewendet. Dabei ist im Sinne der Transparenzforderung, an der jeder IT-Betrieb auszurichten ist, eine komprimierte, strukturierte und verständliche Darstellung aller eingekauften und selbst erbrachten IT-Services erreicht worden. Der Fokus lag dabei auf der Optimierung des SLM-Prozesses. Es wurde das zentrale Steuerungsinstrument für ein effektives SLM entwikkelt. Ziel war es, die Qualität von IT-Services zielgerichtet und kostenoptimiert zu steuern. Ein wesentlicher Schritt waren dabei klare SLAs. Folgende Punkte wurden im Speziellen erreicht:

- **Unschärfen vermeiden:**
  Viele Servicebeschreibungen ähnelten eher einer willkürlichen Zusammenstellung als einer präzisen Katalogisierung des Dienstleistungsspektrums. Diese Willkür wurde bei neu verhandelten SLAs aufgehoben und bei bestehenden SLAs, die zukünftig neu verhandelt werden, vorbereitet.
- **Struktur eines Servicekatalogs:**
  Der Servicekatalog stellte ein wichtiges Hilfsmittel dar, um auf Servicenehmeranforderungen optimal reagieren zu können. Der Dienstleister im Fallbeispiel wurde in die Lage versetzt, gemeinsam mit dem Servicenehmer ein strukturiertes SLA zu erstellen.
- **ITIL-Prozesse und Service-Levels:**
  Die Prozessvorgänge im IT-Management wurden beschrieben und anschließend darauf aufbauend Kennzahlen abgeleitet, damit der Servicekatalog letztlich auch auf die SLAs angewendet werden kann. Aus der Vielzahl von Werten sind die übergeordneten Service-Levels herausgearbeitet worden.
- **Steuerung von SLAs:**
  Die Steuerung der ca. 120 IT-Services wurde mittels eines SLM-Cockpits umgesetzt. Der produktive Einsatz des SLM-Cockpits bei Dienstleistern zeigt, dass die Module der Servicewerkzeug-Architektur einen erheblichen Automatisierungsfortschritt im SLM leisten. Die Steuerung des SLM wurde somit für ziemlich alle getroffenen Vereinbarungen erreicht, sodass die IT-Services

nachhaltig kontrollier- und verwaltbar sind. Der Umgang mit dem SLM-Cockpit erweist sich als geeignet und übernimmt im Wesentlichen die Funktion, eine Normierung von Werten zu gewährleisten.

Das in diesem Buch dargestellte SOUSIS-Modell ist in seinem Aufbau sehr modular ausgelegt. Die jeweiligen Module sind so aufgebaut, dass sie ihrer jeweiligen Kernfunktionalität gerecht werden. Für eine größtmögliche Automatisierung erweist sich dieser Schritt als vorteilhaft. Nur so können verteilte Informationen von SLAs und dezentral agierende Rollen mit einem einheitlichen Informationskonzept ausgestattet werden.

Damit das SLM zukünftig eine stärkere Automatisierung erfährt, bietet das SOUSIS-Modell eine pragmatische Lösung. Wird basierend auf den im SOUSIS-Modell entworfenen Strukturen das Management von SLAs modelliert, so können z.B. über Entscheidungsregeln bestimmte Zustände der SLAs besser geprüft und gesteuert werden. Aus dem Überwachen von komplexen Zuständen wird somit eine ggf. auch komplexe Steuerung der SLAs möglich. Dies ist im Hinblick auf die steigende Zahl von SLAs ein wichtiger Aspekt. Das bisherige manuelle Management kann auf Dauer durch die steigende Anzahl von SLAs nicht qualitätsgesichert und am Servicenehmer orientiert aufrechterhalten werden. Der Service-Level-Manager soll daher mit dem SOUSIS-Modell in seiner Arbeitsweise unterstützt werden.

Das SOUSIS-Modell dient auch dazu, dass Hersteller von SLM-Werkzeugen bei der Produktentwicklung weitere Automatisierungen erkennen und in ihre Systeme übernehmen. Der bisherige Weg, mit heterogenen komponentenbasierten Reports den fehlenden IT-Servicebezug auszugleichen, wird unter dem Blickwinkel des ausgelagerten unternehmenskritischen Geschäftsprozesses immer weniger akzeptiert werden. Für Hersteller von Managementwerkzeugen ist dies ein zentraler Punkt. Um Managementwerkzeuge für ein servicenehmerorientiertes SLM zu erweitern, müssen Strukturen (z.B. SLA-Verwaltung, IT-Servicekatalog) geschaffen werden. Von Werkzeugherstellern wird daher erwartet, dass sie die Grundzüge dieser oben im Buch aufgezeigten Strukturen und Konzepte in ihren Tools bereitstellen. Die Modellierung von Geschäftprozessen, die auf dem SOUSIS-Modell aufbaut, ist eine bleibende Herausforderung. Die Modellierung muss das Expertenwissen analysieren und strukturieren, sodass Modelle für ein Geschäftsprozess-Monitoring entstehen können. Es sind Werkzeuge erforderlich, die alle enthaltenen Geschäftsprozesse eines IT-Dienstleisters erfassen. Durch z.B. Geschäftsprozesseditoren, mit deren Hilfe man IT-Services inhaltlich zu Geschäftsprozessen stimmig zusammenstellen kann, ist der IT-Dienstleister aufgefordert, neu eingeführte IT-Services in Bezug auf die Relevanz zu Geschäftsprozessen zu dokumentieren und seinen Servicenehmern serviceorientiert bereitzustellen. Der Aufwand für messbare Geschäftprozesse wird somit minimiert, und Servicenehmer sowie IT-Dienstleister können Geschäftprozesse einschätzen und planbar gestalten. Zusätzlich schließt hier der Themenkomplex SLM-gerechte

Messung von Geschäftsprozessen an. Sind die Geschäftsprozesse geeignet dokumentiert, können adäquate Messmethoden entworfen werden. Da diese Messmethoden direkt im operativen Betrieb zum Einsatz kommen, ist dem Thema Verfälschung von Betriebsdaten besondere Beachtung beizumessen.

Durch die Festlegung der Semantik von Begriffen im SOUSIS-Modell wird die Verwendung der Begriffe in den Leistungsbeschreibungen einfach und sicher. Missverständnisse sind praktisch ausgeschlossen. Für das Verständnis ebenfalls sehr günstig wirkt sich der Einbezug technischer Aspekte aus.

Service-Levels zeigen, wie man Leistungen parametrisieren kann. Solche klar geregelten, begrifflich eindeutigen und parametrisierten Service-Levels sind neben anderem von zentraler Bedeutung, denn durch sie wird der IT-Dienstleister gesteuert und die Leistung gegenüber dem Servicenehmer entsprechend geregelt. Bedingung ist, dass sich der Servicenehmer ebenfalls konsequent an die Vereinbarung und seine Mitwirkungspflichten darin hält.

Alle IT-Services werden mit der erforderlichen Qualität wie eine Landkarte bzw. ein IT-Servicekatalog des IT-Dienstleisters aufgebaut. Den Drittdienstleistern werden IT-Services aus dem IT-Servicekatalog (s. Abschnitt 3.2) zugeteilt. Die entstehenden SLAs werden dann nur noch in einem kleineren Umfang formuliert, sind sozusagen nur noch eine Art Auftragsformular, in dem die IT-Services aus dem IT-Servicekatalog referenziert werden. Da immer mehr IT-Dienstleister die Leistungsverrechnung sowohl mit SLAs/UCs hin zu den Servicenehmern und Drittdienstleistern als auch mit OLAs zwischen IT-Abteilungen steuern, steigt die Zahl der Dokumente. Der Service-Level-Manager muss die daraus resultierende zunehmende Komplexität beherrschen. Das SOUSIS-Modell unterstützt diese Komplexität und damit auch den Service-Level-Manager.

Dazu wird das Modell unter diesen Rahmenbedingungen in der Praxis weiterentwickelt.

Überlegungen zum Ausbau des SOUSIS-Modells lassen sich beispielsweise auch hinsichtlich der kontinuierlichen Qualitätsverbesserung anstellen. Eine solche Qualitätsverbesserung geht dabei immer über das Maß der Verbesserungsmöglichkeiten hinaus, die beispielsweise im Servicegespräch erörtert werden. Ein mögliches Qualitätssteigerungsziel wäre die Verbesserung der Verfügbarkeit oder der Antwortzeit. Ebenfalls im Fokus der Weiterentwicklung des SOUSIS-Modells steht, die Handhabung von SLAs noch weiter zu optimieren, wenn IT-Services und Drittdienstleister häufig wechseln.

Anhang

Weblinks

Wenn man »zertifizierter« Service-Level-Manager werden möchte:

- *http://www.seminarplaner.de*
  (Stichwort: 8663, 8664)
- *http://www.managementcircle.de*
  (Stichwort: SLA, Servicekatalog)
- *http://www.training.telekom.de*
  (Stichwort: K000866)
- *http://www.master-slm.de*
  (Zugangscode: masTer)

Wenn man sich unter Service-Level-Managern austauschen möchte:

- *http://www.cecmg.de*
- *http://www.itsmf.de*
- *http://www.servicelevelmanager-ev.de*
- *http://www.slm-forum.de*
- *http://www.xing.de*
  (Stichwort für Gruppen: SLM, SLM-Tools)

Wenn man kostenfreie Informationen zu SLA und SLM sucht:

- *http://scholar.google.de*
  (Stichwort: Service-Level-Agreement, Service-Level-Management)
- *http://www.law-blog.de/7/checkliste-service-level-agreement*
- *http://www.service-level-agreement.net*
- *http://de.wikipedia.org/wiki/Service_Level_Agreement*
- *http://de.wikipedia.org/wiki/Service-Level-Management*

Abkürzungen

API	Application Programmers Interface
ARIS	Architektur integrierter Informationssysteme
BS	British Standard
BSI	Bundesamt für Sicherheit in der Informationstechnik
CCITT	Comité Consulitatif International Télégraphique et Téléphonique
CCTA	Central Computer and Telecommuncations Agency
CCMS	Computing Center Management System
CMS	Content-Management-System
CNM	Customer Network Management
CPU	Central Processing Unit
CSI	Continual Service Improvement
CSM	Customer Service Management
DB	Datenbank
EAI	Enterprise Application Integration
eTOM	Enhanced Telecommunication Operation Map
GUI	Graphical User Interface
ISO	International Standardisation Organisation
itSMF	IT Service Management Forum
IT	Information Technology
ITIL	Information Technology Infrastructure Library
ITU	International Telecommunication Union
IT	Informations- und Kommunikationstechnik
KPI	Key Performance Indicator

LAN	Local Area Network
LÜP	Leistungsübergabepunkt
OGC	Office of Government Commerce
OLA	Operational-Level-Agreement
OSI	Open System Interconnection
RBK	Rahmenbetriebskonzept
RFC	Request For Comment
SAZ	Serviceausfallzeit
SDK	Software Development Kit
SG	Servicegespräch
SL	Service-Level
SLA	Service-Level-Agreement
SLA-DD	Drittdienstleister-SLA
SLA-FD	Full-Service-Dienstleister-SLA
SLA-S	Servicenehmer-SLA
SLA-R	SLA-Request
SLA-K	SLA-Kunde
SLA-L	SLA-Lieferant
SLA-P	SLA-Provider
SLA-G	SLA-Governance
SLM	Service-Level-Management
SM	Service-Management
SQL	Structured Query Language
TMN	Telecommunication Management Network
TSO	Technical System Owner
TT	Trouble-Ticket
TTS	Trouble-Ticket-System
UC	Underpinning Contract
UML	Unified Modeling Language
VBA	Visual Basic for Application
WAN	Wide Area Network

Literatur

[**Abeck und Scholderer 1999**] ABECK, S.; SCHOLDERER, R.: *Integriertes Management vernetzter Systeme*. dpunkt.verlag, 1999.

[**Abeck und Scholderer 2000**] ABECK, S.; SCHOLDERER, R.: *Integrated Management of Networked Systems*. Morgan Kaufmann, 2000.

[**Aguila 2005**] AGUILA, M.: *Konzept zur Standardisierung von SLAs in Konzernen unter besonderer Berücksichtigung von Web Services*. Diplomarbeit Johann Wolfgang Goethe-Universität, Frankfurt am Main, 10/2005.

[**Andenmatten 2008**] ANDENMATTEN, M.: *ISO 20000: Praxishandbuch für Servicemanagement und IT-Governance*. Symposion Publishing, 2008.

[**Bahli und Rivard 2003**] BAHLI, B.; RIVARD, S.: *A Validation of Measures Associated with the Risk Factors in Information Technology Outsourcing*. Proceedings of the 36th Hawaii International Conference on System Sciences, 2003.

[**Beims 2009**] BEIMS, M.: *IT-Service Management in der Praxis mit ITIL® 3: Zielfindung, Methoden, Realisierung*. Hanser Fachbuch, 2009.

[**Bellwood u.a. 2002**] BELLWOOD, T.; CLEMENT, L.; EHNEBUSKE, D.; HATELY, A.; HONDO, M.; HUSBAND, Y.L.; JANUSZEWSKI, K.; LEE, S.B.; MCKEE, B.; MUNTER, J.; VON RIEGEN, C.: *UDDI Version 3.0* – UDDI Spec Technical Committee Specification. *http://uddi.org/pubs/uddi-v3.00-published-20020719.htm* (abgerufen am 10.08.2005), 2002.

[**Berger 2005**] BERGER, T.: *Konzeption und Management von Service-Level-Agreements für IT-Dienstleistungen*. Dissertation, TU Darmstadt. *http://elib.tu-darmstadt.de/diss/000570/Dissertation_ThomasBerger_SLAs.pdf* (abgerufen am 10.09.2005), 2005.

[**Bernhard 2003**] BERNHARD, M.: *Praxishandbuch Service-Level-Management – Die IT als Dienstleistung organisieren*. Symposion Publishing, 2003.

[**Bernhard 2004**] BERNHARD, M.: *SLM = Supply-Chain-Management*. In Bernhard, M.; Lewandowski, W.: SLM in der IT: Wie man erfolgskritische Leistungen definiert und steuert. Symposion Publishing, 2004.

[**Bock u.a. 2008**] BOCK, W.; MACEK, G.; OBERNDORFER, T.; PUMSENBERGER, R.: *Praxisbuch ITIL: Erfolgreiche Zertifizierung nach ISO 20000*. Galileo Computing, 2008.

[**Bon 2008**] VAN BON, J.: *IT Service Management basierend auf ITIL V3 – Das Taschenbuch*. Van Haren Publishing, 2008.

[**Böning 1999**] BÖNING, D.: *SLA Verhandlungsunterstützung am Beispiel SAP R/3*. Diplomarbeit an der Universität Karlsruhe, 1999.

[**Bonk u.a. 2010**] BONK, M.; JOB, G.; KIRCHHOFF, U.; BAYER, H.: *Service Level Management in der Öffentlichen Verwaltung: Diagnose, Planung, Umsetzung*. Symposion Publishing, 2010.

[**Burr 2003**] BURR, W.: *Service-Level-Agreements: Arten, Funktionen und strategische Bedeutung*. In: Bernhard, G.; Lewandowski, W.; Mann, H.; Schrey, J. (Hrsg.): Praxishandbuch SLM: Die IT als Dienstleistung organisieren. Symposion Publishing, 2003.

[**Dan u.a. 2004**] DAN, A.; DAVIS, D.; KEARNEY, R.; KELLER, A.; KING, R.; KUEBLER, D.; LUDWIG, H.; POLAN, M.; SPREITZER, M.; YOUSSEF, A.: *Web services on demand: WSLA-driven automated management*. IBM SYSTEMS JOURNAL, Band 43, Ausgabe 01/2004.

[**Dangelmaier u.a. 2004**] DANGELMAIER, M.; UEBEL, M.; HELMKE, S.; SPINDLER, T.: *Service-Level-Agreements, Beispiel Wincor Nixdorf Outsourcing von Kundenservice-Leistungen*. BA Beschaffung aktuell, Ausgabe 03/2004.

[**Debusmann und Keller 2003**] DEBUSMANN, M.; KELLER, A.: *SLA-driven Management of Distributed Systems using the Common Information Model*. *http://www.research.ibm.com/PM/im2003_SLACIM.pdf* (abgerufen am 31.10.2005), 2003.

[**Dieckmann 2002**] DIECKMANN, W.: *Nutzung und Rahmenbedingungen standardisierter Anwendungslösungen – eine Chance zum wirtschaftlichen Erfolg*. In: Köhler-Frost (Hrsg.): Allianzen und Partnerschaften im IT-Outsourcing. KS-Energy-Verlag, 2002.

[**Dohle u.a. 2009**] DOHLE, H.; SCHMIDT, R.; ZIELKE, F.; SCHÜRMANN, T.: *ISO 20000. Eine Einführung für Manager und Projektleiter*. dpunkt.verlag, 2009.

[**Eberhart und Fischer 2004**] EBERHART, A.; FISCHER, St.: *Web Services, Grundlagen und praktische Umsetzung mit J2EE und .NET*. Hanser Fachbuch, 2004.

[**Egardt und Knoblauch 2003**] EGARDT, V.; KNOBLAUCH, S.: *SLM als Grundlage erfolgreicher IT-Outsourcing-Kundenbeziehun*. IM – Die Fachzeitschrift für Information Management & Consulting, Sonderausgabe, 2003.

[**Eggenberger u.a. 2004**] EGGENBERGER, S.; HELBIG, R.; KLAR, I.: *Die gläserne IT – volle Transparenz bei Kosten und Leistungen der IT*. HMD – Praxis der Wirtschaftsinformatik, Band 237, 2004.

[**eTOM 2007**] ENHANCED TELECOM OPERATIONS MAP (R) (ETOM): *The Business Process Framework*. GB921 D, Release V 7.1, January 2007.

[**Fowler und Scott 1998**] FOWLER M.; SCOTT, K.: *UML konzentriert: die neue Standard-Objektmodellierungssprache anwenden*. Addison-Wesley, 1998.

[**Fröschle und Kütz 2010**] FRÖSCHLE, H.-P.; KÜTZ, M. (Hrsg.): Lexikon IT-Management. Symposion Publishing, 2010, S. 311.

[**Gaulke 2010**] GAULKE, M.: *Praxiswissen COBIT – Val IT – Risk IT: Grundlagen und praktische Anwendung für die IT-Governance*. dpunkt.verlag, 2010.

[**Gentzsch 2006**] GENTZSCH, W.: *IT aus der Steckdose: Hype oder Realität?* Wirtschaftsinformatik, Vol. 48, No 1, 2006.

[**Grauer 2006**] GRAUER, M.: *IT aus der Steckdose und Wirtschaftsinformatik*. Wirtschaftsinformatik, Vol. 48, No 1, 2006.

[**Haas und Zorn 1995**] HAAS, M.; ZORN, W.: *Methodische Leistungsanalyse von Rechensystemen*. Oldenbourg, 1995.

[**Haase 2001**] HAASE, O.: *Kommunikation in verteilten Anwendungen*. Oldenbourg, 2001.

[**Hackmann 2002**] HACKMANN, J.: *Kennzahlen-Korsett für Service-Provider. http://www.computerwoche.de/index.cfm?pageid=255&artid=33719* (abgerufen am 01.11.2004), 2002.

[**Hagenhoff 2004**] HAGENHOFF, S.: *Kooperationsformen: Grundtypen und spezielle Ausprägungen*. In: Schumann, M. (Hrsg.): Arbeitsberichte der Abt. Wirtschaftsinformatik II, Universität Göttingen, Nr.4, Göttingen. *http://www.wi2.wiso.uni-goettingen.de/getfile?DateiID=488* (abgerufen am 06.10.2005), 2004.

[**Haitz 2002**] HAITZ, P.: *Überwachung von Servicevereinbarungen*. iX-Magazin für professionelle Informationstechnik, Heft 3, 2002.

[**Hars 2002**] HARS, A.: *Chancen und Risiken für verteilte Informationssysteme*. IM – Information Management & Consulting, 17. Jg., Ausgabe 03/2002.

[**Hegering u.a. 1999**] HEGERING, H.-G.; ABECK, S.; NEUMAIR, B.: *Integriertes Management vernetzter Systeme: Konzepte, Architekturen und deren betrieblicher Einsatz*. dpunkt.verlag, 1999.

[**Herget und Schuchow 1997**] HERGET, J.; SCHWUCHOW, W.: *Strategisches Informationsmanagement*. Universitätsverlag, 1997.

[**IT Infrastructure Library 2004**] THE IT INFRASTRUCTURE LIBRARY: *Central Computer and Telecommunications Agency (CCTA)*. 4. Ausgabe, 2004.

[**ITSMF und ISACA 2008**] ITSMF und ISACA: *ITIL-COBIT-Mapping: Gemeinsamkeiten und Unterschiede der IT-Standards*. Symposion Publishing, 2008.

[**ITU-T Draft Recommendation 1998**] ITU-T DRAFT RECOMMENDATION I.35IP: *Internet Protocol Data Communication Service-IP Pakket Transfer and Availability Performance Parameters*, 1998.

[**Jäckel und Scholderer 2005a**] JÄCKEL, N.; SCHOLDERER, R.: *Gläserner Dienst, End-2-End-Monitoring mit Applikationsrobotern*. iX-Magazin für professionelle Informationstechnik, Ausgabe 11/05, 2005, *http://www.heise.de/kiosk/archiv/ix/2005/11/121*.

[Jäckel und Scholderer 2005b] JÄCKEL, N.; SCHOLDERER, R.: *ITIL-Siegel schafft zu wenig Transparenz.* Computerwoche, 09/055, 2005, *http://www.computerwoche.de/index.cfm?pageid=256&artid=81567&main_id=81567&category=162&currpage=1&type=detail&kw).*

[Jäckel und Scholderer 2006a] JÄCKEL, N.; SCHOLDERER, R.: *Autopilot für das Service-Management.* Service Today, Ausgabe 12/06, 2006, *http://www.kvd.de/index.php?id=51.*

[Jäckel und Scholderer 2006b] JÄCKEL, N.; SCHOLDERER, R.: *Leistungskontrolleure für SLAs.* IT Administrator, Ausgabe 10/06, 2006, *http://www.it-administrator.de.*

[Jäckel und Scholderer 2006c] JÄCKEL, N.; SCHOLDERER, R.: *Servicekataloge homogen gestalten.* IT Business News, Ausgabe 10/06, 2006, *http://www.it-business.net* oder *http://www.g-ne.de/pdf/Internet-Business_Servicekataloge.pdf.*

[Jäckel und Scholderer 2006d] JÄCKEL, N.; SCHOLDERER, R.: *Cockpit für das SLM.* LDienstleisterline, Ausgabe 09/06, 2006, *http://www.netigator.de/netigator/live/fachartikelarchiv/ha_artikel/powerslave,pid,archiv,id,30790881,obj,,np,,ng,archiv,thes,9296.html.*

[Jäckel und Scholderer 2006e] JÄCKEL, N.; SCHOLDERER, R.: *Hoster unter Kontrolle.* Internet World Business, Ausgabe 08/06, 2006, *http://www.internetworld.de/old/Hoster-unter-Kontrolle.120.0.html?viewfolder=060907&viewfile=18_26_02_backoffice.*

[Jäckel und Scholderer 2006f] JÄCKEL, N.; SCHOLDERER, R.: *Den Ball richtig zuspielen – Beim Aushandeln von SLAs sollten Mittelständler darauf achten, nicht ins Hintertreffen zu geraten.* IT-Mittelstand, Ausgabe 03/06, 2006, *http://www.g-ne.de/pdf/it-mittelstand.pdf.*

[Jäckel und Scholderer 2006g] JÄCKEL, N.; SCHOLDERER, R.: *Überblick bei SLAs – Was Du schwarz auf weiss besitzt, kannst Du getrost nach Hause tragen.* IT-Business News, Ausgabe 02/06, 2006, *http://www.g-ne.de/pdf/IT-Business-Was_du_schwarz_auf_weiss_besitzt.pdf.*

[Jäckel und Scholderer 2007a] JÄCKEL, N.; SCHOLDERER, R.: *Transparente IT-Services schaffen Vertrauen.* iX Cebit-Forum 2007: Software and Systems. Hannover, 19.3.2007, *http://www.ix-konferenz.de/showabstract.php?vid=921.*

[Jäckel und Scholderer 2007b] JÄCKEL, N.; SCHOLDERER, R.: *IT-Qualitätsoffensive 2007 – Neue Kunden durch transparente IT-Services.* IHK-Praxisreihe Fachthemen, 13.3.2007, *http://www.technologiefabrik-ka.de/downloads/files/tf_aktuell_1_07.pdf.*

[Jäckel und Scholderer 2007c] JÄCKEL, N.; SCHOLDERER, R.: *Der Weg zum effektiven Multiprovider-Management.* cecmg-Jahrestagung EUROcmg 2007, Nürnberg, 23.-25. Mai 2007, *http://www.cecmg.de/doc/tagung_2007/agenda07/23-mai/agenda/index.html.*

[Keller und Ludwig 2002] KELLER, A.; LUDWIG, H.: *The WSLA Framework: Specifying and Monitoring SLAs for Web Services.* IBM Research Report, *http://domino.watson.ibm.com/library/cyberdig.nsf/ 0/ cdedb79080f59ee285256c5900654839?OpenDocument* (abgerufen am:31.10.2005), 2002.

[Keller und Ludwig 2004] KELLER, A.; LUDWIG, H.: *Policy-basiertes Management: State-of-the-Art und zukünftige Fragestellungen. http://www.research.ibm.com/people/a/akeller/#Publications* (abgerufen am 31.10.2005), 2004.

[Kemnitz 2007] KEMNITZ, G.: *Test und Verlässlichkeit von Rechnern.* Springer-Verlag, 2007.

[Knuth 2002] KNUTH, M.: *Web-Services, Eine Einführung und Übersicht.* Software- und Support-Verlag, Frankfurt am Main, 2002.

[Kossmann 2004] KOSSMANN, D: *Web Services.* Informatik Spektrum, Bd. 26, Ausgabe 02/2004, 2004.

[Kunst 1999] KUNST, P.: *Service quality and management.* Deutscher Universtitäts-Verlag, 1999.

[Kuschke und Wölfel 2002] KUSCHKE, M.; WÖLFEL, L.: *Web Services kompakt.* Spektrum Akademischer Verlag, 2002.

[Kütz 2010] KÜTZ, M.: *Kennzahlen in der IT – Werkzeuge für Controlling und Management.* 4. Auflage, dpunkt.verlag, 2010.

[Laprie 1998] LAPRIE J.-C.: *Dependability Handbook.* LAAS Report No 98-364, 1998.

[Larsen 1997] LARSEN, A. K.: *Guaranteed Service?* Data Communications, 1997.

[Lazar u.a. 2004] LAZAR, A.; SARACCO, R.; STADLER R.: *Integrated Network Management V – Integrated management in a virtual world.* Chapman & Hall, 2004.

[Leinwand und Conroy 1996] LEINWAND, A.; CONROY, K. F.: *Network management.* Addison-Wesley, 1996.

[Lohrmann u.a. 1997] LOHRMANN, J.; PICOT, A.; WIES, R.: *Technische Kennzahlen für das IV- und Service-Controlling.* Information Management 2/97, 1997.

[Löwer und Picot 2002] LÖWER, U.; PICOT, A.: *Web Services – Technologie-Hype oder Strategie-Faktor.* IM – Information Management & Consulting, 17. Jg., Ausgabe 03/2002.

[Marie u.a. 1997] MARIE, R.; PLATEAU, B.; CALZAROSSA, M.; RUBINO, G.: *Computer Performance Evaluation – Modelling Techniques and Tools.* Springer-Verlag, 1997.

[Mitra 2003] MITRA, N.: *SOAP Version 1.2 Part 0: Primer.* W3C Recommendation, 24 June 2003, *http://www.w3.org/TR/2003/REC-soap12-part0-20030624* (abgerufen am 08.08.2005), 2003.

[Moll 1994] Moll, K. R.: *Informatik-Management.* Springer-Verlag, 1994.

[Muller 1999] MULLER, N.: *Managing Service-Level-Agreements.* International Journal of Network Management, Vol. 9, 1999.

[NMF 1997] Network Management Forum: *Service provider to customer performance reporting business agreement.* NMF 503; Issue 1.0; Morristown, 1997.

[Olbrich 2004] OLBRICH, A.: *ITIL kompakt und verständlich, effizientes IT Service-Management, den Standard für IT-Prozesse kennenlernen, verstehen und erfolgreich in der Praxis umsetzen.* Vieweg, 2004.

[Pantry und Griffiths 1997] PANTRY, S.; GRIFFITHS, P.: *The Complete Guide to Preparing and Implementing Service-Level-Agreements.* Library Association Publishing, 1997.

[Quantz 2003] QUANTZ, J.: *Basisreport, Integration mit Web Services* – Konzept, Fallstudien und Bewertungen. *http://www.berlecon.de/research/index.php?tid=wsi* (abgerufen am 29.08.2005), 2003.

[Ramallo Pallast 2002] RAMALLO PALLAST, L.: *Vorteile des Application Management gegenüber anderen Outsourcing Modellen.* In: Köhler-Frost (Hrsg.): Allianzen und Partnerschaften im IT-Outsourcing. KS-Energy-Verlag, 2002.

[Ross 1995] ROSS, S. M.: *Stochastic Processes.* Wiley, 1995.

[Schauer 1999] SCHAUER, M.: *Spezifikation einer Service-Management-Architektur für einen qualitätsgesicherten IT-Betrieb.* Diplomarbeit am Institut für Telematik der Universität Karlsruhe, 1999.

[Schlemmer 2003] SCHLEMMER, E.: *Beispiel Gesundheitswesen – Bonus-Malus-System als Steuerungsmaßnahme eines IT-Betreibers.* In: Bernhard, G.; Lewandowski, W.; Mann, H.; Schrey, J. (Hrsg.): Praxishandbuch SLM: Die IT als Dienstleistung organisieren. Symposion Publishing, 2003.

[Schmidt 2001] SCHMIDT, H.: *Entwurf von SLAs auf der Basis von Dienstprozessen.* Dissertation, München, 2001.

[Schmidt und Dohle 2007] SCHMIDT, R.; DOHLE, H.: *ITIL V3 umsetzen: Gestaltung, Steuerung und Verbesserung von IT-Services.* Symposion Publishing, 2007.

[Scholderer 2001] SCHOLDERER, R.: *Ein Qualitätsbewertungsmodell für den Betrieb von vernetzten Systemen.* GCA-Verlag (Reihe Forschung und Wissen Informatik), 2001, *https://portal.d-nb.de/opac.htm?method=showFullRecord&currentResultId=scholderer%2Brobert%2526any&currentPosition=0.*

[Scholderer 2002a] SCHOLDERER, R.: *Standardisierung von SLAs – Überprüfung der Ausfallsicherheit und Security von Diensten.* Universität Wien Fachtagung: SIS 5. Sicherheit in Informationssystemen, Wien, 3.-4.10.2002.

[Scholderer 2002b] SCHOLDERER, R.: *Integration von Management, Marketing, Recht und Technik in einem einheitlichen SLA-Ansatz – Kontrolle mittels einer unabhängigen dritten Messinstanz.* Euroforum Konferenz: Service-Level-Agreements, Köln, 15.-17.04.2002, *http://www.euroforum.de/DATA/pdf/14211.pdf.*

[Scholderer 2002c] SCHOLDERER, R.: *Vertragsgestaltung und rechtliche Auswirkung von Service-Level-Agreements.* Euroforum Konferenz: Service-Level-Agreements, Köln, 15.-17.04.2002, *http://www.euroforum.de/DATA/pdf/P15227.pdf.*

[Scholderer 2003a] SCHOLDERER, R.: *Verfahren und Anordnung zur Qualitätsüberwachung von IT-Dienstleistungen sowie ein entsprechendes Computerprogrammprodukt und ein entsprechendes Speichermedium.* Patentanwälte Gulde Hengelhaupt Ziebig, Patentanmeldung Nr. 101 53 845.6: Offenlegungstag: 15.05.2003.

[Scholderer 2003b] SCHOLDERER, R.: *Standardisierung von Qualitätsaspekten in Service-Level-Agreements. Überprüfung der Ausfallsicherheit und Security von Diensten.* TKM-Workshop, Illmenau, 4.4.2003, *http://zack1.e-technik.tu-ilmenau.de/~webtkm/7_tkm_workshop/Scholderer/Vortrag-TU-Illmenau.pdf.*

[Scholderer 2003c] SCHOLDERER, R.: *Zertifizierung von Providern auf Basis von Service-Level-Agreements.* Euroforum Konferenz: Service-Level-Agreements, München, 21.-22.1.2003, *http://www.euroforum.de/DATA/pdf/P15227.pdf.*

[Scholderer 2004] SCHOLDERER, R.: *Darstellung des Service-Management mit dem System Pact.* ComConsult Akademie, NSM-Workshop, Bonn, 3.11.2003, *http://www.n3k.de/news_archive/20031103_comconsult2003.html.*

[Scholderer 2005] SCHOLDERER, R.: *Ende-zu-Ende Qualität von Applikations- und Netzdiensten.* Industrieforum Gummersbach. Betrieb und Sicherheit von Netzen. Köln, 15.4.2005, *http://www.inf.fh-koeln.de/ktds/download/GMIF-2005/20050408_GNEPraesentation.pdf.*

[Scholderer 2006a] SCHOLDERER, R.: *Factories and value chains in computing centers for improving the quality of IT services.* 51. Internationales wissenschaftliches Kolloquium, Technische Universität Ilmenau, 12.9.2006, *http://www.tu-ilmenau.de/uni/uploads/media/Conference-Programme-060810-3.pdf.*

[Scholderer 2006b] SCHOLDERER, R.: *Service Engineering und SLM.* Fraunhofer IAO: Management von IT-Dienstleistungen, Stuttgart, 3.5.2006, *http://www.management.iao.fhg.de/downloads/Programm%20AK%201.pdf.*

[Scholderer 2006c] SCHOLDERER, R.: *Profitables SLM.* iX Cebit-Forum 2006: Software and Systems. Hannover, 13.3.2006, *http://www.ix-konferenz.de/showabstract.php?vid=587.*

[Scholderer 2009] SCHOLDERER, R.: *Fabrikation und Wertschöpfung zur Qualitätsverbesserung von IuK-Diensten.* Habilitation, Technische Universität Ilmenau, 2009.

[Schrey 2003] SCHREY, J.: *Wegweiser für effektive vertragliche Regelungen.* In: Bernhard, G.; Lewandowski, W.; Mann, H.; Schrey, J. (Hrsg.): Praxishandbuch SLM: Die IT als Dienstleistung organisieren. Symposion Publishing, 2003.

[Silberberger 2003] SILBERBERGER, H.: *Collaborative business und Web services, ein Managementleitfaden in Zeiten technologischen Wandels.* Springer-Verlag, 2003.

[Slom 1994] SLOMAN, M.: *Network and Distributed System Management.* Addison-Wesley, 1994.

[**Söbbing 2002**] SÖBBING, T.: *Handbuch IT-Outsourcing: Rechtliche, strategische und steuerliche Fragen.* mitp-Verlag, 2002.

[**Speyerer 2004**] SPEYERER, J.: *Web Services und Integration, Teil 1: Überblick, FORWIN-Bericht 2004-009.* Universität Erlangen-Nürnberg, Bereich Wirtschaftsinformatik I, 2004.

[**Stricker 2006**] STRICKER, J: *Konzeption von Verfahren zur Unterstützung von Service-Level-Managern unter besonderer Berücksichtigung der Prozesse SLM und Availibility Management.* Diplomarbeit Technische Hochschule Karlsruhe, 2006.

[**TeleManagement Forum 1999**] TELEMANAGEMENT FORUM: *Network Management Detailed Operations Map.* Morristown, 1999.

[**Terplan 1995**] TERPLAN, K.: *Benchmarking for Effective Network Management.* McGraw-Hill, 1995.

[**Terplan und Huntington-Lee 1995**] TERPLAN, K.; HUNTINGTON-LEE, J.: *Applications for distributed systems and network management.* Van Nostrand Reinhold, 1995.

[**Tivoli Systems 2004**] TIVOLI SYSTEMS: *TME 10 Distributed Monitoring Collection Reference, Version 3.6.* Tivoli Systems, 2004.

[**TMN 1999**] TELECOMMUNICATION MANAGEMENT NETWORK: *M.3000: Overview of TMN Recommendations.* 1999.

[**Uremovic 1999**] UREMOVIC, A.: *Entwurf und Modellierung einer Service-Management Environment unter besonderer Berücksichtigung von statistischen Leistungsnachweisen.* Diplomarbeit am Institut für Telematik der Universität Karlsruhe, 1999.

[**Verma 2002**] VERMA, D.: *Supporting SLAs on IP Networks.* Sams, 2002.

[**Wall 2000**] WALL, D.: *Qualitätsmanagement in wissenschaftlichen Rechenzentren.* Praxis der Informationsverarbeitung und Kommunikation – Fachzeitschrift für den Einsatz von Informationssystemen, 1/00, Januar – März, 23. Jg., 2000.

[**White 2000**] WHITE, K.: *Definitions of Managed Objects for SLAs Performance Monitoring.* RFC2758n – Request for Comments, Proposed Standard, 2000.

[**Workflow Management Coalition 2005**] WORKFLOW MANAGEMENT COALITION (WfMC): *Terminology & Glossary. Document Number WFMC-TC00-1011, Version 2.0*, 2005.

[**Zuidweg 1999**] ZUIDWEG, J. K.: *Intelligence in services and networks: paving the way for an open service market.* 6th International Conference Intelligence in Services and Networks, is&n '99, Springer-Verlag, 1999.

Index

T

U

V

Z